手把手教你学系列丛书

手把手教你学 DSP
——基于 TMS320X281x
（第 3 版）

顾卫钢　编著

北京航空航天大学出版社

内 容 简 介

本书以 TMS320X281x 的开发为主线，采用生活化的语言，深入浅出地介绍了与 DSP 开发相关的方方面面，包括 DSP 开发环境的搭建、新工程的建立、CCS6.0 的使用、CMD 文件的编写、硬件电路的设计、存储器的映像、三级中断系统以及 TMS320X281X 各个外设模块的功能和使用。介绍每个部分的内容时都结合应用实例，并手把手地讲解例程的编写过程。所有代码都标注有详细的中文注释，为读者快速熟悉并掌握 DSP 的开发方法和技巧提供了方便。相比旧版，本书将原先基于 CCS3.3 版本的内容都更新成了基于 CCS6.0 的内容。

本书可供高等学校电子、通信、计算机、自动控制和电力电子技术等专业的本科和研究生作为"数字信号处理原理与应用"相关课程的教材或参考书，也可以作为数字信号处理器应用开发人员的参考书。

图书在版编目(CIP)数据

手把手教你学 DSP：基于 TMS320X281x / 顾卫钢编著
． -- 3 版． -- 北京：北京航空航天大学出版社，2019.2
ISBN 978-7-5124-2929-1

Ⅰ．①手… Ⅱ．①顾… Ⅲ．①数字信号处理②数字信号—微处理器 Ⅳ．①TN911.72②TP332

中国版本图书馆 CIP 数据核字(2019)第 016905 号

版权所有，侵权必究。

手把手教你学 DSP——基于 TMS320X281x(第 3 版)
顾卫钢　编著
责任编辑　董立娟

*

北京航空航天大学出版社出版发行

北京市海淀区学院路 37 号(邮编 100191)　http://www.buaapress.com.cn
发行部电话：(010)82317024　传真：(010)82328026
读者信箱：emsbook@buaacm.com.cn　邮购电话：(010)82316936
涿州市新华印刷有限公司印装　各地书店经销

*

开本：710×1 000　1/16　印张：27.75　字数：624 千字
2019 年 2 月第 3 版　2022 年 1 月第 3 次印刷　印数：8 001～10 000 册
ISBN 978-7-5124-2929-1　定价：79.00 元

若本书有倒页、脱页、缺页等印装质量问题，请与本社发行部联系调换　联系电话：(010)82317024

第3版前言

本书自2011年4月首次出版以来，转眼过了七年时间，期间收获了许多肯定的反馈和一些批评的意见。感谢每一位关心和支持本书的朋友，同时，感谢北京航空航天大学出版社给了我这次机会，能让我有机会把积累的经验通过书本的形式与大家分享。

本书出版后，我陆续录制了与本书配套的教学视频，几年时间里，在优酷上的播放量已超过百万。看到本书能够受到大家的喜爱，我感到非常欣慰，同时也感到惭愧，因为自己水平有限，难免在书中出现一些小的错误，本版做了更正，另外CCS软件版本也更新到了CCS6.0。

为了帮助读者能够更好地使用本书、更快地掌握TMS320F2812的相关知识，我开发了"C2000助手"软件。读者使用此软件可以方便地查询到TMS320F2812的各个寄存器，不用再为查找寄存器而前后翻书，与本书相关的资源也都可以在此软件中找到，读者可访问http://www.hellodsp.com下载到"C2000助手"。

本书的再版需要感谢北京航空航天大学出版社的辛勤付出，感谢东南大学博士生导师林明耀教授的悉心指导，感谢我的儿子顾徐晨小朋友，我的妻子徐丹，感谢我的伙伴郭巍、陈亚明、李杰、李跃威、陈永斌、孙跃、易琴、杨佳峰，和所有关爱我的亲人、朋友。最后，感谢所有关心和支持南京傅立叶电子技术有限公司发展的用户、朋友和合作者们，正是有了你们的帮助，才有了我的成长。

顾卫钢

2018年12月于南京

第 2 版前言

本书自 2011 年 4 月出版第 1 版以来，转眼过了 4 年时间，今天迎来了改版，心里很是高兴，首先非常感谢北京航空航天大学出版社给了我这次机会，能让我有机会把所学的知识通过书本的形式与大家分享。

本书出版后，我陆续录制了与本书配套的教学视频，4 年时间里，在优酷上的播放量已超过 50 万。看到本书能够受到大家的喜爱，我感到非常欣慰，同时也感到惭愧，因为自己水平有限，难免在书中出现一些小的错误，在读者的指正下，在第 2 版中做了更正。为了帮助读者能够更好地使用本书，能够更快地掌握 TMS320F2812 的相关知识，我开发了"C2000 助手"软件。读者使用此软件，可以方便地查询到 TMS320F2812 的各个寄存器，不用再为查找寄存器而前后翻书。与本书相关的资源也都可以在此软件中找到。读者可到 http://www.tic2000.com 下载"C2000 助手"。

本书的再版需要感谢编辑的辛勤付出，感谢东南大学博士生导师林明耀教授的悉心指导，需要感谢我的儿子顾徐晨小朋友、我的妻子徐丹以及所有关爱我的亲人和朋友。最后，感谢所有关心和支持南京傅立叶电子技术有限公司发展的用户、朋友和合作者们，正是有了你们的帮助，才有了我的成长。

顾卫钢
2015 年 5 月于南京

附：

工欲善其事，必先利其器。

学习 DSP 开发需要一定的学习、实验器材。当前市场上的学习书籍与学习器材可谓琳琅满目，但往往许多教科书缺乏相应的配套实验器材，而销售实验器材的供应商又不会提供配套的教学用书，导致许多读者学了多年还是一头雾水，没有长进。

因此，一本优秀的入门书籍与一套与之相配的实验器材是学会 DSP 开发的必要条件，在此前提下，加上自己的刻苦努力、持之以恒，才能在最短时间内学会、学好 DSP 的开发。如读者朋友自制或购买书中介绍的学习、实验器材有困难时，可与作者联系，咨询购买事宜。

本书所配的实验器材如下：
- 开发板：HDSP - Basic2812 或 HDSP - Super2812。

➢ 仿真器:HDSP - XDS100USB 或 HDSP - XDS510USB;
➢ 扩展板:12864 液晶、数码管、键盘扩展板或直流电机扩展板。

另有 TMS320F28335 开发板、工业控制板可供选择。

可承接电力系统(电力保护、电能质量分析与改善、小电流接地选线系统等)、各类电机控制、电力电子装置(太阳能逆变器、变频器等)、自动化仪器仪表等项目或产品的研发,能够解决产品 EMC 抗干扰问题,实现工控品质。

联系人:顾卫钢(13776600442)　　　　QQ:389785649　746477534

技术支持 Email:hellodsp@vip.163.com　作者主页:http://www.hellodsp.com

本书还配有教学课件。需要用于教学的教师,请与北京航空航天大学出版社联系。

通信地址:北京市海淀区学院路 37 号北京航空航天大学出版社嵌入式系统图书分社

邮　　编:100191　　　　　　　　　　传　　真:010 - 82328026

电　　话:010 - 82317035　　　　　　E - mail:emsbook@buaacm.com.cn

第1版前言

DSP（数字信号处理器）的应用是继单片机之后，当今嵌入式系统开发中最为热门的关键技术之一，在国内也有着很广泛的应用群体。对于很多还在高校里深造的学生，甚至一些从未接触过 DSP 的工程师们，都希望能够掌握这样一门新技术。

当您翻开这一页的时候，我想您已经准备好踏上征服 DSP 的旅程了。或许您还对 DSP 并没有太多的了解，或许您心里还没有底，对自己是否能够掌握好这门技术还没有足够的信心。我知道，一个人埋头学习，就像一个人独自远行，毕竟会孤单、寂寞，困难时更会焦虑、彷徨。如果能有一个伙伴同行，相互关心，相互帮助，我想，这一路上应该会有许多欢声笑语吧。收拾心情，勇敢地上路吧，我和 HELLODSP 愿意与您同行，一同开始这段虽然艰辛但也充满乐趣的 DSP 学习之旅，一起来学习与 TMS320X281x DSP 开发相关的内容。

TMS320X281x DSP 是 TI 公司一款用于控制的高性能、多功能、高性价比的 32 位定点 DSP。它整合了 DSP 和微控制器的最佳特性，集成了事件管理器、A/D 转换模块、SCI 通信接口、SPI 外设接口、eCAN 总线通信模块、看门狗电路、通用数字 I/O 口、多通道缓冲串口、外部中断接口等多种功能模块，为功能复杂的控制系统设计提供了方便，同时由于其性价比高，越来越多地被应用于数字电机控制、工业自动化、电力转换系统、医疗器械及通信设备中。

很多朋友可能急切地想了解如何才能够快速掌握 TMS320X281x DSP 的开发技术，经常会有人问大概需要多长时间才能基本掌握，在学习过程中有没有什么便捷的方法。这个问题的答案应当是因人而异，但是捷径肯定是没有，唯一的办法就是需要多花时间和精力。从作者个人经历来看，学习这门技术，理论很重要，但实践更重要。理论与实践结合过程中更是需要多思考、多分析、多总结，还要多交流。当然，开始学习之前还需要选择一本通俗易懂的教材。

作者从读者的角度出发，根据多年来采用 TMS320X281x 数字信号处理器开发项目的经验，并结合自身学习过程中曾经遇到的问题来编写此书。书中采用朴实简洁的语言，结合生活中丰富形象的例子来讲解 DSP 开发过程中的疑点和难点，把原本难以理解的知识点尽量生活化、简单化，以便于讲解透彻。大家在学习过程中也可以体会，其实很多理论或知识点都可以和我们生活中一些常见的现象或道理结合起来，这样可以很好地帮助我们记忆和理解。

本书涉及了与 TMS320X281x 开发相关的方方面面，深入浅出地介绍了

TMS320X281x 的功能特点、工作原理、片内资源的应用开发以及相关寄存器的配置。在介绍各外设单元功能的同时,还以 HELLODSP 的 HDSP－Super2812 开发板为硬件平台,介绍了相关的应用实例,手把手地讲解了如何编写该工程,并给出详细的 C 语言程序清单,所有的程序都经过了验证。

本书共享相关的资料,包括:所有实例的 C 语言程序代码、Flash 烧写所需资源以及常用的一些调试工具软件,可以在 HELLODSP 论坛本书书友会 http://www.hellodsp.com/?p=154 下载。

参与本书编写工作的有:南通大学的张蔚老师、南京理工大学的李强副教授、谢芬、冯伟、周逸云、仇剑东、王小军、田加强、徐伟、严俊、周谷庆、陈晨、胡文晖、梁宏艳、苗世华、谢经东、杨敏、王亚丽、赵丽娟、杜坚、徐友、张卿杰、袁成星、倪敏、顾帅、顾瑜、陈亚明、唐金城、沈彩玲、桑绘绘等,他们为本书提供了大量的资料,参与了本书的编写与录入工作,并进行了大量的实验。在此,还要感谢我的恩师,东南大学博士生导师林明耀教授,正是您的谆谆教导,才有今天此书的问世。最后,还要感谢我的妻子、父母、岳父、岳母、杨菊琴老师和袁建忠老师,如果没有他们的关爱、鼓励和支持,此书难以完成。

限于本人水平有限,虽然尽力完善,但是错误和不当之处在所难免,恳请大家批评指正。欢迎大家访问中国 DSP 开发服务平台——HELLODSP(www.hellodsp.com),同 8 万多名工程师一起探讨 DSP 技术问题。

顾卫钢

2011 年 1 月

于东南大学国家科技园

目 录

第1章 如何开始DSP的学习和开发 …………………………………………… 1
1.1 DSP基础知识 …………………………………………………………… 1
1.1.1 什么是DSP …………………………………………………… 1
1.1.2 DSP的特点 …………………………………………………… 2
1.1.3 DSP与MCU、ARM、FPGA的区别 ……………………………… 2
1.1.4 学习开发DSP所需要的知识 ………………………………… 3
1.2 如何选择DSP …………………………………………………………… 4
1.2.1 DSP厂商介绍 ………………………………………………… 4
1.2.2 TI公司各个系列DSP的特点 ………………………………… 5
1.2.3 TI DSP具体型号的含义 ……………………………………… 7
1.2.4 C2000系列DSP选型指南 …………………………………… 7
1.3 DSP开发所需要准备的工具以及开发平台的搭建 ……………………… 9
1.3.1 CCS的版本 …………………………………………………… 10
1.3.2 CCS6的安装 ………………………………………………… 10
1.3.3 基于HDSP-Super2812开发平台的搭建 …………………… 14
1.4 如何学好DSP …………………………………………………………… 15
1.4.1 众多工程师的讨论和经验 …………………………………… 15
1.4.2 作者的建议 …………………………………………………… 22
1.5 C2000助手软件介绍 …………………………………………………… 24

第2章 TMS320X2812的结构、资源及性能 ………………………………… 25
2.1 TMS320X2812的片内资源 …………………………………………… 25
2.1.1 TMS320X2812的性能 ………………………………………… 27
2.1.2 TMS320X2812的片内外设 …………………………………… 28
2.2 TMS320X2812的引脚分布及引脚功能 ……………………………… 30
2.2.1 TMS320X2812的引脚分布 …………………………………… 30
2.2.2 TMS320X2812的引脚功能 …………………………………… 31

第3章 TMS320X281x的硬件设计 …………………………………………… 40
3.1 如何保证X2812系统的正常工作 ……………………………………… 40
3.2 常用硬件电路的设计 …………………………………………………… 41
3.2.1 TMS320X2812最小系统设计 ………………………………… 41

3.2.2　电源电路的设计 …………………………………… 41
　　3.2.3　复位电路及 JATG 下载口电路的设计 ……………… 41
　　3.2.4　外扩 RAM 的设计 …………………………………… 42
　　3.2.5　外扩 Flash 的设计 …………………………………… 44
　　3.2.6　PWM 电路的设计 …………………………………… 45
　　3.2.7　串口电路的设计 ……………………………………… 45
　　3.2.8　A/D 保护及校正电路的设计 ………………………… 46
　　3.2.9　CAN 电路的设计 …………………………………… 47
　3.3　D/A 电路的设计以及波形发生器的实现 ………………… 48

第 4 章　创建一个新工程 …………………………………… 50
　4.1　控制原理分析 ……………………………………………… 50
　4.2　创建工程 …………………………………………………… 51
　4.3　编译与调试 ………………………………………………… 62
　　4.3.1　编译工程 ……………………………………………… 62
　　4.3.2　下载程序 ……………………………………………… 64

第 5 章　CCS 的常用操作 …………………………………… 69
　5.1　导入 CCS 工程 …………………………………………… 69
　5.2　移除工程 …………………………………………………… 74
　5.3　查找变量 …………………………………………………… 75
　5.4　观察变量 …………………………………………………… 75
　5.5　观察内存 …………………………………………………… 79
　5.6　Graph 功能 ………………………………………………… 80

第 6 章　使用 C 语言操作 DSP 的寄存器 ………………… 83
　6.1　寄存器的 C 语言访问 …………………………………… 83
　　6.1.1　了解 SCI 的寄存器 …………………………………… 83
　　6.1.2　使用位定义的方法定义寄存器 ……………………… 85
　　6.1.3　声明共同体 …………………………………………… 87
　　6.1.4　创建结构体文件 ……………………………………… 88
　6.2　寄存器文件的空间分配 …………………………………… 90

第 7 章　存储器的结构、映像及 CMD 文件的编写 ……… 93
　7.1　存储器相关的总线知识 …………………………………… 93
　7.2　F2812 的存储器 …………………………………………… 95
　　7.2.1　F2812 存储器的结构 ………………………………… 95
　　7.2.2　F2812 存储器映像 …………………………………… 95
　　7.2.3　F2812 的各个存储器模块的特点 …………………… 99
　7.3　CMD 文件 ………………………………………………… 102
　　7.3.1　COFF 格式和段的概念 ……………………………… 102

		7.3.2 C 语言生成的段	103
		7.3.3 CMD 文件的编写	105
	7.4	外部接口 XINTF	111
		7.4.1 XINTF 的存储区域	112
		7.4.2 XINTF 的时钟	115
	7.5	手把手教你访问外部存储器	115
		7.5.1 外部 RAM 空间数据读/写	116
		7.5.2 外部 Flash 空间数据读/写	119

第 8 章 X281x 的时钟和系统控制 · 128

8.1	振荡器 OSC 和锁相环 PLL	128
8.2	X2812 中各种时钟信号的产生	129
8.3	看门狗电路	130
8.4	低功耗模式	132
8.5	时钟和系统控制模块的寄存器	132
8.6	手把手教你写系统初始化函数	137

第 9 章 通用输入/输出多路复用器 GPIO · 140

9.1	GPIO 多路复用器	140
	9.1.1 GPIO 的寄存器	140
	9.1.2 GPIO 寄存器位与 I/O 引脚的对应关系	145
9.2	手把手教你使用 GPIO 引脚控制 LED 灯闪烁	149

第 10 章 CPU 定时器 · 154

10.1	CPU 定时器工作原理	154
10.2	CPU 定时器寄存器	156
10.3	分析 CPU 定时器的配置函数	159

第 11 章 X2812 的中断系统 · 162

11.1	什么是中断	162
11.2	X2812 的 CPU 中断	163
	11.2.1 CPU 中断的概述	163
	11.2.2 CPU 中断向量和优先级	164
	11.2.3 CPU 中断的寄存器	166
	11.2.4 可屏蔽中断的响应过程	168
11.3	X2812 的 PIE 中断	169
	11.3.1 PIE 中断概述	170
	11.3.2 PIE 中断寄存器	171
	11.3.3 PIE 中断向量表	174
11.4	X281x 的三级中断系统分析	179
11.5	成功实现中断的必要步骤	182

11.6　手把手教你使用 CPU 定时器 0 的周期中断来控制 LED 灯的闪烁 …… 184

第 12 章　事件管理器 EV … 189
12.1　事件管理器的功能 … 189
12.2　通用定时器 … 192
12.2.1　通用定时器的时钟 … 194
12.2.2　通用定时器的计数模式 … 195
12.2.3　通用定时器的中断事件 … 198
12.2.4　通用定时器的同步 … 199
12.2.5　通用定时器的比较操作和 PWM 波 … 200
12.2.6　通用定时器的寄存器 … 203
12.3　比较单元与 PWM 电路 … 208
12.3.1　全比较单元 … 209
12.3.2　带有死区控制的 PWM 电路 … 210
12.3.3　比较单元的中断事件 … 213
12.3.4　比较单元的寄存器 … 213
12.4　捕获单元 … 219
12.4.1　捕获单元的结构 … 220
12.4.2　捕获单元的操作 … 220
12.4.3　捕获单元的中断事件 … 222
12.4.4　捕获单元的寄存器 … 223
12.5　正交编码电路 … 226
12.6　事件管理器的中断及其寄存器 … 229
12.7　手把手教你产生 PWM 波形 … 236
12.7.1　输出占空比固定的 PWM 波形 … 236
12.7.2　输出占空比可变的 PWM 波形 … 242

第 13 章　模/数转换器 ADC … 247
13.1　X281x 内部的 ADC 模块 … 247
13.1.1　ADC 模块的特点 … 249
13.1.2　ADC 的时钟频率和采样频率 … 251
13.2　ADC 模块的工作方式 … 253
13.2.1　双序列发生器模式下顺序采样 … 255
13.2.2　双序列发生器模式下并发采样 … 258
13.2.3　级联模式下的顺序采样 … 260
13.2.4　级联模式下的并发采样 … 263
13.2.5　序列发生器连续自动序列化模式和启动/停止模式 … 264
13.3　ADC 模块的中断 … 265
13.4　ADC 模块的寄存器 … 268

13.5 手把手教你写 ADC 采样程序 ·········· 276
13.6 ADC 模块采样校正技术 ·········· 280
   13.6.1 ADC 校正的原理 ·········· 281
   13.6.2 ADC 校正的措施 ·········· 282
   13.6.3 手把手教你写 ADC 校正的软件算法 ·········· 283

第 14 章 串行通信接口 SCI ·········· 291

14.1 SCI 模块的概述 ·········· 291
   14.1.1 SCI 模块的特点 ·········· 292
   14.1.2 SCI 模块信号总结 ·········· 293
14.2 SCI 模块的工作原理 ·········· 293
   14.2.1 SCI 模块发送和接收数据的工作原理 ·········· 294
   14.2.2 SCI 通信的数据格式 ·········· 295
   14.2.3 SCI 通信的波特率 ·········· 296
   14.2.4 SCI 模块的 FIFO 队列 ·········· 297
   14.2.5 SCI 模块的中断 ·········· 298
14.3 SCI 多处理器通信模式 ·········· 300
   14.3.1 地址位多处理器通信模式 ·········· 301
   14.3.2 空闲线多处理器通信模式 ·········· 301
14.4 SCI 模块的寄存器 ·········· 302
14.5 手把手教你写 SCI 发送和接收程序 ·········· 312
   14.5.1 查询方式实现数据的发送和接收 ·········· 313
   14.5.2 中断方式实现数据的发送和接收 ·········· 319
   14.5.3 采用 FIFO 来实现数据的发送和接收 ·········· 324

第 15 章 串行外设接口 SPI ·········· 331

15.1 SPI 模块的通用知识 ·········· 331
15.2 X281x SPI 模块的概述 ·········· 333
   15.2.1 SPI 模块的特点 ·········· 334
   15.2.2 SPI 的信号总结 ·········· 334
15.3 SPI 模块的工作原理 ·········· 335
   15.3.1 SPI 主从工作方式 ·········· 336
   15.3.2 SPI 数据格式 ·········· 338
   15.3.3 SPI 波特率 ·········· 339
   15.3.4 SPI 时钟配置 ·········· 340
   15.3.5 SPI 的 FIFO 队列 ·········· 341
   15.3.6 SPI 的中断 ·········· 342
15.4 SPI 模块的寄存器 ·········· 343
15.5 手把手教你写 SPI 通信程序 ·········· 351

第 16 章　增强型控制器局域网通信接口 eCAN ……………………………………… 357
16.1　CAN 总线的概述 …………………………………………………………………… 357
16.1.1　什么是 CAN ……………………………………………………………………… 357
16.1.2　CAN 是怎样发展起来的 ………………………………………………………… 358
16.1.3　CAN 是怎样工作的 ……………………………………………………………… 358
16.1.4　CAN 有哪些特点 ………………………………………………………………… 359
16.1.5　什么是标准格式 CAN 和扩展格式 CAN ………………………………………… 360
16.2　CAN2.0B 协议 ………………………………………………………………………… 360
16.2.1　CAN 总线帧的格式和类型 ……………………………………………………… 360
16.2.2　CAN 总线通信错误处理 ………………………………………………………… 366
16.2.3　CAN 总线的位定时要求 ………………………………………………………… 367
16.2.4　CAN 总线的位仲裁 ……………………………………………………………… 368
16.3　X281x eCAN 模块的概述 …………………………………………………………… 369
16.3.1　eCAN 模块的结构 ……………………………………………………………… 369
16.3.2　eCAN 模块的特点 ……………………………………………………………… 371
16.3.3　eCAN 模块的存储空间 ………………………………………………………… 371
16.3.4　eCAN 模块的邮箱 ……………………………………………………………… 372
16.4　X281x eCAN 模块的寄存器 ………………………………………………………… 375
16.5　X281x eCAN 模块的配置 …………………………………………………………… 390
16.5.1　波特率的配置 …………………………………………………………………… 390
16.5.2　邮箱初始化的配置 ……………………………………………………………… 391
16.5.3　消息的发送操作 ………………………………………………………………… 393
16.5.4　消息的接收操作 ………………………………………………………………… 393
16.6　eCAN 模块的中断 …………………………………………………………………… 395
16.7　手把手教你实现 CAN 通信 ………………………………………………………… 398
16.7.1　手把手教你实现 CAN 消息的发送 ……………………………………………… 398
16.7.2　手把手教你实现 CAN 消息的接收（中断方式） ……………………………… 403

第 17 章　基于 HDSP-Super2812 的开发实例 ………………………………………… 407
17.1　谈谈通常项目的开发过程 …………………………………………………………… 407
17.2　设计一个有趣的时钟日期程序 ……………………………………………………… 408
17.2.1　硬件设计 ………………………………………………………………………… 409
17.2.2　软件设计（含 I2C 接口程序） ………………………………………………… 409
17.3　设计一个 SPWM 程序 ………………………………………………………………… 420
17.3.1　原理分析 ………………………………………………………………………… 420
17.3.2　软件设计 ………………………………………………………………………… 422
17.4　代码烧写入 Flash 固化 ……………………………………………………………… 426

参考文献 …………………………………………………………………………………… 429

第 1 章
如何开始 DSP 的学习和开发

刚刚接触 DSP 的朋友通常最关心的问题就是如何开始 DSP 的学习,如何能够把 DSP 学好,如何建立学习的信心。对于这个问题,曾经在网络和研讨会上讨论过很多, 但是内容多是零零散散的,了解起来不是太方便。为了开个好头,就一起先来了解一下 DSP 的一些基础知识,一起来探讨如何选择 DSP,以及如何学习、如何学好 DSP 等 问题。

1.1 DSP 基础知识

可能大家都不会想到,DSP 的前身是 TI 公司设计的用于玩具上的一款芯片,经过 二三十年的发展,在许多科学家和工程师的努力下,如今 DSP 已经成为数字化信息时 代的核心引擎,广泛应用于通信、家电、航空航天、工业测量、控制、生物医学工程以及军 事等许多需要实时实现的领域。从 DSP 最初的应用来看,DSP 的学习不也应该是一件 轻松愉快的事情。

1.1.1 什么是 DSP

DSP 是 Digital Signal Processing 的缩写,同时也是 Digital Signal Processor 的缩 写。前者是指数字信号处理技术,后者是指数字信号处理器。通常来说,在本书中通常 讲的 DSP 是数字信号处理器,主要研究如何将理论上的数字信号处理技术应用于数字 信号处理器中。

通常流过器件的电压、电流信号都是时间上连续的模拟信号,可以通过 A/D 器件 对连续的模拟信号进行采样,转换成时间上离散的脉冲信号,然后对这些脉冲信号量 化、编码,转换成由 0 和 1 构成的二进制编码,也就是常说的数字信号,如图 1-1 所示。 当然,采样、量化、编码这些操作都是由 A/D 转换器件来完成的。

DSP 能够对数字信号轻松的进行变换、滤波等处理,还可以进行各种各样复杂的

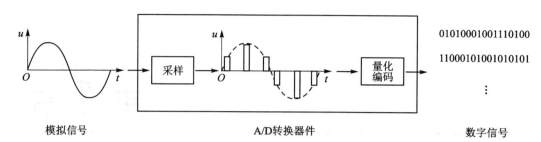

图1-1 模拟信号转变为数字信号的过程

运算,从而实现预期的目标。

1.1.2 DSP 的特点

DSP 既然是特别适用于数字信号处理运算的微处理器,那么根据数字信号处理的要求,DSP 芯片一般具有下面所述的主要特点:
- 程序空间和数据空间分开,CPU 可以同时访问指令和数据;
- 在一个指令周期内可以完成一次乘法和一次加法运算;
- 片内具有快速 RAM,通常可以经独立的数据总线在程序空间和数据空间同时访问;
- 具有低开销或无开销循环及跳转的硬件支持;
- 具有快速的中断处理和硬件 I/O 支持;
- 可以并行执行多个操作;
- 支持流水线操作,使得取址、译码和执行等操作可以重叠执行。

DSP 是不是在数字信号处理器的舞台上是一枝独秀的呢?答案是否定的,其实在微处理器领域,DSP 存在着许多的竞争者,如 MCU、ARM、FPGA 等。它们每个都有自己的优点,都有自己擅长的一面,从而在微处理器领域占有一席之地。

1.1.3 DSP 与 MCU、ARM、FPGA 的区别

先来看看 DSP 与 MCU 之间的区别。DSP 采用的是哈佛结构,数据空间和存储空间是分开的,通过独立的数据总线在程序空间和数据空间同时访问,而 MCU 采用的是冯·诺伊曼结构,数据空间和存储空间共用一个存储器空间,通过一组总线(地址总线和数据总线)连接到 CPU。很显然,在运算处理能力上,MCU 不如 DSP,但是 MCU 有个很大的优点,就是价格便宜,这在成本控制比较严格、对性能要求不是很高的情况下,MCU 还是很具有优势的。当然,随着工艺的发展和产业化进程的不断加快,DSP 的性能在不断提高的同时,价格也在不断地降低。

ARM 是 Advanced RISC(精简指令集)Machines 的缩写,是面向低预算市场的 RISC 微处理器。ARM 具有比较强的事务管理功能,适用于跑跑界面和操作系统等,

其优势主要体现在控制方面,像手持设备90%左右的市场份额均被其占有。而DSP的优势是其强大的数据处理能力和较高的运行速度,所以多用于数据处理,例如加密解密、调制解调等,值得一提的是,TI公司的C2000系列的DSP除了具有强大的运算能力之外,也是控制领域的佼佼者。

FPGA是Field Programmable Gate Array(现场可编程门阵列)的缩写,它是在PAL、GAL、PLD等可编程器件的基础上进一步发展的产物,是专用集成电路中集成度最高的一种。FPGA采用了逻辑单元阵列LCA(Logic Cell Array)的概念,内部包括了可配置逻辑模块CLB(Configurable Logic Block)、输入输出模块IOB(Input Output Block)、内部连线(Interconnect)三个部分。用户可以对FPGA内部的逻辑模块和I/O模块进行重新配置,以实现用户自己的逻辑。它还具有静态可重复编程和动态在系统重构的特性,使得硬件的功能可以像软件一样通过编程来修改。使用FPGA来开发数字电路,可以大大缩短设计时间,减少PCB面积,提高系统的可靠性;同时,FPGA可以用VHDL或Verilog HDL来编程,灵活性强,由于能够进行编程、除错、再编程和重复操作,因此可以充分的进行设计开发和验证。当电路有少量的改动时,更能显示出FPGA的优势,其现场编程能力可以延长产品在市场上的寿命,而这种能力可以用来进行系统升级或除错。不过,FPGA的价格通常比较昂贵,这是限制其应用的一个原因。

在一些复杂的应用场合,一般都不是只有一个处理器来单独挑大梁的,往往会采用多个处理器同时运行的模式,DSP、ARM、FPGA可能都会被使用,它们各自发挥长处,互补合作,来完成一个复杂系统的任务。例如,在电力自动化装置中,不但有显示、通信、复杂的事件处理,还有大量数据的处理,而且对运算的时间要求非常高,因此,在最新的这些装置中,一般都会采用DSP+ARM+FPGA的结构。就像现在一直强调的团队合作一样,个人的力量毕竟比较小,不可能各个方面都擅长,也没有那么多精力,只有具有不同才华的团队成员分工合作,齐心协力,才能把一件难度较大的事情做好,才能做出成绩。

1.1.4 学习开发DSP所需要的知识

如果大家没有接触过DSP,又听人说DSP门槛相对比较高,学习起来比较困难的话,在开始学习之前,是不是有点担心呢?是不是想知道学习开发DSP的话,最好具有哪些基础知识呢?

无论学习哪一款微处理器,应掌握两个部分,一个是硬件,一个是软件。硬件部分,最好有过MCU或者ARM之类的相关的微处理器的经验,因为硬件上,各个处理器之间是有许多共同点的,设计时处理的方法很多是一样的。当然,若没有接触过硬件知识也不要紧,可以以DSP为起点,慢慢进行积累。软件部分,需要会C或者C++语言,这是必须的;如果没有这个作为基础的话,那DSP开发真的就无从下手了,因为编程的时候总是要用到C语言的,当然,如果会汇编那自然就更好了。

除了上面两方面的技能之外,如果在信号处理理论方面有一些基础,例如知道时域与频域、s域、z域的变换,知道FFT、各种数字滤波器的知识,那就是锦上添花了。不过,话也说回来,就算现在什么都没学过,什么基础都没有,也是可以从头开始学习的,所以只要能静下心来学习,想要好好学的话,还是没有问题的。

在这里,想要谈一个题外话,就是谈谈到底是做硬件工程师好还是做软件工程师好,可能很多还在学校里读书的朋友会比较关心,因为方向的选择可能会关系到一个技术工程师今后职业的选择。其实,究竟选择哪一个方面来作为自己发展的方向,一是看兴趣,二是看机会。例如,导师在读书期间给你安排的是一个偏向于硬件方面的项目,那你在硬件方面得到的锻炼就会多一些,这样在考虑将来发展的时候,可能就会倾向于硬件工程师。当然,你应当在导师安排之前,主动和导师沟通,告诉他自己的兴趣在哪方面、想要从事侧重于哪方面的研究工作,我想很多导师应该会根据学生的兴趣尽力为其创造学习条件的。当然,在学校里学习的话可能有机会单独负责一个项目,这样,不管是软件还是硬件方面都是能得到锻炼的。

作为职业,可能更多的人比较羡慕软件工程师,IT行业很多白领收入很不错,也很风光。但是从重要性来讲,对于公司而言,其实两者都是一样的,因为一个项目是要靠硬件工程师和软件工程师通力合作才能够完成的。举个例子吧,我曾经所在的单位投资研发了一款新的装置,软件部分完成的差不多了,基本没有问题;但是硬件由于EMC的问题迟迟没有得到很好的解决,装置的抗干扰能力有缺陷,测试时发现装置很不稳定,拖了一段时间之后,公司最后被迫放弃了这个历时两年多的项目,无奈之下转投其他平台。可见硬件工程师和软件工程师在项目中的地位是一样的,任何一个出了问题,都会影响到整个项目的完成情况。当然不包括纯软件开发的项目,这里讲的都是嵌入式软件。

由于软件技术的更新比较快,软件工程师必须不断地学习,补充新鲜的知识,才能保持自己的战斗力,但是随着年龄的增长,学习能力的下降,如果不做转型,与朝气蓬勃的年轻人一起参与竞争,压力就会比较大。而硬件工程师是要靠经验来进行设计的,因此随着时间的推移,阅历的增多,经验会越来越丰富,这样就等于不断地在巩固自己的技术壁垒,年轻人没有经验的话是很难与之竞争的,所以硬件工程师基本上是越老越吃香。当然,不管是做软件,还是做硬件,还是两者都做,只要尽自己的力,用心去做,将来一定都会是美好的。

1.2 如何选择DSP

在学习DSP或者准备用DSP做项目之前,要做的第一件事情就是要从种类繁多的DSP中选择一款合适的芯片,那如何进行选择呢?下面详细进行介绍。

1.2.1 DSP厂商介绍

当提到DSP时,可能大多数人的第一反应就是TI(Texas Instruments)——美国德州仪器公司。由于其生产 DSP 的历史比较久,市场推广工作做的比较好,TI 已经成为世界最知名的 DSP 芯片生产厂商,其产品应用也最为广泛,TI 公司生产的 TMS320 系列的 DSP 芯片广泛应用于各个领域。TI 公司在 1982 的时候就推出了其第一代真正意义上的 DSP 芯片——TMS32010,这是 DSP 应用历史上的一个里程碑,从此,DSP 芯片开始真正得到广泛的应用。由于 TMS320 系列的 DSP 具有价格低廉、简单易用、功能强大等特点,所以逐渐成为了目前世界上最有影响力、也最为成功的 DSP 系列处理器。

在 DSP 芯片领域这块大蛋糕上,除了 TI 之外,还有几家熟知的国外大公司也在分享,只不过它们的市场份额和 TI 相比就差得比较多了,例如美国模拟器件公司 ADI 和原 Freescale 公司,下面分别来简单了解一下这两家公司的 DSP 产品。

ADI 公司在 DSP 芯片市场上还是有一定的地位的,其相继推出了一系列具有自己特色的 DSP 芯片,其定点 DSP 芯片有 ADSP2101/2103/2105、ADSP2111/2115、ADSP2126/2162/2164、ADSP2127/2181、ADSP-BF532 以及 Blackfin 系列;浮点 DSP 芯片有 ADSP21000/21020、ADSP21060/21062 等。ADI 公司 DSP 芯片的性能还是受到业界的肯定的,用过的人都说好用,但是由于其市场推广、技术支持等方面做得有所欠缺,使得其市场占有率并不是很高。

原 Freescale 公司推出 DSP 芯片时间比较晚。1986 年该公司推出了定点 DSP 处理器 MC56001;1990 年,又推出了与 IEEE 浮点格式兼容的的浮点 DSP 芯片 MC96002。还有 DSP53611、16 位 DSP56800、24 位的 DSP563XX 和 MSC8101 等产品。

看了上面关于 DSP 厂商的介绍资料,不知道大家会不会和我一样有些感慨,至少目前为止,能够生产 DSP 芯片的厂商还仅仅局限于国外的半导体公司,国内还没有能力设计出 DSP,目前还只是停留在应用的层面上。2006 年,上海交大微电子学院院长陈进爆出惊天丑闻,其从美国买来 10 片 Motorola 公司的 56800 芯片,找来几个民工将芯片表面的 MOTO 等字样全部用砂纸磨掉,然后找到上海浦东的一家公司在表面光滑的芯片上打上了"汉芯一号"的字样,并加上了"汉芯"的 LOGO。从此,陈进开始依托交大的背景,打着"中国首个自主知识产权的高端 DSP 芯片"的旗号,号称"两年跨越二十年,汉芯 DSP 将取代美国 TI 高端 DSP",先后骗取了国家科技部、信息产业部、国家发改委等方面的信任,骗取了国家数亿巨额资金,最终被人举报,东窗事发。这是中国 IT 行业的一大丑闻,也是我们民族科技的耻辱,我们每一位从事技术研发的工程师都需要引以为戒,只有抵住诱惑,扎扎实实地打好基础,哪怕从最简单的做起,不断学习吸收国外的先进技术,不断地积累,我们才能在自主创新的道路上走远走好,也才能让我们的技术和产品赢得世界的认可,获得大家的尊重,否则只会落得贻笑大方。相信总有一天,我们会用上中国人自己设计生产的 DSP 芯片。

1.2.2 TI 公司各个系列 DSP 的特点

目前,TI 公司在市场上主要有三大系列 DSP 产品:

① TMS320C2000 系列：该系列面向数字控制、运动控制领域，主要包括 TMS320C24XX/TMS320F24XX、TMS320C28XX/TMS320F28XX 等。现在用得相对比较多的芯片有定点芯片 TMS320F2407、TMS320F2812、TMS320F2808 和浮点芯片 TMS320F28335，其中，TMS320F2812 使用最为广泛，本书也将主要探讨 TMS320F2812 芯片开发的方方面面。

② TMS320C5000 系列：该系列面向低功耗、手持设备、无线终端应用领域，主要包括 TMS320C54X、TMS320C54XX、TMS320C55XX 等。用得相对比较多的芯片有 TMS320C5402、TMS320C5416、TMS320C5502、TMS320C5509 等。

③ TMS320C6000 系列：该系列面向高性能、多功能、复杂应用领域，例如图像处理，主要包括 TMS320C62XX、TMS320C64XX、TMS320C67XX 等。使用相对比较多的是 TMS320C6416、TMS320C6713 等。

TI 公司的 DSP 产品除了上面介绍的 3 大系列以外，还有面向低端应用、价格可以和 MCU 竞争、功能稍微减弱的 Piccolo 平台的产品，目前主要有 TMS320F2803X/2X。Piccolo 系列芯片采用最新的架构技术成果和增强型外设，其封装尺寸最小为 38 引脚，能够为通常难以承担相应成本的应用带来 32 位实时控制功能的优势。实时控制通过在诸如太阳能逆变器、白色家电设备、混合动力汽车电池和 LED 照明等应用中实施高级算法，实现了更高的系统效率与精度。TI 在规划此系列产品的时候就是将其定位成 MCU 的，希望 Piccolo 平台的芯片能在 MCU 领域大展拳脚。

TI 的 DSP 还有面向高端视频处理的达芬奇平台，例如 DM642、DM6437、DM6467 等；有面向移动终端的双核处理器 OMAP 平台，例如 OMAP3530。

在 HELLODSP 上曾经做过一次"大家都做哪个 DSP 型号"的调查，总共有 276 人参与投票，其结果绘成了柱形图，如图 1-2 所示，具体的数据如表 1-1 所列。此次调查并没有加入 DM642 等高端 DSP，其结果虽然并不全面，但是能够反映大家使用 DSP 的情况，仅供参考。

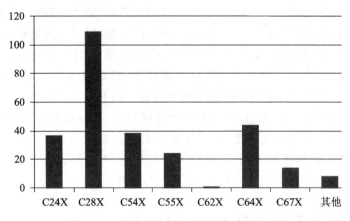

图 1-2　大家使用的 DSP 型号调查结果

表 1-1 调查数据详情

DSP 型号	投票人数	所占百分比/(%)	DSP 型号	投票人数	所占百分比/(%)
TMS320C24X	37	13.41	TMS320C62X	1	0.36
TMS320C28X	109	39.49	TMS320C64X	44	15.94
TMS320C54X	39	14.13	TMS320C67X	14	5.07
TMS320C55X	24	8.7	其他	8	2.9

1.2.3 TI DSP 具体型号的含义

当大家看到 TI 公司 DSP 的型号时,是不是很想知道 DSP 完整型号中的各个字母究竟代表着什么含义呢？经常也会有朋友问 C2812 和 F2812 有什么区别,看了接下来的图 1-3 就会很清楚了。

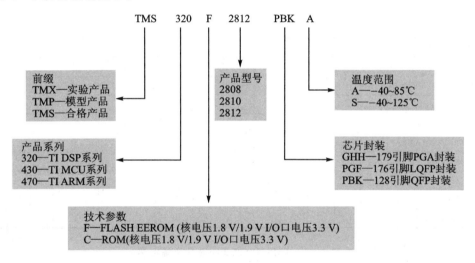

图 1-3 TI DSP 具体型号的含义

1.2.4 C2000 系列 DSP 选型指南

对于刚接触 DSP 的朋友而言,如何选择一款 DSP 进行学习或者开发,是首先需要解决的问题,因为没有选定具体的芯片型号,也就不好展开后续工作。

如果没有具体的项目,纯粹是为了充电,或为了将来找工作增加些砝码的话,首先建议根据自己的专业或者爱好来选择某一个系列；然后在这个系列中选择一点热门,即使用人比较多的芯片,因为使用的人比较多,遇到问题交流起来方便,现有的资料也比较多,将来工作中遇到的可能性更大一些。例如,如果想要学习 C2000 系列的 DSP,可推荐学习 TMS320F2812；如果熟练掌握了这款芯片,也可学习 2407、28335。

如果是为了具体的项目应用而选择 DSP 的话,就得考虑 DSP 芯片详细的资源了。例如,处理器的主频是否能满足项目对速度的要求,存储器空间是否足够大,外设资源是否能够满足项目功能上的需求等。如果应用于产品,则还得考虑所选芯片的价格,因为要考虑到产品的成本,在满足需求的前提下,选择价格便宜些的芯片;当然,还得同时考虑一些其他因素,例如,得考虑芯片的供应情况,是不是马上会停产,如果短期内就会停产,还是尽量考虑主流的一些芯片。

下面就一起来了解一下 C2000 系列中各款 DSP 芯片的资源情况,以便于具体选择时做参考。表 1-2 是 TMS320F/C24X 的各款芯片资源汇总。表 1-3 是 TMS320F/C28X 的各款芯片资源汇总。

表 1-2 TMS320F/C24x 芯片资源汇总

型号	MIPS	Boot ROM /字节	RAM /KB	Flash /KB	ROM /KB	通用定时器	PWM 通道	10 位 A/D 转换通道/ 转换时间 /μs	EMIF	Watchdog Timer	SPI	SCI	CAN
TMS320LC2401AVFA	40	/	2	/	16	2	7	5 ch/0.5	/	Y	/	Y	/
TMS320LC2402APGA	40	/	1	/	12	2	8	8 ch/0.425	/	Y	/	Y	/
TMS320LC2402APAGA	40	/	1	/	12	2	8	8 ch/0.425	/	Y	/	Y	/
TMS320LC2403APAGA	40	/	2	/	32	2	8	8 ch/0.425	/	Y	Y	Y	Y
TMS320LC2404APZA	40	/	3	/	32	4	16	16 ch/0.375	/	Y	Y	Y	/
TMS320LC2406APZA	40	/	5	/	64	4	16	16 ch/0.375	/	Y	Y	Y	Y
TMS320LF2401AVFA	40	512	2	16	/	2	7	5 ch/0.5	/	Y	Y	Y	/
TMS320LF2402APGA	40	512	2	16	/	2	8	8 ch/0.5	/	Y	Y	Y	/
TMS320LF2403APAGA	40	512	2	32	/	2	8	8 ch/0.5	/	Y	Y	Y	Y
TMS320LF2406APZA	40	512	5	64	/	4	16	16 ch/0.5	/	Y	Y	Y	Y
TMS320LF2407APGEA	40	512	5	64	/	4	16	16 ch/0.5	Y	Y	Y	Y	Y

表 1-3 TMS320F/C28x 芯片资源汇总

型号	处理器			存储器			控制接口						通信接口				
	主频 /MHz	FPU	DMA	RAM /KB	Flash /KB	ROM /KB	PWM 通道	高分辨率 PWM	定时器	捕获单元	正交编码电路	12 位 A/D 转换通道/ 转换时间 /ns	SPI	SCI	CAN	I²C	McBSP
TMS320F28335	150	Y	Y	68	512	Boot	18	6	9	6	2	16ch/80	1	3	2	1	2
TMS320F28334	150	Y	Y	68	256	Boot	18	6	9	4	2	16 ch/80	1	3	2	1	2
TMS320F28332	100	Y	Y	52	128	Boot	16	6	9	6	2	16 ch/80	1	3	2	1	1
TMS320F28235	150	N	Y	68	512	Boot	18	6	9	6	2	16 ch/80	1	3	2	1	2
TMS320F28234	150	N	Y	68	256	Boot	16	6	9	4	2	16 ch/80	1	3	2	1	2
TMS320F28232	100	N	Y	52	128	Boot	16	6	9	6	2	16 ch/80	1	3	2	1	1
TMS320F2812	150	N	N	36	256	Boot	16	/	7	6	2	16 ch/80	1	2	1	/	1

续表 1-3

型号	处理器			存储器			控制接口					通信接口				
	主频/MHz	FPU	DMA	RAM/KB	Flash/KB	ROM/KB	PWM通道	高分辨率PWM	定时器	捕获单元	正交编码电路	12位 A/D 转换通道/转换时间/ns	SPI	SCI	CAN	I²C	McBSP
TMS320F2811	150	N	N	36	256	Boot	16	/	7	6	2	16 ch/80	1	2	1	/	1
TMS320F2810	150	N	N	36	128	Boot	16	/	7	6	2	16 ch/80	1	2	1	/	1
TMS320F28015	60	N	N	12	32	Boot	8	4	7	2	2	16 ch/267	1	1	/	1	/
TMS320F28016	60	N	N	12	64	Boot	8	4	7	2	2	16 ch/267	1	1	1	1	/
TMS320F2801-60	60	N	N	12	32	Boot	8	3	9	2	1	16 ch/267	2	1	1	1	/
TMS320F2802-60	60	N	N	12	64	Boot	8	3	9	2	2	16 ch/267	2	1	1	1	/
TMS320F2801	100	N	N	12	32	Boot	8	3	9	2	1	16 ch/160	2	1	1	1	/
TMS320F2802	100	N	N	12	64	Boot	8	3	9	2	2	16 ch/160	2	1	1	1	/
TMS320F2806	100	N	N	20	64	Boot	16	4	15	4	2	16 ch/160	4	2	1	1	/
TMS320F2808	100	N	N	36	128	Boot	16	4	15	4	2	16 ch/160	4	2	2	1	/
TMS320F2809	100	N	N	36	256	Boot	16	6	15	4	2	16 ch/80	4	2	1	1	/
TMS320F28044	100	N	N	20	128	Boot	16	16	19	/	/	16 ch/80	1	1	1	1	/
TMS320C2810	150	N	N	36	0	128	16	/	7	6	2	16 ch/80	1	2	1	/	1
TMS320C2811	150	N	N	36	0	256	16	/	7	6	2	16 ch/80	1	2	1	/	1
TMS320C2812	150	N	N	36	0	256	16	/	7	6	2	16 ch/80	1	2	1	/	1
TMS320C2801	100	N	N	12	0	32	8	3	9	2	1	16 ch/160	2	1	1	1	/
TMS320C2802	100	N	N	12	0	64	8	3	9	2	2	16 ch/160	2	1	1	1	/

1.3 DSP 开发所需要准备的工具以及开发平台的搭建

就像吃饭离不开筷子和碗一样，DSP 的开发也离不开软件工具和硬件工具，如图 1-4 所示，软件需要 TI 公司提供的 CCS 软件，硬件则需要仿真器和目标板。CCS (Code Composer Studio)是开发 DSP 时所需的软件开发环境，即编写、调试 DSP 代码都是需要在 CCS 软件中进行的。

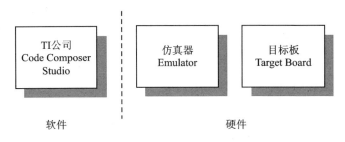

图 1-4 DSP 开发时所需的工具

由于本书讨论的是 TMS320F2812 的 DSP,因此所需的目标板是基于 TI 公司的 TMS320F2812 标准化开发平台,如 HELLODSP 的 HDSP-Super2812。开发时,需要将编译成功的代码下载到 HDSP-Super2812 上的 DSP 中,然后运行代码,进行调试。

那如何将在 CCS 中编译完成的代码下载到 DSP 中呢? 这就需要仿真器了,如 HELLODSP 的 HDSP-XDS510 USB2.0 仿真器。仿真器的作用就是连接了 CCS 软件和 DSP 芯片,起到了协议转换、数据传输等作用,就像一个桥梁一样,DSP 开发时的调试、下载、烧写等操作都是需要通过仿真器来完成的。

准备好上述三个工具之后,可使用这些工具来搭建一个 DSP 系统的开发平台,在这个过程中一起来了解目前 CCS 的各个版本以及 CCS 的安装过程。

1.3.1 CCS 的版本

目前,TI(Texas Instrument,德州仪器)公司发布的 CCS 软件版本有 CCS2.2、CCS3.1、CCS3.3、CCS4.X、CCS5.X、CCS6.X、CCS7.X 和 CCS8.X。

CCS2.2 是一个分立版本的开发环境,即针对 TI 公司每一个系列的 DSP 都有一个相应的 CCS 软件,例如,CCS2.2forC2000 是针对 TI C2000 系列 DSP 的,CCS2.2forC5000 是针对 TI C5000 系列 DSP 的,而 CCS2.2forC6000 是针对 TI C6000 系列 DSP 的。需要开发哪个系列的 DSP,就得安装哪一款 CCS2.2。CCS2.2 已经成为历史,故不再做介绍。

CCS3.1 和 CCS3.3 是一个集成版本的开发环境,它包含了 TI 公司几乎所有的 DSP 型号,所以不管需要开发哪款 DSP,只需要安装一个 CCS 软件就可以了。当然,CCS 家族还有一些针对特殊型号 DSP 的版本,如 CCS3x4x 是用来开发 VC33 的。

TI 近年最新推出的 CCS4.X~CCS8.X 是基于 Eclipse 平台创建的集成开发环境,可对 TI 的所有微控制器、ARM 和 DSP 平台提供支持,其界面和之前的版本相比有很大的改变。

CCS3.3 及其之前的版本仅支持 Windows 32 位操作系统,而随着计算机硬件和软件性能不断提升,64 位操作系统已经很普遍,所以早先的这些版本已经成为过去式,用得越来越少了,除非是开发一些新版 CCS 不支持的处理器,比如 F2407。CCS6.X~CCS8.X 都是近两年才推出的,版本的升级非常快,但是更新的内容对于用户而言可能并没有什么直观的感受,操作也都几乎完全相同。本书将以 CCS6.1.3 版本为例进行讲解,其余高版本软件均可参考。

1.3.2 CCS6 的安装

下面一起来安装 CCS6,步骤如下:

① 找到 CCS6 安装程序所在的文件夹,双击 CCS Setup 图标,如图 1-5 所示。注意,安装包所在的路径需要是全英文的。如果出现如图 1-6 所示弹窗,则说明该路径

第 1 章 如何开始 DSP 的学习和开发

图 1-5 CCS6 软件的安装步骤 1

中含有中文字符,将安装包移动到没有中文字符的路径下即可。

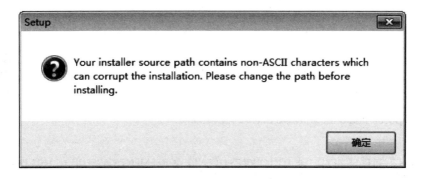

图 1-6 安装包路径有中文字符

② 启动安装后,如果计算机上有杀毒软件正在运行,则弹出如图 1-7 所示的提示,选择"是(Y)"。

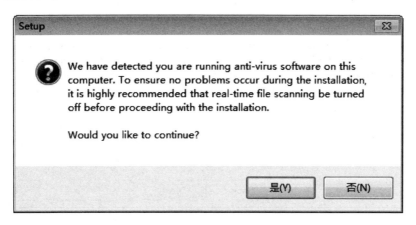

图 1-7 CCS6 软件的安装步骤 2

③ 再次提示有杀毒软件正在运行,询问是否继续,单击"是(Y)",如图1-8所示。

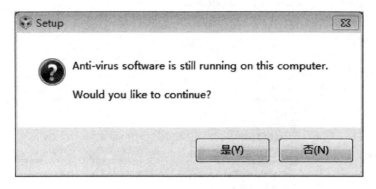

图1-8 CCS6软件的安装步骤3

④ 选择 I accept the terms of the licenses agreement,然后单击 Next,如图1-9所示。

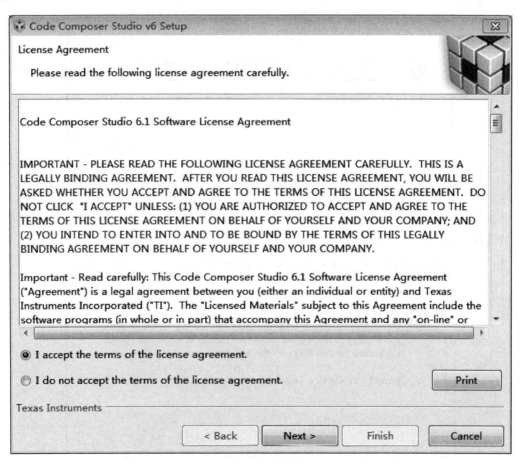

图1-9 CCS6的安装步骤4

⑤ 设置安装目录,注意,安装路径不能含有中文字符。确定好路径后,单击 Next,如图 1-10 所示。

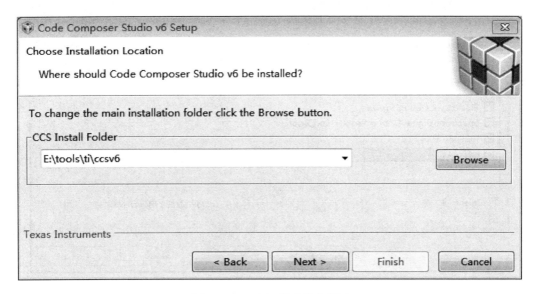

图 1-10 CCS6 的安装步骤 5

⑥ 选择 Select All,单击 Next,如图 1-11 所示。

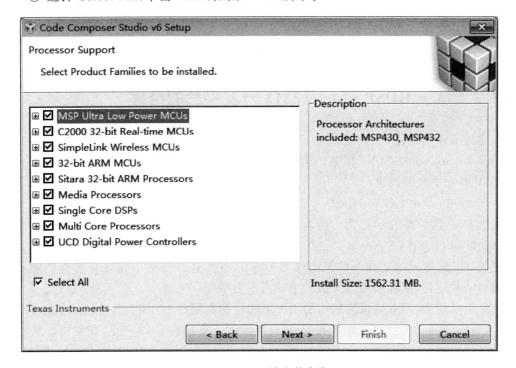

图 1-11 CCS6 的安装步骤 6

⑦ 直接单击 Next，如图 1-12 所示。

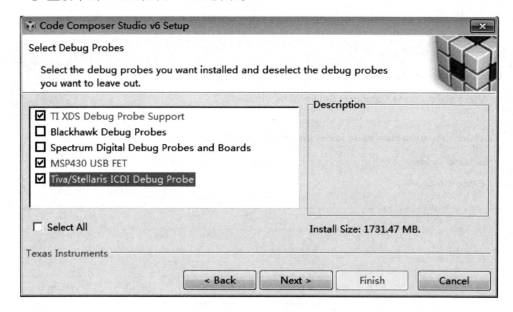

图 1-12　CCS6 的安装步骤 7

⑧ 单击 Finish，然后等待直至 CCS 安装完成。

由于 CCS6 软件比较大，所以安装过程一般需要花费 8～10 min；当然，具体的安装时间应当和计算机配置相关，配置越高，完成安装的时间也就越短。操作系统推荐使用 win7 的旗舰版或者 win10 的专业版，不要使用家庭版。

1.3.3　基于 HDSP-Super2812 开发平台的搭建

通过前面的操作，已经完成了 CCS6 的安装、仿真器的安装，也已经在 Setup Code Composer Studio 内完成了相关的配置。下面就要用 HDSP-Super2812 开发板来完成 DSP 开发平台的搭建。

图 1-13 是由 CCS6、HDSP-XDS200ISO 仿真器和 HDSP-Super2812 开发平台组成的 DSP 实验系统示意图。仿真器一头 USB 口和计算机的 USB 口相连，另一头 JTAG 口和 HDSP-Super2812 上的 JTAG 口相连。开发时，无论是调试程序还是下载代码，CCS6 都是通过仿真器来实现对 DSP 芯片的操作。为了保证系统能够顺利稳定地启动和运行，推荐采用以下的上电或者下电顺序：

➤ 上电顺序：在系统没有加电的情况下先将仿真器和 HDSP-Super2812 的 JTAG 口连接好，然后把仿真器的 USB 口连接到计算机的 USB 口上，接着将 5 V 电源接口插上 HDSP-Super2812，最后 CCS 和 DSP 建立连接，进入 Debug 模式。

➤ 下电顺序：和上电时的顺序正好完全相反，先断开 CCS 和 DSP 的连接，退出 Debug 模式，然后将 HDSP-Super2812 的 +5 V 电源拔出，接着将仿真器的 USB

口从计算机的 USB 口拔下,最后可以将仿真器的 JTAG 口和 HDSP-Super2812 的 JTAG 口拔开。

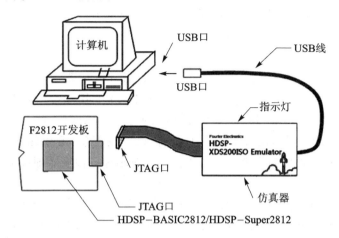

图 1-13　基于 HDSP-Super2812 的 DSP 实验系统搭建示意图

开发平台已经搭建好,接下来就可以开始在平台上进行 DSP 的学习与开发了。好的学习方法能起到事半功倍的作用,你是不是也想知道如何才能学好 DSP 呢?那么,请一起往下看。

1.4　如何学好 DSP

对于刚刚接触 DSP 的朋友,肯定很想知道应该如何开始学习 DSP,想知道采用什么样的方法学习才能学好 DSP,这是个经久不衰的话题。曾经在 HELLODSP 论坛上做过一次关于"如何学习 DSP"的讨论,很多有过经验的工程师都畅所欲言,纷纷发表自己的学习经历和经验。大家说的虽然不一定全对,也不一定都适合所有人,但还是有参考价值的。这里整理了部分网友的文字,以供大家参考。

1.4.1　众多工程师的讨论和经验

sowellwww：

一开始看书总是觉得云里雾里,不知道是什么意思,后来不看了,就光对着例程慢慢研究,再翻阅书籍查找寄存器,看它的作用,慢慢的差不多就能理解 dsp 是怎么工作的了,现在又重新开始看书,看原理,感觉还行吧,但还是有些地方似懂非懂,毕竟没有经过系统学习啊!这就是我的学习经历。感觉先研究程序再看书效果可能会好点,我是指像我这样没有基础的同学,不然一开始就看书就糊涂了。不过最终还是要经过系统学习,否则永远不会真正理解 DSP 的精髓。

abcd8031：

　　我已经用了 10 多年单片机，现在手上的活用 DSP 做是最合适的。我用过 Z80、8031、8098、MSP340，感觉几本好书、开发板、仿真器和几个或一群（更好）同道是必须有的。

dh314552189：

　　我以前也没有接触过 DSP，导师要用，所以最近才开始学习。没用硬件平台，一开始看书看得云里雾里，也看不进去。后来听人说上 TI 上找例程看，就找了个无刷直流电机的控制工程资料，对着 TI 的技术文档，大致上能看明白一些对寄存器的操作，但是对于外设是怎么工作的，还有很多看不明白，也比较着急，希望能快速入门。我要用的芯片是 2802，但是我想如果能学会了 2812，其他芯片应该就不难了吧。

吻之龙：

　　我是今年 3 月才开始学习 2812 的，书基本上看了一遍，但是没什么感觉，好在我有一块 2812 的开发板，可以在上面做做试验，我觉得学习 DSP 最重要的是要自己编程，自己做实验，自己动手做些东西，才会有进步。

274864806：

　　我来公司的第二天，老板告诉我说，你从现在开始看 DSP 的相关知识吧，然后他告诉我公司所需要的技术，让我自己选开发板，自己买书学就可以了，然后我就开始在网上搜集。对于很多所谓的 DSP 入门，都是一些你看不懂的东西，因为自己就从未接触过，所以那些入门的书籍我一无所知，只是更加茫然。

　　我根据老板的要求，选择了一款开发板，当然所附带的实例也很多。在等待开发板的期间，我开始学习 CCS 的配置和使用。等开发板到了，我看了里面的资料，便开始运行例程。当然在这之前我看了数据手册，应该说并没有看明白多少东西。记得第一个例子是 CPU 定时器 1 来实现跑马灯，然后我想改一下定时周期，改为 1 s，然而那些寄存器我不懂，一句代码要查好多资料，还是不懂，然后问客服，他们只告诉我一句话，先看书。看了 TI 公司的头文件介绍之后，我搬过书来（全英文的）看起来，看完了再回去看程序还是不懂（对于 c 编程我很熟悉）。

　　无奈了，老板说你可以买简单的高职类的教材看，然后我跑到书店蹲了 3 个小时，找了一本北京航空航天大学出版社出版的书《TMS320X281x DSP 原理及程序开发》，书中较详细地介绍了头文件中寄存器的定义和一些例程，给我带来了曙光，只要会 C 的一般都能看懂语句。买回去我看了起来，然而有一些还是不详细，于是我参考着另一本《TMS320C28X 系列 DSP 的 CPU 与外设（TIDSP 系列中文手册）》。结合例程，我一点一点地看，看不懂的在 HELLODSP 上查询；记不住的翻书，最终看懂了基本的 CPU 计时器定时中断实现跑马灯。

　　在初学过程中一般都用 C，因此买本相关的书，不要只听别人说哪本好，去书店看看，选适合自己的书最重要；别人所处的阶段不一样，所选的书也会是不同的。当然高职类的教材也很好，虽然寄存器介绍不是很详细，但对基本的知识介绍很通俗，易看懂容易入手。

第 1 章　如何开始 DSP 的学习和开发

freekey8：

通过例程来理解 DSP 是如何工作，比盲目的看书本效果更好；但是不看书有很多寄存器都不认识，理解起来肯定困难，所以，我认为，可以给出一个比较简单的例程，根据注释去理解；在理解的过程中遇到自己不知道的再去看书熟悉，再回过头来理解例程，可能会好一些。

但是网上很多例程只是个程序的核心，没有教我们如何按正规的方法开始一个工程，所以，我希望在课上，斑竹是否能够给出一个完整的而简单的例程（从如何开始配置 CCS，到编程，到调试，到烧写的全过程），让我们有个感官上的印象和认识，当然，程序的注释越详细越好。

yayongzhang：

说到如何入门，其实最关键的是要有学习的恒心和信心。学习 DSP 之前最好有点单片机的基础，做过一些东西。我开始学 2407 的时候也觉得很深奥，其实就是一些寄存器的设置，设置对了就工作了（不说控制算法）。质变之前是量变的积累，看书看资料是一定的，而且要认真地研究一段时间。看完书了最好有个开发板，跑跑例程，基本上就能上手了。我记得有人说过，调试程序的过程就是耗时间的过程，程序不通就是因为你花的时间还不够，时间够了程序就通了。很有道理！

yaochengfu128：

我现在做的虽然不是 2812，但我认为学习 DSP 还得注重实践，文档先看一遍，然后看例程，做实验，调试，修改，直到明白整个程序，把它变成自己的。在这期间不懂的再去看 TI 的文档，或者到网站请教，比如 hellodsp。

stonedsp：

我开始学习 DSP 的芯片是 2407，当时看了很多书，包括 CCS 的都看。如果有时间的话，能彻底搞懂每个细节是很重要的，当时师兄和导师都在用，但很恼火的是，老师却不给我任何学习资料，更有甚者，连问师兄关于 CCS 配置都是件大事（人家不愿告知，因为是技术）。我当时打击很大，决心非得把 DSP 学好不可，就开始看视频、看书，基本上图书馆 2407 的书我都看了，现在 2407 片内架构和外设操作都还算清楚吧。通过 2407 的磨练，我学习 2812 时只用了一个星期就把所有的东西过了一遍，例程能全部看懂，不过还缺乏锻炼，写这些也许是些感受，也是向大家诉苦吧，但目标只有一个，希望大家能相互鼓励，放开胸怀，胸怀决定格局，胸怀有多大，路就有多远。

以下是我学习的感受：

① 中断是 PC 机或是微控制器的主要速度来源，因此理解中断非常重要；

② 定时器是程序运行的精度和信号处理精度的基石，要把握好定时器；

③ 系统时钟和看门狗应该是每个控制器的心脏，要彻底搞清楚。

huang1221：

我从事过 51 项目的开发，觉得学习入门 DSP2812 的最好方法是用它和自己熟悉的单片机比较，硬件部分包括组成框架、寄存器的种类、存储空间、存储模式；软件部分其实应用是相互惯通的，只要把它的寻址方式弄清楚就可以了。

shiqilou：

我是从去年这时候开始接触2812的,以前只是学了点单片机的知识,对DSP还是比较陌生的。因为以前没有用单片机做过设计,所以当要我用2812做设计的时候,没有想到它有多么难,所以利用手头的开发板,按照说明书,下载了一些程序,看看效果,再研究一下程序是怎么写的。逐渐明白了它的编程规范,有一些寄存器不知道什么意思,我就从头文件里找,那里面有很好的说明。

我觉得《TMS320X281x DSP原理及程序开发》讲得挺好,里面有很详细的介绍,还有一些介绍2812使用别的书,讲的内容都差不多。我就是通过这些书和开发板一步步入门的,没有老师的指导,只有自己的努力与摸索,还有就是不会的来HELLODSP上搜搜,看看有没有类似的问题,别人是怎么解决的。总之,现在我已经实现了用2812来控制两个电机了,事件管理器模块也比较熟悉了。学习过程中也遇到了很多困难,但是我相信,只要努力就会成功。就像那句话说的：调试程序的过程就是耗时间的过程,程序不通就是因为你花的时间还不够,时间够了程序就通了。

fxw451：

DSP的功能是很强大的,在这强大的功能下,寄存器配置显示了主要的作用,正是因为配置太详细了,使得它比51强很多,对于寄存器配置的学习,我个人认为没必要去背,完全可以随用随查,书里一般都有详细的寄存器配置,大家可以在用到寄存器时直接查阅这本书。

我也是一个初学者,在刚开始接触DSP时,看的云里雾里的,为什么会有这样的原因呢？因为我们有一个共同的特点,就是看书就要去记东西,课本上有好多都是说寄存器的,所以就花好多脑细胞去记忆这个,反而效果不佳,因为寄存器太多了,根本就不可能都记住,记前面的忘后面的,结果下来自己感觉什么都没记住。所以建议大家先大体上看一遍书,把大体的知识了解一下;其次就是看例子了,例子是关键,例子里有你要学的所有的东西;再次,你再拿出一本书来看,这次是有针对性地看,比如你做SPI就直接看SPI那章,一边看例子一边看书,这样就可以把一些重要的寄存器给记住了。

对于初学者来说,一直好奇的就是CCS的使用,拿我第一次使用CCS来说,当我把CCS和板子连在一起时,我相当高兴,成功感油然升起。接下来就是用CCS里的看自带的例子,看完后你就会发现,这些是什么东东哦,什么都不会。这就对了,你要是看一开始就看会了,那你就是神仙了。DSP不像单片机那么容易上手,所以你要花费点功夫吃透它,好东西不是那么容易就可以搞定的。

到了自己编程的时候了,这个时候不要要求自己能编一个什么样的程序,你要仿着例子里的东西全部搞定就可以了,这就是你编程的第一步,当然也是成功的一步。在这成功下,我相信你的积极性肯定被调到起来,对DSP越来越热爱了。

wsppike：

我觉得开始学习之前,自己一定要有信心！不要老觉得DSP有多难有多难,虽然客观来讲,它的确比我们过去接触的单片机难了不少,但是有点难度不代表我们学不好它。我上大学后才发现很多东西的学习是需要时间的,你觉得好不好,精不精,跟你所投入的时间有很大的关系！DSP 相比于单片机,它的很多架构都是一个全新的概念,所以我们得花时间去熟悉它,时间花进去了效果自然会出来的！

舒鑫：

我很幸运能有机会学习 DSP,主要的还是工作原因,因为公司的产品升级,所以选择了 2812。以前只是用用单片机,和单片机相比,DSP 还是有很多的优势,不过同时也对学习增加了难度。我主要是做硬件设计,所以在软件上是比较薄弱的,也是应该加强的。上个月到国家继电保护与自动化设备检测中心做型式试验时更是发现,做一个产品不仅仅是在实验室里能达到要求,更重要的是能通过严酷的型式试验,因此对硬件和软件的设计提出了更高的要求。很荣幸通过 HELLODSP 这个好的平台,和大家一起学习,提高自己的设计水平。在这里我祝愿大家学有所成,达到自己理想的目标。

suary：

学习 2812 是最近的事情,因为有了硬件开发平台,边看书边学习边实验可以理解的更深。以前是用 2407 开发的,而且是用的汇编语言,刚开始时觉得好累,得每一句汇编都要找到相关的解释才能看懂；还有寻址方式,不像 C 语言里那样可以用指针什么的,在汇编里一定要清楚每条指令所能用的寻址方式,不然程序肯定跑飞。

现在学习 2812,因为直接上 C 语言了,所以对 2812 的硬件内核和外设设置没有一个总体上的了解,有些程序编起来还是会无从下手,大部分程序可以完成,但程序的实际执行顺序并不是很清楚。所以我觉得基本的汇编语言还是应该学习一下,那样会使自己的程序水平上一个台阶。2812 的头文件定义为编程提供了很大的方便,模块化更加强,具体设置可参考相关的寄存器设置就行。

在此,我总结了学习 2407 的经验,2812 只是初步谈不上经验,有什么不对的地方希望能够提出。

① 把存储器映射结构搞清楚。说的具体点,就是 DSP 内到底有哪些存储器 (RAM、ROM、Flash 等),这些存储器到底是如何分配的,这个可以参考相关的.cmd 文件的写法,它定义了存储器映射和输入输出段的位置。

② 编译器的堆栈操作。有关这点我还是没有具体弄清楚,就是中断或是子程序调用时,系统自己的堆栈操作。2407 有一个 8 级硬件堆栈,而 2812 没有,这个区别比较大,所以在编写针对堆栈操作的程序(eg. rtos)时就要特别注意了。

③ 中断系统。每个 CPU 的中断系统搞清楚了,会给编程带来很大的便利,所以一定要对所用的 DSP 的中断过程了解得清清楚楚。

④ 数据结构。设计好的、适合的数据结构会使自己的程序编写变得结构清楚而且"容易"。

好了,就先说这么多吧。现在学习 2812,有很多地方不同,大家一起讨论,多多交流,肯定能够更深地理解这块 2812。

Dsp31：

我的经验是:DSP 不管是软件和硬件开发一定要多思考,多比较。软件人员一定要多思考、多比较。软件人员一定要会调试和定位硬件电路的问题。硬件人员一定要考虑接口设计、电平转换、电源稳定性、ESD 防护等。

cysmwander：

作为一个用了很多年 DSP 的人，我也参加了这个学习，因为我一直坚持认为"三人行，必有我师"的道理，也明白学无止境。在这里我谈谈个人很浅显的看法，对大家，对一些所谓的初学者，也是我这几年工作的体会。

如果开始学习 DSP，其实在这里，我们不一定需要去针对 DSP 讨论，所有的 MCU 学习过程都是相通的。只是针对个人的基础不一样会不一样。在开始说之前，先说明一下：我默认你对 C 语言和编程很熟悉，如果不熟，我建议你先搞熟这个再开始你的学习；另外，你会 C 语言并不能说明你会编程，编程有结构设计的问题，C 语言只是工具，看不懂的就好好去想，想通了就发现自己又上了一个台阶，可能我的体会对你来说没有什么帮助，但是我一直这么带公司新来的同志。

在学习 DSP 之前，我觉得应该需要去弄明白 DSP 能干什么，所以你一定要先看看 Datasheet，看看 DSP 的外设和资源，看看你能做啥。然后就是建立开发环境，从交叉编译环境（DSP 一般都用 CCS），然后是烧写工具、下载线或者仿真器，然后是目标板；开发环境建立完了你要熟悉开发流程，就是说你有一个 IDEA，怎么把这个 IDEA 在目标板上实现，先做什么后做什么，这个一定要想清楚。

这些都准备好了，你就可以开始干了，千万别犹豫，古人说：临渊慕鱼，不如退而结网。千万别怕，一定要立即动手，万事开头难，你就从你认为对的开始做，做错了重头来。我和我们公司新来的同事都说：多动手，烧掉几块板子和几个 MCU 都是小事，关键是你要动手。我不建议大家直接拿例程来做试验，因为那样你 MCU 的结构没有把握，你把例程跑得再好，那也不是你的东西。一定要自己写，例程只能作为参照，一定要一个字母一个字母地去写程序。

spdrdrsp：

我觉得学习 DSP 需要循序渐进，具体可根据自己的情况大概说一下吧。

① 书本肯定是要看的，最起码要先了解 DSP 工作的原理和一些相关的寄存器。

② 要拿几个例程做一下试验，能够从感官上了解到 DSP。其实最重要的是给自己建立信心。

③ 对 DSP 的控制做更深入的了解，最主要其实是知道如何调试程序，还有如何利用 CCS 看到一些寄存器的变化，要能看到自己设计的程序是否在按照自己的程序在执行。

④ 要多做实验，不光是写程序，同时还要做一些 DSP 外围硬件电路，最好自己搭一个最小系统。

messicd：

我当初学 DSP 的时候连单片机都没学过，硬件和软件的功底也很差，基本上好比大一新生。好在实验室有 DSP 平台，我学的是 C54，一开始先在实验箱上运行样列程序，看结果，读程序，难度还是非常大的；后来就开始做孤立词语音识别，其实程序什么的师兄做好了，只是把他们的声音换成我的；不过还是学会了 CCS 的操作，大概知道

第1章 如何开始 DSP 的学习和开发

DSP 是何物了。总算入了门,接下来开了 DSP 的课程,结合自己先前的经验,学起来应该说很快,对 DSP 的结构、指令、外设都有了认识,在掌握了基础后就还是需要不断地实践,因为只有在开发中才会遇到问题,才能学习到新的知识。

总结一下我学 DSP 的经验,归纳为三步:实验,看书,项目。

hexiaowei83003:

我开始学 DSP 是因为老师让我做一个陀螺的测试平台,用 2812 实现。这是从 2008 年 12 月份开始接手的,当时接手时老师没有给任何资料,完全自己摸索。我以前是做算法的,没做过硬件,毫无经验。我开始学时先借了本讲 2812 的中文书,是北京航空航天大学出版社出版的,当时把书看了两次,还是不懂,没办法,就直接买了个开发板,开发板有例子,就对这例子一点一点消化。对着书看了好几天才看懂一个例子,没办法,基础太差。慢慢地感觉有点入门了,却发现问题越来越多。

现在我正在看 TI 的芯片手册,我觉得学 DSP 先找本中文书看看,再找些例子读程序,最关键的要搞懂每一个文件的意思,包括头文件的写法。关于寄存器的应用是 DSP 的重点。有条件的买个开发板,对着书本调试板子的程序,再自己改改它的程序,先重要学与你相关的部分。多查资料,我觉得 TI 给的芯片手册是个好东西,经常看看;还有它给的例子,很规范,也很好。我现在才开始学,好多东西不知道,以上都是我的个人看法,不知道对不对,也请大家多多指点一下。

yangyansky:

我从开始看书也就 4 个月的时间,一开始老板就让上项目,虽然有 51 的基础,可是一看书,就知道不是一个级别的事。开始也是看张卫宁翻译的那本手册,记得一开始就看 EV,因为项目里正用,真的体会到了什么叫云里雾里。就这样云里雾里地跟着项目组调程序,两个星期下来,依然不知所云。就这样一边看书一边调程序,不过比较幸运的是有项目上硬件开发板可用,偶尔有问题了还可以问问同事。谈谈这段时间的个人收获,也整理一下个人学习 DSP 的步骤:

① 看书,这是必要的,也是基础。第一遍,不用太详细,不过要让自己大概知道书里都有些什么内容。

② 重点了解 2812 片内资源的分配情况,尤其是存储器的映射,知道了这个你就明白了你写的哪部分内容是具体存到哪里去了。掌握 Bootload 的工作原理,这个能让我们知道程序是在哪里、怎么启动的运行的。至于 SPI、SCI 这些外设,我觉得等到具体运用的时候再看不迟,结合具体的运用还比较容易理解。

③ 看例程,在自己编写需要功能的代码时,先要看看已有的例程,看看例程里的各种寄存器是怎么配置的,配置时又是怎么实现的,根据看懂的编写自己想要的,然后跑跑自己的程序看和已有的例程有什么异同,是不是自己想要的。当然,调试环节是最难的一个环节,这个过程中会出现很多意想不到的问题,只能慢慢摸索慢慢前进了。

④ 重点理解中断、定时器、系统时钟的工作过程,这对程序里的时间分配问题很重要。

⑤ 我觉得写程序要规范,这会简便很多操作,使编译得以优化。例如,相关的文件

定义要放在相应的头文件里,全局变量等的定义最好放在 GlobalVariableDefs.c 里,相应的中断程序要放在 DefaultIsr.c 里等。

以上是最近两个月学习的点滴收获,刚刚学习,可能有不正确的,对很多东西都是一知半解,还要学习的东西还很多,希望以后和大家一起学习,一起总结,一起进步。

怎么样,看了这么多工程师的讨论,对于该如何学习 DSP 技术,你的心里是不是有些数了呢?慢慢来吧,相信通过本书的学习,你一定能够建立一套系统的学习方法。

1.4.2 作者的建议

接下来,就作者的经验来谈一谈如何开始 DSP 的学习,或许,并没有什么新意,很多观点在前面已经提到过,这里算是总结与补充吧,希望能对你带去一些帮助。其实大家在谈论的这个话题,不仅仅适用于 DSP,而是对一种学习方法的探讨,应该适合于绝大多数的 MCU。当然,这里所表达的仅仅是作者的个人观点,不一定适用于所有人,每个人都可以在学习的过程中总结和体验适合于自己的学习方法,这才是最佳的学习方法。

首先说一说 DSP 学习的步骤。第一件需要做的事情就是 DSP 选型,得选一款认为对自己有用武之地的芯片,或是项目,或是兴趣,建议选择热门一些的芯片,因为热门的东西资料比较多一些,交流起来也方便,入门学习的话建议选择 2812。接下来,就得挑选相关书籍了,国内关于 2812 的中文教材还是挺多的,这给大家学习带来很大的方便,本书也是为了能够帮助大家学习 2812 才写的。不过,建议大家在读中文教材的同时,有时间的话,最好能结合着看看 TI 公司的英文文档,原汁原味的英文表达方式不仅能加深对关键知识点的理解,而且在不知不觉中能提高英文阅读能力,这对今后的学习和研发工作是很有帮助的。

① 看书是学习的第一步,不看书就想学会一门技术那是万万没有可能的。那书该怎么看?很多人都觉得看书经常看的是一头雾水,看了后面的就忘记前面的了。这是正常现象,毕竟很少有人是过目不忘的天才,更何况面对大家的是极其拗口、生硬的专业术语。结合自身的学习和实践经验,建议大家一开始看书,可以看个大概,没必要太过于仔细,非得弄明白每一个问题。只要做到心中有数就可以了,例如,2812 内部由哪些部分构成,每一部分又有哪些内容。值得一提的是,千万不要去记忆寄存器的内容,因为这是没有用的,记不住勤翻书就是了。

② 书本内容大体看过之后,心里肯定是比较郁闷的,因为如果你第一次学习的话,很有可能多数东西都没有看懂。不过没有关系,先把 DSP 开发所需要的软硬件平台搭建起来,慢慢找回自信吧。我们可以在开发板上跑一个有现象的例程,建议选择跑马灯之类的,在自己亲手操作之下,让 DSP 板子上的跑马灯跑起来的话,应该是不小的惊喜。

对于例程,需要学习它的工程框架,例如,工程是由哪些文件组成的,这些文件是不是必须的,每个文件里面的内容是什么、起什么作用的等。如果你之前看过的书里并没有讲到这些,不用急,本书在后面会一一向大家详细介绍。另外,还得学习例程的内容,需要思考每一个语句的含义,为什么寄存器是这么配置的、有什么作用。一般一个例程和DSP的某一个部分相关,这时候就需要仔细研究书本上这一块的内容了。看寄存器配置的时候,就得对着书一位一位地看,因为每一位都有具体的含义。等到把这个例程理解得差不多的时候,就可以试着改写例程了,根据自己的理解进行修改,然后通过实验来验证修改的是不是正确,是不是和自己理解的东西所一致。这样,才能真正从例程里吸收到养分,有所收获。

③ 当熟练掌握两三个例程之后,可以尝试自己写写程序。建议大家后面就不要再先看例程,而是根据例程的功能先自己写,然后和例程进行比对,看看差别在什么地方,自己哪里没有考虑到,对比学习之后的收获肯定会更大。学习完例程,应该可以编写自己想要功能的程序了。任何一个复杂功能的程序都是由若干个功能模块组合起来的,所以当把一个一个简单功能掌握后,编写复杂的程序应该也不是太大的问题了。

④ 前面讲的都是软件方面的学习;硬件方面,建议从模仿开发板开始,根据开发板的原理图来设计,并思考为什么要这么处理,有没有什么依据。不要怕失败,一般一次性成功的概率很小,总会有疏漏的地方,可以修改之后再做板子,一般往返个两三次都属于正常现象。硬件需要经验的积累,做多了自然就胸有成竹了。

总之,可以将学好DSP的方法总结为"四多",即多看、多想、多动手、多交流。多看、多想、多动手前面都讲过了,下面讲讲多交流。学习任何一门学问,肯定前面已经有人做过很多的努力了,所以需要在前人经验的基础上进行学习。这就要求在学习过程中,多多交流,不要一味地一个人埋头苦学,有时候自己琢磨两三天的问题,或许前人早就总结好分享给大家了。更何况,"三人行,必有我师。"通过交流,大家可以知识互补,在这个问题上可能我不会,但是别人会,而在其他问题上,可能我会,别人不会,大家一交流,问题就可能都迎刃而解了。

在学习的过程中,肯定会遇到很多问题,需要在寻求帮助或者在网络论坛上提问,但是怎么提问,也是需要注意的。首先不能一有问题,就去问,最起码自己先要想办法解决,自己学着分析分析可能导致问题的原因是什么,在论坛中(如HELLODSP)找找,搜索一下看看,是不是前面有人遇到了相同的问题,有没有相关的讨论。确实没辙了,发帖的时候一定要讲清楚你的问题,不要用简单的"求助"之类的词语,如果连总结问题的时间都没有,连写完整标题的时间也没有,怎么能指望别人能够有时间给你解答呢?还有,就是不要把程序完整地上传,光说这个程序有错误,让别人来改。因为每个人写的程序千差万别,风格不一,读程序也是件很痛苦的事情,所以一定要自己先分析过,搞清楚可能所存在的问题,再去求助。最后,不一定所有的问题都会有人感兴趣,会来解答,求助只是一种寻找解决问题方法的途径,最最关键的还是得靠自己琢磨。不动脑筋地寻求帮助只会养成依赖别人的坏习惯。

1.5　C2000助手软件介绍

　　C2000助手是一套全面的软件基础设施和软件工具集,旨在帮助用户最大程度地缩短掌握C2000开发的时间,如图1-14所示。C2000助手集成了开发DSP所需要的各种资源,比如芯片的基本信息、寄存器查询功能、DSP数据手册、相应的示范例程、教学视频、FLASH固化操作示范、CCS软件下载、开发者社群等。

　　C2000助手可以访问 http://www.tic2000.com 下载。

图1-14　C2000助手

　　本章同大家一起了解了DSP的基础知识,知道了如何选择DSP的型号、如何搭建DSP的开发平台,并分享了众多工程师学习DSP的经历和心得。俗话说"良好的开始是成功的一半",希望本章的内容帮助大家开了个好头。下面就要开始TMS320X281X芯片具体内容的学习了,本书将以TMS320F2812为例进行讲解。

第 2 章
TMS320X2812 的结构、资源及性能

　　TMS320X2812 是 TI 公司推出的 32 位定点 DSP 芯片。随着制造工艺的成熟,生产规模的扩大,价格的不断下降,TMS320X2812 也是目前性价比最高的 DSP 芯片之一。它不但具有强大的数字信号处理能力,而且还具有较为完善的事件管理能力和嵌入式控制功能,因此被广泛应用于工业控制,特别是应用在处理速度、处理精度方面要求较高的领域,或者是应用于需要大批量数据处理的测控场合,例如工业自动化控制、电力电子技术应用、智能化仪器仪表、电机伺服控制系统等。本章将详细介绍 TMS320X2812 的结构、资源及其性能,并给出该芯片的引脚分布及引脚功能。

2.1　TMS320X2812 的片内资源

　　TI 公司推出的 DSP 一改传统的冯·诺依曼结构,采用了先进的哈佛总线结构,如图 2-1 所示。哈佛总线的主要特点是将程序和数据放在不同的存储空间内,每个存储空间都可以独立访问,而且程序总线和数据总线分开,从而使数据的吞吐率提高了一倍。而单片机一般采用的冯·诺依曼结构将程序、数据和地址存储在同一空间中,统一进行编码,根据指令计数器提供的地址的不同来区分程序、数据和地址;显然,程序和数

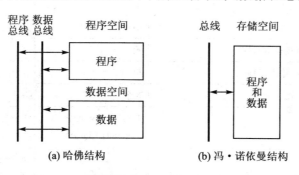

图 2-1　哈佛结构与冯·诺依曼结构示意图

据的读取不能同时进行,从而影响了系统的整体工作效率。哈佛结构就像是双车道,而冯·诺依曼结构就像是单车道,优缺点很明显。

作为 TI 公司首推的 TMS320X2812 的型号主要有 TMS320C2812 和 TMS320F2812,两种芯片的差别仅仅在于其内部的存储空间是 ROM 还是 Flash。TMS320C2812 片内含有 128K×16 位的 ROM,而 TMS320F2812 的片内含有 128K×16 位的 Flash。目前在市场上用得比较多的是 TMS320F2812,本书也将以 TMS320F2812 作为主要的介绍对象。

TMS320X2812 的硬件特点如表 2-1 所列。

表 2-1 TMS320X2812 的硬件特点

硬件特点	TMS320F2812	TMS320C2812
指令周期(150 MHz)	6.67 ns	6.67 ns
内核电压为多少伏,时钟频率达到 150 MHz	1.9 V	1.9 V
输入/输出口电压	3.3 V	3.3 V
片内 RAM	18K×16 位	18K×16 位
片内 Flash	128K×16 位	无
片内 ROM	无	128K×16 位
Boot ROM	有	有
掩膜 ROM	有	有
片内 Flash/ROM/SRAM 的密码保护	有	有
外部存储器接口	有	有
看门狗定时器	有	有
32 位的 CPU 定时器	有	有
事件管理器	EVA、EVB	EVA、EVB
12 位的 ADC	16 通道	16 通道
串行通信接口 SCI	SCIA、SCIB	SCIA、SCIB
串行外围接口 SPI	有	有
局域网控制器 CAN 通信	有	有
多通道缓冲串行接口 McBSP	有	有
复用的数字输入/输出引脚	56 个	56 个
外部中断源	3 个	3 个
封装	179 针的 BGA 176 针的 LQFP	179 针的 BGA 176 针的 LQFP
工作温度范围	A:−40~+85℃ S:−40~+125℃	A:−40~+85℃ S:−40~+125℃

2.1.1 TMS320X2812 的性能

表 2-1 列出了 TMS320X2812 芯片所具有的硬件特点,下面详细介绍 TMS320X2812 的主要性能。

① TMS320X2812 芯片采用了高性能的 CMOS 技术:
- CPU 主频高达 150 MHz,时钟周期为 6.67 ns。
- 采用低功耗设计,当内核电压为 1.8 V 时,主频为 135 MHz;当内核电压为 1.9 V 时,主频为 150 MHz。I/O 口引脚电压为 3.3 V。
- Flash 编程电压为 3.3 V。

② 支持 JTAG 在线仿真接口。

③ 高性能的 32 位中央处理器(TMS320C28x):
- 一个周期内能够完成 32 位×32 位的乘法累加运算。
- 一个周期内能够完成 2 个 16 位×16 位的乘法累加运算。
- 采用哈佛总线结构模式。
- 具有快速的中断响应和中断处理能力。
- 具有统一的寄存器编程模式。
- 编程可兼容 C/C++ 语言以及汇编语言。

④ 芯片内的存储空间:
- TMS320F2812 片内含有 128K×16 位的 Flash,分为 4 个 8K×16 位和 6 个 16K×16 位的存储段,而 TMS320C2812 片内含有 128K×16 位的 ROM。
- 具有 1K×16 位的 OTP ROM 空间。
- H0:1 块 8K×16 位的随机存储器(SARAM)。
- L0 和 L1:2 块 4K×16 位的随机存储器(SARAM)。
- M0 和 M1:2 块 1K×16 位的随机存储器(SARAM)。

⑤ Boot ROM 空间:4K×16 位,内含软件启动模式,内含标准的数学函数库。

⑥ 外部存储器接口:有 1M×16 位的总存储空间,3 个独立的片选信号,可编程的等待时间,可编程的读/写时序。

⑦ 时钟和系统控制:内含看门狗定时器,具有片内振荡器,支持动态锁相环倍频。

⑧ 3 个外部中断。

⑨ 外部中断模块 PIE 可支持 96 个外部中断,当前仅使用了 45 个外部中断。

⑩ 3 个 32 位的 CPU 定时器。

⑪ 128 位安全密钥:可以保护 Flash/ROM、OTP ROM 和 L0、L1 SARAM,防止系统中的软件程序被修改或读取。

⑫ 先进的仿真模式:具有实时分析以及设置断点的功能,支持硬件仿真。

⑬ 开发工具:
- TI 公司 DSP 集成开发环境(Code Composer Studio,CCS)。

➢ 目前 JTAG 仿真器的主要型号有 XDS510 仿真器和 XDS560 仿真器。对于仿真 TMS320X2812，使用 XDS510 仿真器已经足够。

⑭ 低功耗模式和节能模式：支持 IDLE、STANDBY、HALT 模式，即支持空闲模式、等待模式以及挂起模式；可独立禁止/使能各个外设的时钟。

⑮ 可选的芯片封装：

➢ 179 引脚的 BGA 封装，带有外部存储器接口。

➢ 176 引脚的 LQFP 封装，带有外部存储器接口。

➢ 由于 BGA 封装的焊接比较困难，在小批量的情况下，手工一般无法完成，机器焊接的成本也远远高于 LQFP 封装的焊接成本，因此，通常设计时使用的是 176 引脚的 LQFP 封装。

⑯ 温度选择：A：−40～+85℃；S：−40～+125℃。

2.1.2　TMS320X2812 的片内外设

TMS320X2812 的功能框图如图 2-2 所示。TMS320X2812 片内含有丰富的外设资源，已基本满足工业控制的需要，大大降低了硬件电路的设计难度，优良的性价比使得其能够被广泛应用。

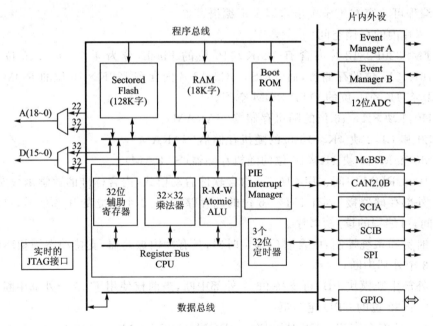

图 2-2　TMS320X2812 的功能框图

从图 2-2 可以看到，TMS320X2812 内部具有事件管理器 EV、ADC 采样模块、串行通信接口 SCI、串行外围设备接口 SPI、局域网通信控制器 CAN 以及多通道缓冲串行接口 McBSP。下面详细介绍各个外设单元。

第 2 章 TMS320X2812 的结构、资源及性能

(1) 事件管理器

① 具有两个事件管理器(Event Manager)EVA、EVB。两个事件管理器具有相同功能的定时器、比较单元、捕获单元,只是命名不同而已。

② 每个事件管理器具有 2 个通用定时器。

③ 每个事件管理器具有 3 个全比较单元。

④ 每个事件管理器具有 3 个捕获单元。

⑤ 共可产生 4 路独立的 PWM 波形和 6 对 12 路互补的 PWM 波形,因此 TMS320X2812 可广泛应用于电力电子、电机控制领域。

(2) 模拟量转换为数字量的 ADC 采样模块

① 理论上采样精度为 12 位,在实际使用中采样精度为 9 位或 10 位,经过硬件、软件校正措施,精度可有效提高。

② 2×8 路输入通道;具有 2 个采样保持器(Sample - Hold Controller)。

③ 具有单一或者级联两种转换模式。

④ 最高转换速率为 80 ns(12.5 MSPS)。

(3) 串行通信接口 SCI

① 每个 TMS320X2812 芯片具有 2 个串行通信接口 SCIA 和 SCIB。

② 采用接收、发送双线制。

③ 标准的异步串行通信接口,即 UART 口。

④ 支持可编程配置为多达 64K 种不同的通信速率。

⑤ 可实现半双工或者全双工的通信模式。

⑥ 16 级深度的发送/接收 FIFO 功能,从而有效降低串口通信时 CPU 的开销。

(4) 串行外围设备接口 SPI

① 具有两种可选择的工作模式,主模式或者从模式。

② 支持 125 种可编程的波特率。

③ 发送和接收可以同步操作,可实现全双工通信模式。

④ 具有 16 级深度的发送/接收 FIFO 功能,发送数据的时候数据与数据之间的延时可以进行控制。

(5) 局域网通信控制器 CAN

① 支持完全兼容的 CAN2.0B 总线协议;最高支持 1 Mbps 的总线通信速率。

② 具有 32 个可编程的邮箱。

③ 低功耗模式。

④ 具有可编程的总线唤醒模式;可自动应答远程请求消息。

(6) 多通道缓冲串行接口 McBSP

① 全双工通信方式。

② 双倍缓冲的传送和三倍缓冲的接收,并适用于连续的数据流。

③ 128 个通道可用于传送和接收。

④ 多通道选择模块允许和终止每一个通道的传输。

⑤ 用两个 16 级、32 位的 FIFO 代替 DMA(直接存储器存取)。

⑥ 可直接连接于工业标准的多媒体数字信号编解码器、模拟接口芯片以及可串行连接的 A/D 和 D/A 转换器。

2.2　TMS320X2812 的引脚分布及引脚功能

下面将介绍 TMS320X2812 的引脚分布以及各引脚的功能，同时将详细介绍各引脚的外设功能、电气要求及参数信息等。

2.2.1　TMS320X2812 的引脚分布

TMS320X2812 芯片的封装方式有 179 引脚的 GHH 球形网络阵列 BGA 封装和 176 引脚的 PGF 低剖面四芯线扁平 LQFP 封装。BGA 封装的底视图如图 2-3 所示。LQFP 封装的顶视图如图 2-4 所示。

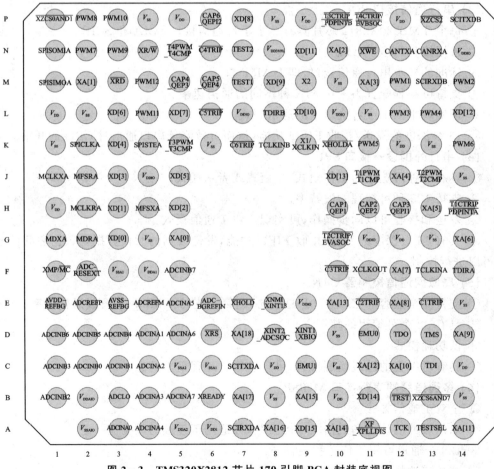

图 2-3　TMS320X2812 芯片 179 引脚 BGA 封装底视图

第 2 章 TMS320X2812 的结构、资源及性能

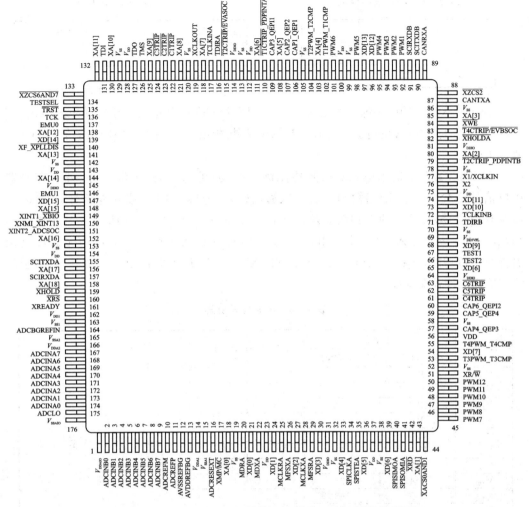

图 2-4 TMS320X2812 芯片 176 引脚 LQFP 封装顶视图

2.2.2 TMS320X2812 的引脚功能

TMS320X2812 所有引脚的输入电平均与 TTL 电平兼容,而输出电平为 3.3 V 的 CMOS 电平。为了理解如此设计的原因,首先需要了解 TTL 电平和 CMOS 电平的区别。在数字电路中,所有的信息都是以 1 和 0 来存储或识别的,也就是通过高电平和低电平来表示。TTL 电平和 CMOS 电平的区别就在于输入/输出高电平或者低电平的电平标准上,分别如表 2-2 和表 2-3 所列。对于 TMS320X2812 芯片的引脚输入电平而言,只要检测到电平低于 1.2 V 就认为是低电平,电平高于 2.0 V 就认为是高电平;而对于 TMS320X2812 的引脚输出电平而言,计算电平标准所需的 $V_{CC}=3.3$ V。

表 2-2 TTL 电平标准

引脚电气方向	高电平(1)	低电平(0)
输入	>2.0 V	<1.2 V
输出	>2.4 V	<0.8 V

表 2-3 CMOS 电平标准

引脚电气方向	高电平(1)	低电平(0)
输入	$>0.7\times V_{CC}$	$<0.3\times V_{CC}$
输出	$>0.9\times V_{CC}$	<0.8 V

TMS320X2812 的引脚绝对不能输入 5 V 电压,否则会烧毁芯片。当引脚内部上拉或者下拉时,会产生 100 μA 的电流。所有具有输出功能的引脚,其输出缓冲器驱动能力的典型值是 4 mA。

TMS320X2812 的引脚将其按照功能进行归类,可以分为:电源信号、外部存储器接口信号(XINTF)、ADC 模拟输入信号、通用输入/输出(GPIO)或外围信号、JTAG 接口及其他信号,其具体的引脚功能及信号情况如表 2-4~表 2-8 所列。需要说明的是,表中的 I 表示输入,O 表示输出,Z 表示高阻态,PU 表示引脚有上拉功能,PD 表示引脚有下拉功能。除了 TDO、CLKOUT、XF、XINTF、EMU0 及 EMU1 引脚外,其余引脚均有输出缓冲器驱动能力。

表 2-4 电源信号引脚

名 称	引脚号		I/O/Z	PU/PDS	说 明
	179 引脚 BGA	176 引脚 LQFP			
V_{DD}	H1	23			
V_{DD}	L1	37			
V_{DD}	P5	56			
V_{DD}	P9	75			
V_{DD}	P12	—			1.8 V 或者 1.9 V 内核数字电源
V_{DD}	K12	100			
V_{DD}	G12	112			
V_{DD}	C14	128			
V_{DD}	B10	143			
V_{DD}	C8	154			
V_{SS}	G4	19			
V_{SS}	K1	32			
V_{SS}	L2	38			
V_{SS}	P4	52			
V_{SS}	K6	58			
V_{SS}	P8	70			
V_{SS}	M10	78			
V_{SS}	L11	86			内核和数字 I/O 的地
V_{SS}	K13	99			
V_{SS}	J14	105			
V_{SS}	G13	113			
V_{SS}	E14	120			
V_{SS}	B14	129			
V_{SS}	D10	142			
V_{SS}	C10	—			
V_{SS}	B8	153			

续表 2-4

名称	引脚号		I/O/Z	PU/PDS	说明
	179 引脚 BGA	176 引脚 LQFP			
V_{DDIO}	J4	31			I/O 口数字电源(3.3 V)
V_{DDIO}	L7	64			
V_{DDIO}	L10	81			
V_{DDIO}	N14	—			
V_{DDIO}	G11	114			
V_{DDIO}	E9	145			
V_{DD3VL}	N8	69			Flash 内核电源,上电以后所有的时间内该引脚应该为 3.3 V

表 2-5 外部存储器接口(XINTF)信号引脚

名称	引脚号		I/O/Z	PU/PDS	说明
	179 引脚 BGA	176 引脚 LQFP			
XA[18]	D7	158	O/Z		19 位地址总线
XA[17]	B7	156	O/Z		
XA[16]	A8	152	O/Z		
XA[15]	B9	148	O/Z		
XA[14]	A10	144	O/Z		
XA[13]	E10	141	O/Z		
XA[12]	C11	138	O/Z		
XA[11]	A14	132	O/Z		
XA[10]	C12	130	O/Z		
XA[9]	D14	125	O/Z		
XA[8]	E12	121	O/Z		
XA[7]	F12	118	O/Z		
XA[6]	G14	111	O/Z		
XA[5]	H13	108	O/Z		
XA[4]	J12	103	O/Z		
XA[3]	M11	85	O/Z		
XA[2]	N10	80	O/Z		
XA[1]	M2	43	O/Z		
XA[0]	G5	18	O/Z		
XD[15]	A9	147	I/O/Z	PU	16 位数据总线
XD[14]	B11	139	I/O/Z	PU	
XD[13]	J10	97	I/O/Z	PU	
XD[12]	L14	96	I/O/Z	PU	
XD[11]	N9	74	I/O/Z	PU	
XD[10]	L9	73	I/O/Z	PU	
XD[9]	M8	68	I/O/Z	PU	
XD[8]	P7	65	I/O/Z	PU	

续表 2-5

名称	引脚号		I/O/Z	PU/PDS	说明
	179 引脚 BGA	176 引脚 LQFP			
XD[7]	L5	54	I/O/Z	PU	16 位数据总线
XD[6]	L3	39	I/O/Z	PU	
XD[5]	J5	36	I/O/Z	PU	
XD[4]	K3	33	I/O/Z	PU	
XD[3]	J3	30	I/O/Z	PU	
XD[2]	H5	27	I/O/Z	PU	
XD[1]	H3	24	I/O/Z	PU	
XD[0]	G3	21	I/O/Z	PU	
XMP/$\overline{MC}$	F1	17	I	PU	见表注
$\overline{XHOLD}$	E7	159	I	PU	外部 DMA 保持请求信号。低电平时请求 XINTF 释放外部总线，并把所有的总线与选通置为高阻态。当对总线的操作完成之后并且没有即将对 XINTF 进行访问时，XINTF 释放总线
$\overline{XHOLDA}$	K10	82	O/Z		外部 DMA 保持确认信号。当 XINTF 响应 $\overline{XHOLD}$ 的请求时，$\overline{XHOLDA}$ 为低电平，所有的 XINTF 总线和选通端呈高阻态。$\overline{XHOLD}$ 和 $\overline{XHOLDA}$ 信号同时发出
$\overline{XZCS0AND1}$	P1	44	O/Z		XINTF 区域 0 和区域 1 的片选信号，当访问 XINTF 区域 0 或者 1 时为低电平
$\overline{XZCS2}$	P13	88	O/Z		XINTF 区域 2 的片选信号，当访问 XINTF 区域 2 时为低电平
$\overline{XZCS6AND7}$	B13	133	O/Z		XINTF 区域 6 和区域 7 的片选信号，当访问 XINTF 区域 6 或者 7 时为低电平
$\overline{XWE}$	N11	84	O/Z		写有效。有效时为低电平
$\overline{XRD}$	M3	42	O/Z		读有效。有效时为低电平。$\overline{XRD}$ 和 $\overline{XWE}$ 是互斥信号
XR/$\overline{W}$	N4	51	O/Z		通常为高电平。低电平时表示处于写周期，高电平时表示处于读周期
XREADY	B6	161	I	PU	数据准备输入信号。高电平时表示外设已经为访问做好准备

注：XMP/$\overline{MC}$ 为微处理器/微计算机模式选择信号。此信号为高电平时是微处理器模式，此时外部接口的

第2章 TMS320X2812 的结构、资源及性能

Zone7 有效，Zone7 被映射到存储空间的高位，这样向量表将指向外部，系统从 Zone7 部分启动。此信号为低电平时是微计算机模式，此时 Zone7 被禁止，向量表指向 Boot ROM，这样系统既可以从内部存储空间启动，也可以从外部存储空间启动。实际通常使用的是微计算机模式，因此需要将此引脚接地。

表 2-6 ADC 模拟输入信号引脚

名 称	引脚号		I/O/Z	PU/PDS	说 明
	179 引脚 BGA	176 引脚 LQFP			
ADCINA7	B5	167	I		ADC 模块的采样保持器 A 的 8 路模拟输入。在器件未上电之前，这些引脚不会被驱动。ADC 输入电压范围为 0~3 V
ADCINA6	D5	168	I		
ADCINA5	E5	169	I		
ADCINA4	A4	170	I		
ADCINA3	B4	171	I		
ADCINA2	C4	172	I		
ADCINA1	D4	173	I		
ADCINA0	A3	174	I		
ADCINB7	F5	9	I		ADC 模块的采样保持器 B 的 8 路模拟输入。在器件未上电之前，这些引脚不会被驱动。ADC 输入电压范围为 0~3 V
ADCINB6	D1	8	I		
ADCINB5	D2	7	I		
ADCINB4	D3	6	I		
ADCINB3	C1	5	I		
ADCINB2	B1	4	I		
ADCINB1	C3	3	I		
ADCINB0	C2	2	I		
ADCREFP	E2	11	O		ADC 参考电压输出 2 V。需要在该引脚上接一个低 ESR(等效串联阻抗 50 mΩ~1.5 Ω)的 10 μF 陶瓷旁路电容，另一端接至模拟地
ADCREFM	E4	10	O		ADC 参考电压输出 1 V。需要在该引脚上接一个低 ESR(等效串联阻抗 50 mΩ~1.5 Ω)的 10 μF 陶瓷旁路电容，另一端接至模拟地
ADCRESE-XT	F2	16	O		ADC 外部偏置电阻 24.9 kΩ
ADCBGREFN	E6	164	I		测试引脚，为 TI 保留，必须悬空
AVSSREFBG	E3	12	I		ADC 模拟地
AVDDREFBG	E1	13	I		ADC 模拟电源 3.3 V
ADCLO	B3	175	I		模拟参考电压输入，实际应用时通常接地
V_{SSA1}	F3	15	I		ADC 模拟地
V_{SSA2}	C5	165	I		ADC 模拟地
V_{DDA1}	F4	14	I		ADC 模拟电源 3.3 V

续表 2-6

名 称	引脚号		I/O/Z	PU/PDS	说 明
	179 引脚 BGA	176 引脚 LQFP			
V_{DDA2}	A5	166	I		ADC 模拟电源 3.3 V
V_{SS1}	C6	163			ADC 数字地
V_{DD1}	A6	162			ADC 数字电源 1.8 V
V_{DDAIO}	B2	1			I/O 模拟电源 3.3 V
V_{SSAIO}	A2	176			I/O 模拟地

表 2-7 通用输入/输出(GPIO)或外围信号引脚

名 称	引脚号		I/O/Z	PU/PDS	说 明
	179 引脚 BGA	176 引脚 LQFP			
GPIOA 或 EVA 的信号					
GPIOA0	PWM1(O)	M12	92	I/O/Z	PU	GPIO 或 PWM 输出引脚 1
GPIOA1	PWM2(O)	M14	93	I/O/Z	PU	GPIO 或 PWM 输出引脚 2
GPIOA2	PWM3(O)	L12	94	I/O/Z	PU	GPIO 或 PWM 输出引脚 3
GPIOA3	PWM4(O)	L13	95	I/O/Z	PU	GPIO 或 PWM 输出引脚 4
GPIOA4	PWM5(O)	K11	98	I/O/Z	PU	GPIO 或 PWM 输出引脚 5
GPIOA5	PWM6(O)	K14	101	I/O/Z	PU	GPIO 或 PWM 输出引脚 6
GPIOA6	T1PWM-T1CMP	J11	102	I/O/Z	PU	GPIO 或定时器 1 输出
GPIOA7	T2PWM-T2CMP	J13	104	I/O/Z	PU	GPIO 或定时器 2 输出
GPIOA8	CAP1_QEP1(I)	H10	106	I/O/Z	PU	GPIO 或捕获输入 1
GPIOA9	CAP2_QEP2(I)	H11	107	I/O/Z	PU	GPIO 或捕获输入 2
GPIOA10	CAP3_QEPI1(I)	H12	109	I/O/Z	PU	GPIO 或捕获输入 3
GPIOA11	$\overline{TDIRA}$(I)	F14	116	I/O/Z	PU	GPIO 或计数器方向
GPIOA12	$\overline{TCKINA}$(I)	F13	117	I/O/Z	PU	GPIO 或计数器时钟输入
GPIOA13	$\overline{C1TRIP}$(I)	E13	122	I/O/Z	PU	GPIO 或比较器 1 输出
GPIOA14	$\overline{C2TRIP}$(I)	E11	123	I/O/Z	PU	GPIO 或比较器 2 输出
GPIOA15	$\overline{C3TRIP}$(I)	F10	124	I/O/Z	PU	GPIO 或比较器 3 输出
GPIOB 或 EVB 的信号					
GPIOB0	PWM7(O)	N2	45	I/O/Z	PU	GPIO 或 PWM 输出引脚 7
GPIOB1	PWM8(O)	P2	46	I/O/Z	PU	GPIO 或 PWM 输出引脚 8
GPIOB2	PWM9(O)	N3	47	I/O/Z	PU	GPIO 或 PWM 输出引脚 9
GPIOB3	PWM10(O)	P3	48	I/O/Z	PU	GPIO 或 PWM 输出引脚 10
GPIOB4	PWM11(O)	L4	49	I/O/Z	PU	GPIO 或 PWM 输出引脚 11
GPIOB5	PWM12(O)	M4	50	I/O/Z	PU	GPIO 或 PWM 输出引脚 12

续表 2-7

名　称		引脚号		I/O/Z	PU/PDS	说　明
		179 引脚 BGA	176 引脚 LQFP			
GPIOB6	T3PWM_T3CMP	K5	53	I/O/Z	PU	GPIO 或定时器 3 输出
GPIOB7	T4PWM_T4CMP	N5	55	I/O/Z	PU	GPIO 或定时器 4 输出
GPIOB8	CAP4_QEP3(I)	M5	57	I/O/Z	PU	GPIO 或捕获输入 4
GPIOB9	CAP5_QEP4(I)	M6	59	I/O/Z	PU	GPIO 或捕获输入 5
GPIOB10	CAP6_QEPI2(I)	P6	60	I/O/Z	PU	GPIO 或捕获输入 6
GPIOB11	TDIRB(I)	L8	71	I/O/Z	PU	GPIO 或定时器方向
GPIOB12	TCLKINB(I)	K8	72	I/O/Z	PU	GPIO 或定时器时钟输入
GPIOB13	$\overline{C4TRIP}$(I)	N6	61	I/O/Z	PU	GPIO 或比较器 4 输出
GPIOB14	$\overline{C5TRIP}$(I)	L6	62	I/O/Z	PU	GPIO 或比较器 5 输出
GPIOB15	$\overline{C6TRIP}$(I)	K7	63	I/O/Z	PU	GPIO 或比较器 6 输出
GPIOD 或 EVA、EVB 信号						
GPIOD0	$\overline{T1CTRIP-PDPINTA}$(I)	H14	110	I/O/Z	PU	定时器 1 比较输出
GPIOD1	$\overline{T2CTRIP}/\overline{EVASOC}$(I)	G10	115	I/O/Z	PU	定时器 2 比较输出或 EVA 启动外部 A/D 转换输出
GPIOD5	$\overline{T3CTRIP-PDPINTB}$(I)	P10	79	I/O/Z	PU	定时器 3 比较输出
GPIOD6	$\overline{T4CTRIP}/\overline{EVBSOC}$(I)	P11	83	I/O/Z	PU	定时器 4 比较输出或 EVB 启动外部 A/D 转换输出
GPIOE 或中断信号						
GPIOE0	$XINT\_\overline{XBIO}$(I)	D9	149	I/O/Z		GPIO 或 XINT1 或 $\overline{XBIO}$ 核心输入
GPIOE1	$XINT2\_ADCSOC$(I)	D8	151	I/O/Z	PU	GPIO 或 XINT2 或开始 A/D 转换
GPIOE2	$\overline{XNMI}\_XINT13$(I)	E8	150	I/O/Z	PU	GPIO 或 $\overline{XNMI}$ 或 XINT13
GPIOF						
GPIOF0	SPISIMOA(O)	M1	40	I/O/Z		GPIO 或 SPI 从动输入,主动输出
GPIOF1	SPISOMIA(I)	N1	41	I/O/Z		GPIO 或 SPI 从动输出,主动输入
GPIOF2	SPICLKA(I/O)	K2	34	I/O/Z		GPIO 或 SPI 时钟
GPIOF3	SPISTEA(I/O)	K4	35	I/O/Z		GPIO 或 SPI 从动传送使能
GPIOF4	SCITXDA(O)	C7	155	I/O/Z	PU	GPIO 或 SCIA 异步串行口发送数据
GPIOF5	SCIRXDA(I)	A7	157	I/O/Z	PU	GPIO 或 SCIA 异步串行口接收数据
GPIOF6	CANTXA(O)	N12	87	I/O/Z	PU	GPIO 或 eCAN 发送数据
GPIOF7	CANRXA(I)	N13	89	I/O/Z	PU	GPIO 或 eCAN 接收数据

续表 2-7

名 称		引脚号		I/O/Z	PU/PDS	说 明
		179 引脚 BGA	176 引脚 LQFP			
GPIOF8	MCLKXA(I/O)	J1	28	I/O/Z	PU	GPIO 或 McBSP 发送时钟
GPIOF9	MCLKRA(I/O)	H2	25	I/O/Z	PU	GPIO 或 McBSP 接收时钟
GPIOF10	MFSXA(I/O)	H4	26	I/O/Z	PU	GPIO 或 McBSP 发送帧同步信号
GPIOF11	MFSRA(I/O)	J2	29	I/O/Z	PU	GPIO 或 McBSP 接收帧同步信号
GPIOF12	MDXA(O)	G1	22	I/O/Z	PU	GPIO 或 McBSP 发送串行数据
GPIOF13	MDRA(I)	G2	20	I/O/Z	PU	GPIO 或 McBSP 接收串行数据
GPIOF14	XF_XPLLDIS(O)	A11	140	I/O/Z	PU	见表注
GPIOG 或串行通信接口 B(SCIB)信号						
GPIOG4	SCITXDB(O)	P14	90	I/O/Z	PU	GPIO 或 SCIB 异步串行口发送数据
GPIOG5	SCIRXDB(I)	M13	91	I/O/Z	PU	GPIO 或 SCIB 异步串行口接收数据

注：GPIOF14 引脚有 3 个功能：① XF：通用输出引脚；② XPLLDIS：若该引脚电平为低，锁相环 PLL 将被禁止，此时，不能使用 HALT 和 STANDBY 模式；③ GPIO：通用输入/输出功能。

表 2-8　JTAG 接口及其他信号引脚

名 称	引脚号		I/O/Z	PU/PDS	说 明
	179 引脚 BGA	176 引脚 LQFP			
X1/XCLKIN	K9	77	I		晶振输入/内部振荡器输入。此引脚也可用来提供外部时钟。28x 能够使用一个外部时钟源，条件是要在该引脚上提供适当的驱动电平；为适应 1.8 V 内核数字电源 (V_{DD})，可以使用一个钳位二极管去钳位时钟信号，以保证它的逻辑电平不超过 V_{DD}
X2	M9	76	I		晶振输出
XCLKOUT	F11	119	O		源于 SYSCLKOUT 的单个时钟输出。用来产生片内和片外的等待状态，是一个通用时钟源。XCLKOUT 与 SYSCLKOUT 的频率可以相等，也可以是它的 1/2 或 1/4 复位时，XCLKOUT=SYSCLKOUT/4
TESTSEL	A13	134	I	PD	测试引脚，为 TI 保留，必须接地

续表 2-8

名 称	引脚号		I/O/Z	PU/PDS	说 明
	179引脚 BGA	176引脚 LQFP			
$\overline{XRS}$	D6	160	I/O	PU	器件复位的输入和看门狗复位的输出。器件复位时,XRS 使器件终止运行,PC 指向地址 0x3FFFC0。当 XRS 为高电平时,程序从 PC 所指出的位置开始运行。当看门狗产生复位时,DSP 将此引脚置为低电平,在看门狗复位期间,低电平将持续 512 个 XCLKIN 周期
TEST1	M7	67	I/O		测试引脚,为 TI 保留,必须悬空
TEST2	N7	66	I/O		测试引脚,为 TI 保留,必须悬空
$\overline{TRST}$	B12	135	I	PD	JTAG 测试复位引脚。当它为高电平时扫描系统控制器件的操作。若信号悬空或为低电平,器件以功能模式操作,测试复位信号被忽略
TCK	A12	136	I	PU	JTAG 测试时钟
TMS	D13	126	I	PU	JTAG 测试模式选择端
TDI	C13	131	I	PU	JTAG 测试数据输入端。在 TCK 的上升沿,TDI 被锁存到选择寄存器、指令寄存器或数据寄存器中
TDO	D12	127	O/Z	—	JTAG 扫描输出,测试数据输出。在 TCK 的下降沿将选择寄存器的内容从 TDO 移除
EMU0	D11	137	I/O/Z	PU	仿真器 I/O 口引脚 0,当 $\overline{TRST}$ 为高电平时,此引脚用作中断输入。该中断来自仿真系统,并通过 JTAG 扫描定义为输入/输出
EMU1	C9	146	I/O/Z	PU	仿真器 I/O 口引脚 1,当 $\overline{TRST}$ 为高电平时,此引脚用作中断输入。该中断来自仿真系统,并通过 JTAG 扫描定义为输入/输出

本章详细介绍了 TMS320X2812 的内部结构、性能特点、外设资源、可选的封装形式以及详细的引脚分布与引脚功能,对 TMS320X2812 有了初步的认识。接下来将详细介绍 TMS320X2812 硬件设计的相关内容。

第 3 章
TMS320X281x 的硬件设计

硬件设计好比做房子时打的地基,只有地基打好了,房子才能够按照自己的思路修起来。刚开始接触时,都是从 Datasheet 文档的典型应用学起,看得多了运用多了后,总有一天,在硬件设计方面,也可以做到信手拈来。在开始设计硬件电路之前,这里有一个小建议,在测试过程中,能用示波器的尽量不用万用表。因为示波器观察的是整个测试的过程,如果电路上有什么问题,通过示波器波形的分析基本都能够判断出来。本章将详细介绍 TMS320X281x 相关的硬件电路,包括最小系统的设计及其各个典型的外围应用电路。

3.1 如何保证 X2812 系统的正常工作

TMS320X2812 芯片对电源要求很敏感,电源达不到工作电压或者操作不对,都有可能导致 X2812 不能正常工作。为保证 X2812 系统能正常工作,必须注意以下几点。

① 在每次上电之前,一定要检查电源与地是否相通。大量的实验表明,常常可能由于锡渣或者其他一些不起眼的小原因导致电路板上电源与地直接连接一起。如果在上电之前没有检查清楚,那么上电之后只有一种结果,电源与地相接,板子直接报废。所以,切记每次上电之前一定要检查。

② 电源芯片产生的电压要稳定在 3.3 V 和 1.9 V。电源芯片上电容的不匹配,有可能导致电源芯片里面的振荡电路工作一段时间后不再振荡,或者振荡频率对应的不是所要求输出的电压值。为解决这一问题,在设计电源时除了需要考虑电源的散热问题之外,还要考虑电容匹配问题。计算之后多次测量,取最佳值。

③ 尽管很多开发板厂家号称自己的开发板仿真器支持热插拔,但是事实并非如此。大量实验表明,带电停止或运行仿真器都有可能造成运行环境的死机。所以,要按照正常的步骤来操作。

④ 复位电路的设计错误也会导致系统不能正常运行。

3.2 常用硬件电路的设计

学习设计控制器的硬件电路一般都是从最小系统开始。所谓的最小系统都是由主控芯片,例如这里的 DSP 芯片,加上一些电容、电阻等外围器件构成,其能够独立运行,实现最基本的功能,但无外围应用电路。一般,芯片对应的 Datasheet 上都会给出这些最小系统的原理图。通常来说,Datasheet 的典型应用不可忽略,那几乎是经过无数次验证后得出来的比较经典的电路图,所以,如果搞开发的话,建议一定要多读读相关芯片的 Datasheet。接下来首先介绍如何设计 TMS320X2812 最小系统。

3.2.1 TMS320X2812 最小系统设计

TMS320X2812 的最小系统如图 3-1 所示。电路主要由 TMS320X2812 芯片、30 MHz 有源晶振和电源电路(3.2.2 小节详细介绍)以及电容、电阻电感等少量器件构成。另外,考虑到 DSP 在下载时需要下载端口,所以在最小系统上加一个 14 脚的 JTAG 仿真烧写口。该最小系统不管是在仿真模式下还是在实时模式下,都能够正常运行。一般来说,在设计电源的过程中,模拟地和数字地最后通过电感连接起来,电源和地通过电容连接起来。

3.2.2 电源电路的设计

TMS320X2812 工作时所要求的电压分为两部分:3.3 V 的 Flash 电压和 1.8 V 的内核电压。TMS320X2812 对电源很敏感,所以在此推荐选择电压精度比较高的电源芯片 TPS767D301 或者 TPS767D318。TPS767D301 芯片输入电压为 +5 V,芯片起振,正常工作之后,能够产生 3.3 V 和 1.8 V 两种电压供 DSP 使用。图 3-2 为电源产生电路。

设计电源电路时需要注意散热问题和电容匹配问题。原因前面已经介绍过,这里不再重复。

3.2.3 复位电路及 JATG 下载口电路的设计

考虑到 TPS767D301 芯片自身能够产生复位信号,此复位信号可直接供 DSP 芯片使用,所以不用为 DSP 设置专门的复位芯片。复位信号与 DSP 芯片的连接在图 3-2 中已经用网络标号标出。下面着重介绍一下 JATG 下载口电路的设计。

在实际设计过程中,考虑到 JATG 下载口的抗干扰性,在与 DSP 相连接的端口均需要采用上拉设计。JTAG 电路如图 3-3 所示。

3.2.4 外扩 RAM 的设计

TMS320X2812 芯片内部具有 18K×16 位的 RAM 空间。当程序代码长度小于 18K×16 位时,该芯片内部的 RAM 空间就能够满足用户的需求。但是当程序代码长度大于 18K×16 位时,DSP 片内的 RAM 空间就不够用了,这时高水平的用户可以直

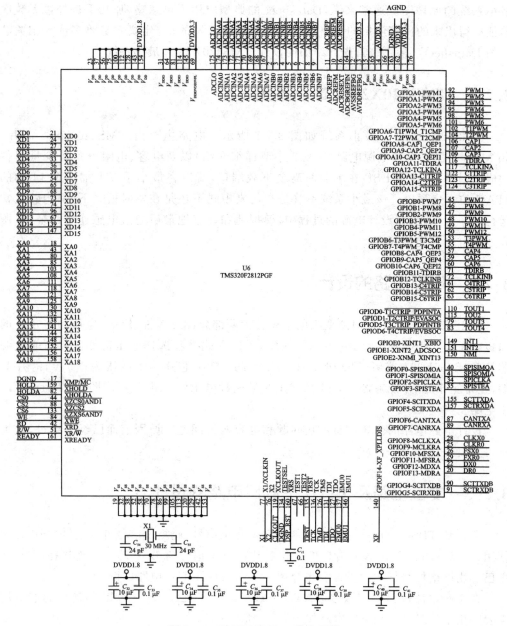

图 3-1 TMS320X2812 最小系统

接写出长度超过 18K×16 位的代码,烧进 Flash 并运行,不过调试起来不够方便,因此一般情况下,可以通过外扩 RAM 的方法来解决。

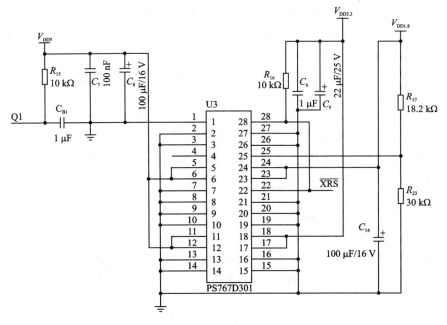

图 3-2 电源产生电路

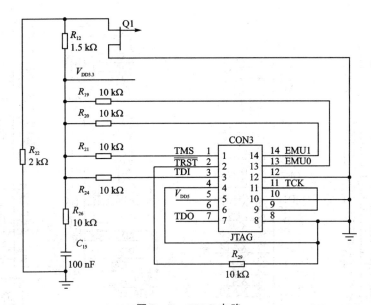

图 3-3 JTAG 电路

TMS320X2812 的外部接口 XINTF 是一种非多路选通的异步总线。设计时,可以通过 XINTF 接口来外扩存储器。TMS320X2812 有 19 根地址线和 16 根数据线,所以这里以外扩 RAM 的存储容量为 $2^{19} \times 16$ 位为例子,可以选择容量为 $512K \times 16$ 位的 SRAM 芯片,例如 IS61LV51216。

TMS320X2812 和外扩 RAM 接口示意图如图 3-4 所示。

如图 3-4 所示,XA0～XA18 分别和 DSP 对应的地址线引脚相连,XD0～XD15 分别和 DSP 的数据线相连,片选、读/写信号分别接在 DSP 芯片上。最重要的是片选信号,图 3-4 中 CS6 引脚同 DSP 的 $\overline{XZCS6AND7}$ 引脚相连,也就是选择了 TMS320X2812 的 XINTF6 区,起始地址为 0x100000,长度为 512K 字。这样,外扩 RAM 电路就设计好了,是不是很简单呢? 在外扩 RAM 电路设计好后,仿真时程序就可以导入外扩的 RAM 中进行,空间一般能够满足开发的需求,这样程序的设计和调试就非常方便。将程序下载到哪个空间,完全取决于 CMD 文件中对程序和数据空间的分配,关于 CMD 文件在后面的章节中会进行详细的介绍。

3.2.5 外扩 Flash 的设计

TMS320X2812 内部具有 $128K \times 16$ 位的 Flash 空间(4 个 $8K \times 16$ 位和 6 个 $16K \times 16$ 位的空间),如果在 DSP 中所编译的代码段高于 Flash 的存储容量,则就需要外扩 Flash 空间来稳定地实现其功能。外扩 Flash 的原理与外扩 RAM 的原理一样,这里就不再重复,电路如图 3-5 所示。需要讲一下的是,图 3-5 中的片选信号 F_CS 和 DSP 的 $\overline{XZCS2}$ 引脚相连,使用的是 XINTF2 区,该空间起始地址为 0x80000,长度为 512K 字,实际使用了 128K 字。

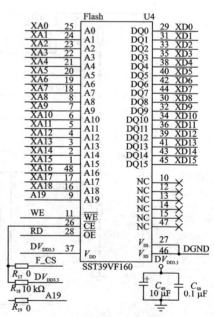

图 3-4 外扩 RAM 电路   图 3-5 外扩 Flash 电路

3.2.6 PWM 电路的设计

TMS320X2812 输出 PWM 波形的高电压为 3.3 V,而在实际工业控制中,驱动电压往往是 5 V,很明显,DSP 直接产生的 PWM 信号不能满足要求,怎么办呢? 这时需将 DSP 产生的 3.3 V 信号转换为 5 V 的驱动信号。为解决这一问题,可以选择 3.3 V 转 5 V 的电平转换芯片,常见的有 SN74ALVC164245 芯片,其用法在 3.3 节中介绍。PWM 端口通常需要一定的负载能力,为了增强 PWM 端口驱动负载的能力,可以使用驱动器 74HC245(见图 3-6)。

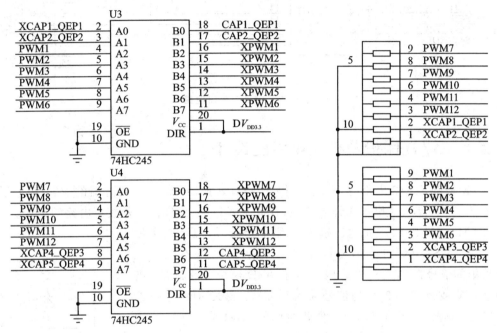

图 3-6 PWM 电平转换电路

前面已经介绍过,在芯片的输入端接上拉电阻后再接电源或者接下拉电阻后接地,都是为了增加端口信号的抗干扰能力,所以 PWM 信号的输入端口都接有下拉电阻。

3.2.7 串口电路的设计

串口通信口(SCI)是一种采用两根信号线的异步串行通信接口,又称 UART。在 TMS320X2812 中有两组 SCI 通信,即 SCIA 和 SCIB。SCI 模块的接收器和发送器都带有 16 级深度的 FIFO,并且接收器和发送器都有独立的使能和中断位,可以在半双工模式下独立操作,也可在全双工模式下同时操作。根据 TMS320X2812 已有的资源设计 SCI 串口通信的话,考虑到 2812 有 2 组 SCI 通信端口,所以可以选用 MAX3232 芯片。具体的电路设计如图 3-7 所示。

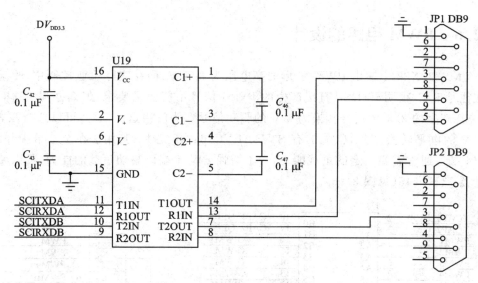

图 3-7　RS232 串口电路

3.2.8　A/D 保护及校正电路的设计

TMS320X2812 内部有 16 路 12 位的 A/D 转换器,而 A/D 寄存器的配置等功能第 13 章有详细说明,这里不做详细描述,在此主要讨论 A/D 保护及校正电路的设计。

TMS320X2812 模拟电压输入范围为 0～3 V,但是在实际中使用 TMS320X2812 的 A/D 端口采样信号时,并不能保证所采集的信号在输入范围之内。由于 A/D 模块非常脆弱,当小于 0 V 或者大于 3 V 的信号输入到 TMS320X2812 的 A/D 端口时可能会损坏 A/D 端口,使相对应的 A/D 采样端口不能正常工作。A/D 保护电路如图 3-8 所示。

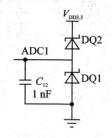

图 3-8　A/D 保护电路

图 3-8 所示的这种电路一般叫做钳位电路,顾名思义,就是把电压限制到某个范围。电路原理如下:图中 DQ1 和 DQ2 是两个二极管,在工业要求较高的环境下,此处用一个具有快恢复功能的双二极管代替。当 ADC1 端电压略高于 3.3 V 时,DQ2 二极管被导通,输入到 A/D 端口电压直接为 3.3 V。同理,当 ADC1 端口电压为负电压时,DQ1 二极管被导通,输入到 A/D 端口电压直接为 0 V。这样就通过这两个二极管将 ADC 端口输入电压保持在其允许的范围内,使其能正常工作。

注意:在 A/D 采样过程中,当 A/D 采样端口悬空时,采集进来的值是随机值,所以没有用到的 A/D 端口最好接地。

用过 TMS320X2812 的读者都知道,其 A/D 采样精度并没有达到所谓的 12 位精度。2812 的 ADC 转换精度较差的主要原因是存在增益误差和偏移误差,要提高 ADC

转换精度就必须对这两种误差进行补偿。在本小节中主要介绍 A/D 的硬件校正电路，具体配合的软件算法在本书共享资料内，第 13 章中会详细介绍。

由于 A/D 采样通道自身的误差，在此可以利用 A/D 的两路采样通道来求得此 ADC 存在的增益误差和偏移误差，并以此来校正其余 14 路 A/D 采样通道。考虑到两路校正通道的输入电压精度要求比较高，在此可以选用 CJ431 电压基准芯片来产生两路基准电压，并选择 ADC0 和 ADC8 两通道为校正通道，具体电路如图 3-9 所示。

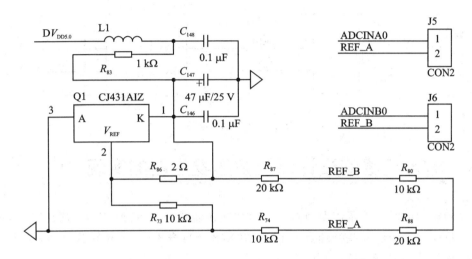

图 3-9 CJ431 产生电压基准电路图

从图 3-9 可知：

$$V_{REF\_A} = \frac{R_{74}}{R_{74}+R_{88}+R_{80}+R_{87}} \times V_{REF} \qquad V_{REF\_B} = \frac{R_{74}+R_{88}+R_{80}}{R_{74}+R_{88}+R_{80}+R_{87}} \times V_{REF}$$

CJ431 的 V_{REF} 端输出的电压为 2.5 V，将各个电阻的阻值分别代入以上两式便可以得到，V_{REF_A} 为 0.417 V，而 V_{REF_B} 为 1.667 V。当然，由于电阻阻值存在一定的差异，所以实际电路中得到的这两路参考电压和理论值会有些误差，具体的电压值还需要拿万用表量取。当 J5、J6 短接，参考电压 V_{REF_A} 就加到了 ADCINA0，而参考电压 V_{REF_B} 加到了 ADCINB0。

此外，在 PCB 布线中要精心地设置 ADC 模块。通常要求 ADC 模块的引脚不要运行在靠近数字通路的地方，这样可以使耦合到 ADC 输入端上数字信号线上的开关噪声减到最小。此外，还需要采用适当的隔离技术，将 ADC 模块的电源和数字电源进行隔离，以免产生串扰。

3.2.9 CAN 电路的设计

TMS320F2812 具有一个 eCAN 模块，支持 CAN2.0B 协议，可以实现 CAN 网络的通信。通常，CAN 总线上的信号使用差分电压进行传送，两条信号线被称为

CAN_H 和 CAN_L,静态时均是 2.5 V 左右,这时的状态表示为逻辑"1",也可以叫作"隐性"电平。用 CAN_H 的电平比 CAN_L 的电平高的状态表示逻辑"0",称为"显性"电平,此时,通常 CAN_H 的电平为 3.5 V,CAN_L 的电平为 1.5 V。为了使 X2812 eCAN 模块的电平符合高速 CAN 总线电平特性,在 eCAN 模块和 CAN 总线之间需要增加 CAN 的电平转换器件,如 3.3 V 的 CAN 发送接收器 SN65HVD23x,因为 X2812 引脚电平是 3.3 V。CAN 电路的设计如图 3-10 所示。

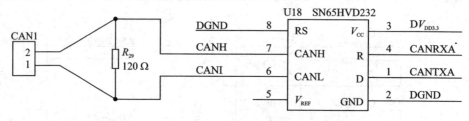

图 3-10 CAN 电路

3.3 D/A 电路的设计以及波形发生器的实现

在做控制的时候除了需要 A/D 转换,往往还需要 D/A 转换,需要将数字量再转变为模拟量输出来控制某些物理量。TMS320X2812 自身不带 D/A 转换器,因此本节将介绍两种简单的 D/A 电路。

第 1 种方法的主要思路是将内部数字量用 PWM 脉冲输出,外部用高阶滤波器滤波后就得到直流输出。但是考虑到 T1PWM 波形信号高电平时只有 3.3 V,驱动能力不够,所以需要先将 T1PWM 信号经过电平转换,转换为 5 V 电平 T1PWM5 之后,再将此信号经过高阶滤波器滤波,最后就得到直流输出,具体电路如图 3-11 所示。

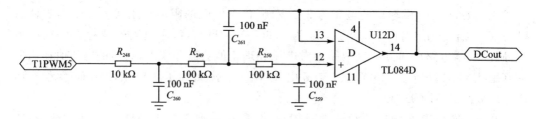

图 3-11 D/A 电路方案 1

在图 3-11 所示的电路中,T1PWM5 输出的是幅值不变、脉冲可变的 PWM 波,经过 R_{248} 和 C_{260} 组成的 RC 滤波器以及右边由 TL084 和其他元器件组成的二阶巴特沃斯低通滤波器后,就可以得到不含交流分量只含有直流分量的模拟量输出。T1PWM5 的频率定为 10 kHz,因此滤波器的频率要以此计算来设计。改变 T1PWM5 的脉宽,就可以改变输出 DCout。

第 2 种方法的主要思路是利用外接 DAC 转换芯片,用 DSP 的数据口进行控制。HDSP-Super2812 选择了 12 位精度的 DAC7724 来实现 D/A 转换功能。考虑到 DSP

产生信号的驱动能力,首先需要使用电平转换芯片,对要用到的端口进行电平转换,将 DSP 端口输出的 3.3 V 电平转变为 5 V,电平转换芯片一般选择 SN74ALVC164245,具体参数可参照 SN74ALVC164245 的 Datasheet。数据端口的电平转换电路如图 3-12 所示。

12 位 DAC 转换芯片选择 DAC7724,此外,还需要 AD587 来为 D/A 转换提供参考电平。当 JP1 的脚 2、脚 3 短接起来时,V_{REFL} 接地;当 JP1 的脚 1、脚 2 短接起来时,V_{REFL} 为 -10 V。设计电路如图 3-13 所示。

图 3-13 所示的 D/A 转换电路可以产生 4 路模拟信号,通过相关的软件程序,可以实现输出各种形状的波形,如正弦波、三角波、锯齿波、方波等,就像是一台简单的波形发生器。

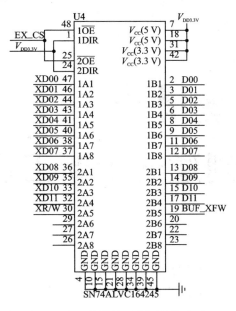

图 3-12 数据端口电平转换电路

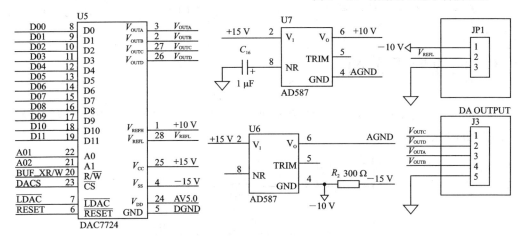

图 3-13 DAC7724 组成的 D/A 电路方案

> 本章详细介绍了 TMS320X2812 DSP 基本的硬件电路设计,包括了最小系统的设计以及常见的一些外围应用电路的设计,可作为具体开发设计硬件电路时的参考。

第 4 章

创建一个新工程

众所周知,通常一栋房子是由砖、瓦、钢筋、水泥等材料构建起来的,在准备开工盖房之前,先得把这些材料准备好。DSP 的软件开发就像是在盖一座座的房子,只不过是在创建一个个的工程。本章将以让 LED 灯闪烁为实例来介绍如何创建一个新工程,从而了解一个工程通常是由哪些文件构成的,并学习 CCS6.x 开发环境的一些常用操作。

4.1 控制原理分析

如图 4-1 所示,创建的新工程需要实现的功能是通过 GPIO0~GPIO5 引脚控制 6 个 LED 灯闪烁。

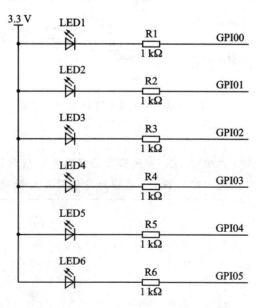

图 4-1 GPIO 引脚控制 LED 灯硬件原理图

由于6个灯的控制原理都一样,所以就以 GPIO0 控制 LED1 闪烁为例来分析。F2812 的 GPIO 引脚输出的低电平是 0 V,输出的高电平是 3.3 V,所以由图 4-1 可知,当 GPIO0 输出高电平时,LED1 就会熄灭;当 GPIO0 输出低电平时,LED1 就会被点亮。如果通过程序不断改变 GPIO0 引脚的输出电平,LED 灯就可以实现闪烁了。

从第3章的学习可知,通过向寄存器 GPxSET 的位写1,可使相应的 GPIO 引脚输出高电平;通过向寄存器 GPxCLEAR 的位写1,可使相应的 GPIO 引脚输出低电平。如下所示:

```
GpioDataRegs.GPASET.bit.GPIO0 = 1;   //GPIO0 输出高电平,LED1 灭
GpioDataRegs.GPACLEAR.bit.GPIO0 = 1; //GPIO0 输出低电平,LED1 亮
```

4.2 创建工程

下面以 TI 公司的 CCS6.x 软件为开发环境,介绍如何创建新工程,创建完工程后又如何编译、下载、运行程序。双击桌面上的 CCS6.x 图标打开 CCS 软件,界面如图 4-2 所示。

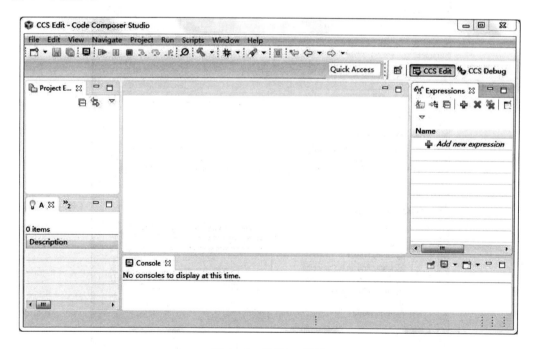

图 4-2 CCS6.x 软件

如图 4-3 所示,选择 Project →New CCS Project 菜单项来新建工程,则 CCS 弹出 New CCS Project 界面,如图 4-4 所示。

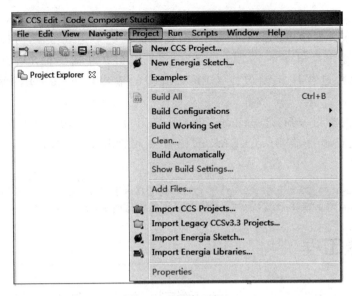

图 4-3 新建工程 1

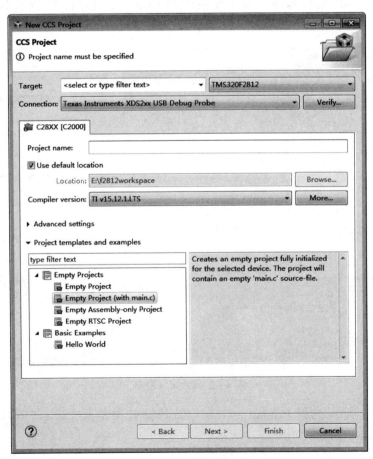

图 4-4 新建工程 2

第 4 章　创建一个新工程

在 New CCS Project 界面中需要做一些配置。Target 项用来选择需要开发的 DSP 芯片型号，这里选择 TMS320F2812。Connection 项用来选择手头实际使用的仿真器型号，这里选择 Texas Instruments XDS2xx USB Debug Probe，就是使用的是 XDS200 系列的仿真器，实际使用哪款就选择哪款。接下来，在 Project name 文本框里输入新建工程的名字，这里输入 led，意思是创建一个名为 led 的工程。最后需要选择新建工程的模板，这里选择 Empty Project 选项，意思是创建一个空的工程模板。最后单击 Finish 按钮，CCS 便在指定的 workspace 文件夹下创建了一个 led 文件夹，工程便在此文件夹内，如图 4-5 所示。

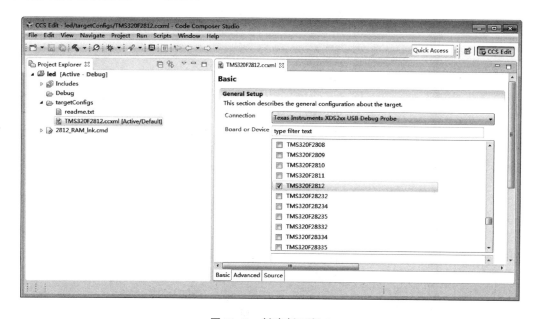

图 4-5　创建新工程 3

如图 4-5 所示，led 工程被添加进了 CCS 的 Project Explorer 窗口内，这就是新建立的工程模板。从图 4-5 可以看到，现在 led 工程内有 Includes 文件夹、Debug 文件夹、TMS320F2812.ccxml 和 2812_RAM_link.cmd。这里 Includes 文件夹下面的文件是 C 语言环境需要用到的一些头文件，比如常用的 math.h、string.h 等，如图 4-6 所示。Debug 文件夹现在是空的，工程被成功编译链接后所产生的中间文件和可执行文件都会放在 Debug 文件夹内。TMS320F2812.ccxml 是目标链接文件，这里指定了 DSP 的型号和所使用的仿真器；如果工程没有这个文件，那 CCS 没有办法和 DSP 建立链接，也就没有办法下载调试程序了。当然，也可以通过 New→Target Configuration File 为工程创建一个目标链接文件。28335_RAM_link.cmd 文件定义了用户程序和数据的存储空间及其分配情况，通常不需要改动，文件内充分利用了 F2812 的 RAM 空间；如果实际工程的存储情况和 CMD 文件内的分配不符合，则需要修改 CMD 文件。这里只分配用户数据和程序，还需要一个 CMD 文件，用来分配 F2812 寄存器的空间，这个在下一步向工程添加需要的文件时进行添加。

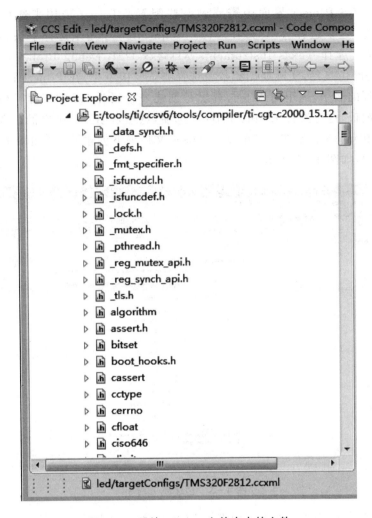

图 4-6 系统 includes 文件夹内的文件

接下来就需要向工程添加一些必要的文件了。首先,向工程添加头文件。头文件是以 .h 为后缀的文件,h 即为 "head" 的缩写。这里的头文件和前面介绍的 C 语言环境的头文件不同,是 F2812 自己的头文件,主要定义了芯片内部的寄存器结构、中断服务程序等内容,为 F2812 的开发提供了很大的便利。F2812 工程常用的头文件如表 4-1 所列。

表 4-1 F2812 需要的头文件

序 号	文件名	主要内容
1	DSP28_Adc.h	模数转换(ADC)寄存器的相关定义
2	DSP28_CpuTimers.h	32 位 CPU 定时器寄存器的相关定义
3	DSP28_DefaultISR.h	F2812 默认中断服务程序的定义

续表 4-1

序号	文件名	主要内容
4	DSP28_DevEmu.h	F2812 硬件仿真寄存器的相关定义
5	DSP28_Device.h	包含所有的头文件、目标 CPU 类型的选择（F2812 或 F2810）、常用标量的定义等内容
6	DSP28_Ecan.h	增强型 CAN 寄存器的相关定义
7	DSP28_Ev.h	事件管理器（EV）寄存器的定义
8	DSP28_GlobalPrototypes.h	全局函数的声明
9	DSP28_Gpio.h	通用输入输出（Gpio）寄存器相关定义
10	DSP28_McBsp.h	多通道缓冲串行口（McBsp）寄存器相关定义
11	DSP28_PieCtrl.h	PIE 控制寄存器的相关定义
12	DSP28_PieVect.h	PIE 中断向量表的定义
13	DSP28_Sci.h	串行通信接口（SCI）寄存器的相关定义
14	DSP28_Spi.h	串行外围设备接口（SPI）寄存器的相关定义
15	DSP28_SysCtrl.h	系统控制寄存器的相关定义
16	DSP28_Xintf.h	外部接口寄存器的相关定义
17	DSP28_XIntrupt.h	外部中断寄存器的相关定义

表 4-1 中所列的头文件构成了 F2812 寄存器的完整框架，实现了 F2812 中所有寄存器的 C 语言的结构体定义，这些头文件在没有必要的情况下无须更改。也就是说，在创建新工程的时候，不要自己编写这些头文件，只需要将这些具有固定内容的头文件添加到工程中就好。表 4-1 所列的头文件在配套资源编程素材的 include 文件夹里，将 include 文件夹整体复制到 led 工程文件夹内。此时，CCS 已经自动扫描到了工程里新添加的 include 文件，如图 4-7 所示。

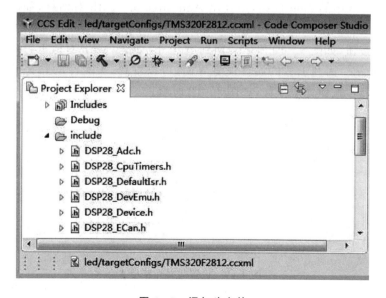

图 4-7 添加头文件

虽然头文件已经添加进了 led 工程，但是 CCS 的编译器还不知道这些头文件在哪里，直接编译时会出现错误，因此必须给编译器指定 include 文件夹的路径。右击 led 工程，在弹出的快捷菜单中选择 Properties，打开工程的属性对话框。选择 Build → C2000 Compiler → Include Options，如图 4-8 所示。

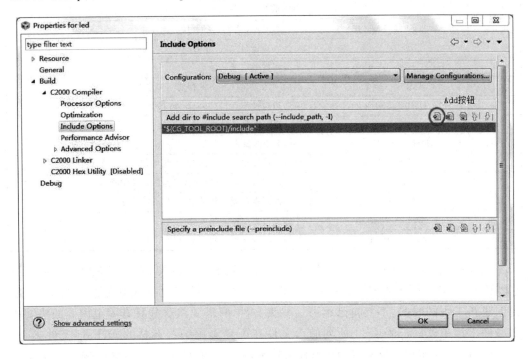

图 4-8 设置头文件路径 1

单击图 4-8 中的 Add 按钮，则弹出 Add directory path 对话框，如图 4-9 所示。单击 Workspace 按钮，则弹出 Folder selection 对话框，选择 led 工程下的 include 文件夹，单击 OK 按钮，如图 4-10 所示。回到 Add directory path 对话框，单击 OK 按钮，如图 4-11 所示。回到工程的属性设置界面，可以看到，头文件的路径已经添加进来了，最后单击 OK 按钮完成操作，如图 4-12 所示。

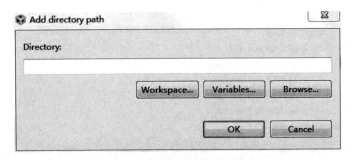

图 4-9 设置头文件路径 2

第 4 章　创建一个新工程

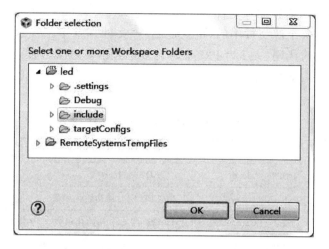

图 4-10　设置头文件路径 3

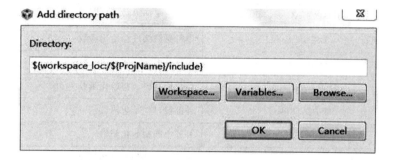

图 4-11　设置头文件路径 4

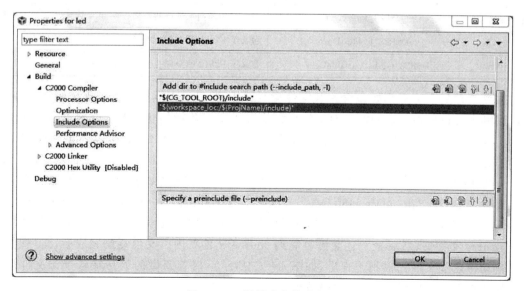

图 4-12　设置头文件路径 5

接下来需要向工程添加源文件。源文件是以.c为后缀的文件,开发工程时编写的代码通常都是写在各个源文件中的,也就是说,源文件是整个工程的核心部分,包含了所有需要实现功能的代码。TI 为 F2812 的开发已经准备好了很多源文件,通常只要往这些源文件里添加需要实现功能的代码就行。表 4-2 列出了 F2812 工程常用的源文件。

表 4-2 F2812 常用的源文件

序 号	文件名	主要内容
1	DSP28_Adc.c	AD 初始化函数
2	DSP28_CpuTimers.c	CPU 定时器初始化函数
3	DSP28_ECan.c	增强型 Can 初始化函数
4	DSP28_Ev.c	事件管理器 Ev 初始化函数
5	DSP28_Gpio.c	通用 I/O 模块初始化函数
6	DSP28_Mcbsp.c	多通道缓冲串行口初始化函数
7	DSP28_Sci.c	串行通信接口初始化函数
8	DSP28_Spi.c	串行外围接口初始化函数
9	DSP28_SysCtrl.c	系统控制模块初始化函数
10	DSP28_Xintf.c	外部接口初始化函数
11	DSP28_XIntrupt	外部中断初始化函数
12	DSP28_InitPeripherals.c	包含了其他的外设初始化函数
13	DSP28_PieCtrl.c	PIE 控制模块初始化函数
14	DSP28_PieVect.c	对 PIE 中断向量进行初始化
15	DSP28_DefaultIsr.c	包含了 F2812 所有外设中断函数
16	DSP28_GlobalVariableDefs.c	定义了 F2812 的全局变量和数据段程序

是不是每个工程都要包含这些文件呢?不是的,只须根据实际的需求来添加就行,用到哪个外设模块,就添加对应的源文件,在文件里写其初始化函数。主函数在 main.c 中,main.c 也是整个工程的灵魂,需要用户根据实际情况来编写,但基本的思路都是差不多。

本工程需要添加 DSP28_Gpio.c、DSP28_PieCtrl.c、DSP28_PieVect.c、DSP28_SysCtrl.c、DSP28_GlobalVariableDefs.c、DSP28_DefaultIsr.c、DSP28_InitPeripherals、main.c 这几个源文件,这也是一般工程都需要的源文件。在 led 工程文件夹里创建一个 source 文件夹,然后把上述文件复制到 source 文件夹内。文件复制完成后,ccs 软件就自动将这些文件扫描到工程里,如图 4-13 所示。接着要做的就是往各个源文件里添加实现功能的代码了,详见程序清单 4-1、4-2 和 4-3。

第 4 章 创建一个新工程

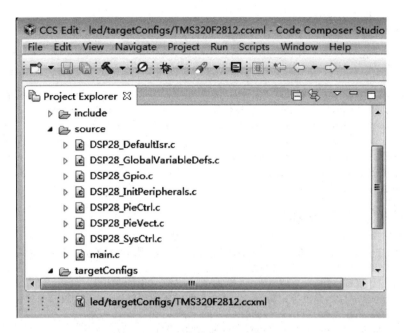

图 4-13 添加源文件

程序清单 4-1 DSP28_Gpio.c：

```
#include "DSP28_Device.h"
void InitGpio(void)
{
    EALLOW;
    GpioMuxRegs.GPAMUX.bit.PWM1_GPIOA0 = 0;  //设定 PWM1-PWM6 引脚为 I/O 口
    GpioMuxRegs.GPAMUX.bit.PWM2_GPIOA1 = 0;
    GpioMuxRegs.GPAMUX.bit.PWM3_GPIOA2 = 0;
    GpioMuxRegs.GPAMUX.bit.PWM4_GPIOA3 = 0;
    GpioMuxRegs.GPAMUX.bit.PWM5_GPIOA4 = 0;
    GpioMuxRegs.GPAMUX.bit.PWM6_GPIOA5 = 0;
    //上述语句等同于：GpioMuxRegs.GPAMUX.all = 0；
    GpioMuxRegs.GPADIR.bit.GPIOA0 = 1;        //设定 PWM1-PWM6 引脚为输出引脚
    GpioMuxRegs.GPADIR.bit.GPIOA1 = 1;
    GpioMuxRegs.GPADIR.bit.GPIOA2 = 1;
    GpioMuxRegs.GPADIR.bit.GPIOA3 = 1;
    GpioMuxRegs.GPADIR.bit.GPIOA4 = 1;
    GpioMuxRegs.GPADIR.bit.GPIOA5 = 1;
    //上述语句等同于：GpioMuxRegs.GPADIR.all = 0x003F；
    EDIS;
}
```

程序清单 4-2 DSP28_SysCtrl.c：

```c
#include "DSP28_Device.h"
void InitSysCtrl(void)
{
  Uint16 i;
  EALLOW;
//对于 TMX 产品,为了能够使得片内 RAM 模块 M0/M1/L0/L1LH0 能够获得最好的性能,控制寄存
//器的位必须使能,这些位在设备硬件仿真寄存器内。TMX 是 TI 的试验型产品
    DevEmuRegs.M0RAMDFT = 0x0300;
    DevEmuRegs.M1RAMDFT = 0x0300;
    DevEmuRegs.L0RAMDFT = 0x0300;
    DevEmuRegs.L1RAMDFT = 0x0300;
    DevEmuRegs.H0RAMDFT = 0x0300;
//禁止看门狗模块
    SysCtrlRegs.WDCR = 0x0068;
//初始化 PLL 模块
    SysCtrlRegs.PLLCR = 0xA;     //如果外部晶振为 30M,则 SYSCLKOUT = 30 * 10/2 = 150 MHz
//延时,使得 PLL 模块能够完成初始化操作
    for(i = 0; i< 5000; i++){}
//高速时钟预定标器和低速时钟预定标器,产生高速外设时钟 HSPCLK 和低速外设时钟 LSPCLK
    SysCtrlRegs.HISPCP.all = 0x0001;  // HSPCLK = 150/2 = 75 MHz
    SysCtrlRegs.LOSPCP.all = 0x0002;  // LSPCLK = 150/4 = 37.5 MHz
//对工程中使用到的外设进行时钟使能
//SysCtrlRegs.PCLKCR.bit.EVAENCLK = 1;
//SysCtrlRegs.PCLKCR.bit.EVBENCLK = 1;
//SysCtrlRegs.PCLKCR.bit.SCIENCLKA = 1;
//SysCtrlRegs.PCLKCR.bit.SCIENCLKB = 1;
    EDIS;
}
```

程序清单 4-3 main.c:

```c
#include "DSP28_Device.h"
#include "DSP28_Globalprototypes.h"
void delay_loop(void);
#define LED1 GpioDataRegs.GPADAT.bit.GPIOA0
#define LED2 GpioDataRegs.GPADAT.bit.GPIOA1
#define LED3 GpioDataRegs.GPADAT.bit.GPIOA2
#define LED4 GpioDataRegs.GPADAT.bit.GPIOA3
#define LED5 GpioDataRegs.GPADAT.bit.GPIOA4
#define LED6 GpioDataRegs.GPADAT.bit.GPIOA5
void main(void)
{
    int kk = 0;
    InitSysCtrl();              //初始化系统函数
    DINT;
    IER = 0x0000;               //禁止 CPU 中断
    IFR = 0x0000;               //清除 CPU 中断标志
    InitPieCtrl();              //初始化 PIE 控制寄存器
    InitPieVectTable();         //初始化 PIE 中断向量表
```

```
    InitGpio();                        //初始化 Gpio 口
    while(1)
    {
      LED1 = 1;                        //点亮 D1
      LED2 = 0;                        //熄灭 D2
      LED3 = 1;                        //点亮 D3
      LED4 = 0;                        //熄灭 D4
      LED5 = 1;                        //点亮 D5
      LED6 = 0;                        //熄灭 D6
      for(kk = 0;kk<100;kk + +)
      delay_loop();                    //延时保持
      LED1 = 0;                        //熄灭 D1
      LED2 = 1;                        //点亮 D2
      LED3 = 0;                        //熄灭 D3
      LED4 = 1;                        //点亮 D4
      LED5 = 0;                        //熄灭 D5
      LED6 = 1;                        //点亮 D6
      for(kk = 0;kk<100;kk + +)
      delay_loop();                    //延时保持
    }
}
void delay_loop()
{
    short      i;
    for (i = 0; i < 30000; i + +){}
}
```

到这里,源文件也准备好了,最后还需要将 CMD 文件补充完整,将编程素材 cmd 文件夹里的 SRAM.cmd 复制到 led 工程文件夹下,替换掉原来的 2812_RAM_lnk。CCS 软件自动扫描并将增加的新文件添加到工程里,如图 4 - 14 所示。

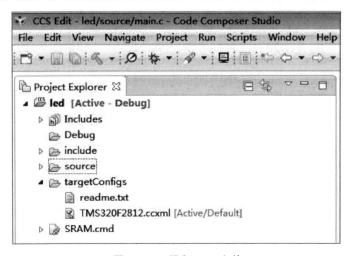

图 4 - 14   添加 cmd 文件

至此,一个新工程就建好了。

4.3 编译与调试

4.3.1 编译工程

工程建好后,就可以对其进行编译了。最好的结果就是编译一次通过,但在实际应用中,往往不可能这么理想,因为在写程序的过程中或多或少会有疏忽、会犯错,这个也是很正常的,通过编译可以找到问题,然后根据检查出的问题提示来将其解决就好了。

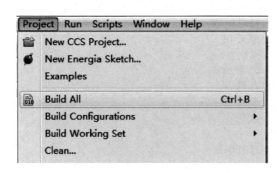

图 4-15 编译方法 1

选择 Project→Buid ALL 菜单项,或者右击 led 工程,在弹出的级联菜单中选择 Build Project,便可以启动编译,如图 4-15、图 4-16 所示。如果编译过程不能顺利进行,则须关闭计算机的杀毒软件或者防火墙,然后重启 CCS 重新编译。

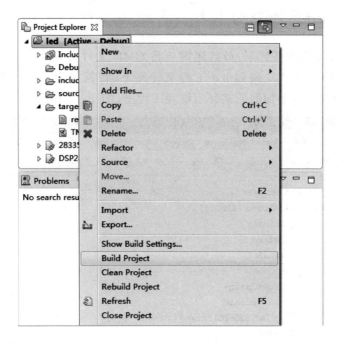

图 4-16 编译方法 2

如果是新建的工程,比如这里的 led.pjt,编译完成后如果没有其他语法问题,则会有如下所示的一个 warning:

```
warning #10210-D: creating ".stack" section with default size of 0x400; use the -stack option to change the default size
```

意思是说,工程的.stack 段使用的是默认的大小 0x400,可以使用-stack 选项来改变这个默认大小。首先,为什么会有这个提示呢? 在 28335_RAM_link.cmd 文件里,.stack 段和.esystem 段一起分配给了 RAMMM1,而 RAMM1 空间最大就是 0x400,即 1 KB。所以如果.stack 大小使用的是默认的 0x400,一旦程序编译后生成的.stack 段大小达到了 0x400,那么.esystem 段就没有存储空间了,这样就会有问题,所以可以给.stack 段设置一个小于 0x400 的数值。右击 led 工程,在弹出的级联菜单中选择 Properties,打开属性设置对话框,如图 4-17 所示。选择 Build→C2000 Linker→Basic Options 菜单项,在 Set C system stack size(--stack_size,-stack)文本框填入新的数值,比如 0x300,单击 OK 按钮。当然,填入的数值要小于 0x400,原因上面已经讲清。

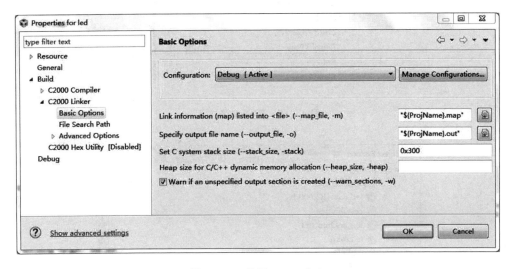

图 4-17 设置.stack 大小

设置好.stack 大小后,右击 led 工程,在弹出的快捷菜单中选择 Rebuild Project,然后重新编译工程,如图 4-18 所示。

这下编译 led 工程没有任何问题了,在 Debug 文件夹里生成了可执行文件 led.out,如图 4-19 所示。这个 led.out 就是可以下载到 F2812 里进行运行的文件,可以说是工程的最终结果。虽然编译没有任何问题,也生成了可执行文件,只能说明工程里没有语法问题,但是功能是否可以实现现在是无法判断的,只有将可执行文件下载到 DSP 里,运行调试后才能确定功能是否也是正确的。如果程序功能有问题,那就得具体分析原因,修改代码再重新编译调试,直到功能也能正确实现。

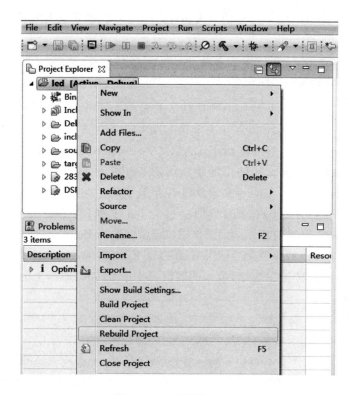

图 4-18 重新编译工程

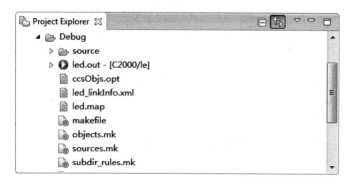

图 4-19 生成可执行文件

4.3.2 下载程序

有了可执行的.out 文件后，就可以准备把它下载到 F2812 里运行了。首先，拿出 F2812 的开发板和仿真器，将开发板和仿真器通过 14 芯的 JTAG 口连接好，然后将仿真器插上计算机。如果第一次使用仿真器，则还需要给仿真器安装驱动程序；如果已经安装了驱动，则计算机插上仿真器后在设备管理器里可以找到相应的仿真器设备。最后,给开发板上电,就是将电源接上开发板,硬件连接如图 4-20 所示。

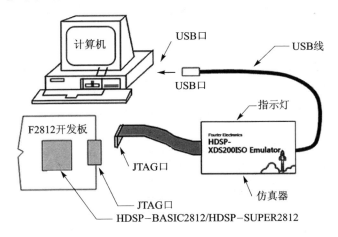

图 4-20 硬件连接

接下来,CCS 要与 DSP 建立连接。在 CCS 的右上角可以看到,CCS6.x 主要有两种工作界面,CCS Edit 和 CCS Debug,之前的建立工程、编写源代码、编译工程等操作都是在 CCS Edit 下面进行的,如图 4-21 所示。接下来的下载、调试等操作就要在 CCS Debug 下进行了,可以通过鼠标单击图 4-21 中的两个标签来切换工作界面。当然,当 CCS 和 DSP 成功建立链接时,CCS 自动把工作界面从 CCS Edit 切换到 CCS Debug。

选择 Run→Debug 菜单项,或者单击工具栏上的爬虫图标,在弹出的菜单中选择 Debug As→Code Composer Debug Session,则可以执行 Debug,CCS 和 DSP 开始建立链接,如图 4-22 和图 4-23 所示。执行 Debug 还有一种途径,即右击 led 工程,在弹出的级联菜单中选择 Debug As→Code Composer Debug Session。

图 4-21 CCS 界面环境

图 4-22 执行 Debug 方法 1

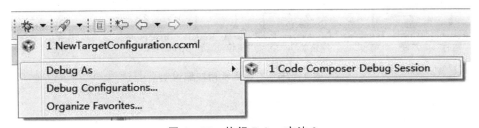

图 4-23 执行 Debug 方法 2

如果硬件没有问题，且工程中的目标链接配置文件 TMS320F2812.ccxml 的配置也正确，那 CCS 就会顺利和 DSP 建立链接，CCS 的工作界面切换至 CCS Debug，如图 4-24 所示。

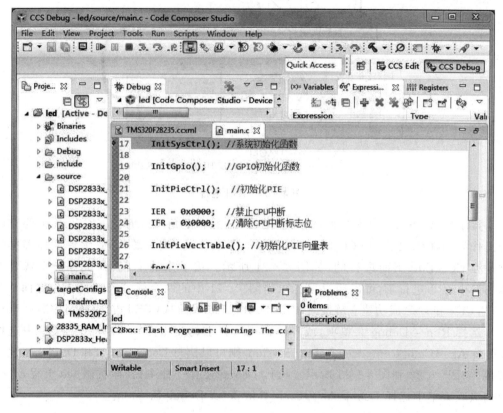

图 4-24　CCS Debug 界面

如果 CCS 和 DSP 没法建立链接，则 CCS 弹出错误信息的对话框，可以从配置文件和硬件两个方面去排查问题。图 4-24 中工具栏上的常用按钮说明如图 4-25 所示。

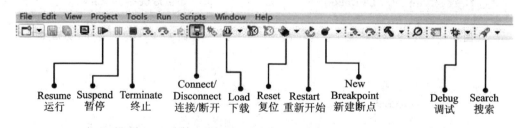

图 4-25　工具栏常用按钮说明

在 CCS 和 DSP 之间的链接建立成功的时候，CCS 已经自动将 led.out 下载到了 F2812 中，单击工具栏上的 Resume 按钮，程序就开始运行了。如果使用的是 HDSP - SUPER2812 开发板，则可以看到 6 个 LED 灯开始闪烁，说明前面写的程序完全正确，实现了需要的功能。

暂停运行的程序，可单击工具栏上的 Suspend 按钮；终止调试，退出 CCS Debug 界面，可单击工具栏上的 Terminate 按钮；只是断开链接，留在 CCS Debug 界面，可单击工具栏上的 Connect/Disconnect 按钮。

如果需要单独下载程序，该如何操作呢？单击工具栏上的 Load 按钮，则 CCS 弹出 Load Program 对话框，如图 4-26 所示。下载本工程的.out 文件，CCS 已经把路径设置好了，如果下载的是别的.out 文件，则可以单击 Browser 按钮，选择需要下载文件的路径；设置好后单击 OK 按钮，CCS 便会把程序下载到 DSP 中。

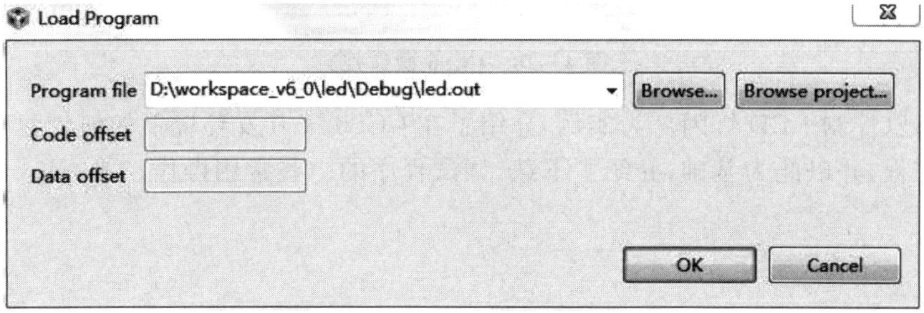

图 4-26　Load Program

调试程序的时候，经常会遇到需要让程序运行时停在某一行代码处的情况，以便于分析程序的功能、分析判断问题，这就是添加断点操作。比如需要在 main.c 文件内的 DELAY_US 函数处设置断点，只须将鼠标移到这一行，然后在代码编辑窗口上双击，便成功添加了一个断点，如图 4-27 所示。这样，当程序运行到断点处的时候就会暂停下来。

```

        GpioDataRegs.GPATOGGLE.bit.GPIO0=1; //翻转电平
        GpioDataRegs.GPATOGGLE.bit.GPIO1=1;
        GpioDataRegs.GPATOGGLE.bit.GPIO2=1;
        GpioDataRegs.GPATOGGLE.bit.GPIO3=1;
        GpioDataRegs.GPATOGGLE.bit.GPIO4=1;
        GpioDataRegs.GPATOGGLE.bit.GPIO5=1;
        DELAY_US(1000000); //延时1s
    }
  }
```

图 4-27　添加断点

除了上面介绍的，还有一些常用的调试操作放在后面章节中实际遇到的时候再讲解，也可以通过观看 C2000 助手里 CCS6.x 的视频来学习，如图 4-28 所示。

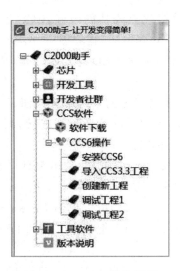

图 4-28　CCS6 操作视频

本章以控制 LED 灯闪烁为实例,介绍了在 CCS6.x 开发环境下如何创建一个新的完整的工程,并以此为基础,介绍了下载、调试程序的一些常用操作。

第 5 章 CCS 的常用操作

Code Composer Studio 是 TI 公司的 DSP 开发环境,熟悉 CCS 的操作将是学习 DSP 开发的第一步。中国有句古话叫"磨刀不误砍柴工",如果将 DSP 的开发比作是"砍柴",那么 CCS 软件就是手中的刀,将 CCS 这把利刃磨快了,相信可以为接下来的 DSP 开发节省不少时间。前面已经介绍了如何新建工程,这里就不再赘述,本章将详细介绍在使用 CCS6 对 DSP 进行软件开发时经常需要用到的一些操作。

5.1 导入 CCS 工程

CCS6 可以导入已经建好的 CCS6 的工程,也可以导入 CCS3.3 的工程,下面先来介绍如何导入已经建好的 CCS6 的工程。

选择 Project→Import CCS Projects 菜单项,如图 5-1 所示,则 CCS 会弹出 Select CCS Projects to Import 对话框,如图 5-2 所示。

单击图 5-2 中的 Browse,则 CCS 弹出浏览文件夹对话框,选中需要导入的工程,单击"确定",如图 5-3 所示。注意,等待导入的工程所在的路径里不能有中文字符。

回到 Select CCS Projects to Import 界面,单击 Finish,则工程导入到 Project Explorer 下面,如图 5-4 所示。

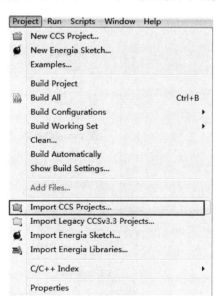

图 5-1 导入 CCS 工程 1

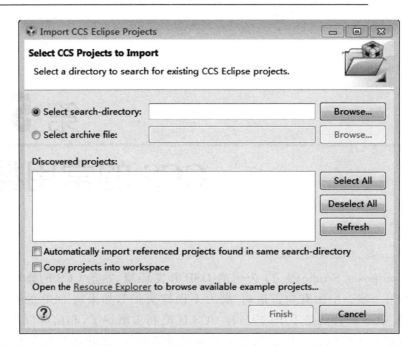

图 5-2 导入 CCS 工程 2

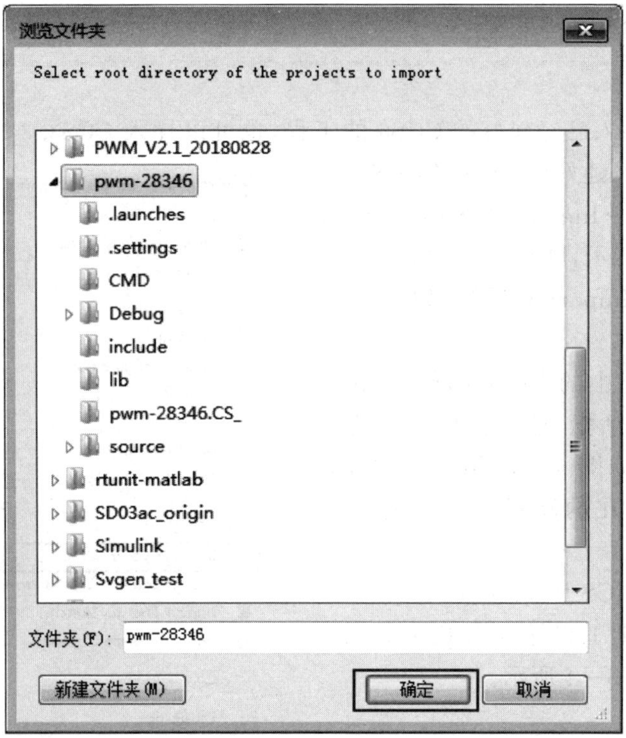

图 5-3 导入 CCS 工程 3

图 5-4　导入 CCS 工程 4

下面介绍如何导入已有的 CCS3.3 的工程,方法与导入 CCS6 的类似。选择 Project→Import Legacy CCSv3.3 Projects 菜单项,如图 5-5 所示,则弹出 Select Legacy CCS Project 对话框,如图 5-6 所示。

单击图 5-6 中的 Browse,则弹出浏览文件夹对话框,选中需要导入的工程,单击"打开",如图 5-7 所示。注意,等待导入的工程所在的路径里不能有中文字符。

回到导入工程对话框,单击 Next,如图 5-8 所示。

这时,CCS 弹出 Select Compiler 选择编译器的对话框,如图 5-9 所示,单击 Finish。

没有什么问题的话,需要导入的 CCS3.3 的工程就会被导入到 CCS6 中。如果导入不成功,则 CCS6 会有提示,具体根据提示来分析就可以。不过,不建议直接导入 CCS3.3 的工程,因为新建一个 CCS6 的工程也很方便,只需要将 CCS3.3 版本的源文件、头文件、CMD 文件复制到新建的 CCS6 工程即可。不同版本之间工程的切换还是建议以新建工程、然后复制所需文件的方式来,这样不会出现一些莫名其妙的问题。

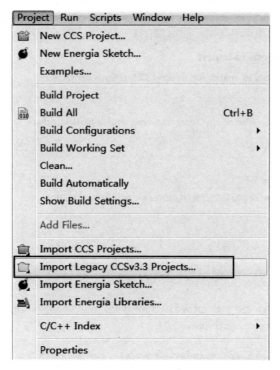

图 5-5 导入 CCS3.3 工程 1

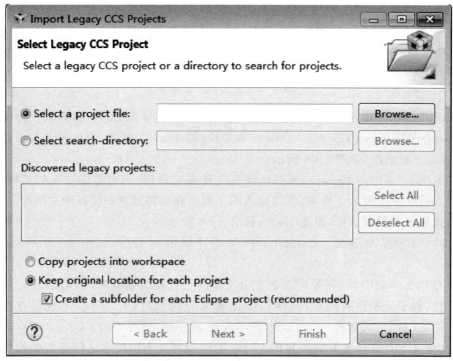

图 5-6 导入 CCS3.3 工程 2

第 5 章 CCS 的常用操作

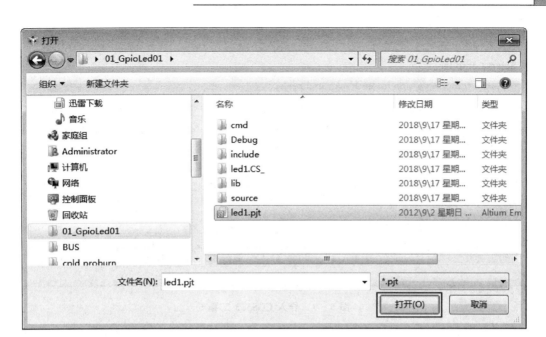

图 5-7 导入 CCS3.3 工程 3

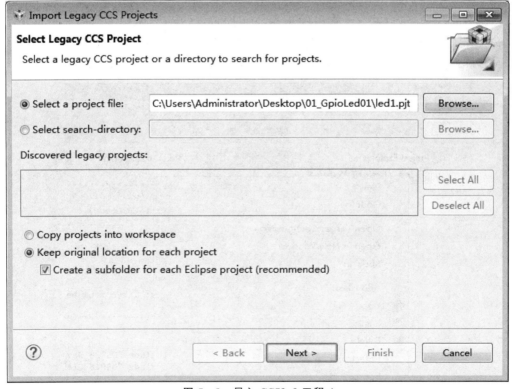

图 5-8 导入 CCS3.3 工程 4

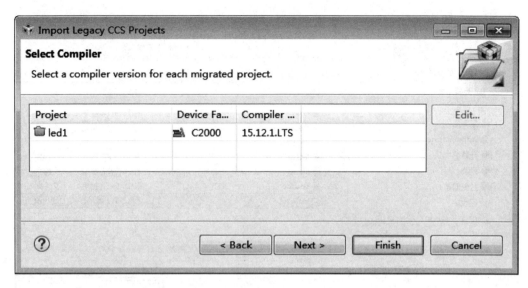

图 5-9 导入 CCS3.3 工程 5

5.2 移除工程

工程导入 CCS 后,就会一直出现在 Project Explorer 中,就算 CCS 关闭后再打开,还是会存在于 Project Explorer 中,如果不想让这个工程显示在 Project Explorer 中,那可以手动移除。如图 5-10 所示,右击需要移除的工程,然后在弹出的快捷菜单中选择 Delete。

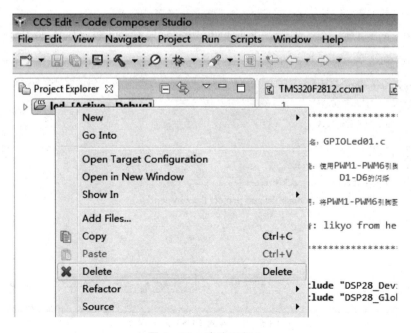

图 5-10 移除工程 1

这时，CCS 弹出 Delete Resources 对话框，如图 5-11 所示，如果只是将工程从 CCS 中移除，则可以直接单击 OK 按钮。如果先选中 Delete project contents on disk，再单击 OK 按钮，则不仅会将工程从 CCS 中移除，而且还会直接将工程从磁盘上删掉。

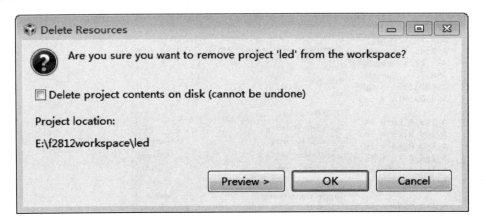

图 5-11　移除工程 2

5.3　查找变量

通常，一个工程会由很多文件组成，如果想在这些文件中查找某一个变量时，除了一个一个文件地慢慢看过去之外，有没有什么好的办法呢？这时候就需要使用 CCS 查找变量的功能了。

如图 5-12 所示，比如要查找工程中的 SpeedKp 变量，则可以先选中这个变量再右击，在弹出的快捷菜单中选择 Search Text，然后在弹出的子菜单中选择查找的范围。WorkSpace 是在整个工作空间里面查找，不仅仅会查找当前工程，只要是 WorkSpace 下的工程都会进行查找；Project 是在当前工程里面查找，只要是工程的文件，都会被查找；File 是只在当前文件内进行查找。查找范围可以根据实际需求来定。查找的结果会在 CCS 中显示出来，如图 5-13 所示。

5.4　观察变量

调试过程中经常需要实时观察变量的值，以判断运行是否正确。比如要观察图 5-14 中的数组 exadc[16]，一组经过采样后得到的数据，则可以先选中 exadc 并右击，在弹出的快捷菜单中选择 Add Watch Expression。

CCS 弹出 Add Watch Expression 对话框，确定需要观察的变量是 exadc 的话，如图 5-15 所示，则单击 OK，于是便可以将 exadc 添加到变量观察窗口 Watch Express 中。注意，观察变量的前提工程正在 Debug 中，也就是工程正在调试中，DSP 和 CCS 已经建立链接，程序也已经下载入 DSP 中。

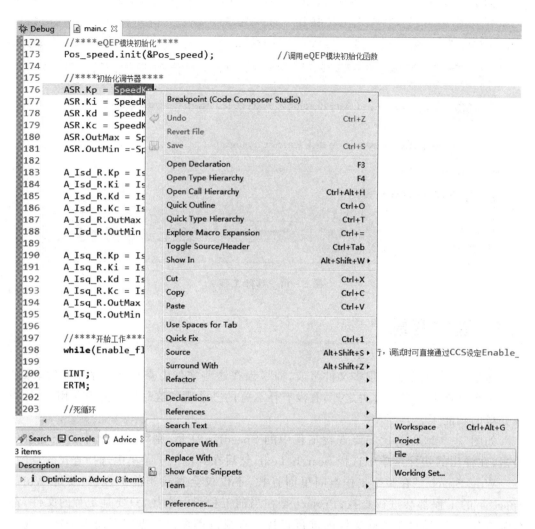

图 5-12 查找变量

图 5-13 查找结果

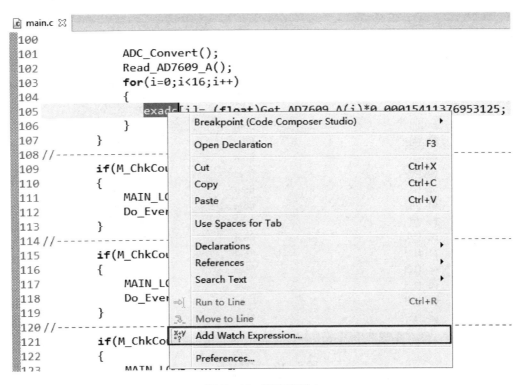

图 5-14　观察变量 1

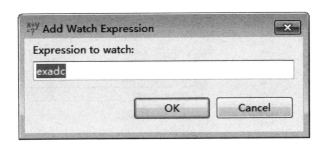

图 5-15　观察变量 2

　　如图 5-16 所示,如果需要实时观察变量数据的变化,则单击变量观察窗口工具栏上的 Continuous Refresh 按钮,变量数据便会实时更新;如果数据发生变化,则相应的底色会变成黄色。

　　在变量观察窗口中还可以改变显示的数据格式,就是可以设定需要观察的变量按哪种进制的数据格式来显示。如图 5-17 所示,右击需要显示的变量,在弹出的快捷菜单中单击 Number Format,然后在二级菜单中选择数据格式。

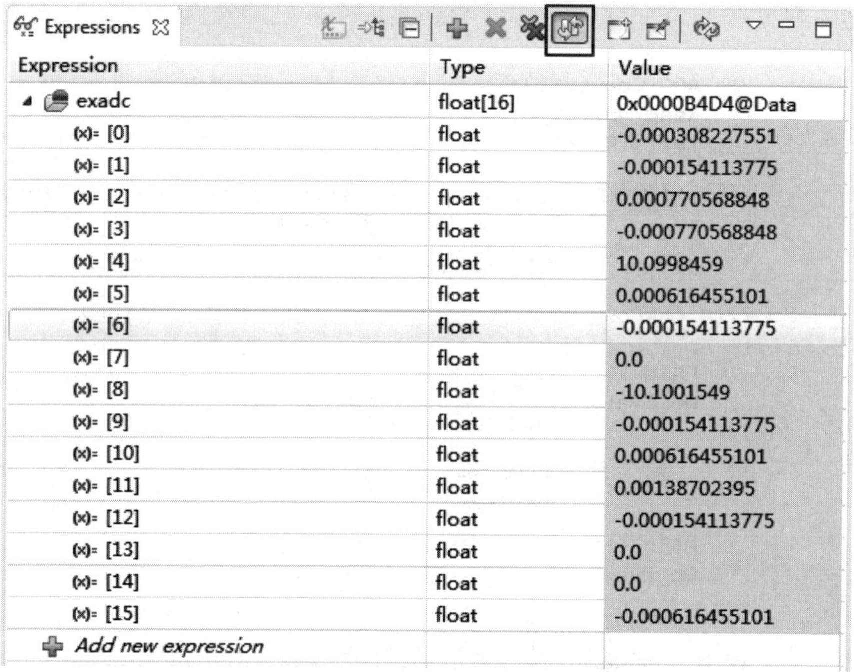

Expression	Type	Value
▲ exadc	float[16]	0x0000B4D4@Data
(x)= [0]	float	-0.000308227551
(x)= [1]	float	-0.000154113775
(x)= [2]	float	0.000770568848
(x)= [3]	float	-0.000770568848
(x)= [4]	float	10.0998459
(x)= [5]	float	0.000616455101
(x)= [6]	float	-0.000154113775
(x)= [7]	float	0.0
(x)= [8]	float	-10.1001549
(x)= [9]	float	-0.000154113775
(x)= [10]	float	0.000616455101
(x)= [11]	float	0.00138702395
(x)= [12]	float	-0.000154113775
(x)= [13]	float	0.0
(x)= [14]	float	0.0
(x)= [15]	float	-0.000616455101

图 5-16 观察变量 3

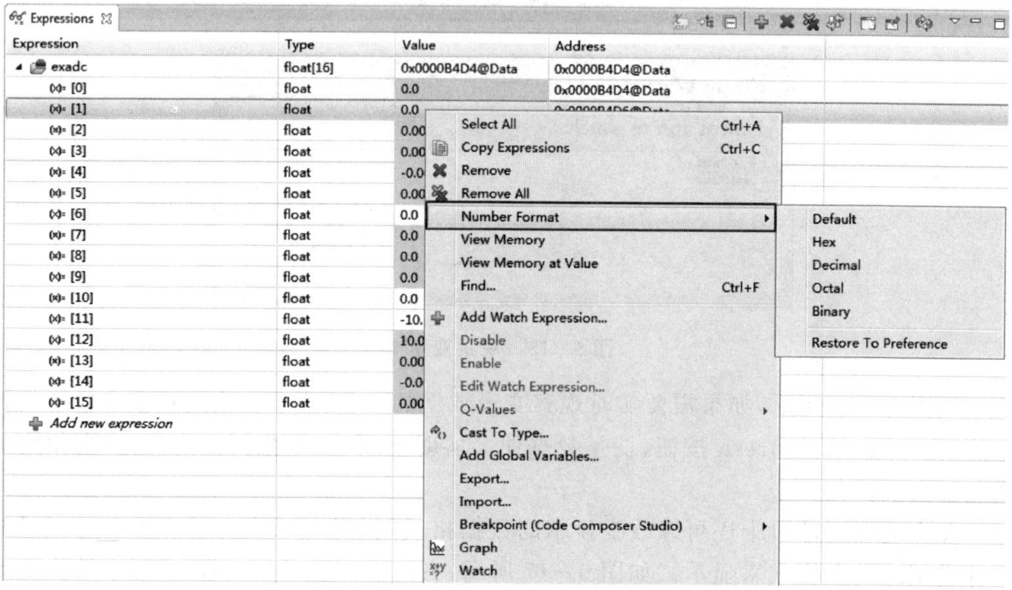

图 5-17 观察变量 4

第 5 章 CCS 的常用操作

5.5 观察内存

还是以图 5-14 中的变量 exadc 为例,介绍如何在 DSP 的内存中进行观察。从图 5-17 可以看出,exadc 的地址为 0xB4D4。选择 View→Memory Browser 菜单项,打开内存观察界面,如图 5-18 所示。

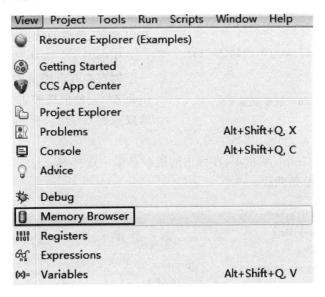

图 5-18 观察内存 1

如图 5-19 所示,在文本框内输入地址 0xB4D4,然后单击回车,于是从 exadc 首地址开始的内存区域中的数据便显示在界面上。

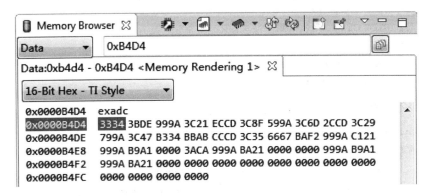

图 5-19 观察内存 2

5.6 Graph 功能

Graph 功能即是 CCS 的图形功能，可以在 CCS 中使用此功能将变量绘制成曲线，然后直观地观察变量变化的趋势。绘制曲线的原理是将数据存放在数组变量中，然后将数组中的每一个数据都在坐标轴中画出来，一个数据一个点，将这些点连起来就形成了曲线。因此，能够绘制曲线的一定是个数组变量，单独的数据不能绘制成曲线。

```
76  for(i=0;i<199;i++)
77  {
78      x[i]=sin(0.0314159*i);
79  }
```

图 5-20 观察变量 x

比如图 5-20 中的数组变量 x，它是一个拥有 200 个成员的数组，数据类型是 float 型，它的值按照正弦规律变化。下面就以观察 x 为例，介绍如何使用 CCS 的 Graph 功能。

选择 Tools→Graph 菜单项，在弹出的级联菜单中选择 Single Time，如图 5-21 所示，这里绘制的是单条曲线。

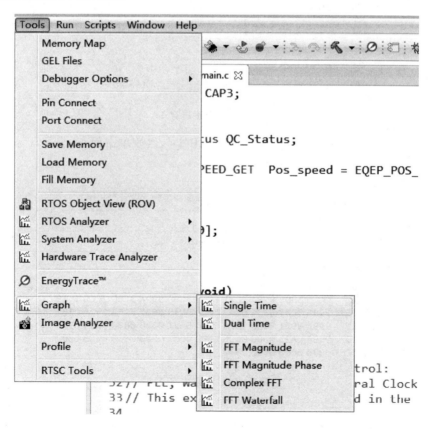

图 5-21 Graph 功能 1

这时 CCS 弹出 Graph Properties 对话框,如图 5-22 所示,需要根据实际情况来对参数进行设置,设置完成后单击 OK 按钮。

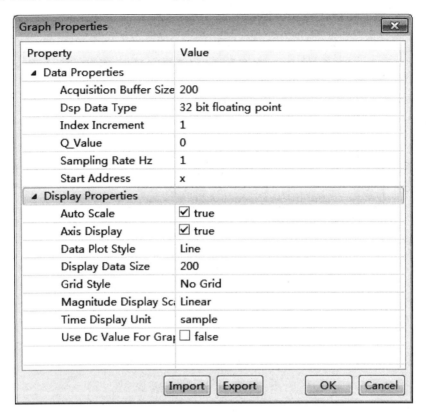

图 5-22 Graph 功能 2

Acqusition Buffer Size:需要绘制的曲线数据源的大小。这里就是数组 x 的大小,填入 200。

DSP Data Type:数组中数据的类型。因为 x 是 float 型的数组,因此这里选择 32 bit floating point。

Start Address:需要绘制数据的首地址,这里填数组 x 的首地址,即 x。

Display Data Size:显示多少个点,比如 200,说明绘制出的曲线是由 200 个点构成的。从 x 的定义可以看出,其实 x 是存储了 200 个点,正弦波的一个周期的数据,如果这里设置为 200,那刚好显示一个周期的正弦波。如果这里设置为 100,则显示的只有 100 个数据,也就是只显示半个周期的正弦波,首先显示的是前 100 个数据,即正弦波的正半波,然后刷新一下,显示的是后 100 个数据,即正弦波的负半波。

按图 5-22 设置完成后,单击 OK 按钮,便可以得到曲线,如图 5-23 所示。正如分析的一样,显示的是一个周期的正弦波。

CCS6 的功能是非常强大的,本章只选取了经常用到的一些知识点进行了介绍和讲解,希望本章的内容能够起到抛砖引玉的作用。下一章将详细介绍 DSP 开发时需要用到的基本 C 语言知识。

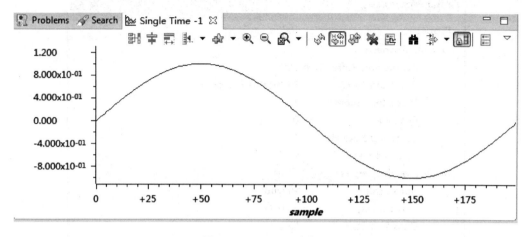

图 5-23　Graph 功能 3

第 6 章
使用 C 语言操作 DSP 的寄存器

嵌入式系统开发常用的语言通常有两种,汇编和 C 语言。绝大多数的工程师对汇编语言的感觉肯定都是类似的,就是难以理解,想到用汇编语言来开发一个复杂的工程肯定有点心惊胆战;但是如果换成 C 语言的话肯定就会好多了,毕竟 C 语言形象一些,更贴近平时的语言习惯一些。幸好,F2812 的开发既支持汇编语言,也支持 C 语言,在开发 DSP 程序时用得比较多的还是 C 语言,只有在对时间要求非常严格的地方才会插入汇编语言。开发时,需要频繁地对 DSP 寄存器进行配置,本章将以 F2812 的外设 SCI 为例,详细分析如何使用 C 语言中结构体和位定义的方法来实现对 DSP 寄存器的操作。在这个过程中,还可以了解到 F2812 的头文件是如何编写的。

6.1 寄存器的 C 语言访问

DSP 的寄存器能够实现对系统和外设功能的配置与控制,因此在 DSP 的开发过程中,对于寄存器的操作是极为重要的,也是很频繁的,也就是说对寄存器的操作是否方便会直接影响到 DSP 的开发是否方便。F2812 为大家提供了位定义和寄存器结构体的方式,能够很方便地实现对 DSP 内部寄存器的访问和控制。接下来,将以外设串行通信接口 SCI(Serial Communication Interface)为例,为大家详细介绍如何使用 C 语言的位定义和寄存器结构体的方式来实现对 SCI 寄存器的访问;在这个过程中,大家也可以了解到 F2812 的头文件是如何编写的。

6.1.1 了解 SCI 的寄存器

本小节应该是介绍 SCI 的时候才讲的,但为了能够使大家对 SCI 的寄存器能够有所了解,故在此也稍作介绍。F2812 的 SCI 模块具有相同的串行通信接口 SCIA 和 SCIB,也就是说体现到硬件上的话,F2812 支持两个串口。SCIA 和 SCIB 就像双胞胎一样,具有相同的寄存器文件,分别如表 6-1 和表 6-2 所列。

从表 6-1 和表 6-2 可以看到,外设 SCIA 和 SCIB 的每一个寄存器都占据 1 字节,即 16 位宽度。从其地址分布来看,SCIA 的寄存器地址从 0x00007050～0x0000705F,中间缺少了 0x00007058、0x0000705D、0x0000705E。SCIB 的寄存器地址从 0x00007750～0x0000775F,中间缺少了 0x00007758、0x0000775D、0x0000775E。中间缺少的这些地址为系统保留的寄存器空间,暂时还没有使用。表 6-1 和表 6-2 所列出的寄存器位于 F2812 存储器空间的外设帧 2 内,是在物理上实实在在存在的存储器单元。实际上,这些寄存器就是定义了具体功能的存储单元,系统会根据这些存储单元中具体的配置来进行工作。

表 6-1 SCIA 寄存器文件

寄存器名	地 址	占用空间	功能描述
SCICCR	0x00007050	16 位	SCIA 通信控制寄存器
SCICTL1	0x00007051	16 位	SCIA 控制寄存器 1
SCIHBAUD	0x00007052	16 位	SCIA 波特率设置寄存器高字节
SCILBAUD	0x00007053	16 位	SCIA 波特率设置寄存器低字节
SCICTL2	0x00007054	16 位	SCIA 控制寄存器 2
SCIRXST	0x00007055	16 位	SCIA 接收状态寄存器
SCIRXEMU	0x00007056	16 位	SCIA 接收仿真数据缓冲寄存器
SCIRXBUF	0x00007057	16 位	SCIA 接收数据缓冲寄存器
SCITXBUF	0x00007059	16 位	SCIA 发送数据缓冲寄存器
SCIFFTX	0x0000705A	16 位	SCIA FIFO 发送寄存器
SCIFFRX	0x0000705B	16 位	SCIA FIFO 接收寄存器
SCIFFCT	0x0000705C	16 位	SCIA FIFO 控制寄存器
SCIPRI	0x0000705F	16 位	SCIA 极性控制寄存器

表 6-2 SCIB 寄存器文件

寄存器名	地 址	占用空间	功能描述
SCICCR	0x00007750	16 位	SCIB 通信控制寄存器
SCICTL1	0x00007751	16 位	SCIB 控制寄存器 1
SCIHBAUD	0x00007752	16 位	SCIB 波特率设置寄存器高字节
SCILBAUD	0x00007753	16 位	SCIB 波特率设置寄存器低字节
SCICTL2	0x00007754	16 位	SCIB 控制寄存器 2
SCIRXST	0x00007755	16 位	SCIB 接收状态寄存器
SCIRXEMU	0x00007756	16 位	SCIB 接收仿真数据缓冲寄存器
SCIRXBUF	0x00007757	16 位	SCIB 接收数据缓冲寄存器
SCITXBUF	0x00007759	16 位	SCIB 发送数据缓冲寄存器
SCIFFTX	0x0000775A	16 位	SCIB FIFO 发送寄存器
SCIFFRX	0x0000775B	16 位	SCIB FIFO 接收寄存器
SCIFFCT	0x0000775C	16 位	SCIB FIFO 控制寄存器
SCIPRI	0x0000775F	16 位	SCIB 极性控制寄存器

在自然语言中去描述 SCIA 寄存器某个位的时候,可以读作"SCIA 的通信控制寄存器 SCICCR 的第 0 位"。这么读的时候第一反应是什么?这不是和前面介绍的结构体成员的表述方式一样吗?说明 SCIA 的寄存器可以采用结构体的方式来表示。

6.1.2　使用位定义的方法定义寄存器

先来介绍一下 C 语言中一种被称为"位域"或者"位段"的数据结构。所谓"位域",就是把一个字节中的二进制位划分为几个不同的区域,并说明每个区域的位数。每个域都有一个域名,允许在程序中按域名进行操作。位域的定义和位域变量的说明同结构体定义和其成员说明类似,其语法格式为:

```
Struct 位域结构名
{
   类型说明符  位域名1:位域长度
   类型说明符  位域名2:位域长度
   …
   类型说明符  位域名n:位域长度
};
```

其中,类型说明符就是基本的数据类型,可以是 int、char 型等。位域名可以任意取,能够反映其位域的功能就好,位域长度是指这个位域是由多少个位组成的。和结构体定义一样,大括号最后的";"不可缺少,否则会出错。

图 6-1 是将一个名为 bs 字的 16 位划分成了 3 个位域,其中 D0~D7 共 8 位为位域 a,D8~D9 共 2 位为位域 b,D10~D15 共 6 位为位域 c,用位域的方式来定义的话如例 6-1 所示。

【例 6-1】　位域定义。

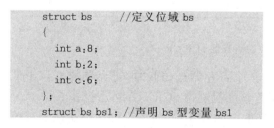

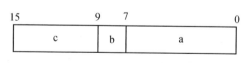

图 6-1　bs 的位域定义

位域也是 C 语言中的一种数据结构,因此需要遵循先声明后使用的原则。例 6-1 中,声明了 bs1,说明 bs1 是 bs 型的变量,共占 2 字节,其中位域 a 占 8 位,位域 b 占 2 位,位域 c 占 6 位。

关于位域的定义还有以下几点说明:

① 位域的定义必须按从右往左的顺序,也就是说得从最低位开始定义。

② 一个位域必须存储在同一个字节中,不能跨 2 字节。如果一个字节所剩空间不够放另一域时,应该从下一个单元起存放该域,如下所示:

```
struct bs
{
  int a:4;
  int  :0;      //空域
  int b:5;     //从第2个字节开始存放
  int c:3;
};
```

在这个位域定义中,第一个位域 a 占第一个字节的 4 位,而第 2 个位域 b 占 5 位,很显然第一个字节剩下的 4 位不能够完全容纳位域 b,所以第一个字节的后 4 位写 0 留空,b 从第 2 个字节开始存放。

③ 位域的长度不能大于一个字节的长度,也就是说一个位域不能超过 8 位。

④ 位域可以无位域名,这时,它只用作填充或调整位置。无名的位域不能使用,如下所示:

```
struct bs
{
  int a:4;
  int  :2;      //这 2 位不能使用
  int b:2;
  int c:5;
  int d:3;
};
```

掌握了 C 语言中位域的知识后,下面以 SCIA 的通信控制寄存器 SCICCR 为例来说明如何使用位域的方法来定义寄存器。图 6-2 为 SCIA 通信控制寄存器 SCICCR 的具体定义。

7	6	5	4	3	2	1	0
STOP BITS	EVEN/ODD PARITY	PARITY ENABLE	LOOPBACK ENA	ADDR/IDLE MODE	SCICHAR2	SCICHAR1	SCICHAR0
R/W-0	R/W-0	R/W-0	R/W-0	R/W-0	R/W-0	R/W-0	R/W-0

图 6-2 SCIA 通信控制寄存器 SCICCR

SCIA 模块所有的寄存器都是 8 位的,当一个寄存器被访问时,寄存器数据位于低 8 位,高 8 位为 0。SCICCR 的 D0~D2 为字符长度控制位 SCICHAR,占据了 3 位。D3 为 SCI 多处理器模式控制位 ADDRIDLE_MODE,占据 1 位。D4 为 SCI 回送自测试模式使能位 LOOPBKENA,占据 1 位。D5 为 SCI 极性使能位 PARITYENA,占据 1 位。D6 为 SCI 奇/偶极性使能位 PARITY,占据 1 位。D7 为 SCI 结束位的个数 STOPBITS,也占据 1 位。D8~D15 为保留,共 8 位。因此,可以将寄存器 SCICCR 用位域的方式表示为如例 6-2 所示的数据结构。

【例 6-2】 用位域方式定义 SCICCR。

```
struct SCICCR_BITS
{
  Uint16 SCICHAR:3;           // 2:0    字符长度控制位
```

第6章 使用C语言操作DSP的寄存器

```
    Uint16 ADDRIDLE_MODE:1;        // 3      多处理器模式控制位
    Uint16 LOOPBKENA:1;            // 4      回送测试模式使能位
    Uint16 PARITYENA:1;            // 5      极性使能位
    Uint16 PARITY:1;               // 6      奇/偶极性选择位
    Uint16 STOPBITS:1;             // 7      停止位个数
    Uint16 rsvd1:8;                // 15:8   保留
};
struct SCICCR_BITS bit;
bit.SCICHAR = 7;                   //SCI字符长度控制位为8位
```

在寄存器中,被保留的空间也要在位域中定义,只是定义的变量不会被调用,如例6-2中的rsvd1,为8位保留的空间。一般位域中的元素是按地址的顺序来定义的,所以中间如果有空间保留,那么需要一个变量来代替。虽然变量并不会被调用,但是必须要添加,以防后续寄存器位的地址混乱。

例6-2还声明了一个SCICCR_BITS的变量bit,这样就可以通过bit来实现对寄存器位的访问了。例子中是对位域SCICHAR赋值,配置SCI字符控制长度为8位(SCICHAR的值为7,对应于字符长度为8位)。

6.1.3 声明共同体

使用位定义的方法定义寄存器可以方便地实现对寄存器功能位进行操作,但是有时候如果需要对整个寄存器进行操作,那么位操作是不是就显的有些麻烦了呢? 所以很有必要引入能够对寄存器整体进行操作的方式,这样想要进行整体操作的时候就用整体操作的方式,想要进行位操作的时候就用位操作的方式。这种二选一的方式是不是想起前面介绍的共同体了呢? 例6-3为对SCI的通信控制寄存器SCICCR进行共同体的定义,使得用户可以方便选择对位或者寄存器整体进行操作。

【例6-3】 SCICCR的共同体定义。

```
union SCICCR_REG
{
    Uint16 all;                    //可实现对寄存器整体操作
    struct SCICCR_BITS bit;        //可实现位操作
};
union SCICCR_REG SCICCR;
SCICCR.all = 0x007F;
SCICCR.bit.SCICHAR = 5;
```

例6-3先是定义了一个共同体SCICCR_REG,然后声明了一个SCICCR_REG变量SCICCR,接下来变量SCICCR就可以对寄存器实现整体操作或者进行位操作,很方便。例6-3中,先是通过整体操作对寄存器的各个位进行了配置,SCICHAR位被赋值为7,也就是说SCI数据位长度为8;紧接着,变量SCICCR通过位操作的方式,将SCICHAR的值改为5,即SCI数据的长度最终被设置为6。

6.1.4 创建结构体文件

从前面的表 6-1 和表 6-2 可以看出来,SCI 模块除了寄存器 SCICCR 之外,还有许多的寄存器。为了便于管理,需要创建一个结构体,用来包含 SCI 模块的所有的寄存器,如例 6-4 所示。

【例 6-4】 SCI 寄存器的结构体文件。

```
struct SCI_REGS
{
    union SCICCR_REG        SCICCR;         //通信控制寄存器
    union SCICTL1_REG       SCICTL1;        // 控制寄存器 1
    Uint16                  SCIHBAUD;       // 波特率寄存器(高字节)
    Uint16                  SCILBAUD;       // 波特率寄存器(低字节)
    union SCICTL2_REG       SCICTL2;        // 控制寄存器 2
    union SCIRXST_REG       SCIRXST;        // 接收状态寄存器
    Uint16                  SCIRXEMU;       // 接收仿真缓冲寄存器
    union SCIRXBUF_REG      SCIRXBUF;       // 接收数据寄存器
    Uint16 rsvd1;                           // 保留
    Uint16                  SCITXBUF;       // 发送数据缓冲寄存器
    union SCIFFTX_REG       SCIFFTX;        // FIFO 发送寄存器
    union SCIFFRX_REG       SCIFFRX;        // FIFO 接收寄存器
    union SCIFFCT_REG       SCIFFCT;        // FIFO 控制寄存器
    Uint16 rsvd2;                           // 保留
    Uint16 rsvd3;                           // 保留
    union SCIPRI_REG        SCIPRI;         // FIFO 优先级控制寄存器
};
extern volatile struct SCI_REGS SciaRegs;
extern volatile struct SCI_REGS ScibRegs;
```

例 6-4 所示的 SCI 寄存器结构体 SCI_REGS 中,有的成员是 union 形式的,有的是 Uint16 形式的。定义为 union 形式的成员既可以实现对寄存器的整体操作,也可以实现对寄存器进行位操作;而定义为 Uint16 的成员只能直接对寄存器进行操作。

在 6.1.1 小节中提到过,无论是 SCIA 还是 SCIB,在其寄存器的存储空间中,有 3 个存储单元是被保留的,在对 SCI 的寄存器进行结构体定义时,也要将其保留。如例 6-4 所示,保留的寄存器空间采用变量来代替,但是该变量不会被调用,如 rsvd1、rsvd2、rsvd3。

在定义了结构体 SCI_REGS 之后,需要声明 SCI_REGS 型的变量 SciaRegs 和 ScibRegs,分别用于代表 SCIA 的寄存器和 SCIB 的寄存器。关键字 extern 的意思是"外部的",表明这个变量在外部文件中被调用,是一个全局变量。关键字 volatile 的意思是"易变的",使得寄存器的值能够被外部代码任意改变,例如可以被外部硬件或者中断任意改变。如果不使用关键字 volatile,则寄存器的值只能被程序代码所改变。

前面是以 SCICCR 为例来介绍如何使用位定义的方式表示某个寄存器,又以 SCI 模块为例来讲解如何用结构体文件来表示一个外设模块的所有寄存器。如果根据前面

第6章 使用C语言操作DSP的寄存器

的介绍,将SCI所有的寄存器用位定义的方式来表示,然后根据需要来定义共同体,最后定义寄存器结构体文件,可以发现,原来这就是F2812的头文件DSP28_Sci.h的内容。现在明白头文件是怎么编写出来了吧,因为F2812的寄存器结构是固定的。因此,系统的头文件可以现成地拿来使用,一般情况下不需要再做修改了。

如例6-4所示,定义了结构体SCI_REGS型的变量SciaRegs和ScibRegs之后,就可以方便地实现对寄存器的操作了。下面以对SCIA的寄存器SCICCR的操作为例,来介绍在开发程序时是如何进行书写的。

【例6-5】 对SCICCR按位进行操作。

```
SciaRegs.SCICCR.bit.STOPBITS = 0;           //1位停止位
SciaRegs.SCICCR.bit.PARITYENA = 0;          //禁止极性功能
SciaRegs.SCICCR.bit.LOOPBKENA = 0;          //禁止回送测试模式功能
SciaRegs.SCICCR.bit.ADDRIDLE_MODE = 0;      //空闲线模式
SciaRegs.SCICCR.bit.SCICHAR = 7;            //8位数据位
```

【例6-6】 对SCICCR整体进行操作。

```
SciaRegs.SCICCR.all = 0x0007;
```

例6-5和例6-6的作用一样,都是对SCIA的寄存器进行初始化操作,只不过例6-5是对SCICCR按位进行操作,而例6-6是对SCICCR整体进行操作。还有一些寄存器,例如SCIHBAUD和SCILBAUD,在结构体SCI_REGS的定义中是Uint16型的,如何对这类寄存器操作请看例6-7。

【例6-7】 对SCIHBAUD和SCILBAUD进行操作。

```
SciaRegs.SCIHBAUD = 0;
SciaRegs.SCILBAUD = 0xF3;
```

由于SCIHBAUD和SCILBAUD定义时是Uint16型的,所以不能使用.all或者.bit的方式来访问,只能直接给寄存器整体进行赋值。

上面介绍的3种操作几乎涵盖了在F2812开发过程中对寄存器操作的所有方式,也就是说掌握了这3种方式,可以实现对F2812各种寄存器的操作。

无论是SCIA还是SCIB,都有很多寄存器,每个寄存器又都有若干位域,每个位域又都有自己的名字和功能,如此复杂的寄存器,是否要全部记住呢?要不然如何写程序呢?答案显然是否定的。很多初学者把很多精力都花在了记忆寄存器上,以至于看了后面就忘了前面的,到头来依然是一头雾水。

其实CCS3.3为大家书写程序时提供了非常方便的功能,例如书写语句SciaRegs.SCICCR.bit.STOPBITS = 0,先在CCS中输入SciaRegs,然后输入".",就会弹出一个下拉列表框,将SCIA模块下所有的寄存器列了出来,如图6-3所示。单击列表框中寄存器SCICCR,便输入了寄存器SCICCR。在这里一定要注意的是,必须输入SciaRegs,每个字母的大小写都

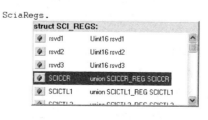

图6-3 输入寄存器SCICCR

必须符合，否则是不会出现下拉列表框的。在输入 SCICCR 之后，继续输入成员操作符"."，弹出新的下拉列表框，如图 6-4 所示。列表框中是共同体变量 SCICCR 的两个成员 all 或者 bit。如果要对寄存器进行整体操作，就单击 all；如果对寄存器进行位操作，就单击 bit。在这里，选择单击 bit，然后继续输入"."，还是会弹出如图 6-5 所示的下拉列表框，里面列出了寄存器 SCICCR 的所有位域，也就是 bit 的所有成员，单击列表框中的 STOPBITS，便完成了输入。

图 6-4 输入 bit

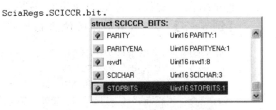

图 6-5 输入位域 STOPBITS

这是 CCS 的感应功能，很显然，使用感应功能的前提是工程加载了 F2812 的头文件，其下拉列表框中的内容都是头文件中所定义的结构体或者共同体的成员。C 语言是区分大小写的，所以在初始手动输入外设寄存器名字时，一定要注意字母的大小写，否则 CCS 也无法感应。能够对寄存器的位域进行提示和操作是使用位定义和寄存器结构体方式访问寄存器最显著的优点。

如果将 SciaRegs 添加进 Watch Window，便可以观察到寄存器 SCICCR 的每一个位域的值，如图 6-6 所示，这也是使用位定义和寄存器结构体方式访问寄存器的优点。

Name	Value	Type	Radix
⊟ 🔖 SciaRegs	{...}	struct SCI_REGS	hex
⊟ 🔖 SCICCR	{...}	union SCICCR_REG	hex
● all	7	Uint16	unsigned
⊟ 🔖 bit	{...}	struct SCICCR_BITS	hex
● SCICHAR	111	(unsigned int:13:3)	bin
● ADDRIDLE_MODE	0	(unsigned int:12:1)	bin
● LOOPBKENA	0	(unsigned int:11:1)	bin
● PARITYENA	0	(unsigned int:10:1)	bin
● PARITY	0	(unsigned int:9:1)	bin
● STOPBITS	0	(unsigned int:8:1)	bin
● rsvd1	00000000	(unsigned int:0:8)	bin

图 6-6 在 CCS 的 Watch Window 中观察 SCICCR

6.2 寄存器文件的空间分配

值得注意的是，之前所做的工作只是将 F2812 的寄存器按照 C 语言中位域定义和寄存器结构体的方式组织了数据结构，当编译时，编译器会把这些变量分配到存储空间中，但是很显然还有一个问题需要解决，就是如何将这些代表寄存器数据的变量同实实在在的物理寄存器结合起来呢？

这个工作需要两步来完成：第 1 步使用 DATA_SECTION 的方法将寄存器文件分配到数据空间中的某个数据段；第 2 步在 CMD 文件中，将这个数据段直接映射到这个外

第6章 使用C语言操作DSP的寄存器

设寄存器所占的存储空间。通过这两步,就可以将寄存器文件同物理寄存器相结合起来了,下面详细讲解。

(1) 使用DATA_SECTION方法将寄存器文件分配到数据空间

编译器产生可重新定位的数据和代码模块,这些模块就称为段。这些段可以根据不同的系统配置分配到相应的地址空间,各段的具体分配方式在CMD文件中定义。关于CMD文件,将在下一章节中详细讲解。在采用硬件抽象层设计方法的情况下,变量可以采用"♯pragma DATA_SECTION"命令分配到特殊的数据空间。在C语言中,"♯pragma DATA_SECTION"的编程方式如下:

```
# pragma DATA_SECTION (symbol,"section name");
```

其中,symbol是变量名,而section name是数据段名。下面以变量SciaRegs和ScibRegs为例,将这两个变量分配到名字为SciaRegsFile和ScibRegsFile的数据段。

【例6-8】 将变量分配到数据段。

```
# pragma DATA_SECTION(SciaRegs,"SciaRegsFile");
volatile struct SCI_REGS SciaRegs;

# pragma DATA_SECTION(ScibRegs,"ScibRegsFile");
volatile struct SCI_REGS ScibRegs;
```

例6-8是DSP28_GlobalVariableDefs.c文件中的一段,作用就是将SciaRegs和ScibRegs分配到名字为SciaRegsFile和ScibRegsFile的数据段。CMD文件会将每个数据段直接映射到相应的存储空间里。表6-7说明了SCIA寄存器映射到起始地址为0x00007050的存储空间。使用分配好的数据段,变量SciaRegs就会分配到起始地址为0x00007050的存储空间。那如何将数据段映射到寄存器对应的存储空间呢?这得研究一下CMD文件中的内容。

(2) 将数据段映射到寄存器对应的存储空间

【例6-9】 将数据段映射到寄存器对应的存储空间。

```
/**************************************************
* 存储器SRAM.CMD文件将SCI寄存器文件结构分配到相应的存储空间
**************************************************/
MEMORY
{
   ...
   PAGE 1 :
   SCI_A       : origin = 0x007050, length = 0x000010
   SCI_B       : origin = 0x007750, length = 0x000010
   ...
}
SECTIONS
{
   ...
   SciaRegsFile      : > SCI_A,       PAGE = 1
```

```
   ScibRegsFile        : > SCI_B,      PAGE = 1
   ...
}
```

从例 6-9 可以看到,首先在 MEMORY 部分,SCI_A 寄存器的物理地址从 0x007050 开始,长度为 16;SCI_B 寄存器的物理地址从 0x007750 开始,长度也为 16。然后在 SECTIONS 部分,数据段 SciaRegsFile 被映射到了"SCI_A",而 ScibRegsFile 被映射到了"SCI_B",实现了数据段映射到相应的存储器空间。

通过以上两部分的操作,才完成了将外设寄存器的文件映射到寄存器的物理地址空间,这样才可以通过 C 语言来实现对 F2812 寄存器的操作。

> 在这一章,带领大家一步一步地实现了如何使用 C 语言对 F2812 的寄存器进行操作,也提到了存储器空间和 CMD 文件,但并没有细讲。在接下来的章节里,将要详细介绍 F2812 的存储器结构、映像以及如何编写 CMD 文件等内容。

第 7 章
存储器的结构、映像及 CMD 文件的编写

在购买计算机的时候,硬盘空间通常是衡量计算机性能的指标之一;同样的,在选择嵌入式 CPU 之前,存储器也是必须考虑的指标之一。存储器就像是个仓库一样,堆放着各种程序代码和数据,CPU 运行的时候就是在"仓库"里不断地搬入/搬出各种代码和数据。作为"仓库"保管员的开发者,弄清楚"仓库"的布局结构及存放规则是必需的。F2812 的内部具有共 18K×16 位的 RAM 和 128K×16 位的 Flash。本章将详细介绍 F2812 存储器的结构和映像,并手把手地讲解如何编写"仓库"的存放规则——CMD 文件。除此之外,还将介绍如何使用 F2812 的外部接口 XINTF 来外扩存储空间。

7.1 存储器相关的总线知识

TMS320F2812 的内部资源框图如图 2-2 所示。从中可以看到连接整个芯片各个模块的是两条黑色的粗线,它们就是程序总线和数据总线。这个概念是比较笼统的,下面详细分析这两条总线,并结合图中总线上的各个箭头来理解这些概念。

TMS320F2812 的存储器空间被分成了两大块:一块用于存放程序代码的程序空间;另一块用于存放各种数据的数据空间。而无论是程序空间还是数据空间,都要借助于两种总线——地址总线和数据总线,来传送相关的内容,这就好比人的身体需要借助于动脉和静脉来传输血液一样。F2812 的存储器接口具有 3 条地址总线和 3 条数据总线,下面对其进行详细介绍。

(1) 地址总线

顾名思义,这类总线的作用就是来传送存储单元的地址。

PAB(Program Address Bus) 程序地址总线,它是一个 22 位的总线,用于传送程序空间的读/写地址。程序在运行的时候,假如 CPU 执行到了某一个指令,那么需要去找到这段代码的地址,就是用 PAB 来传送。

DRAB(Data-Read Address Bus) 数据读地址总线,它是一个 32 位的总线,用于

传送数据空间的读地址。假如 CPU 要读取数据空间某一个单元的内容,那么这个单元的地址就是通过 DRAB 来传送。

DWAB(Data-Write Address Bus) 数据写地址总线,它也是一个 32 位的总线,用于传送数据空间的写地址。类似的,如果 CPU 要对数据空间的某一个单元进行写操作,那么这个单元的地址就是通过 DWAB 来传送。

(2) 数据总线

这类总线传送的就是数据了,也就是各个存储单元的具体内容。

PRDW(Program-Read Data Bus) 程序读数据总线,它是一个 32 位的总线,用于传送读取程序空间时的指令或者数据。CPU 在执行代码的时候,首先是通过 PAB 传送并找到了存放该指令的存储单元,但是这个存储单元下的具体内容就要由 PRDW 来传送了。

DRDB(Data-Read Data Bus) 数据读数据总线,它是一个 32 位的总线,在读取数据空间时用来传送数据。CPU 在进行读操作时,先通过 DRAB 总线确定了需要进行读操作的数据单元的地址,接下来传送这个数据单元下面的具体内容时就需要 DRDB 了。

DWDB(Data/Program-Write Data Bus) 数据写数据总线,它是一个 32 位的总线,在进行写操作时,向数据空间/程序空间传送相应的数据。也就是说,假如 CPU 要对数据空间的某一个单元进行写操作,通过 DWAB 传送了这一个单元的地址,同时需要 DWDB 来传送写入的内容。

刚才介绍了这么多名词,又是程序空间、数据空间,又是地址总线、数据总线,是不是看得有点晕头转向,眼花缭乱呢?图 2-2 标注的是程序总线和数据总线,而前面介绍的是地址总线、数据总线,究竟是怎么回事呢,这些总线之间是什么关系呢?先来看看图 7-1,图 7-1 是 F2812 内部的总线结构。

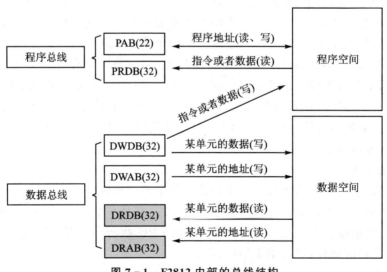

图 7-1 F2812 内部的总线结构

在比较了前面的内容和图 7-1 之后,是不是对 F2812 的总线有了豁然开朗的感觉呢?如果还没有的话,请反复阅读,仔细体会,这个内容虽然不是什么重点,但是对于理解 F2812 内部的存储结构也是有帮助的。从图 7-1 也可以看到,CPU 不能同时对程序空间进行读/写,因为 PAB 总线是复用的,读/写操作会同时使用到 PAB 总线。同样的,CPU 也不能同时对程序空间和数据空间进行写操作,因为 DWDB 总线也是复用的,对程序空间进行写操作或者对数据空间进行写操作,都要用到 DWDB 总线。

7.2　F2812 的存储器

7.2.1　F2812 存储器的结构

TMS320F2812 的 CPU 本身不含存储器,但它可以访问 DSP 片内其他地方的存储器或者片外的存储器。F2812 的存储器被划分成如下几个部分:

① 程序/数据存储器。F2812 具有片内单口随机存储器 SRAM、只读存储器 ROM 和 Flash 存储器。它们被映像到程序空间或者数据空间,用以存放执行代码或存储数据变量。F2812 内部具体的片内存储器资源如表 7-1 所列。

表 7-1　F2812 片内存储器资源

存储器名称	存储器容量	存储器名称	存储器容量
Flash	128K×16 位	M0(SRAM)	1K×16 位
H0(SRAM)	8K×16 位	M1(SRAM)	1K×16 位
L0(SRAM)	4K×16 位	Boot ROM	4K×16 位
L1(SRAM)	4K×16 位	OTP	1K×16 位

② 保留区。数据区的某些地址被保留作为 CPU 的寄存器使用。

③ CPU 中断向量。在程序地址中保留了 64 个地址作为 CPU 的 32 个中断向量。通过 ST1 的位 VMAP 可以将 CPU 的中断向量映像到程序空间的顶部或底部。

7.2.2　F2812 存储器映像

通过前面的学习已经知道,F2812 具有 32 位的数据地址和 22 位的程序地址,总地址空间可以达到 4M 的数据空间和 4M 的程序空间。读到这一句话的时候,不知道会不会产生这样的疑问:一个是 32 位的数据地址,一个是只有 22 位的程序地址,那么为什么其可寻址的空间却是一样大的呢?不妨来算一下,32 位的数据地址,就是能访问 2^{32} 次,是 4G;而 22 位的程序地址,就是能访问 2^{22} 次,是 4M。也就是说,可寻址的数据空间应该是 4G 而不是 4M,难道 TI 给出的文档有问题吗?其实,F2812 可寻址的数据空间最大确实是 4G,但是实际线性地址能达到的只有 4M,原因是 F2812 的存储器分配采用的是分页机制,分页机制采用的是形如 0xXXXXXXXX 的线性地址,所以数据空间能寻址的只有 4M,不过也足够使用了。

F2812 的存储器就像一个仓库,用来存放很多的货物,只不过存储器是用来存放指令和数据的。从表 7-1 可以看到,F2812 内部有很多不同的存储器块,如何有效地去管理这些存储器块,如何高效地利用存储器空间,对于系统而言是非常重要的问题。

先用一个通俗的例子来进行讲解。如图 7-2 所示,假设有一个物流公司,它储藏货物的仓库有若干个,每天来来往往有成千上万的货物要发送到全国各地,如果拿回来的货物乱七八糟的堆放,发货的时候麻烦就大了,发货人员不仅要一个仓库一个仓库去找,而且要一个货架一个货架地翻,这样效率肯定是极其低下的,匆忙之下也有可能将货物搞错。为了提高效率,老板肯定要想办法进行改进,首先把各个仓库分类,例如,仓库 1 是发往江苏和上海的货物,仓库 2 是发往北京的货物,仓库 3 是发往深圳的货物,仓库 4 是发往西安的。其次,货物进来前要根据目的地贴上统一规格的标签,例如 HD1000~HD2009 的货物放在仓库 1 内。这样,发货的时候,只要根据标签就能方便地分辨出货物在哪个仓库的哪个货架,应该装上发往哪个地区的货车,一切井然有序。

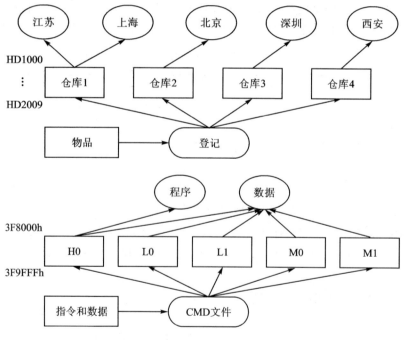

图 7-2 映像和统一编址的理解

类似的,各个存储空间就像物流公司的仓库一样,有的是存放程序代码,有的是用来存放数据。F2812 对各个存储单元进行了统一的编址,确定了各个存储单元在存储空间中的绝对位置,在放置代码或者数据的时候,根据它们的类型进行分配,决定究竟放在哪个区域,并记录下了它们的地址。这样需要用到的时候只要根据这些地址就能

第7章 存储器的结构、映像及 CMD 文件的编写

很方便地找到所需要的内容,而记录下如何分配存储空间内容的就是 CMD 文件。CMD 文件的内容和如何编写将在稍后会做详细的讲解。

下面来解释一下什么是映像。"映像"用英文单词来表示是"Map","Map"在中文里又是"地图"的意思。地图应该都比较熟悉吧,在地图上,建筑物都有自己详细的地址,根据地图的指引,就能找到相应的地方。类似的,当存储器单元的地址在设计时都确定下来后,就形成了存储器的"地图",也就是存储器映像,根据存储单元的地址,就能找到相应的存储单元。

TMS320F2812 的存储器映像如图 7-3 所示。

地址	片内存储器 数据空间	片内存储器 程序空间	外部存储器XINTF 数据空间	外部存储器XINTF 程序空间	地址
0x000000	M0向量—RAM(32×32)(Enabled if VMAP=0)		保留		
0x000040	M0 SARAM(1K×16)				
0x000400	M1 SARAM(1K×16)				
0x000800	外设帧0 (2K×16)	保留	保留		
0x000D00	PIE向量—RAM (256×16) (Enabled if VMAP=1, ENPIE=1)				
0x000E00	保留				
0x002000	保留	保留	XINTF区0(8K×16,$\overline{XZCS0AND1}$)		0x002000
			XINTF区1(8K×16,$\overline{XZCS0AND1}$)(Protected)		0x004000
0x006000	外设帧1 (4K×16,Protected)	保留	保留		
0x007000	外设帧2 (4K×16,Protected)				
0x008000	L0 SARAM(4K×16,Secure Block)				
0x009000	L1 SARAM(4K×16,Secure Block)				
0x00A000	保留		XINTF区2(0.5M×16,$\overline{XZCS2}$)		0x080000
			XINTF区6(0.5M×16,$\overline{XZCS6AND7}$)		0x100000
					0x180000
0x3D7800	OTP (1K×16,Secure Block)		保留		
0x3D7C00	保留 (1K)				
0x3D8000	Flash(128K×16,Secure Block)				
0x3F7FF8	128位密钥				
0x3F8000	H0 SARAM(8K×16)				
0x3FA000	保留				0x3FC000
0x3FF000	Boot ROM(4K×16) (Enabled if MP/$\overline{MC}$=0)		XINTF区7(16K×16,$\overline{XZCS6AND7}$) (Enabled if MP/MC=1)		
0x3FFFC0	BROM向量—ROM(32×32) (Enabled if VMAP=1,MP/$\overline{MC}$=0,ENPIE=0)		XINTF向量—RAM(32×32) (Enabled if VMAP=1,MP/MC=1,ENPIE=0)		

图 7-3 TMS320F2812 的存储器映像

根据图 7-3，各个存储器块的地址范围如表 7-2 所列。

对于图 7-3 所示的 TMS320F2812 的存储器映像，下面有几点需要特别注意：

① 保留区是为将来扩展而保留的，在实际应用时不应该去访问这些区域。

② 外设帧 0～2 的存储器映像仅与数据存储器有关，用户程序不能在程序空间访问这些存储器。

③ 某些范围的存储器受到 EALLOW 保护，以避免配置后的改写。

④ 外扩的 XINTF 区 0 和 XINTF 区 1 共用一个片选信号，外扩的 XINTF 区 6 和 XINTF 区 7 共用一个片选信号。

⑤ 在同一个时刻，只对 M0、PIE、BROM 及 XINTF 中的一种向量映像进行使能。

⑥ BootROM 和外扩的 XINTF 区 7 不能被同时激活，由 MP/$\overline{MC}$ 引脚的电平来决定哪个被激活。当 MP/$\overline{MC}$=0 时，激活片内的 BootROM；当 MP/$\overline{MC}$=1 时，激活外扩的 XINTF 区 7。

表 7-2 F2812 各个存储器块的地址范围

地址范围	存储器块名称	地址范围	存储器块名称
0x000000～0x00003F	M0 矢量 RAM（VMAP=0）	0x080000～0x0FFFFF	外扩的 XINTF 区 2（0.5M×16）
0x000040～0x0003FF	M0 SRAM(1K×16)	0x100000～0x17FFFF	外扩的 XINTF 区 6（0.5M×16）
0x000400～0x0007FF	M1 SRAM(1K×16)		
0x000800～0x000CFF	外设帧 0(2K×16)	0x180000～0x3D77FF	保留空间
0x000D00～0x000DFF	PIE 向量（VMAP=1，ENPIE=1）	0x3D7800～0x3D7BFF	OTP 模块(1K×16，受密码保护)
0x000E00～0x001FFF	保留空间	0x3D7C00～0x3D7FFF	保留空间
0x002000～0x003FFF	外扩的 XINTF 区 0（8K×16）	0x3D8000～0x3F7FF7	Flash(128K×16，受密码保护)
0x004000～0x005FFF	外扩的 XINTF 区 1（8K×16，受 EALLOW 保护）	0x3F7FF8～0x3F7FFF	128 位密钥
		0x3F8000～0x3F9FFF	H0 SRAM(8K×16)
0x006000～0x006FFF	外设帧 1(4K×16，受 EALLOW 保护)	0x3FF000～0x3FFFBF	Boot ROM（4K×16，MP/$\overline{MC}$=0）
0x007000～0x007FFF	外设帧 2(4K×16，受 EALLOW 保护)	0x3FFFC0～0x3FFFFF	BROM 向量(VMAP=1，MP/$\overline{MC}$=0，ENPIE=0)
0x008000～0x008FFF	L0 SRAM(4K×16，受密码保护)	0x3FC000～0x3FFFBF	外扩的 XINTF 区 7（16K×16，MP/$\overline{MC}$=1）
0x009000～0x009FFF	L1 SRAM(4K×16，受密码保护)	0x3FFFC0～0x3FFFFF	XINTF 向量(VMAP=1，MP/$\overline{MC}$=1，ENPIE=0)
0x00A000～0x07FFFF	保留空间		

存储器的映像就是存储单元的"地图"，规定了各个存储单元在存储空间中的绝对地址。F2812 对数据空间和程序空间进行了统一编址，有些地址空间既可以用作数据空间也可以用作程序空间；而有的地址空间只能用作数据空间，不能用作程序空间。具体内容可仔细察看图 7-3。

7.2.3 F2812 的各个存储器模块的特点

前面介绍了 F2812 是由哪些存储器模块组成的,并了解了这些存储器模块在 F2812 存储空间中的地址分布情况,但对各个存储器模块具体的特点并不了解。接下来就详细介绍这些存储器模块,看看其各自有哪些特点。

(1) 片内 SARAM

SARAM 是 Single Access RAM 的缩写,即为单口随机读/写存储器,后面就简称片内 RAM。片内 RAM 总共有 18K×16 位大小,由 H0、L0、L1、M0、M1 共 5 个存储块组成,每个存储块各自的大小见表 7-1。这些存储器块都可以被单独访问,并且均可以作为程序空间或者数据空间,用来存放指令代码或者存储数据。值得注意的是,L0 和 L1 里面的内容受到 CSM 的保护,即需要密码才能从 JTAG 口读取,其余存储器块都不受密码保护。

(2) 片内 OTP

片内 OTP 实质上是 ROM 空间。OTP 是 One Time Programmable 的缩写,即一次性可编程的 ROM,其大小为 2K×16 位,其中 1K×16 位由 TI 公司保留作为系统测试使用;剩余 1K×16 位用户可以使用,这部分空间也均可以作为程序空间或者数据空间。OTP 里面的内容受到 CSM 的保护。

(3) Boot ROM

Boot ROM,可以叫作引导 ROM。该存储空间由 TI 公司装载了产品的版本号、发布的数据、校验求和信息、复位矢量、CPU 矢量(仅为测试)及数学表等。Boot ROM 的主要作用是实现 DSP 的 Bootloader 功能。芯片出厂时,在 Boot ROM 的 0x3FFC00~0x3FFFBF 存储器内装有厂家的引导装载程序。当 MP/$\overline{\text{MC}}$=0,DSP 被置位微计算机模式时,CPU 在复位后将执行这段程序,从而完成 Bootloader 功能。

(4) 片内 Flash

F2812 具有 128K×16 位的片内 Flash,这部分空间也是均可以作为程序空间或者数据空间,其内容也受到 CSM 的保护。Flash 存储器的操作是分区段进行的,用户可以单独擦除某个区段。具体的区段划分如表 7-3 所列。

表 7-3 F2812 片内 Flash 区段的划分

地址范围	区段名称	地址范围	区段名称
0x3D8000~0x3D9FFF	段 J,8K×16 位	0x3F0000~0x3F3FFF	段 C,16K×16 位
0x3DA000~0x3DBFFF	段 I,8K×16 位	0x3F4000~0x3F5FFF	段 B,8K×16 位
0x3DC000~0x3DFFFF	段 H,16K×16 位	0x3F6000~ 0x3F7FF6~ 0x3F7FF7	段 A,16K×16 位 Boot 到 Flash 的入口处,此处有程序分支指令
0x3E0000~0x3E3FFF	段 G,16K×16 位		
0x3E4000~0x3E7FFF	段 F,16K×16 位		
0x3E8000~0x3EBFFF	段 E,16K×16 位		
0x3EC000~0x3EFFFF	段 D,16K×16 位	0x3F7FF8~0x3F7FFF	安全密码,8×16 位

(5) 代码安全模块 CSM

CSM 是 Code Security Module 的缩写，即代码安全模块。在开发完程序，将代码烧写进芯片的存储器后，常常会担心别人通过 JTAG 口从存储器中将代码读出来，为了保护代码安全，F2812 设计有代码安全模块 CSM，其地址为 0x3F7FF8～0x3F7FFF，共 128 位。受到 CSM 保护的模块有 Flash、OTP、L0 及 L1。密码保护的概念应该很好理解，Flash、OTP、L0 及 L1 这些模块就像是一个保险箱，把代码装载入存储单元之后，就给保险箱设一个密码，当需要再取这些存储单元中的内容时，需要凭密码来打开。只有当输入的密码和之前设置的密码相同时，才能打开保险箱；否则，则无法打开保险箱，即无法读取存储单元中的内容。

图 7-4 是 CCS3.3 中 Flash 烧写工具 F28xx On-Chip Flash Programmer 的界面，其可以在菜单栏 Tools 下面找到。从图 7-4 可以看到正如前面所介绍的，可以对各个 Flash 的段进行单独擦除。这里，主要看 Code Security Password 区域，CSM 模块由 8 个 16 位的单元组成，默认的各位全是 1。当 128 位全为 1 的时候，说明器件此时是不安全的，并未受密码保护。在烧写程序时，在此处设置好密码，然后单击 Lock 按钮，就锁住代码了。值得注意的是，不能使用全 0 作为一个密码或者在 Flash 存储器上执行一个清 0 程序后再复位该芯片；否则，该芯片不能调试或再编程。

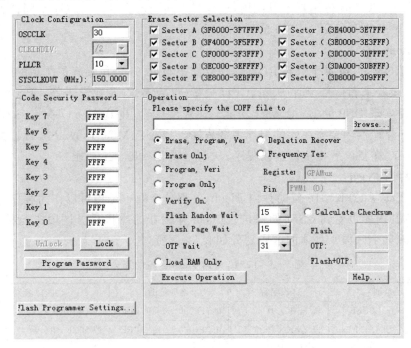

图 7-4　F28xx On-Chip Flash Programmer 的界面

经常看到有人会遇到在烧写 Flash 的时候，F28xx On-Chip Flash Programmer 界面上所有的按键都灰化，只有 Unlock 按键可以使用。这很有可能是买到了拆机片，也就是已经使用过的芯片从装置上拆下来处理后再销售的。由于片内 Flash 已经烧写了代码并且设置了密码，所以无法再烧写 Flash。

（6）外设帧 PF

F2812 片内具有 3 个外设帧 PF0、PF1 和 PF2，专门用于外设寄存器的映像空间。除了 CPU 寄存器之外，其他寄存器均放在了 PF0、PF1 和 PF2 内，具体的分布情况如表 7-4～表 7-6 所列。

表 7-4 PF0 各寄存器的映像分布情况

名 称	地址范围	大小（×16）	访问类型
器件仿真寄存器	0x000880～0x0009FF	384	受 EALLOW 保护
保留	0x000A00～0x000B00	128	
Flash 寄存器	0x000A80～0x000ADF	96	受 EALLOW 保护,受 CSM 保护
CSM 模块寄存器	0x000AE0～0x000AEF	16	受 EALLOW 保护
保留	0x000AF0～0x000B1F	48	
XINTF 寄存器	0x000B20～0x000B3F	32	不受 EALLOW 保护
保留	0x000B40～0x000BFF	192	
CPU 定时器 0/1/2 寄存器	0x000C00～0x000C3F	64	不受 EALLOW 保护
保留	0x000C40～0x000CDF	160	
PIE 寄存器	0x000CE0～0x000CFF	32	不受 EALLOW 保护
PIE 向量表	0x000D00～0x000DFF	256	受 EALLOW 保护
保留	0x000E00～0x000FFF	512	

表 7-5 PF1 各寄存器的映像分布情况

名 称	地址范围	大小（×16）	访问类型
eCAN 寄存器	0x00 6000～0x00 60FF	256	受 EALLOW 保护
eCAN 邮箱	0x00 6100～0x00 61FF	256	不受 EALLOW 保护
保留	0x00 6200～0x00 6FFF	3 584	

表 7-6 PF2 各寄存器的映像分布情况

名 称	地址范围	大小（×16）	访问类型
保留	0x007000～0x00700F	16	
系统控制寄存器	0x007010～0x00702F	32	受 EALLOW 保护
保留	0x007030～0x00703F	16	
SPI 寄存器	0x007040～0x00704F	16	不受 EALLOW 保护
SCIA 寄存器	0x007050～0x00705F	16	不受 EALLOW 保护
保留	0x007060～0x00706F	16	
外部中断寄存器	0x007070～0x00707F	16	不受 EALLOW 保护
保留	0x007080～0x0070BF	64	
GPIO 多路选择寄存器	0x0070C0～0x0070DF	32	受 EALLOW 保护
GPIO 数据寄存器	0x0070E0～0x0070FF	32	不受 EALLOW 保护
ADC 寄存器	0x007100～0x00711F	32	不受 EALLOW 保护

续表 7-6

名　称	地址范围	大小(×16)	访问类型
保留	0x007120～0x0073FF	736	
EVA 寄存器	0x007400～0x00743F	64	不受 EALLOW 保护
保留	0x007440～0x0074FF	192	
EVB 寄存器	0x007500～0x00753F	64	不受 EALLOW 保护
保留	0x007540～0x00774F	528	
SCIB 寄存器	0x007750～0x00775F	16	不受 EALLOW 保护
保留	0x007760～0x0077FF	160	
McBSP 寄存器	0x007800～0x00783F	64	不受 EALLOW 保护
保留	0x007840～0x007FFF	1 984	

　　从上述表格可以看到,有的外设寄存器受 EALLOW 指令的保护,而有的却不受 EALLOW 指令的保护。在写外设寄存器相关程序时,有的在操作前需要加指令 EALLOW,操作结束后使用指令 EDIS,而有的寄存器却不需要,原因就在这里。使用 EALLOW 指令的保护可以防止一些偶然的代码或指针去破坏寄存器的内容。

7.3　CMD 文件

　　链接命令文件(Linker Command Files),以后缀.cmd 结尾,简称为 CMD 文件。前面介绍过,CMD 文件的作用就像仓库的货物摆放记录一样,为程序代码和数据分配存储空间。初学者往往会觉得 CMD 文件比较难懂,打开 CMD 文件研究时也是一头雾水。接下来,将从 C 语言语法的角度出发,由浅入深地揭秘 CMD 文件,也同时简单介绍一下 X281x DSP 所采用的通用目标文件格式 COFF 和段的概念。

7.3.1　COFF 格式和段的概念

　　通用目标文件格式 COFF(Common Object File Format),是一种很流行的二进制可执行文件格式。二进制可执行文件包括了库文件(以后缀.lib 结尾)、目标文件(以后缀.obj 结尾)、最终的可执行文件(以后缀.out 结尾)等。平时烧写程序时使用的就是.out 结尾的文件。

　　详细的 COFF 文件格式包括段头、可执行代码、初始化数据、可重定位信息、行号入口、符号表、字符串表等,当然这些属于编写操作系统和编译器人员关心的范畴。从应用的角度来讲,大家只须掌握两点就可以了:一是通过伪指令定义段(Session);二是给段分配空间。至于二进制文件到底如何组织分配,则交由编译器来完成。

　　使用段的好处是鼓励模块化编程,提供更强大而又灵活的方法来管理代码和目标系统的存储空间。这里模块化编程的意思是指:程序员可以自由决定愿意把哪些代码归属到哪些段,然后加以不同的处理。例如,把已经初始化的数据放到一个段里,未初始化的数据放到另一个段里,而不是混杂地放在一起。

编译器处理段的过程为:

① 把每个源文件都编译成独立的目标文件(以后缀.obj 结尾),每个目标文件都含有自己的段。

② 链接器把这些目标文件中相同段名的部分链接在一起,生成最终的可执行文件(以后缀.out 结尾)。

这里,正好可以重新提一下 CCS 软件中编写完程序需要编译时,使用 Compile file 和 Build 操作的区别。Compile file 操作只是执行了上述过程的第①步;而 Build 操作执行了上述完整的第①步和第②步。

7.3.2 C 语言生成的段

C 语言生成的段可以分为两大类:已初始化的段和未初始化的段。已初始化的段含有真实的指令和数据,存放在程序存储空间。未初始化的段只是保留变量的地址空间,在 DSP 上电调用_c_int0 初始化库前,未初始化的段并没有真实的内容。未初始化的段存放在数据存储空间。

(1) 已初始化的段

.text   编译 C 语言中的语句时,生成的汇编指令代码存放于此。

.cinit   存放用来对全局和静态变量初始化的常数。

.const   包含字符串常量和全局变量、静态变量(由 const 声明)的初始化及说明。

.econst   包含字符串常量和全局变量、静态变量(由 far const 声明)的初始化及说明。

.pinit   全局构造器(C++)程序列表。

.switch   存放 switch 语句产生的常数表格。

这里需要详细说明的是,在 C 语言中,有以下 3 种情况会产生.const 段:

① 关键字 const。由关键字 const 声明的全局变量的初始化值,例如"const int a=18;"。但是由 const 声明的局部变量的初始化值,不会产生.const 段,局部变量都是运行时开辟在.bss 段中的。

② 字符串常数。字符串常数出现在表达式中,例如"strcpy(s,"abc");"。字符串常数用来初始化指针变量,例如"char * p="abc";"。但是,当字符串常数用来初始化数组变量时,不论是全局变量还是局部变量,都不会产生.const 段,此时字符串常数生成的是.cinit 段。

③ 数组和结构体的初始值。数组和结构体是局部变量时,其初始化值会产生.const 段。但当数组和结构体是全局变量时,其初始化值不会产生.const 段,此时生成的是.cinit 段。

(2) 未初始化的段

.bss 为全局变量和局部变量保留的空间。在程序上电时，.cinit 空间中的数据复制出来并存储在.bss 空间中。

.ebss 为使用大寄存器模式时的全局变量和静态变量预留的空间。在程序上电时，.cinit 空间中的数据复制出来并存储在.ebss 中。

.stack 为系统堆栈保留的空间，主要用于与函数传递变量或为局部变量分配空间。

.system 为动态存储分配保留的空间。如果有宏函数，此空间被宏函数占用；如果没有，此空间保留为 0。

.esysmem 为动态存储分配保留的空间。如果有 far 函数，此空间被相应的占用；如果没有，此空间保留为 0。

上面介绍的段都是 C 语言预先已经定义好的段，那作为开发人员是否可以自己定义段呢？答案肯定是可以的。在上一章中介绍寄存器文件的空间分配时，就讲到了使用"#pragma DATA_SECTION"命令来定义数据段，下面做更为详细的介绍。

#pragma 是标准 C 语言中保留的预处理命令，在 C28xx 中，大家可以通过 #pragma 来定义自己的段，这是预处理命令 #pragma 的主要用法。#pragma 的语法格式如下：

```
#pragma CODE_SECTION(symbol,"section name");
#pragma DATA_SECTION(symbol,"section name");
```

需要说明的是：

① symbol 是符号，可以是函数名或全局变量名。section name 是用户自己定义的段名。

② CODE_SECTION 用来定义代码段，而 DATA_SECTION 用来定义数据段。

③ 不能在函数体内声明 #pragma。

④ 必须在符号被定义和使用前使用 #pragma。

【例 7-1】 将全局数组变量 s[100]单独编译成一个新的段，取名为"newsect"。

```
#pragma DATA_SECTION(s,"newsect");
unsigned int s[100];
void main(void)
{
    ...
}
```

在实际应用时，如果没有用到某些段，例如很多人可能不会用到.system 段，则可以不用在 CMD 文件中为其分配存储空间。当然保险起见，也可以无论用到与否，均为其分配存储空间。表 7-7 是前面所介绍的这些段的存储特性，也就是这些段应当放在什么样的存储器里，应当分配到程序空间还是数据空间。由于 F2812 的存储空间采用的是分页制，在 CMD 文件中，PAGE0 代表程序空间，PAGE1 代表数据空间。

第7章 存储器的结构、映像及 CMD 文件的编写

表 7-7 段的存储特性

段	存储器类型	分配的存储空间
.text	ROM/RAM（Flash）	PAGE0
.cinit	ROM/RAM（Flash）	PAGE0
.const	ROM/RAM（Flash）	PAGE1
.econst	ROM/RAM（Flash）	PAGE1
.pinit	ROM/RAM（Flash）	PAGE0
.switch	ROM/RAM（Flash）	PAGE0/PAGE1
.bss	RAM	PAGE1
.ebss	RAM	PAGE1
.stack	RAM	PAGE1
.system	RAM	PAGE1
.esystem	RAM	PAGE1
通过#pragma CODE_SECTION 定义的段	ROM/RAM（Flash）	PAGE0
通过#pragma DATA_SECTION 定义的段	RAM	PAGE1

7.3.3 CMD 文件的编写

CMD 文件支持 C 语言中的块注释符"/*"和"*/"，但不支持行注释符"//"。CMD 文件会使用到为数不多的几个关键字，下面会根据需要来介绍一些常用的关键字。值得注意的是，虽然某些关键字既能大写也能小写，例如 run，也可以写成 RUN，fill 也可以写成 FILL，但有些关键字是必须区分大小写的，例如 MEMORY、SECTIONS 只能大写。

CMD 文件的两大主要功能是指示存储空间和分配段到存储空间，CMD 文件其实也就是由这两部分内容构成的，下面分别进行介绍。

1. 通过 MEMORY 伪指令来指示存储空间

MEMORY 伪指令语法如下：

```
MEMORY
{
    PAGE0:name0[(attr)]:origin = constant,length = constant
    PAGEn:namen[(attr)]:origin = constant,length = constant
}
```

其中：

PAGE 用来标识存储空间的关键字。PAGEn 的最大值为 PAGE255。X281x 的 DSP 中用的是 PAGE0、PAGE1，其中 PAGE0 为程序空间，PAGE1 为数据空间。

name　代表某一属性或地址范围的存储空间名称。名称可以是 1~8 个字符,在同一个页内名称不能相同,不同页内名称能相同。

attr　用来规定存储空间的属性。共有 4 个属性,分别用 4 个字母来表示。只读 R,只写 W,该空间可包含可执行代码 X,该空间可以被初始化 I。实际使用时,为了简化起见,通常会忽略此选项,表示存储空间具有所有的属性。

origin　用来定义存储空间的起始地址。

length　用来定义存储空间的长度。

2. 通过 SECTIONS 伪指令来分配到存储空间

SECTIONS 伪指令语法如下:

```
SECTIONS
{
    name:[property,property,property,…]
    name:[property,property,property,…]
    …
}
```

其中:name 为输出段的名称;property 为输出段的属性,常用的属性如下:

① load:定义输出段将被装载到哪里的关键字,其语法如下:

```
load = allocation   或者   allocation   或者   >allocation
```

allocation 可以是绝对地址,例如"load=0x000400";当然,更多的时候,allocation 是存储空间的名称,这也是最为通常的用法。

② run:定义输出段从哪里开始运行的关键字,其语法如下:

```
run = allocation   或者   run>allocation
```

CMD 文件中规定,当只出现一个关键字 load 或者 run 时,表示 load 地址和 run 地址是重叠的。实际应用中,大部分的 load 地址和 run 地址都是重叠的,除了 .const 段。

③ 输入段。其语法如下:

```
{input_sections}
```

花括号"{}"中是输入段名。这里对输入段和输出段做一个区分,每一个 C 语言文件经过编译都会生成若干个段,多个汇编或 C 语言文件生成的段大都是同名的,常见的如前面已经介绍的段 .cinit、.bss 等,这些都属于输入段。这些归属于不同文件的输入段,在 CMD 文件的指示下,会被链接器链接在一起生成输出段。

④ PAGE:定义段分配到存储空间的类型。其语法如下:

```
PAGE = 0   或者   PAGE = 1
```

当 PAGE=0,说明段分配到程序空间;而当 PAGE=1,说明段分配到数据空间。

3. 实际工程中 CMD 文件

CMD 文件的语法就是上面介绍的这些,下面来看看在 F2812 的工程中,CMD 文

第7章 存储器的结构、映像及 CMD 文件的编写

件是不是和上面介绍的一致。打开共享资料中任意一个完整的工程,首先需要来看一下 DSP28_GlobalVariableDefs.c 文件中的内容,如程序清单 7-1 所示。

程序清单 7-1　DSP28_GlobalVariableDefs.c

```c
#include "DSP28_Device.h"
#pragma DATA_SECTION(AdcRegs,"AdcRegsFile");
volatile struct ADC_REGS AdcRegs;
#pragma DATA_SECTION(CpuTimer0Regs,"CpuTimer0RegsFile");
volatile struct CPUTIMER_REGS CpuTimer0Regs;
#pragma DATA_SECTION(CpuTimer1Regs,"CpuTimer1RegsFile");
volatile struct CPUTIMER_REGS CpuTimer1Regs;
#pragma DATA_SECTION(CpuTimer2Regs,"CpuTimer2RegsFile");
volatile struct CPUTIMER_REGS CpuTimer2Regs;
#pragma DATA_SECTION(ECanaRegs,"ECanaRegsFile");
volatile struct ECAN_REGS ECanaRegs;
#pragma DATA_SECTION(ECanaMboxes,"ECanaMboxesFile");
volatile struct ECAN_MBOXES ECanaMboxes;
#pragma DATA_SECTION(EvaRegs,"EvaRegsFile");
volatile struct EVA_REGS EvaRegs;
#pragma DATA_SECTION(EvbRegs,"EvbRegsFile");
volatile struct EVB_REGS EvbRegs;
#pragma DATA_SECTION(GpioDataRegs,"GpioDataRegsFile");
volatile struct GPIO_DATA_REGS GpioDataRegs;
#pragma DATA_SECTION(GpioMuxRegs,"GpioMuxRegsFile");
volatile struct GPIO_MUX_REGS GpioMuxRegs;
#pragma DATA_SECTION(McbspaRegs,"McbspaRegsFile");
volatile struct MCBSP_REGS McbspaRegs;
#pragma DATA_SECTION(PieCtrl,"PieCtrlRegsFile");
volatile struct PIE_CTRL_REGS PieCtrl;
#pragma DATA_SECTION(PieVectTable,"PieVectTable");
struct PIE_VECT_TABLE PieVectTable;
#pragma DATA_SECTION(SciaRegs,"SciaRegsFile");
volatile struct SCI_REGS SciaRegs;
#pragma DATA_SECTION(ScibRegs,"ScibRegsFile");
volatile struct SCI_REGS ScibRegs;
#pragma DATA_SECTION(SpiaRegs,"SpiaRegsFile");
volatile struct SPI_REGS SpiaRegs;
#pragma DATA_SECTION(SysCtrlRegs,"SysCtrlRegsFile");
volatile struct SYS_CTRL_REGS SysCtrlRegs;
#pragma DATA_SECTION(DevEmuRegs,"DevEmuRegsFile");
volatile struct DEV_EMU_REGS DevEmuRegs;
#pragma DATA_SECTION(CsmRegs,"CsmRegsFile");
volatile struct CSM_REGS CsmRegs;
#pragma DATA_SECTION(CsmPwl,"CsmPwlFile");
volatile struct CSM_PWL CsmPwl;
#pragma DATA_SECTION(FlashRegs,"FlashRegsFile");
volatile struct FLASH_REGS FlashRegs;
#pragma DATA_SECTION(XintfRegs,"XintfRegsFile");
```

```
volatile struct XINTF_REGS XintfRegs;
#pragma DATA_SECTION(XIntruptRegs,"XIntruptRegsFile");
volatile struct XINTRUPT_REGS XIntruptRegs;
```

DSP28_GlobalVariableDefs.c 文件中,使用"#pragma DATA_SECTION"自定义了很多段,这些段都是 F2812 外设寄存器的结构体文件编译后生成的。这些自定义的段和系统预定义的段,例如.text、.cinit、.bss 等一起在 CMD 文件里进行存储空间的分配,只是寄存器的段文件分配的地址是固定的,例如段 AdcRegsFile 是外设 ADC 寄存器编译后产生的段文件。由于 ADC 寄存器的起始地址在 0x007100,长度为 32,因此段 AdcRegsFile 必须分配到这个空间上去。下面来看一下 F2812 片内 RAM 的 CMD 文件 SRAM.CMD,如程序清单 7-2 所示。

程序清单 7-2 SRAM.CMD

```
MEMORY
{
PAGE 0 :
   PRAMH0        : origin = 0x3f8000, length = 0x001000
PAGE 1 :
   /* SARAM      */
   RAMM0         : origin = 0x000000, length = 0x000400
   RAMM1         : origin = 0x000400, length = 0x000400
   /* 外设帧 0:   */
   DEV_EMU       : origin = 0x000880, length = 0x000180
   FLASH_REGS    : origin = 0x000A80, length = 0x000060
   CSM           : origin = 0x000AE0, length = 0x000010
   XINTF         : origin = 0x000B20, length = 0x000020
   CPU_TIMER0    : origin = 0x000C00, length = 0x000008
   CPU_TIMER1    : origin = 0x000C08, length = 0x000008
   CPU_TIMER2    : origin = 0x000C10, length = 0x000008
   PIE_CTRL      : origin = 0x000CE0, length = 0x000020
   PIE_VECT      : origin = 0x000D00, length = 0x000100
   /* 外设帧 1:   */
   ECAN_A        : origin = 0x006000, length = 0x000100
   ECAN_AMBOX    : origin = 0x006100, length = 0x000100
   /* 外设帧 2:   */
   SYSTEM        : origin = 0x007010, length = 0x000020
   SPI_A         : origin = 0x007040, length = 0x000010
   SCI_A         : origin = 0x007050, length = 0x000010
   XINTRUPT      : origin = 0x007070, length = 0x000010
   GPIOMUX       : origin = 0x0070C0, length = 0x000020
   GPIODAT       : origin = 0x0070E0, length = 0x000020
   ADC           : origin = 0x007100, length = 0x000020
   EV_A          : origin = 0x007400, length = 0x000040
   EV_B          : origin = 0x007500, length = 0x000040
   SPI_B         : origin = 0x007740, length = 0x000010
   SCI_B         : origin = 0x007750, length = 0x000010
   MCBSP_A       : origin = 0x007800, length = 0x000040
```

```
    /* 代码安全模块密码区所在位置 */
    CSM_PWL     : origin = 0x3F7FF8, length = 0x000008
    /* SARAM     */
    DRAMH0      : origin = 0x3f9000, length = 0x001000
}
SECTIONS
{
    /* 存放程序区：*/
    .reset              : > PRAMH0,        PAGE = 0
    .text               : > PRAMH0,        PAGE = 0
    .cinit              : > PRAMH0,        PAGE = 0
    /* 存放数据区：*/
    .stack              : > RAMM1,         PAGE = 1
    .bss                : > DRAMH0,        PAGE = 1
    .ebss               : > DRAMH0,        PAGE = 1
    .const              : > DRAMH0,        PAGE = 1
    .econst             : > DRAMH0,        PAGE = 1
    .sysmem             : > DRAMH0,        PAGE = 1
    /* 存放外设 0 相关寄存器的结构：*/
    DevEmuRegsFile      : > DEV_EMU,       PAGE = 1
    FlashRegsFile       : > FLASH_REGS,    PAGE = 1
    CsmRegsFile         : > CSM,           PAGE = 1
    XintfRegsFile       : > XINTF,         PAGE = 1
    CpuTimer0RegsFile   : > CPU_TIMER0,    PAGE = 1
    CpuTimer1RegsFile   : > CPU_TIMER1,    PAGE = 1
    CpuTimer2RegsFile   : > CPU_TIMER2,    PAGE = 1
    PieCtrlRegsFile     : > PIE_CTRL,      PAGE = 1
    PieVectTable        : > PIE_VECT,      PAGE = 1
    /* 存放外设 2 相关寄存器的结构：*/
    ECanaRegsFile       : > ECAN_A,        PAGE = 1
    ECanaMboxesFile     : > ECAN_AMBOX     PAGE = 1
    /* 存放外设 1 相关寄存器的结构：*/
    SysCtrlRegsFile     : > SYSTEM,        PAGE = 1
    SpiaRegsFile        : > SPI_A,         PAGE = 1
    SciaRegsFile        : > SCI_A,         PAGE = 1
    XIntruptRegsFile    : > XINTRUPT,      PAGE = 1
    GpioMuxRegsFile     : > GPIOMUX,       PAGE = 1
    GpioDataRegsFile    : > GPIODAT        PAGE = 1
    AdcRegsFile         : > ADC,           PAGE = 1
    EvaRegsFile         : > EV_A,          PAGE = 1
    EvbRegsFile         : > EV_B,          PAGE = 1
    ScibRegsFile        : > SCI_B,         PAGE = 1
    McbspaRegsFile      : > MCBSP_A,       PAGE = 1
    /* 代码安全模块密码区所在的位置 */
    CsmPwlFile          : > CSM_PWL,       PAGE = 1
}
```

仔细看一下 SRAM.CMD 文件的内容，再读一下前面介绍的 CMD 文件的语法知识,是不是CMD文件其实就是由伪指令MEMORY和SECTIONS两部分组成的?

第1部分就是MEMORY伪指令,在PAGE0和PAGE1内分别定义不同的存储空间,各个存储空间的名字是可以任意取的。比如定义空间PRAMH0的时候,可以取名为PRAMH0,也可以叫其他。从名称上可以看出PRAMH0是使用了F2812片内RAM H0中的一块空间,起始地址是0x3F8000,长度为0x001000。下面来强调一下在定义存储空间的时候,需要注意的几点:

① 同一页内空间的名称不能相同,不同页内空间名称可以相同。

② 如果将一个较大的存储器划分成若干个存储空间,则地址范围不能有重叠。例如,SRAM.CMD中将H0划分成了PRAMH0、DRAMH0两块空间。PRAMH0的起始地址为0x3F8000,长度为0x001000,而DRAM的起始地址是0x3F9000,两块空间地址不能重叠,否则会出错。

③ 存储空间的地址需要根据F2812存储器映像来决定,定义的空间地址范围一定要满足F2812的存储器映像,否则也会出错。例如,RAM空间H0的起始地址是0x3F8000,长度为0x2000,如果PRAMH0定义的起始地址为0x3F7FFF,就会出错,因为起始地址不符合存储器映像,0x3F7FFF这个地址已经在H0地址范围0x3F8000～0x3F9FFF的外面了。再例如,PRAMH0和DRAMH0两个存储空间的长度加起来超过了0x2000,也是错误的。总之,存储空间在定义时,无论是RAM空间或者外设帧空间,一定要仔细参考F2812的存储器映像。

第2部分就是SECTIONS伪指令,将编译器编译后产生的各个段分配到前面定义好的存储空间去。随意拿出一条语句来分析一下:

```
SciaRegsFile       :> SCI_A,      PAGE = 1
```

这句话的意思很明显,就是将段SciaRegsFile装载到名为SCI_A的空间,这个空间为数据空间,并且运行时也是在空间SCI_A。段SciaRegsFile的内容是外设SCIA的寄存器,空间SCI_A的起始地址为0x007050,长度为0x000010,即16,这和表7-6中外设帧2内SCIA寄存器的地址范围是吻合的。根据SECTIONS中属性load的语法,将">"改为"load="也是可以的,也就是说上面的语句也可写成:

```
SciaRegsFile       : load = SCI_A,   PAGE = 1
```

在开发DSP时,平时都是在调试程序,是把程序下载到RAM空间内的;而当开发完成时,就需要将程序烧写到Flash空间内。对不同的存储空间进行操作时,很显然,CMD文件是不一样的。对RAM空间进行下载时就需要符合RAM空间的CMD文件,对Flash空间进行烧写时就需要符合Flash空间的CMD文件。在共享资料的编程素材文件夹内有SRAM.CMD和FLASH.CMD,这是两个通用的CMD文件,通常可以不做修改便能拿来使用。当然,如果实际情况和现有的CMD文件不符合,就需要根据F2812的存储器映像来适当地修改CMD文件。相信通过前面的介绍,应该不是什么难事了。

F2812的最高时钟频率为150 MHz,但是当程序烧写到Flash中运行时,速度大概降到原来在 RAM 中运行时的 70%～80%。这时候就希望对时间比较敏感或者计算量比较大的子程序能够在 RAM 中运行,比如 A/D 采样子程序。但问题是所有代码都是存储在 Flash 中的,这就必须在上电后将 Flash 中的这段程序复制到 RAM 中运行,以加快速度。那如何实现呢?可以在 FLASH.CMD 文件中划分一段来设置 RAM 的载入和运行地址,如程序清单 7-3 所示。

程序清单 7-3 从 Flash 中复制一段代码到 Flash 中运行

```
SECTIONS
{ ...
   Adcpage:LOAD = FLASHD,
          RUN = RAMH0,
          LOAD_START(_adcpage_loadstart),
          LOAD_END(_adcpage_loadend),
          RUN_START(_adcpage_runstart),
          PAGE = 0
}
```

还需要在源文件中调用将 Flash 内容复制到 RAM 中的函数 memcpy(),这个函数是 rts2800_ml.lib 库里自带的,所以可以直接调用。函数 memcpy() 放在 main 函数内,系统初始化函数 InitSysCtrl() 的后面就可以,如程序清单 7-4 所示。

程序清单 7-4 调用函数 memcpy( )

```
void main(void)
{
    InitSysCtrl();   //初始化系统函数
    memcpy(&adcpage_runstart,
        & adcpage_loadstart,
        & adcpage_loadend - & adcpage_loadstart); //复制 Flash 中的内容到 RAM 中
    ...
}
```

因为使用到变量 adcpage_runstart、adcpage_loadstart 和 adcpage_loadend,所以别忘了对这些变量进行定义,可以放在头文件 DSP281x_GlobalPrototypes.h 中,如程序清单 7-5 所示。

程序清单 7-5 定义变量

```
extern Uint16 adcpage_runstart;
extern Uint16 adcpage_loadstart;
extern Uint16 adcpage_loadend;
```

如果这部分内容并不是很容易理解的话,没有关系,可以先放放,等到需要用到的时候再仔细研究吧。

7.4 外部接口 XINTF

通过前面的学习知道,F2812 片内具有 18K×16 位的 RAM 空间和 128K×16 位的 Flash 空间。那如果程序比较大,片内的存储空间不够用的时候该怎么办呢？这时候就需要用到 F2812 的外部接口 XINTF 了。

7.4.1　XINTF 的存储区域

外部接口 XINTF 采用非复用异步总线（Nonmultiplexed Asynchronous Bus），通常可用于扩展 SRAM、Flash、ADC、DAC 模块等。XINTF 接口是 F2812 与外部设备进行通信的重要接口,这些外部接口分别和 CPU 的某个存储空间相对应,CPU 通过对存储空间进行读/写操作,从而间接控制外部接口。在使用 XINTF 接口同外部设备进行通信时,无论是写操作还是读操作,CPU 都作为主设备,外部设备作为从设备。外部设备不能控制 F2812 的外部接口信号线,只能读取、判断信号线的状态,来进行相应的操作。图 7-5 为 XINTF 接口的结构框图。

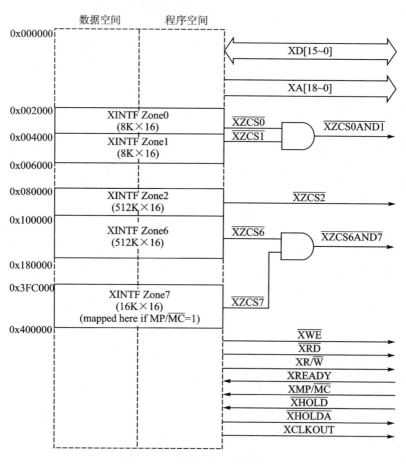

图 7-5　XINTF 接口结构框图

从图 7-5 可知,F2812 的 XINTF 接口被映射到了 Zone0、Zone1、Zone2、Zone6 和 Zone7 共 5 个固定的存储空间,其各自的地址范围如表 7-2 所列。XINTF 接口相关

第 7 章　存储器的结构、映像及 CMD 文件的编写

的信号线及各自的作用如表 7-8 所列。

从图 7-5 可知,XINTF 接口的每个存储区域都有一个片选信号,XINTF 的 Zone2 具有独立的片选信号 $\overline{XZCS2}$,而 Zone0 和 Zone1 共用一个片选信号 $\overline{XZCS0AND1}$,Zone6 和 Zone7 共用一个片选信号 $\overline{XZCS6AND7}$。当系统使能某个片选信号时,相应的外部设备就被选中,数据就可以存储到相应的存储空间内,或者数据就可以从相应的存储空间内读取出来。例如当 $\overline{XZCS2}$ 信号为低电平时,则 Zone2 这片存储区域被选中,也就是和这片存储区域相对应的外部设备被选中。

表 7-8　XINTF 接口相关的信号线及其作用

信号线名称	信号线作用
XD(15~0)	外扩的数据总线,总共 16 根
XA(18~0)	外扩的地址总线,总共 19 根,外部寻址空间最大为 512K×16 位
$\overline{XZCS0AND1}$	XINTF 区域 0 和区域 1 的片选信号,当访问 XINTF 区域 0 或者区域 1 时为低电平
$\overline{XZCS2}$	XINTF 区域 2 的片选信号,当访问 XINTF 区域 2 时为低电平
$\overline{XZCS6AND7}$	XINTF 区域 6 和区域 7 的片选信号,当访问 XINTF 区域 6 或者区域 7 时为低电平
$\overline{XWE}$	写有效。有效时为低电平
$\overline{XRD}$	读有效。有效时为低电平。$\overline{XRD}$ 和 $\overline{XWE}$ 是互斥的信号
$XR/\overline{W}$	通常为高电平。当为低电平时表示处于写周期,当为高电平时表示处于读周期
XREADY	数据准备输入信号,为高电平时表示外设已经为访问做好准备
$XMP/\overline{MC}$	微处理器/微计算机模式选择信号。此信号为高电平时是微处理器模式,此时外部接口的 Zone7 有效。此信号为低电平时是微计算机模式,此时 Zone7 被禁止。通常实际使用的是微计算机模式,因此需要将此引脚接地
$\overline{XHOLD}$	外部 DMA 保持请求信号。$\overline{XHOLD}$ 为低电平时请求 XINTF 释放外部总线,并把所有的总线与选通端置为高阻态。当对总线的操作完成之后并且没有即将对 XINTF 进行访问时,XINTF 释放总线
$\overline{XHOLDA}$	外部 DMA 保持确认信号。当 XINTF 响应 $\overline{XHOLD}$ 的请求时,$\overline{XHOLDA}$ 为低电平,所有的 XINTF 总线和选通端呈高阻态。$\overline{XHOLD}$ 和 $\overline{XHOLDA}$ 信号同时发出
XCLKOUT	时钟信号

对于两个区域共用片选信号的情况,使用时可以将两个区域设计成一个存储空间或采用外部逻辑来产生两个寻址空间。例如,现在需要将 Zone0 和 Zone1 这两个区域分开设计,逻辑关系应该怎样处理呢?由图 7-5 可以看到,Zone0 的寻址空间,也就是外部总线地址为 0x2000~0x3FFF,而 Zone1 的寻址空间为 0x4000~0x5FFF。Zone0 和 Zone1 的低 12 位地址 XA0~XA11 的变化范围都是 000~FFF,肯定不能作为区分这两个寻址空间的信号。接下来分析 Zone0 和 Zone1 的 XA12~XA15,将其最高位按照二进制分别展开,如图 7-6 所示。观察 X14 和 X13:当 X14 为 0 时,对应的是 Zone0;当 X14 为 1 时,对应的是 Zone1。类似的,当 X13 为 1 时,对应的是 Zone0;而当 X13 为 0 时,对应的为 Zone1。可见 X13 或者 X14 都可以作为区分 Zone0 和 Zone1 的逻辑信号。

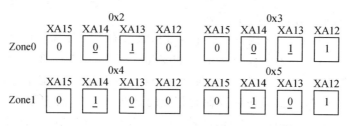

图 7-6　Zone0 和 Zone1 地址线最高位展开图

图 7-7 是 XINTF Zone0 的片选信号逻辑图。当地址总线的 X13 为高电平,取反后为低电平,X14 为低电平,同时 $\overline{XZCS0AND1}$ 为低电平的时候,经过或门才输出一个低电平信号,选通 Zone0。

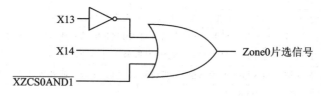

图 7-7　Zone0 的片选信号逻辑

图 7-8 是 XINTF Zone1 的片选信号逻辑图。当地址总线的 X13 为低电平,X14 为高电平,取反后为低电平,同时 $\overline{XZCS0AND1}$ 为低电平的时候,经过或门才输出一个低电平信号,选通 Zone1。

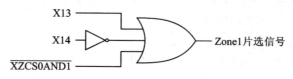

图 7-8　Zone1 的片选信号逻辑

这 5 个区域里,Zone7 是最为特别的,其他 4 个区无论在什么情况下都是外部接口的存储空间,而 Zone7 会受到引脚 XMP/$\overline{MC}$ 的影响。DSP 复位时,XMP/$\overline{MC}$ 引脚的值被采样,然后锁入 XINTF 的配置寄存器 XINTFCNF2 中。该引脚的电平决定了是 Boot ROM 还是 XINTF7 区被使能。

如果复位时 XMP/$\overline{MC}$=1,则系统处于微处理器模式(Microprocessor Mode),Zone7 被使能,此时从外部存储器去引导复位向量。在这种情况下,用户必须确实将复位向量指向一个有效的可执行代码的存储器位置。

如果复位时 XMP/$\overline{MC}$=0,则系统处于微计算机模式(Microcomputer Mode),Boot ROM 被使能,而 XINTF Zone7 不被使能。在这种情况下,DSP 从内部 Boot ROM 来引导复位向量,而 Zone7 不能被访问。

XINTF 的每个存储区域都可以独立地设置等待信号、选通信号以及时序的建立与保持。对于读操作和写操作而言,等待信号、选通信号的建立与保持都是需要单独设置的。这些都可以通过对 XINTF 的寄存器进行设置来实现。

7.4.2 XINTF 的时钟

XINTF 接口使用了两个时钟 XTIMCLK 和 XCLKOUT。图 7-9 为两个时钟模块与 CPU 以及 SYSCLKOUT 之间的关系。

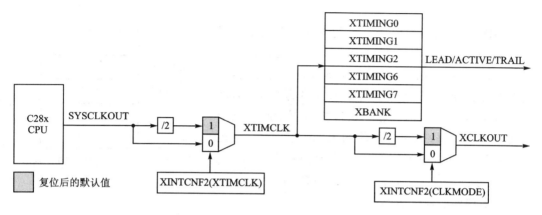

图 7-9 XINTF 的时钟信号

XTIMCLK 是 XINTF 接口各个区域 LEAD、ACTIVE、TRAIL 等操作时序的基本时钟,也就是说所有访问 XINTF 区域的操作时序都是基于 XINTF 的时钟 XTIM-CLK。当配置 XINTF 时,首先需要确定 XTIMCLK。如图 7-9 所示,XTIMCLK 的大小取决于寄存器 XINTCNF2 的位 XTIMCLK。当该位为 1 时,XTIMCLK 等于 SY-SCLKOUT 的一半;当该位为 0 时,XTIMCLK 就和 SYSCLKOUT 相等。F2812 上电复位时,XTIMCLK 默认为 SYSCLKOUT 的一半。

在 F2812 中,所有对 XINTF 区域的访问都是在外部时钟输出 XCLKOUT 的下降沿时进行的。从图 7-9 也可以看到,XCLKOUT 的大小取决于寄存器 XINTCNF2 的位 CLKMODE。当该位为 1 时,XCLKOUT 等于 XTIMCLK 的一半;当该位为 0 时,XCLKOUT 和 XTIMCLK 相等。F2812 上电复位时,XCLKOUT 默认为 XTIMCLK 的一半。XCLKOUT 时钟信号还受到寄存器 XINTCNF2 CLKOFF 位的控制。当 CLKOFF 位为 1 时,XCLKOUT 被禁止,就是没有时钟信号输出。禁止 XCLKOUT 是为了节电和减少噪声。F2812 上电复位时,XCLKOUT 默认被禁止的。

7.5 手把手教你访问外部存储器

通过前面的学习知道,可以使用 XINTF 接口来外扩 RAM 或者 Flash 空间。在 HDSP-Super2812 开发板上分别外扩了 256K×16 位的 RAM 和 256K×16 位的 Flash,其中 RAM 空间使用了 XINTF 的 Zone6,Flash 空间使用了 XINTF 的 Zone2。下面,详细介绍一下如何通过编写程序来实现对这些外部存储空间的访问。

说明：本书基本上在讲解每个外设的时候都会配有例程，并为大家详细介绍例程的来龙去脉，主要目的是希望通过对例程的学习，能够对 DSP 程序开发建立基本的概念，能够掌握程序开发的基本套路。

7.5.1 外部 RAM 空间数据读/写

HDSP‑Super2812 上外扩的 RAM 空间使用了 XINTF 的 Zone6，大小为 256K×16 位，起始地址为 0x100000。现在假设需要从起始地址开始写数据，内容是从 0 开始，随着地址不断加 1，长度为 0x4000，即 16K，如图 7‑10 所示。然后从这些内存空间中读取刚才写入的数据；最后将外部的 RAM 空间清 0。这个程序该如何实现呢？例程的路径为："共享资料\TMS320F2812 例程\第 7 章\7.4\ExRam"。

地址	数据
0x100000	0x0
0x100001	0x1
0x100002	0x2
⋮	⋮
0x104000	0x4000

图 7‑10　对外部 RAM 空间写数据

(1) 程序的整体思路
① 初始化系统，为系统分配时钟，处理看门狗电路等。
② 向外部 RAM 写数据，数据为 0,1,2…递增的整数。
③ 读取内存空间的数据。
④ 给外部 RAM 空间清 0，向外部 RAM 每个地址空间写 0。

(2) 手把手操作
① 将共享资料内 ExRam 文件夹复制到 CCS 安装目录下的 MyProjects 文件夹内，ExRam 文件夹的路径为："共享资料\TMS320F2812 例程\第 7 章\7.4\ExRam"。
② 启动 CCS3.3，右击 View Project 栏内的 Projects，在所弹出的快捷菜单中选择 Open Project。CCS3.3 弹出工程打开的对话框，找到 MyProjects 文件下的 ExRam 文件夹，找到 ExRam.pjt，选中后单击"打开"按钮。
③ 单击工具栏上的 Rebuild All 按钮，对 ExRam.pjt 进行编译。
④ 打开菜单栏中的 Debug 菜单，执行 Connect 命令，使得 CCS3.3 和 DSP 建立链接。
⑤ 打开菜单栏中的 File 菜单，执行 Load Program 命令。CCS3.3 弹出 Load Program 对话框，在 Debug 文件夹下找到 ExRam.out 文件，单击"打开"按钮。
⑥ 打开菜单栏中的 Debug 菜单，执行 GO Main 命令。
⑦ 在如图 7‑11 所示的地方设置一个断点，单击 Run 按钮，运行程序。

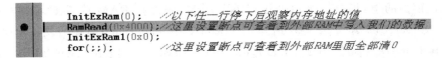

图 7‑11　设置断点

⑧ 程序在断点处停了下来,单击代码编辑区左边的 View Memory 按钮,在代码编辑区右边出现一个 MEMORY 查看界面;在 Enter an address 文本框内输入 RAM 空间的起始地址,即 0x100000;回车之后会看到如图 7-12 所示的结果。地址为 0x100000 的存储单元内数据为 0x0000,地址为 0x100001 的存储单元内数据为 0x0001,地址为 0x100002 的存储单元内数据为 0x0002,…,依此类推。

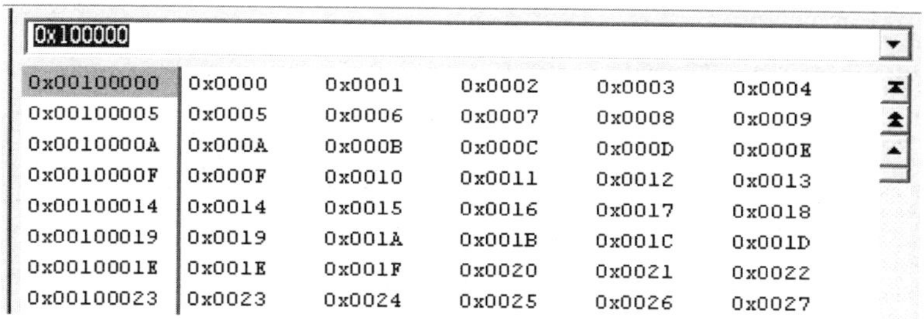

0x100000					
0x00100000	0x0000	0x0001	0x0002	0x0003	0x0004
0x00100005	0x0005	0x0006	0x0007	0x0008	0x0009
0x0010000A	0x000A	0x000B	0x000C	0x000D	0x000E
0x0010000F	0x000F	0x0010	0x0011	0x0012	0x0013
0x00100014	0x0014	0x0015	0x0016	0x0017	0x0018
0x00100019	0x0019	0x001A	0x001B	0x001C	0x001D
0x0010001E	0x001E	0x001F	0x0020	0x0021	0x0022
0x00100023	0x0023	0x0024	0x0025	0x0026	0x0027

图 7-12 查看内存单元的值

(3) 参考程序

外部 RAM 数据读/写实验的参考程序(ExRam.pjt)见程序清单 7-6～程序清单 7-8。

程序清单 7-6 系统初始化模块

```c
/****************************************************
* 文件名:DSP28_SysCtrl.c
* 功  能:对 2812 的系统控制模块进行初始化
****************************************************/
#include "DSP28_Device.h"
/****************************************************
* 名  称:InitSysCtrl()
* 功  能:该函数对 2812 的系统控制寄存器进行初始化
* 入口参数:无
* 出口参数:无
****************************************************/
void InitSysCtrl(void)
{
    Uint16 i;
    EALLOW;
    SysCtrlRegs.WDCR = 0x0068;          //禁止看门狗模块
    //初始化 PLL 模块,如果外部晶振为 30 MHz,则 SYSCLKOUT = 30 MHz×10/2 = 150 MHz
    SysCtrlRegs.PLLCR = 0xA;
    for(i = 0; i< 5000; i++){}          //延时,使得 PLL 模块能够完成初始化操作
    //高速时钟预定标器和低速时钟预定标器,产生高速外设时钟 HSPCLK 和低速外设时钟 LSPCLK
    SysCtrlRegs.HISPCP.all = 0x0001;    // HSPCLK = 150 MHz/2 = 75 MHz
    SysCtrlRegs.LOSPCP.all = 0x0002;    // LSPCLK = 150 MHz/4 = 37.5 MHz
    EDIS;
}
```

程序清单 7-7 对 RAM 进行操作的函数定义模块

```c
/*****************************************************************
 * 文件名:RAM.c
 * 功  能:对 RAM 进行相关操作的函数定义
 *****************************************************************/
#include "DSP28_Device.h"
//下面几个函数定义了对外部 RAM 的初始化、清 0、读取数据
unsigned int * ExRamStart = (unsigned int * )0x100000;
//外部 RAM 的起始地址,在 HDSP-Core2812 中外扩 RAM 使用的是 XINTF 区 6
/*****************************************************************
 * 名    称:InitExRam()
 * 功    能:往外部 RAM 中写数据,随地址不断加 1,长度为 16K
 * 入口参数:Uint16 Start,此参数规定了从外扩 RAM 区域的第 Start 个存储空间开始写数据
 * 出口参数:无
 *****************************************************************/
void InitExRam(Uint16 Start)
{
    Uint16   i;
    for(i = 0;i<0x4000;i++)
    {
       *(ExRamStart + Start + i) = i;
    }
}
/*****************************************************************
 * 名    称:InitExRam1()
 * 功    能:对外部 RAM 的指定区域的存储空间进行清 0 操作
 * 入口参数:Uint16 Start,此参数规定了从外扩 RAM 区域的第 Start 个存储空间开始清 0
 * 出口参数:无
 *****************************************************************/
void InitExRam1(Uint16 Start)
{
    Uint16 i;
    for (i = 0;i<0x4000;i++)
    {
       *(ExRamStart + Start + i) = 0;
    }
}
/*****************************************************************
 * 名    称:RamRead()
 * 功    能:读取外部 RAM 空间的数据
 * 入口参数:Uint16 Start,此参数规定了从外扩 RAM 区域的第 Start 个存储空间开始读取
 * 出口参数:无
 *****************************************************************/
void RamRead(Uint16 Start)     //读取外部 RAM 函数
{
    Uint16 i;
for(i = 0;i<0x4000;i++)
    {
       *(ExRamStart + Start + i) = *(ExRamStart + i);
    }
```

程序清单 7-8　主函数程序

```
/************************************************************
 * 文件名:main.c
 * 功    能:访问外部 RAM 空间,与外部 RAM 可以实现读/写数据
 * 说    明:当程序比较大时,在仿真时,内部 18K×16 位的 RAM 无法满足空间需求的情况下,可
 *          以将文件下载到外部扩展的 RAM 空间,当然,此时,需要对 CMD 进行相应的配置。本实
 *          验中,请在 RamRead(0x4000)这一行设置断点,当运行至断点时,选择 View→Memory 来
 *          查看存储空间,Address 填写 0x00100000,单击 OK,就能看到从 0x00100000 开始,各个
 *          存储单元的值从 0 开始递增
 ************************************************************/
#include "DSP28_Device.h"
void main(void)
{
    InitSysCtrl();              //初始化系统
    DINT;                       //关中断
    IER = 0x0000;
    IFR = 0x0000;
    InitPieCtrl();              //初始化 PIE
    //初始化 PIE 中断矢量表
    InitPieVectTable();
    InitExRam(0);               //以下任一行停下后观察内存地址的值
    RamRead(0x4000);            //这里设置断点可查看到外部 RAM 中写入我们的数据
    InitExRam1(0x0);
    for(;;);                    //这里设置断点可查看到外部 RAM 里面全部清 0
}
```

7.5.2　外部 Flash 空间数据读/写

HDSP - Super2812 上外扩的 Flash 空间使用了 XINTF 的 Zone2,大小为 256K×16 位,起始地址为 0x80000。这里对外部 Flash 空间数据读/写实验是基于前面对 RAM 空间数据读/写实验的基础上的。和前面的实验一样,先对 RAM 空间从起始地址开始写数据,内容是从 0 开始,随着地址不断加 1,长度为 0x4000;然后将 RAM 空间的内容复制到 Flash 空间,如图 7-13 所示。这个程序该如何实现呢? 例程的路径为:"共享资料\TMS320F2812 例程\第 7 章\7.4\ExFlash"。

(1) 程序的整体思路

① 初始化系统,为系统分配时钟,处理看门狗电路等。

② 向外部 RAM 写数据,数据为 0,1,2…递增的整数。

③ 擦除 Flash 内原有的数据。

④ 将内存地址 0x100000 开始的一段内容复制到 Flash 地址的 0x80000 中,长度为 0x4000。

(2) 手把手操作

① 将共享资料内 ExFlash 文件夹复制到 CCS 安装目录下的 MyProjects 文件夹内,ExFlash 文件夹的路径为:"共享资料\TMS320F2812 例程\第 7 章\7.4\ExFlash"。

② 启动 CCS3.3,右击 View Project 栏内的 Projects,在所弹出的快捷菜单中选择 Open Project。CCS3.3

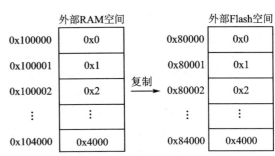

图 7-13 对外部 Flash 空间写数据

弹出工程打开的对话框,找到 MyProjects 文件下的 ExFlash 文件夹,找到 ExFlash.pjt,选中后单击"打开"按钮。

③ 单击工具栏上的 Rebuild All 按钮,对 ExFlash.pjt 进行编译。

④ 打开菜单栏中的 Debug 菜单,执行 Connect 命令,使得 CCS3.3 和 DSP 建立链接。

⑤ 打开菜单栏中的 File 菜单,执行 Load Program 命令。CCS3.3 弹出 Load Program 对话框,在 Debug 文件夹下找到 ExFlash.out 文件,单击"打开"按钮。

⑥ 打开菜单栏中的 Debug 菜单,执行 GO Main 命令。

⑦ 在如图 7-14 所示的地方设置一个断点,单击 Run 按钮,运行程序。

图 7-14 设置断点

⑧ 程序在断点处停了下来,单击代码编辑区左边的 View Memory 按钮,在代码编辑区右边出现一个 MEMORY 查看界面,在 Enter an address 文本框内输入 RAM 空间的起始地址,即 0x80000;回车之后会看到如图 7-15 所示的结果。地址为 0x80000 的存储单元内数据为 0x0000,地址为 0x80001 的存储单元内数据为 0x0001,地址为 0x80002 的存储单元内数据为 0x0002,…,以此类推。

0x080000					
0x00080000	0x0000	0x0001	0x0002	0x0003	0x0004
0x00080005	0x0005	0x0006	0x0007	0x0008	0x0009
0x0008000A	0x000A	0x000B	0x000C	0x000D	0x000E
0x0008000F	0x000F	0x0010	0x0011	0x0012	0x0013
0x00080014	0x0014	0x0015	0x0016	0x0017	0x0018
0x00080019	0x0019	0x001A	0x001B	0x001C	0x001D
0x0008001E	0x001E	0x001F	0x0020	0x0021	0x0022

图 7-15 查看内存单元的值

(3) 参考程序

外部 Flash 数据读/写实验的参考程序(ExFlash.pjt)见程序清单 7-9～程序清单 7-11。

程序清单 7-9　系统初始化模块

```c
/***************************************************************
* 文件名:DSP28_SysCtrl.c
* 功　能:对 2812 的系统控制模块进行初始化
***************************************************************/
#include "DSP28_Device.h"
/***************************************************************
* 名　称:InitSysCtrl()
* 功　能:该函数对 2812 的系统控制寄存器进行初始化
* 入口参数:无
* 出口参数:无
***************************************************************/
void InitSysCtrl(void)
{
    Uint16 i;
    EALLOW;
    SysCtrlRegs.WDCR = 0x0068;        //禁止看门狗模块
    //初始化 PLL 模块,如果外部晶振为 30 MHz,则 SYSCLKOUT = 30×10/2 = 150 MHz
    SysCtrlRegs.PLLCR = 0xA;
    for(i = 0; i< 5000; i++){}        //延时,使得 PLL 模块能够完成初始化操作
//高速时钟预定标器和低速时钟预定标器,产生高速外设时钟 HSPCLK 和低速外设时钟 LSPCLK
    SysCtrlRegs.HISPCP.all = 0x0001;  // HSPCLK = 150 MHz/2 = 75 MHz
    SysCtrlRegs.LOSPCP.all = 0x0002;  // LSPCLK = 150 MHz/4 = 37.5 MHz
    EDIS;
}
```

程序清单 7-10　Flash 操作相关定义的模块

```c
/***************************************************************
* 文件名:Flash.c
* 功　能:对和 Flash 操作相关的变量、函数进行定义
***************************************************************/
#include    "DSP28_Device.h"
// SST 39VF400A 部分的定义
#define     TimeOutErr          1
#define     VerifyErr           2
#define     WriteOK             0
#define     EraseErr            3
#define     EraseOK             0
#define     SectorSize          0x800               //扇区大小
#define     BlockSize           0x8000              //块大小
unsigned    int  * FlashStart = (unsigned  int *)0x80000;   //外部 Flash 地址
unsigned    int  * ExRamStart = (unsigned  int *)0x100000;  //外部 RAM 地址
Uint16      SectorErase(Uint16   SectorNum);
Uint16      BlockErase(Uint16    BlockNum);
```

```
Uint16      ChipErase(void);
Uint16      FlashWrite(Uint32  RamStart, Uint32  RomStart,  Uint16  Length);
void        FlashRead(Uint32  RamStart, Uint32  RomStart,  Uint16  Length);
void        InitExRam(Uint16  Start);
void        InitExRam(Uint16  Start);
void        RamRead(Uint16  Start);
/****************************************************************
 * 名    称:SectorErase
 * 功    能:扇区擦除函数
 * 入口参数:Uint16   SectorNum
 * 出口参数:Uint16
 ****************************************************************/
Uint16 SectorErase(Uint16  SectorNum)
{
    Uint16  i,Data;
    Uint32  TimeOut;
    *(FlashStart + 0x5555) = 0xAA;
    *(FlashStart + 0x2AAA) = 0x55;
    *(FlashStart + 0x5555) = 0x80;
    *(FlashStart + 0x5555) = 0xAA;
    *(FlashStart + 0x2AAA) = 0x55;
    *(FlashStart + SectorSize * SectorNum) = 0x30;
    i = 0;
    TimeOut = 0;
    while(i<5)
    {
        Data = *(FlashStart + SectorSize * (SectorNum + 1) -1);
        if (Data == 0xFFFF)
        {
            i ++;
        }
        else
        {
            i = 0;
        }
        if ( ++TimeOut>0x1000000)
        {
            return (TimeOutErr);
        }
    }
    for(i = 0;i<SectorSize;i ++)
    {
        Data = *(FlashStart + SectorSize * SectorNum + i);
        if (Data != 0xFFFF)
        {
            return (EraseErr);
        }
    }
    return   (EraseOK);
```

```
}
/***************************************************************
 * 名      称:BlockErase
 * 功      能:扇区擦除函数
 * 入口参数:Uint16  BlockNum
 * 出口参数:Uint16
 ***************************************************************/
Uint16  BlockErase(Uint16  BlockNum)
{
    Uint16   i,Data;
    Uint32   TimeOut;
    *(FlashStart + 0x5555) = 0xAA;
    *(FlashStart + 0x2AAA) = 0x55;
    *(FlashStart + 0x5555) = 0x80;
    *(FlashStart + 0x5555) = 0xAA;
    *(FlashStart + 0x2AAA) = 0x55;
    *(FlashStart + BlockSize * BlockNum + 1) = 0x50;
    i = 0;
    TimeOut = 0;
    while(i<5)
    {
        Data = *(FlashStart + BlockSize * (BlockNum + 1));
        if(Data == 0xFFFF)
        {
            i++;
        }
        else
        {
            i = 0;
        }
        if( ++TimeOut>0x1000000)
        {
            return(TimeOutErr);
        }
    }
    for(i = 0;i<SectorSize;i++)
    {
        Data = *(FlashStart + BlockSize * BlockNum + i);
        if(Data != 0xFFFF)
        {
            return(EraseErr);
        }
    }
    return(EraseOK);
}
/***************************************************************
 * 名      称:ChipErase
 * 功      能:片擦除函数
 * 入口参数:无
```

```
* 出口参数:Uint16
**************************************************************/
Uint16    ChipErase(void)
{
    Uint32    i,Data;    //要定义为32位
    Uint32    TimeOut;
    *(FlashStart + 0x5555) = 0xAAAA;
    *(FlashStart + 0x2AAA) = 0x5555;
    *(FlashStart + 0x5555) = 0x8080;
    *(FlashStart + 0x5555) = 0xAAAA;
    *(FlashStart + 0x2AAA) = 0x5555;
    *(FlashStart + 0x5555) = 0x1010;
    i = 0;
    TimeOut = 0;
    while(i<5)
    {
        Data = *(FlashStart + 0x3FFFF);
        if(Data == 0xFFFF)
        {
            i++;
        }
        else
        {
            i = 0;
        }
        if( ++TimeOut>0x1000000)
        {
            return (TimeOutErr);
        }
    }
    for (i = 0;i<0x80000;i++)    //共256K字
    {
        Data = *(FlashStart + i);
        if (Data != 0xFFFF)
        {
            return (EraseErr);
        }
    }
    return (EraseOK);
}
/************************************************************
 * 名    称:FlashWrite
 * 功    能:对Flash进行写操作函数,将RAM中指定区域的数据复制到Flash的指定区域中
 * 入口参数:Uint32 RamStart, Uint32 RomStart, Uint16 Length
 * 出口参数:Uint16
**************************************************************/
Uint16 FlashWrite(Uint32 RamStart, Uint32 RomStart, Uint16 Length)
{
    Uint32 i,TimeOut;
```

```c
    Uint16 Data1,Data2,j;
    for(i = 0;i<Length;i++)
    {
        *(FlashStart + 0x5555)= 0xAA;
        *(FlashStart + 0x2AAA)= 0x55;
        *(FlashStart + 0x5555)= 0xA0;
        *(FlashStart + RomStart + i) = *(ExRamStart + RamStart + i);
        TimeOut = 0;
        j = 0;
        while(j<5)
        {
            Data1 = *(FlashStart + RomStart + i);
            Data2 = *(FlashStart + RomStart + i);
            if(Data1 == Data2)
            {
                j++;
            }
            else
            {
                j = 0;
            }
            if( ++TimeOut>0x1000000)
            {
                return(TimeOutErr);
            }
        }
    }
    for(i = 0;i<Length;i++)
    {
        Data1 = *(FlashStart + RomStart + i);
        Data2 = *(ExRamStart + RamStart + i);
        if(Data1 != Data2)
        {
            return(VerifyErr);
        }
    }
    return(WriteOK);
}
/***************************************************************
* 名    称:FlashRead
* 功    能:对Flash进行读操作函数,将Flash中指定区域的数据读取到Ram的指定区域中
* 入口参数:Uint32 RamStart, Uint32 RomStart, Uint16 Length
* 出口参数:无
***************************************************************/
void FlashRead(Uint32 RamStart, Uint32 RomStart, Uint16 Length)
{
    Uint32 i;
    Uint16 Temp;
    for(i = 0;i<Length;i++)
```

```
        {
            Temp = *(FlashStart + RomStart + i);
            *(ExRamStart + RamStart + i)= Temp;
        }
}
/*************************************************************
* 名    称:InitExRam()
* 功    能:往外部 RAM 中写数据,随地址不断加 1,长度为 16K 字
* 入口参数:Uint16 Start,此参数规定了从外扩 RAM 区域的第 Start 个存储空间开始写数据
* 出口参数:无
*************************************************************/
void InitExRam(Uint16 Start)
{
    Uint16 i;
    for(i = 0;i<0x4000;i++)
    {
        *(ExRamStart + Start + i) = i;
    }
}
/*************************************************************
* 名    称:InitExRam1()
* 功    能:对外部 RAM 的指定区域的存储空间进行清 0 操作
* 入口参数:Uint16 Start,此参数规定了从外扩 RAM 区域的第 Start 个存储空间开始清 0
* 出口参数:无
*************************************************************/
void InitExRam1(Uint16 Start)
{
    Uint16 i;
    for (i = 0;i<0x4000;i++)
    {
        *(ExRamStart + Start + i) = 0;
    }
}
/*************************************************************
* 名    称:RamRead()
* 功    能:读取外部 RAM 空间的数据
* 入口参数:Uint16 Start,此参数规定了从外扩 RAM 区域的第 Start 个存储空间开始读取
* 出口参数:无
*************************************************************/
void RamRead(Uint16 Start)        //读取外部 RAM 函数
{
    Uint16 i;
    for (i = 0;i<0x4000;i++)
    {
        *(ExRamStart + Start + i) = *(ExRamStart + i);
    }
}
```

第7章 存储器的结构、映像及 CMD 文件的编写

程序清单 7-11 主函数程序

```
/*****************************************************************
 * 文件名:main.c
 * 功    能:访问外部 Flash 空间,与外部 Flash 可以实现读/写数据
 * 说    明:本实验是和外部 RAM 实验连起来的,先给外部 RAM 进行写数据操作,然后再把 RAM 里
 *          的数据写到外部 Flash 中。本实验中,请在 BlockErase(0)这一行设置断点,当运行
 *          至断点时,选择 View→Memory 来查看存储空间,Address 填写 0x00080000,单击 OK,就
 *          能看到从 0x00080000 开始,各个存储单元的值从 0 开始递增
 *****************************************************************/
# include "DSP28_Device.h"
void       SendData(Uint16  data);
extern Uint16   SectorErase(Uint16  SectorNum);      //扇区擦除
extern Uint16   BlockErase(Uint16  BlockNum);        //块擦除
extern Uint16   ChipErase(void);                     //芯片擦除
extern Uint16   FlashWrite(Uint32  RamStart, Uint32  RomStart,  Uint16  Length);
extern void     FlashRead(Uint32  RamStart, Uint32  RomStart,  Uint16  Length);
extern void     InitExRam(Uint16  Start);
extern void     InitExRam(Uint16  Start);
extern void     RamRead(Uint16  Start);
void main(void)
{
    InitSysCtrl();            //初始化系统
    //关中断
    DINT;
    IER = 0x0000;
    IFR = 0x0000;
    InitPieCtrl();            //初始化 PIE
    InitPieVectTable();       //初始化 PIE 中断矢量表
    //在下面任一行设断点后,查看内存即可观察到实验现象
    InitExRam(0);             //初始化外部 RAM,将外部 RAM 里面写入我们的数据
    ChipErase();              //擦除 Flash 里面的数据
    RamRead(0x4000);          //设置断点,读外部 RAM 里面的数据,地址为 0x00100000
    FlashWrite(0,0,0x4000);
    //此行是将内存地址 0x100000 的内容复制到 Flash 地址的 0x80000 中,长度为 0x4000
    BlockErase(0);
    //设置断点,可观察到将外部 RAM 中的数据复制到外部 Flash 之后,里面的值是相同的
    InitExRam1(0x0);          //将起始地址为 0x0000 的内存初始化为 0
    FlashRead(0,0,0x4000);    //将外部 Flash 的内容复制到 RAM 中,长度为 0x4000
    for(;;);
}
```

本章的内容非常丰富,首先详细介绍了 F2812 的存储器映像,在基于 C 语言语法的基础上,详细讲解了 CMD 文件的构成,以及如何编写 DSP 的 CMD 文件。然后介绍了 F2812 的 XINTF 接口,分析了如何利用 XINTF 接口来外扩存储空间。最后,还以外部 RAM 数据读/写和外部 Flash 数据读/写为例,介绍了如何编写程序来访问外扩的存储空间。下一章中将讲解 F2812 的各种时钟信号、低功耗模式以及看门狗电路等内容。

第 8 章

X281x 的时钟和系统控制

人身体各个器官的动力源泉来自于心脏,正是心脏一刻不停有规律地进行跳动,人们才能有个健康的身体去工作,去学习,去做自己想做的事情。可是有时候,身体过度疲劳了,或者受到了外来细菌和病毒的感染,就会开始生病,这时候就需要医生来对身体进行检查并进行医治。其实,DSP 也一样,当然不仅是 DSP,其他的 CPU 也一样,都需要一个类似于心脏的模块来提供其正常运行的动力和节奏。下面将详细介绍 X281x DSP 的"心脏"——振荡器、锁相环 PLL 和时钟机制,此外还将讲解给 DSP 做"身体检查",以维持其正常工作的看门狗模块。

8.1 振荡器 OSC 和锁相环 PLL

为了能够让 F2812 按部就班地执行相应代码来实现功能,就得让 DSP 芯片"活"起来,除了得给 DSP 提供电源以外,还需要向 CPU 不断地提供规律的时钟脉冲,这一功能由 F2812 内部振荡器 OSC 和基于锁相环 PLL 的时钟模块来实现。图 8-1 为 F2812 芯片内的 OSC 和 PLL 时钟模块。

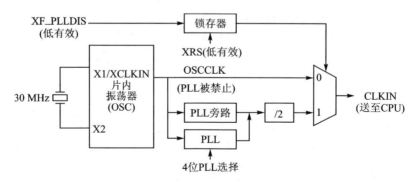

图 8-1 F2812 芯片的 OSC 和 PLL 模块

先来简单介绍一下锁相环。锁相环是一种控制晶振使其相对于参考信号保持恒定的电路,在数字通信系统中使用比较广泛。目前 DSP 集成的片上锁相环 PLL 模块,主要作用是通过软件实时地配置片上外设时钟,提高系统的灵活性和可靠性。此外,由于采用软件可编程锁相环,所设计的处理器外部允许较低的工作频率,而片内经过锁相环模块提供较高的系统时钟,这种设计可以有效地降低系统对外部时钟的依赖和电磁干扰,提高系统启动和运行时的可靠性,降低系统对硬件设计的要求。

从图 8-1 可以看到,外部晶振通过了片内振荡器 OSC 和 PLL 模块,产生了时钟信号 CLKIN,提供给 CPU。

外部晶振或外部时钟输入信号 XCLKIN 和送至 CPU 的时钟信号 CLKIN 之间的关系有 3 种,如表 8-1 所列。

表 8-1 XCLKIN 和送至 CPU 的时钟信号 CLKIN 之间的关系

PLL 模式	说 明	SYSCLKOUT/CLKIN
禁止	上电复位时通过将 $\overline{XF\_PLLDIS}$ 引脚置低来进入该模式,PLL 模块完全不使能。此时,输入 CPU 的时钟由来自 X1/XCLKIN 引脚的时钟信号直接去驱动。X2 引脚不使用	XCLKIN
旁路	$\overline{XF\_PLLDIS}$ 为高电平时,PLL 被使能;若此时是上电默认的 PLL 配置(PLLCR 中位 DIV 的值为 0),则 PLL 自身被旁路。从 X1/XCLKIN 引脚输入的时钟信号除以 2,然后再送去 CPU	XCLKIN/2
使能	$\overline{XF\_PLLDIS}$ 为高电平时,PLL 被使能;同时通过给 PLLCR 中位 DIV 写一个不为 0 的值来实现 PLL 的使能。时钟信号需要进入 PLL 模块进行 n 倍频,然后除以 2,最后送至 CPU	$(XCLKIN \times n)/2$

实际使用时,通常使用第 3 种方式,即 PLL 使能。从图 8-1 可以看到,通常使用 30 MHz 晶振为 F2812 提供时基,因为当 PLL 控制寄存器 PLLCR 取最大值 10 的时候,送至 CPU 的时钟可以达到 150 MHz,这也是 F2812 所能支持的最高时钟频率。

8.2 X2812 中各种时钟信号的产生

F2812 芯片内各种时钟信号的产生情况如图 8-2 所示。CLKIN 是经过 PLL 模块后送往 CPU 的时钟信号,经过 CPU 分发,作为 SYSCLKOUT 送至各个外设。因此,SYSCLKOUT=CLKIN。

在使用 F2812 进行开发的时候,通常会用到一些外设,例如 SCI、EV、ADC 等。要使得这些外设工作,首要就是向其提供时钟信号。因此,在系统初始化的时候,就需要对使用到的各个外设的时钟进行使能。假设现在某个项目里用到了 EVA、SCIA 和 ADC 这 3 个外设,那么就需要按照下面的程序对这 3 个外设进行时钟的使能。与时钟使能相关的寄存器是外设时钟控制寄存器 PCLKCR。

```
SysCtrlRegs.PCLKCR.bit.SCIENCLKA = 1;   //使能外设 SCIA 的时钟
SysCtrlRegs.PCLKCR.bit.EVAENCLK = 1;    //使能外设 EVA 的时钟
SysCtrlRegs.PCLKCR.bit.ADCENCLK = 1;    //使能外设 ADC 的时钟
```

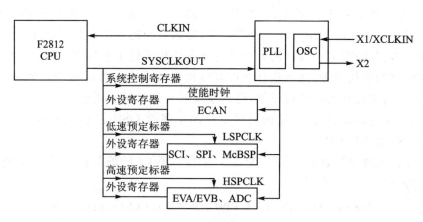

图 8-2　F2812 芯片内各种时钟信号产生情况

从图 8-2 上也能看到，SYSCLKOUT 信号经过低速外设时钟预定标寄存器 LOSPCP（取值范围 0~7）变成了 LSPCLK，提供给低速外设 SCIA、SCIB、SPI、McBSP；SYSCLKOUT 信号经过高速外设时钟预定标寄存器 HISPCP（取值范围 0~7）变成了 HSPCLK，提供给高速外设 EVA、EVB 和 ADC。当然在各个外设实际使用的时候，LSPCLK 或者 HSPCLK 还需要经过各个外设自己的时钟预定标，如果外设自己的时钟预定标位的值为 0 的话，则外设实际使用的时钟就是 LSPCLK 或者 HSPCLK。在实际使用时，为了降低系统功耗，不使用的外设最好将其时钟禁止。

LSPCLK 是低速外设时钟，HSPCLK 是高速外设时钟，那么 LSPCLK 的值有没有可能会比 HSPCLK 的值来得大？也就是说提供给低速外设的时钟频率反而要比提供给高速外设的时钟频率来得快？从上面 LSPCLK 和 HSPCLK 的计算公式可以看出，这两个时钟信号的频率是独立无关的，各自分别取决于 LOSPCP 或者 HISPCP 的值，与其他因素没有关系。当给 LOSPCP 寄存器所赋的值小于给 HISPCP 寄存器所赋的值时，LOSPCP 的值就会大于 HSPCLK 的值。虽然这完全取决于用户对于寄存器的初始化，但是一般情况下，也不会让这样的情况出现，因为低速外设所需要的时钟毕竟要比高速外设所需要的时钟来得慢些，否则就不叫低速外设或者高速外设了。当然这些定义也都是相对而言的。

8.3　看门狗电路

在介绍 DSP 看门狗内容之前，先来了解一下 MCU 中看门狗的原理，以便大家能够更好地理解 DSP 中的看门狗。在由 MCU 构成的微型计算机系统中，由于单片机的工作常常会受到外界电磁场的干扰，造成程序跑飞而陷入死循环，程序的正常运行被打断，由单片机控制的系统就无法继续工作，会造成整个系统陷入停滞状态，发生不可预料的后果。所以出于对单片机运行状态进行实时监测的考虑，便产生了一种专门用于监测单片机程序运行状态的电路，俗称"看门狗"（Watchdog）。

第8章 X281x的时钟和系统控制

看门狗电路的应用,使单片机可以在无人监控的状态下实现连续工作。其工作原理是:看门狗电路和单片机的一个I/O引脚相连,该I/O引脚通过程序控制它定时地往看门狗的这个引脚上送入高电平(或低电平),这一程序语句分散地放在单片机其他控制语句中间;一旦单片机由于干扰造成程序跑飞后而陷入某一程序段、进入死循环状态时,写看门狗引脚的程序便不能被执行。这个时候,看门狗电路就会由于得不到单片机送来的信号,便在它与单片机复位引脚相连的引脚上送出一个复位信号,使单片机发生复位,即程序从程序存储器的起始位置开始执行,这样便实现了单片机的自动复位。

F2812中的看门狗原理和上面讲述的MCU看门狗原理类似,其作用是为DSP的运行情况进行"把脉",一旦发现程序跑飞或者状态不正常,便立即使DSP复位,提高系统的可靠性。F2812看门狗电路的功能框图如图8-3所示。

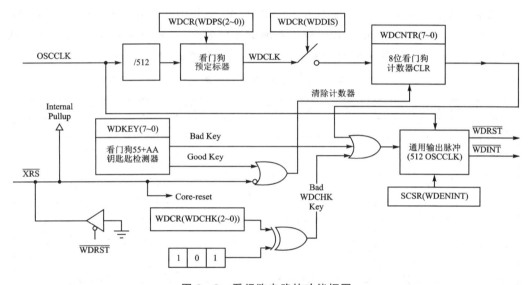

图8-3 看门狗电路的功能框图

从图8-3可以看到,F2812的看门狗电路有一个8位看门狗加法计数器WDCNTR,无论什么时候,如果WDCNTR计数到最大值,看门狗模块就会产生一个输出脉冲,脉冲宽度为512个振荡器时钟宽度。为了防止WDCNTR溢出,通常采用两种方法:一种是禁止看门狗,使得计数器WDCNTR无效;另一种就是定期"喂狗",通过软件向负责复位看门狗计数器的看门狗密钥寄存器(8位的WDKEY)周期性地写入0x55+0xAA,紧跟着0x55写入0xAA能够清除WDCNTR。当向WDKEY写0x55时,WDCNTR复位到使能的位置;只有在向WDKEY写0xAA后才会使WDCNTR真正地被清除。写任何其他的值都会使系统立即复位。只要向WDKEY写0x55和0xAA,无论写的顺序如何都不会导致系统复位;而只有先写0x55,再写0xAA才会清除WDCNTR。

逻辑校验位(WDCHK)是看门狗的另一个安全机制,所有访问看门狗控制寄存器(WDCR)的写操作中,相应的校验位WDCHK必须是"101",否则将会拒绝访问并立即触发系统复位。

8.4 低功耗模式

F2812 的低功耗模式（Low Power Modes）如表 8-2 所列。F2812 的各种低功耗模式的操作如下：

空闲模式（IDLE） 处理器可以通过有效的中断或 NMI 中断来退出空闲模式。只要把低功耗模块控制寄存器 LPMCR[1~0]（LPMECR 的 D0、D1 位）都设置成 0，那么低功耗模块 LPM 将不执行任何工作。

暂停模式（HALT） 只有复位 $\overline{XRS}$ 和 XNMI 外部信号能够从暂停方式唤醒 CPU。CPU 可以通过 XMNICR 寄存器来使能或者禁止 XNMI。

备用方式（STANDBY） 所有在 LPMCR1 寄存器中被选中的信号，包括 XNMI 信号，都可以将 CPU 从备用方式唤醒。在唤醒处理器之前，要通过 OSCCLK 确定被选定的信号，OSCCLK 的周期数可以通过 LPMCR0 寄存器确定。

表 8-2 F2812 的低功耗模式

模式	IDLE	LPMCR(1~0)	OSCCLK	CLKIN	SYSCLKOUT	EXIT
正常	低	X,X	开	开	开	
空闲	高	0,0	开	开	开	$\overline{XRS}$, WAKEINT, XNMI, 任何使能的中断
备用	高	0,1	开（看门狗仍在运行）	关	关	$\overline{XRS}$, WAKEINT, XINT1, $\overline{XNMI}$, $\overline{T1/2/3/4CTRIP}$, SCIRXDA, $\overline{C1/2/3/4/5/6CTRIP}$, SCIRXDB, CANRX, 仿真调试
暂停	高	1,X	关（振荡器和 PLL 关闭，看门狗不工作）	关	关	$\overline{XRS}$, XNMI, 仿真调试

8.5 时钟和系统控制模块的寄存器

表 8-3 是 F2812 片内的锁相环 PLL、时钟、看门狗和低功耗模式的配置寄存器。

表 8-3 锁相环 PLL、时钟、看门狗和低功耗模式的配置寄存器

名 称	地 址	地址空间	说 明
Reserved	0x00007010 0x00007019	10×16	保留
HISPCP	0x0000701A	1×16	高速外设时钟预定标寄存器
LOSPCP	0x0000701B	1×16	低速外设时钟预定标寄存器
PCLKCR	0x0000701C	1×16	外设时钟控制寄存器
Reserved	0x0000701D	1×16	保留

续表 8-3

名称	地址	地址空间	说明
LPMCR0	0x0000701E	1×16	低功耗模式控制寄存器 0
LPMCR1	0x0000701F	1×16	低功耗模式控制寄存器 1
Reserved	0x00007020	1×16	保留
PLLCR	0x00007021	1×16	PLL 控制寄存器
SCSR	0x00007022	1×16	系统控制和状态寄存器
WDCNTR	0x00007023	1×16	看门狗计数器寄存器
Reserved	0x00007024	1×16	保留
WDKEY	0x00007025	1×16	看门狗复位密钥寄存器
Reserved	0x00007026 0x00007028	3×16	保留
WDCR	0x00007029	1×16	看门狗控制寄存器
Reserved	0x0000702A 0x0000702F	6×16	保留

(1) 外设时钟控制寄存器

外设时钟控制寄存器 PCLKCR 能够控制片内各种时钟的工作状态,使能或者禁止相关外设的时钟。图 8-4 列出了 PCLKCR 寄存器各位的情况。

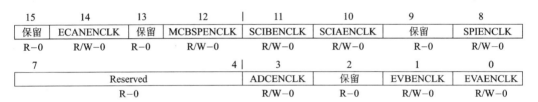

注:R=可读,W=可写,-0=复位后的值。

图 8-4 外设时钟控制寄存器 PCLKCR

ECANENCLK 位 14。如果该位置 1,将使 CAN 外设的系统时钟有效。对于低功耗操作,由用户清 0 或复位后清 0。

MCBSPENCLK 位 12。如果该位置 1,将使 McBSP 外设的低速时钟(LSPCLK)有效。对于低功耗操作,由用户或复位后清 0。

SCIBENCLK 位 11。如果该位置 1,将使 SCIB 外设的低速时钟(LSPCLK)有效。对于低功耗操作,由用户或复位后清 0。

SCIAENCLK 位 10。如果该位置 1,将使 SCIA 外设的低速时钟(LSPCLK)有效。对于低功耗操作,由用户或复位后清 0。

SPIAENCLK 位 8。如果该位置 1,将使 SPI 外设的低速时钟(LSPCLK)有效。对于低功耗操作,由用户或复位后清 0。

ADCENCLK 位 3。如果该位置 1,将使 ADC 外设的高速时钟(HSPCLK)有效。对于低功耗操作,由用户或复位后清 0。

EVBENCLK 位1。如果该位置1,将使 EVB 外设的高速时钟(HSPCLK)有效。对于低功耗操作,由用户或复位后清0。

EVAENCLK 位0。如果该位置1,将使 EVA 外设的高速时钟(HSPCLK)有效。对于低功耗操作,由用户或复位后清0。

(2) 系统控制与状态寄存器

图8-5列出了系统控制与状态寄存器 SCSR 各位的情况。

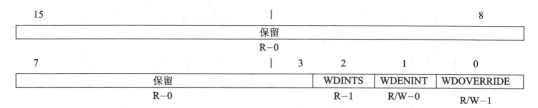

注:R=可读,W=可写,-X=复位后的值。

图 8-5 系统控制与状态寄存器 SCSR

WDINTS 位2。看门狗中断状态位。该位反映了来自看门狗模块 $\overline{\text{WDINT}}$ 信号的当前状态。

WDENINT 位1。如果该位置1,看门狗复位($\overline{\text{WDRST}}$)输出信号无效并且看门狗中断($\overline{\text{WDINT}}$)输出信号有效。如果该位清0,看门狗复位($\overline{\text{WDRST}}$)输出信号有效并且看门狗中断($\overline{\text{WDINT}}$)输出信号无效。复位后的默认为0。

WDOVERRIDE 位0。如果该位置1,允许用户改变看门狗控制(WDCR)寄存器中的看门狗无效(WDDIS)位的状态。如果 WDOVERRIDE 位清0,用户不能通过向该位写1来修改它。向该位写0无效。如果该位清0,那么它将保持在本状态直到复位发生。该位的当前状态用户可读。

(3) 高速外设时钟预定标寄存器

高速外设时钟预定标寄存器 HISPCP 用于配置高速外设所需的时钟。图8-6为 HISPCP 的各位情况。

注:R=可读,W=可写,-010=复位后的值。

图 8-6 高速外设时钟预定标寄存器 HISPCP

HSPCLK 位2~0。对与 SYSCLKOUT 有关的高速外设时钟(HSPCLK)的速率进行配置。如果 HISPCP ≠ 0,HSPCLK = SYSCLKOUT/(HISPCP×2)。如果 HISPCP=0,HSPCLK=SYSCLKOUT。

    000   高速时钟 = SYSCLKOUT/1   100   高速时钟 = SYSCLKOUT/8

    001   高速时钟 = SYSCLKOUT/2(复位默认值)   101   高速时钟 = SYSCLKOUT/10

    010   高速时钟 = SYSCLKOUT/4   110   高速时钟 = SYSCLKOUT/12

011 高速时钟＝SYSCLKOUT/6   111 高速时钟＝SYSCLKOUT/14

注：公式中的 HISPCP 表示 HISPCP 寄存器中位 2～0 的值。

（4）低速外设时钟预定标寄存器

低速外设时钟预定标寄存器 LOSPCP 用于配置低速外设所需的时钟。图 8-7 为 LOSPCP 的各位情况。

注：R＝可读，W＝可写，-010＝复位后的值。

图 8-7 低速外设时钟预定标寄存器 LOSPCP

LSPCLK 位 2～0。对与 SYSCLKOUT 有关的低速外设时钟（LSPCLK）的速率进行配置。如果 LOSPCP≠0，LSPCLK＝SYSCLKOUT/(LOSPCP×2)。如果 LOSPCP＝0，LSPCLK＝SYSCLKOUT。

000 低速时钟＝SYSCLKOUT/1   100 低速时钟＝SYSCLKOUT/8
001 低速时钟＝SYSCLKOUT/2   101 低速时钟＝SYSCLKOUT/10
010 低速时钟＝SYSCLKOUT/4（复位默认值） 110 低速时钟＝SYSCLKOUT/12
011 低速时钟＝SYSCLKOUT/6   111 低速时钟＝SYSCLKOUT/14

注：公式中的 LOSPCP 表示 LOSPCP 寄存器中位 2～0 的值。

（5）PLL 控制寄存器

图 8-8 为 PLL 控制寄存器 PLLCR 各位的情况。

注：R＝可读，W＝可写，-0＝复位后的值。

图 8-8 PLL 控制寄存器 PLLCR

DIV 位 3～0。控制 PLL 被旁路或不被旁路，并且当不被旁路时，设置 PLL 时钟的比例。

0000 CLKIN＝OSCCLK/2（PLL 旁路）   1000 CLKIN＝(OSCCLK×8.0)/2
0001 CLKIN＝(OSCCLK×1.0)/2   1001 CLKIN＝(OSCCLK×9.0)/2
0010 CLKIN＝(OSCCLK×2.0)/2   1010 CLKIN＝(OSCCLK×10.0)/2
0011 CLKIN＝(OSCCLK×3.0)/2   1011 保留
0100 CLKIN＝(OSCCLK×4.0)/2   1100 保留
0101 CLKIN＝(OSCCLK×5.0)/2   1101 保留
0110 CLKIN＝(OSCCLK×6.0)/2   1110 保留
0111 CLKIN＝(OSCCLK×7.0)/2   1111 保留

（6）低功耗模式控制寄存器 0

图 8-9 为低功耗模式控制寄存器 LPMCR0 各位的情况。各位说明见表 8-4。

图 8-9 低功耗模式控制寄存器 LPMCR0

表 8-4 LPMCR0 各位说明

位	名称	类型	复位	说明
15~8	Reserved	R=0	0:0	当从备用方式唤醒 LPM 时,选择 OSCCLK 时钟周期数,以证明选择的输入端合格
7~2	QUALSTDBY	R/W	1:1	000000=2 OSCCLK 000001=3 OSCCLK … 111111=65 OSCCLK
1~0	LPM *	R/W	0:0	这些位设置器件的低功耗方式

(7) 低功耗模式控制寄存器 1

图 8-10 为低功耗模式控制寄存器 LPMCR1 各位的情况。

15	14	13	12	11	10	9	8
CANRX	SCIRXB	SCIRXA	C6TRIP	C5TRIP	C4TRIP	C3TRIP	C2TRIP
R/W-0	R/W-0	R/W-0	R/W-0	R/W-0	R/W-0	R/W-0	R/W-0

7	6	5	4	3	2	1	0
C1TRIP	T4CTRIP	T3CTRIP	T2CTRIP	T1CTRIP	WDINT	XNMI	XINT1
R/W-0	R/W-0	R/W-0	R/W-0	R/W-0	R/W-0	R/W-0	R/W-0

注:R=可读,W=可写,-0=复位后的值。

图 8-10 低功耗模式控制寄存器 LPMCR1

如果 LPMCR1 各位都置为 1,将使选择的信号从备用方式唤醒器件;如果各位都置为 0,信号无效。这些位通过复位($\overline{XRS}$)清 0。

(8) 看门狗计数器寄存器

图 8-11 为看门狗计数器寄存器 WDCNTR 各位的情况。

注:R=可读,W=可写,-0=复位后的值。

图 8-11 看门狗计数器寄存器 WDCNTR

WDCNTR 位 7~0。这些位包含 WD 计数器的当前值。8 位计数器以 WDCLK 速率连续增加。如果计数器溢出,看门狗会初始化复位状态。如果用一个有效的组合写 WDKEY 寄存器,那么计数器复位为 0。

(9) 看门狗复位密钥寄存器

图 8-12 为看门狗复位密钥寄存器 WDKEY 各位的情况。各位说明见表 8-5。

图 8-12　看门狗复位密钥寄存器 WDKEY

表 8-5　WDKEY 各位说明

位	名称	类型	复位值	说明
15~8	Reserved	R=0	0;0	
7~0	WDKEY	R/W	0;0	紧跟着 0x55 写入 0xAA 将清除 WDCNTR 位。写任何其他值则会立即使看门狗复位。从 WDCR 寄存器读取返回的值

(10) 看门狗控制寄存器

图 8-13 为看门狗控制寄存器 WDCR 各位的情况。各位说明见表 8-6。

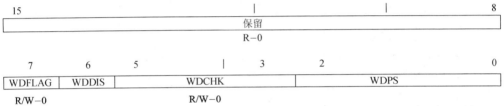

图 8-13　看门狗控制寄存器 WDCR

表 8-6　WDCR 各位说明

位	名称	说明
15~8	Reserved	保留
7	WDFLAG	看门狗复位状态标志位。如果该位置 1,表示一个看门狗复位($\overline{WDRST}$)产生了复位条件。如果为 0,则是一个外部器件或加电复位条件。该位保持锁存状态直到用户写一个 1,清除此条件。写 0 无效
6	WDDIS	向该位写 1 将使看门狗模块无效。写 0 将使看门狗模块使能。仅当 SCSR2 寄存器中的 WDOVERRIDE 位置 1 时,该位可以修改。复位时,看门狗模块使能
5~3	WDCHK(2~0)	无论何时执行写此寄存器的操作,用户必须总是将这些位写成 101。写其他值将使其立即复位(如果看门狗 WD 被使能)
2~0	WDPS(2~0)	这些位相对于 OSCCLK/512 来配置看门狗计数器的时钟(WDCLK)速率: 000　WDCLK=OSSCCLK/512/1　　100　WDCLK=OSSCCLK/512/8 001　WDCLK=OSSCCLK/512/1　　101　WDCLK=OSSCCLK/512/16 010　WDCLK=OSSCCLK/512/2　　110　WDCLK=OSSCCLK/512/32 011　WDCLK=OSSCCLK/512/4　　111　WDCLK=OSSCCLK/512/64

8.6　手把手教你写系统初始化函数

要使 F2812 能够工作,在上电开始的时候就需要对 F2812 进行系统初始化,以提供正常运行的基本条件,例如分配时钟信号,这是通过系统初始化函数来实现的。那么,系统初始化函数应该怎么写,需要在系统初始化函数中写哪些内容,需要注意些什么呢?接下来会通过详细的代码进行说明。系统初始化函数 InitSysCtrl 一般在工程的 DSP28_SysCtrl.c 文件中。

程序清单 8 - 1　系统初始化函数

```
void InitSysCtrl(void)
{
    Uint16 i;
    EALLOW;//仿真读取使能
//固定格式,未见资料介绍,英文说明翻译过来就是:在实验产品的情况下,为了能够使得片内
//RAM 模块 M0/M1/L0/L1LH0 获得最好的性能,控制寄存器的位必须使能,这些位在设备硬件仿
//真寄存器内。TMX 是 TI 公司实验产品的代号,而通常使用的 TMS 代表合格产品。所以,这部
//分针对实验产品的代码也可以不需要
    DevEmuRegs.M0RAMDFT = 0x0300;
    DevEmuRegs.M1RAMDFT = 0x0300;
    DevEmuRegs.L0RAMDFT = 0x0300;
    DevEmuRegs.L1RAMDFT = 0x0300;
    DevEmuRegs.H0RAMDFT = 0x0300;
// Disable watchdog module
    SysCtrlRegs.WDCR = 0x0068;//禁止看门狗
// Initalize PLL
    SysCtrlRegs.PLLCR = 0xA;
//如果外部晶振为 30 MHz,则 SYSCLKOUT = (30 MHz × 10)/2 = 150 MHz
// Wait for PLL to lock
    for(i = 0; i< 5000; i++){}//延时,使得 PLL 能完成上面语句的操作
// HISPCP/LOSPCP prescale register settings, normally it will be set to default values
    SysCtrlRegs.HISPCP.all = 0x0001;
//这一句设定了高速时钟 HSPCLK = 150 MHz/2 = 75 MHz
    SysCtrlRegs.LOSPCP.all = 0x0002;
//这一句设定了低速时钟 LSPCLK = 150 MHz/4 = 37.5 MHz
// Peripheral clock enables set for the selected peripherals.
    SysCtrlRegs.PCLKCR.bit.EVAENCLK = 1;
    SysCtrlRegs.PCLKCR.bit.EVBENCLK = 1;
    SysCtrlRegs.PCLKCR.bit.SCIENCLKA = 1;
//使能了 EVA、EVB、SCIA 的时钟,说明这个工程里将会用到这 3 个外设。一般工程中需要用到哪
//些外设,就对这些外设的始终进行使能。为了降低功耗,没有用到的外设时钟请不要使能
    EDIS;
//和 EALLOW 相对
}
```

在这里,需要对 EALLOW 和 EDIS 做一些说明。TI 的 DSP 为了提高安全性能,对很多关键寄存器做了保护处理。通过状态寄存器 1(ST1)的位 D6 设置与复位,来决定是否允许 DSP 指令对关键寄存器进行操作。

这些关键寄存器包括器件仿真寄存器、Flash 寄存器、CSM 寄存器、PIE 矢量表、系统控制寄存器、GPIO MUX 寄存器、eCAN 寄存器的一部分。这在第 7 章中已经做过介绍。

DSP由于在上电复位之后,状态寄存器基本上都是清0,而这样的状态下正是上述特殊寄存器禁止改写的状态。为了能够对这些特殊寄存器进行初始化,所以在对上述特殊寄存器进行改写之前,一定要执行汇编指令"asm("EALLOW")"或者宏定义EALLOW来设置状态寄存器1的D6位。在设置完寄存器之后,一定要注意执行汇编指令"asm("EDIS")"或者宏定义EDIS来清除状态寄存器1的D6位。

　　在工程的头文件DSP28_Device.h中可以找到"#define EALLOW asm("EALLOW")"语句。

　　本章详细介绍了X281x DSP的系统时钟模块、看门狗电路及低功耗模式等内容。在下一章中,将详细介绍通用输入/输出多路复用器GPIO的内容。

第 9 章
通用输入/输出多路复用器 GPIO

人的身体通过眼睛、鼻子、手、脚等器官来同外界打交道,接收外界的信息并作出相应的反应。DSP 也一样,它需要通过输入/输出引脚来与外围交换信息。X281x 芯片提供了 56 个多功能引脚,为了节省资源,这些引脚是复用的,既可以作为片内外设的输入/输出引脚,也可以作为通用的数字 I/O 口。本章将详细介绍由这些引脚所组成的通用输入/输出多路复用器 GPIO 的工作原理及相关的寄存器。

9.1 GPIO 多路复用器

X281x DSP 为用户提供了 56 个通用的数字 I/O 引脚,这些引脚基本上都是多功能复用引脚。复用的意思是这些引脚既可以作为 DSP 片内外设,例如 EV、SCI、SPI、CAN 等的功能引脚;也可以作为通用的数字 I/O 口。引脚是作外设的功能引脚还是作数字 I/O 口,可以通过寄存器来设置。

X281x 的通用输入/输出多路复用器 GPIO 就是 I/O 引脚的管理机构,它将 56 个引脚分成 6 组来进行管理,其中 GPIOA 和 GPIOB 各管理 16 个引脚,GPIOD 管理 4 个引脚,GPIOE 管理 3 个引脚,GPIOF 管理 15 个引脚,GPIOG 管理 2 个引脚。图 9-1 为 GPIO 多路功能复用的原理。

9.1.1 GPIO 的寄存器

对于 DSP 输入/输出引脚的操作,都是通过对寄存器的设置来实现的。例如,选择某个引脚是作外设功能引脚还是作通用数字 I/O 口;当引脚作为通用数字 I/O 口时,是作输入还是作输出;如何使其输出高电平或者低电平;如何使其引脚电平翻转;如何知道引脚上的电平是高或者是低,这些都是通过对 GPIO 寄存器的操作来实现的。GPIO 的寄存器分成了两大类:一类是控制寄存器,主要由功能选择控制寄存器 GPx-MUX、方向控制寄存器 GPxDIR、输入限定控制寄存器 GPxQUAL 组成,其中 x 代表

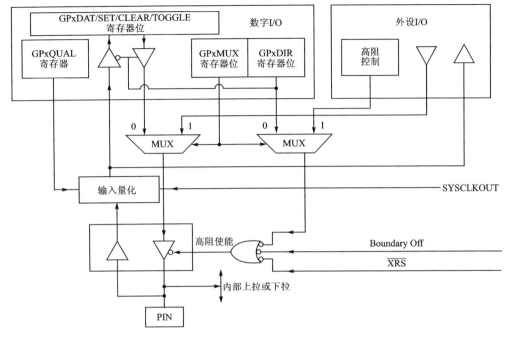

图 9-1　GPIO 多路功能复用的原理

A、B、D、E、F 或者是 G；另一类是数据寄存器，主要由数据寄存器 GPxDAT、置位寄存器 GPxSET、清除寄存器 GPxCLEAR 和取反寄存器 GPxTOGGLE 组成。表 9-1 为 GPIO 的控制寄存器列表。

表 9-1　GPIO 的控制寄存器

名　称	地　址	大小（×16）	寄存器说明
GPAMUX	0x000070C0	1	GPIOA 功能选择控制寄存器
GPADIR	0x000070C1	1	GPIOA 方向控制寄存器
GPAQUAL	0x000070C2	1	GPIOA 输入限定控制寄存器
保留	0x000070C3	1	
GPBMUX	0x000070C4	1	GPIOB 功能选择控制寄存器
GPBDIR	0x000070C5	1	GPIOB 方向控制寄存器
GPBQUAL	0x000070C6	1	GPIOB 输入限定控制寄存器
保留	0x000070C7	1	
保留	0x000070C8	1	
保留	0x000070C9	1	
保留	0x000070CA	1	
保留	0x000070CB	1	
GPDMUX	0x000070CC	1	GPIOD 功能选择控制寄存器
GPDDIR	0x000070CD	1	GPIOD 方向控制寄存器
GPDQUAL	0x000070CE	1	GPIOD 输入限定控制寄存器

续表 9-1

名称	地址	大小(×16)	寄存器说明
保留	0x000070CF	1	
GPEMUX	0x000070D0	1	GPIOE 功能选择控制寄存器
GPEDIR	0x000070D1	1	GPIOE 方向控制寄存器
GPEQUAL	0x000070D2	1	GPIOE 输入限定控制寄存器
保留	0x000070D3	1	
GPFMUX	0x000070D4	1	GPIOF 功能选择控制寄存器
GPFDIR	0x000070D5	1	GPIOF 方向控制寄存器
保留	0x000070D6	1	
保留	0x000070D7	1	
GPGMUX	0x000070D8	1	GPIOG 功能选择控制寄存器
GPGDIR	0x000070D9	1	GPIOG 方向控制寄存器
保留	0x000070DA	1	
保留	0x000070DB	1	
保留	0x000070DC 0x000070DF	4	

从表 9-1 可以看到,并不是所有引脚的输入都支持输入信号限定功能,GPIOF 和 GPIOG 这两组内的引脚就没有输入信号限定的功能,所以它们没有 GPxQUAL 寄存器。到这里可能大家还没有明白,这寄存器和引脚有啥关系呢?怎么通过寄存器设置就实现对引脚的操作了呢?GPIO 的寄存器都是 16 位的,寄存器的每一位就代表了某一个引脚,对寄存器的某一位进行设置,就等于对相对应的引脚进行了相关的操作。GPIO 寄存器的位和引脚的对应关系,在后面会详细介绍。

例如,对于 176 引脚 LQFP 封装的 F2812 而言,第 92 脚是 PWM 输出引脚 PWM1,这个引脚属于 GPIOA,GPIOA 所有寄存器的 D0 位都代表这个引脚的信息。下面就以这个引脚为例,详细介绍 GPIO 各个寄存器的用法。因为 GPIO 的引脚是复用的,所以在使用 GPIO 的引脚之前,就需要选择这个引脚是作为功能引脚还是通用的数字 I/O 口。如果想让 PWM1 引脚作为 PWM 波形的输出引脚,那么将 GPIOA 的 D0 位设置为 1;如果想让 PWM1 引脚作为通用的数字 I/O 口,那么将 GPIOA 的 D0 位置设置为 0。

```
EALLOW;
GpioMuxRegs.GPAMUX.bit.PWM1_GPIOA0 = 1;   //将 PWM1 引脚设置为 PWM 波形的输出引脚
GpioMuxRegs.GPAMUX.bit.PWM1_GPIOA0 = 0;   //将 PWM1 引脚设置为通用数字 I/O 口
EDIS;
```

这里提醒一下,GPIO 的控制寄存器都是受 EALLOW 保护的,所以在对 GPIO 的控制寄存器操作之前需要使用 EALLOW,操作完成之后要使用 EDIS。现在,假设将引脚 PWM1 设为通用的数字 I/O 口,则会带来许多相应的问题。首先,这个 I/O 引脚是作为输入引脚还是输出引脚呢?这时就需要对 GPADIR 寄存器进行配置。如果想作为输入引脚,则需要将 GPADIR 的 D0 位设置为 0;如果想作为输出引脚,则需要将 GPADIR 的 D0 为设置为 1。

```
EALLOW;
GpioMuxRegs.GPADIR.bit.GPIOA0 = 0;    //将 PWM1 引脚设置为输入引脚
GpioMuxRegs.GPADIR.bit.GPIOA0 = 1;    //将 PWM1 引脚设置为输出引脚
EDIS;
```

假设将引脚 PWM1 设置为通用数字 I/O 口,而且设置为输入引脚,这时假设给引脚输入了如图 9-2 所示的输入波形。在实际情况下,输入信号经常会遇到干扰,正如图 9-2 中本来 $t_0 \sim t_2$ 时刻都应该是低电平,可是在实际输入时,波形在 t_1 时刻出现了一个干扰,如果没有任何措施的话,很明显这个干扰就会被 DSP 识别为高电平。那怎么办呢? GPIOA、GPIOB、GPIOD、GPIOE 都有输入限定控制寄存器,可以通过这个寄存器对输入信号进行量化限制,改善输入信号,从而去除不希望的噪声干扰。

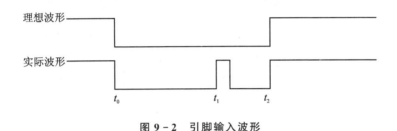

图 9-2 引脚输入波形

GPIO 的输入限定控制寄存器 GPxQUAL 如图 9-3 所示。

注:R=可读,W=可写,-0=复位后的值。

图 9-3 输入限定控制寄存器 GPxQUAL

QUALPRD 位 7~0。指定合格采样周期:0x00,不合格(只是和 SYSCLKOUT 同步);0x01,QUALPRD = SYSCLKOUT/2;0x02,QUALPRD = SYSCLKOUT/4;…;0xFF,QUALPRD=SYSCLKOUT/510。

GPxQUAL 寄存器是如何实现对输入波形质量的改善,去除干扰的呢?请看图 9-4。DSP 识别输入引脚的信号主要是通过对输入信号采样来实现,采样周期由 GPxQUAL 寄存器的值来决定,图 9-4 中的 QUALPRD 就是限定后的采样周期。采样窗口为 6 个信号宽度,输入信号只有在 6 个被采样的信号相同时才发生变化。如图 9-4 中,当对输入信号连续采样到 6 个相同的低电平时,量化输出才认为是低电平,也就是 DSP 才识别为低电平;连续采样到 6 个高电平时,DSP 才识别高电平,这样就有效地将中间的干扰噪声去除了。

前面介绍了 GPIO 的控制寄存器,当引脚设置为通用数字 I/O 口时,还需要 GPIO

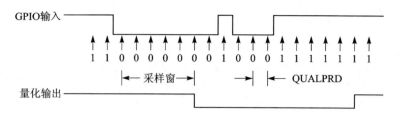

图 9-4 输入限定时钟脉冲周期

的数据寄存器来实现各种操作。表 9-2 为 GPIO 的数据寄存器。

表 9-2 GPIO 的数据寄存器

名　称	地　址	大小(×16)	寄存器说明
GPADAT	0x000070E0	1	GPIOA 数据寄存器
GPASET	0x000070E1	1	GPIOA 置位寄存器
GPACLEAR	0x000070E2	1	GPIOA 清除寄存器
GPATOGGLE	0x000070E3	1	GPIOA 取反寄存器
GPBDAT	0x000070E4	1	GPIOB 数据寄存器
GPBSET	0x000070E5	1	GPIOB 置位寄存器
GPBCLEAR	0x000070E6	1	GPIOB 清除寄存器
GPBTOGGLE	0x000070E7	1	GPIOB 取反寄存器
保留	0x000070E8	1	
保留	0x000070E9	1	
保留	0x000070EA	1	
保留	0x000070EB	1	
GPDDAT	0x000070EC	1	GPIOD 数据寄存器
GPDSET	0x000070ED	1	GPIOD 置位寄存器
GPDCLEAR	0x000070EE	1	GPIOD 清除寄存器
GPDTOGGLE	0x000070EF	1	GPIOD 取反寄存器
GPEDAT	0x000070F0	1	GPIOE 数据寄存器
GPESET	0x000070F1	1	GPIOE 置位寄存器
GPECLEAR	0x000070F2	1	GPIOE 清除寄存器
GPETOGGLE	0x000070F3	1	GPIOE 取反寄存器
GPFDAT	0x000070F4	1	GPIOF 数据寄存器
GPFSET	0x000070F5	1	GPIOF 置位寄存器
GPFCLEAR	0x000070F6	1	GPIOF 清除寄存器
GPFTOGGLE	0x000070F7	1	GPIOF 取反寄存器
GPGDAT	0x000070F8	1	GPIOG 数据寄存器
GPGSET	0x000070F9	1	GPIOG 置位寄存器
GPGCLEAR	0x000070FA	1	GPIOG 清除寄存器
GPGTOGGLE	0x000070FB	1	GPIO 取反寄存器
保留	0x000070FC 0x000070FF	4	

第 9 章 通用输入/输出多路复用器 GPIO

接着以上面的 PWM1 引脚为例来讲解 GPIO 数据寄存器的用法。GPIO 数据寄存器不受 EALLOW 保护。GPIO 数据寄存器的位和 GPIO 控制寄存器的位是相同的。前面 PWM1 引脚已经设置为通用的数字 I/O 口,方向为输入,如果想要知道这个引脚上输入的电平该怎么办呢? 这时,可以读取 GPIOA 数据寄存器 GPADAT 的 D0 位。如果读到的值为 1,说明此时引脚输入的是高电平;如果读到的值为 0,则说明此时引脚输入的是低电平。

```
if(GpioDataRegs.GPADAT.bit.GPIOA0 == 1)    //PWM1 引脚输入的电平是高电平
{
    ...
}
if(GpioDataRegs.GPADAT.bit.GPIOA0 == 0)    //PWM1 引脚输入的电平是低电平
{
    ...
}
```

GPIO 的 GPxDAT 寄存器是可读/可写的,写此寄存器将把对应的状态作为设置的 I/O 引脚的信号输出,写 1 输出高电平,写 0 输出低电平。使通用数字 I/O 引脚输出高低电平还有一种方法,就是使用 GPxSET 寄存器和 GPxCLEAR 寄存器。向 GPxSET 的某位写 1,则相应的引脚输出高电平;向 GPxCLEAR 的某位写 1,则相应的引脚输出低电平。假设 PWM1 引脚为通用的数字 I/O 口,且为输出引脚,这时候向 GPASET 的 D0 位写 1,PWM1 引脚就输出高电平;向 GPACLEAR 的 D0 位写 1,PWM1 引脚就输出低电平。

```
GpioDataRegs.GPASET.bit.GPIOA0 = 1;        //PWM1 引脚输出高电平
GpioDataRegs.GPACLEAR.bit.GPIOA0 = 1;      //PWM1 引脚输出低电平
```

值得注意的是,对 GPxSET 寄存器和 GPxCLEAR 寄存器只能写 1,写 0 是无效的。

GPxTOGGLE 寄存器的作用是反转电平,向 GPxTOGGLE 的某一位写 1,就会使得对应的引脚电平发生反转。如果原来是低电平,则变为高电平;原来是高电平,则变为低电平。注意,对 GPxTOGGLE 写 0 也是无效的。

9.1.2 GPIO 寄存器位与 I/O 引脚的对应关系

GPIO 每一组内的各个寄存器,例如功能、方向、限定、置位、清除、取反等寄存器,其位和 I/O 引脚的对应关系是一样的。接下来详细介绍这些具体的寄存器位同 I/O 引脚的对应关系。

表 9-3 为以 GPAMUX 为例的 GPIOA 寄存器位信息与 I/O 引脚之间的对应关系。表 9-3~表 9-8 中状态栏内 R 表示可读,W 表示可写,0 表示复位后的默认值,且均为 EVA 外设。

表 9-3 GPIOA 寄存器位与 I/O 引脚之间的对应关系

GPAMUX 位	外设名称(位=1)	GPIO 名称(位=0)	类　型	输入限制
0	PWM1(O)	GPIOA0	R/W-0	是
1	PWM2(O)	GPIOA1	R/W-0	是
2	PWM3(O)	GPIOA2	R/W-0	是
3	PWM4(O)	GPIOA3	R/W-0	是
4	PWM5(O)	GPIOA4	R/W-0	是
5	PWM6(O)	GPIOA5	R/W-0	是
6	T1PWM_T1CMP(O)	GPIOA6	R/W-0	是
7	T2PWM_T2CMP(O)	GPIOA7	R/W-0	是
8	CAP1_QEP1(I)	GPIOA8	R/W-0	是
9	CAP2_QEP2(I)	GPIOA9	R/W-0	是
10	CAP3_QEPI1(I)	GPIOA10	R/W-0	是
11	TDIRA(I)	GPIOA11	R/W-0	是
12	TCLKINA(I)	GPIOA12	R/W-0	是
13	$\overline{C1TRIP}$(I)	GPIOA13	R/W-0	是
14	$\overline{C2TRIP}$(I)	GPIOA14	R/W-0	是
15	$\overline{C3TRIP}$(I)	GPIOA15	R/W-0	是

表 9-4 为以 GPBMUX 为例的 GPIOB 寄存器的位信息与 I/O 引脚之间的对应关系,表中均为 EVB 外设。

表 9-4 GPIOB 寄存器位与 I/O 引脚之间的对应关系

GPBMUX 位	外设名称(位=1)	GPIO 名称(位=0)	类　型	输入限制
0	PWM7(O)	GPIOB0	R/W-0	是
1	PWM8(O)	GPIOB1	R/W-0	是
2	PWM9(O)	GPIOB2	R/W-0	是
3	PWM10(O)	GPIOB3	R/W-0	是
4	PWM11(O)	GPIOB4	R/W-0	是
5	PWM12(O)	GPIOB5	R/W-0	是
6	T3PWM_T3CMP(O)	GPIOB6	R/W-0	是
7	T4PWM_T4CMP(O)	GPIOB7	R/W-0	是
8	CAP4_QEP4(I)	GPIOB8	R/W-0	是
9	CAP5_QEP5(I)	GPIOB9	R/W-0	是
10	CAP6_QEPI2(I)	GPIOB10	R/W-0	是
11	TDIRA(I)	GPIOB11	R/W-0	是
12	TCLKINB(I)	GPIOB12	R/W-0	是
13	$\overline{C4TRIP}$(I)	GPIOB13	R/W-0	是
14	$\overline{C5TRIP}$(I)	GPIOB14	R/W-0	是
15	$\overline{C6TRIP}$(I)	GPIOB15	R/W-0	是

表 9-5 为以 GPDMUX 为例的 GPIOD 寄存器的位信息与 I/O 引脚之间的对应关系。

表 9-5　GPIOD 寄存器位与 I/O 引脚之间的对应关系

GPDMUX 位	外设名称(位=1)	GPIO 名称(位=0)	类　型	输入限制
EVA 外设				
0	T1CTRIP_PDPINTA(I)	GPIOD0	R/W-0	是
1	T2CTRIP(I)	GPIOD1	R/W-0	是
2	保留	GPIOD2	R-0	
3	保留	GPIOD3	R-0	
4	保留	GPIOD4	R-0	
EVB 外设				
5	T3CTRIP_PDPINTB(I)	GPIOD5	R/W-0	是
6	T4CTRIP(I)	GPIOD6	R/W-0	是
7	保留	GPIOD7	R-0	
8	保留	GPIOD8	R-0	
9	保留	GPIOD9	R-0	
10	保留	GPIODA	R-0	
11	保留	GPIODB	R-0	
12	保留	GPIODC	R-0	
13	保留	GPIODD	R-0	
14	保留	GPIODE	R-0	
15	保留	GPIODF	R-0	

表 9-6 为以 GPEMUX 为例的 GPIOE 寄存器的位信息与 I/O 引脚之间的对应关系，表中均为中断。

表 9-6　GPIOE 寄存器位与 I/O 引脚之间的对应关系

GPEMUX 位	外设名称(位=1)	GPIO 名称(位=0)	类　型	输入限制
0	XINT1_XBIO(I)	GPIOE0	R/W-0	是
1	XINT2_ADCSOC(I)	GPIOE1	R/W-0	是
2	XNMI_XINT13(I)	GPIOE2	R/W-0	是
3	保留	GPIOE3	R-0	
4	保留	GPIOE4	R-0	
5	保留	GPIOE5	R-0	
6	保留	GPIOE6	R-0	
7	保留	GPIOE7	R-0	
8	保留	GPIOE8	R-0	
9	保留	GPIOE9	R-0	
10	保留	GPIOEA	R-0	
11	保留	GPIOEB	R-0	
12	保留	GPIOEC	R-0	
13	保留	GPIOED	R-0	
14	保留	GPIOEE	R-0	
15	保留	GPIOEF	R-0	

表9-7为以GPFMUX为例的GPIOF寄存器的位信息与I/O引脚之间的对应关系。

表9-7 GPIOF寄存器位与I/O引脚之间的对应关系

GPFMUX 位	外设名称(位=1)	GPIO 名称(位=0)	类 型	输入限制
串行外设接口 SPI				
0	SPISIMO(O)	GPIOF0	R/W-0	否
1	SPISOMI(I)	GPIOF1	R/W-0	否
2	SPICLK	GPIOF2	R/W-0	否
3	SPISTE	GPIOF3	R/W-0	否
串行通信接口 SCIA				
4	SCITXDA(O)	GPIOF4	R/W-0	否
5	SCIRXDA(I)	GPIOF5	R/W-0	否
局域网通信 CAN				
6	CANTX(O)	GPIOF6	R/W-0	否
7	CANRX(I)	GPIOF7	R/W-0	否
McBSP				
8	MCLKX(I/O)	GPIOF8	R/W-0	否
9	MCLKR(I/O)	GPIOF9	R/W-0	否
10	MFSX(I/O)	GPIOFA	R/W-0	否
11	MFSR(I/O)	GPIOFB	R/W-0	否
12	MDX(O)	GPIOFC	R/W-0	否
13	MDR(I)	GPIOFD	R/W-0	否
XF CPU 输出信号				
14	XF(O)	GPIOFE	R/W-0	否
15	保留	GPIOFF	R-0	

表9-8为以GPGMUX为例的GPIOG寄存器的位信息与I/O引脚之间的对应关系。

表9-8 GPIOG寄存器位与I/O引脚之间的对应关系

GPGMUX 位	外设名称(位=1)	GPIO 名称(位=0)	类 型	输入限制
0	保留	GPIOG0	R-0	
1	保留	GPIOG1	R-0	
2	保留	GPIOG2	R-0	
3	保留	GPIOG3	R-0	
串行通信接口 SCIB				
4	SCITXDB(O)	GPIOG4	R/W-0	否
5	SCIRXDB(I)	GPIOG5	R/W-0	否
6	保留	GPIOG6	R-0	
7	保留	GPIOG7	R-0	
8	保留	GPIOG8	R-0	
9	保留	GPIOG9	R-0	
10	保留	GPIOGA	R-0	
11	保留	GPIOGB	R-0	

续表 9-8

GPGMUX 位	外设名称(位=1)	GPIO 名称(位=0)	类 型	输入限制
12	保留	GPIOGC	R-0	
13	保留	GPIOGD	R-0	
14	保留	GPIOGE	R-0	
15	保留	GPIOGF	R-0	

9.2 手把手教你使用 GPIO 引脚控制 LED 灯闪烁

前面学习了 GPIO 的寄存器及其用法,接下来就要用前面所学的知识来解决实际问题——使用 GPIO 的引脚来控制 LED 灯闪烁。电路原理图如图 9-5 所示,发光二极管 D1 的阳极端连着+3.3 V,阴极端连着 F2812 的 XF 引脚。很显然,当引脚 XF 为低电平时,D1 被点亮;而当引脚 XF 为高电平时,D1 熄灭。XF 循环输出低电平和高电平,则 D1 闪烁。

这个实验不提供例程,手把手地从新建工程开始,教大家如何做 DSP 程序的开发。在开始写程序前,请先思考一下这个项目里需要用到哪些资源,如何来实现。首先,肯定需要时钟和系统控制部分,这是任何工程不可或缺

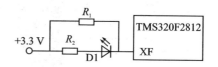

图 9-5 GPIO 引脚控制 LED 灯原理图

的,原因很简单,时钟就是 DSP 的"心脏","心脏"不跳动的话 DSP 就活不起来。然后就需要 GPIO,因为需要用到 DSP 的引脚 XF。这个项目比较简单,就需要这两块内容。下面开始详细介绍开发的过程。

1. 新建工程

双击桌面上的 CCS 图标,打开 CCS 软件。选择 Project→New 菜单项,CCS 弹出 Project Creation 对话框。在 Project 文本框内输入新建工程的名字 GpioLed,如图 9-6 所示。工程路径 Location 默认为:"C:\CCStudio_v3.3\MyProjects\GpioLed\",也可以自己选择工程文件夹的路径,但是请确保路径中不含有中文。完成之后,单击 Finish 按钮。

2. 为新建的工程添加文件

前面学过,一个完整的工程由库文件、头文件、源文件、CMD 文件组成,下面来一一准备。首先为工程添加库文件。单击 GpioLed.pjt 前面的"+"号展开其工程的文件结构,如图 9-7 所示,右击 Libraries 文件夹,在所弹出的快捷菜单中选择 Add Files to Project。

CCS 弹出 Add Files to Project 对话框,根据以下路径找到 F2812 的库文件:"C:\CCStudio_v3.3\c2000\cgtools\lib"。如图 9-8 所示,选中 rts2800_ml.lib,然后单击"打开"按钮。这样库文件就添加进工程了。至于几个库文件之间究竟有何区别,前面

的章节里已经有过讲解，这里不再赘述。

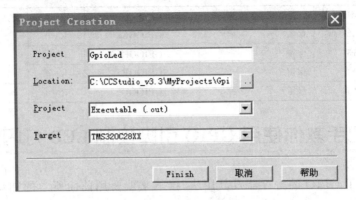

图 9-6 创建新工程

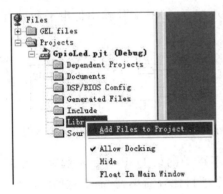

图 9-7 Add Files to Project

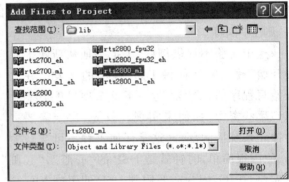

图 9-8 选择 rts2800_ml.lib 文件

库文件添加完毕，然后将共享资料内编程素材文件夹内的头文件、SRAM.CMD 文件复制到 GpioLed 文件夹，并将 CMD 文件添加进工程。注意，头文件是不能手动添加的。只要源文件内包含有头文件，编译的时候头文件会自动被扫描进工程，手动添加的头文件都会跑到 Documents 文件夹内。

最后得准备源文件。F2812 常用的源文件也有模板，在共享资料编程素材文件夹内。此工程里需要用到的源文件如表 9-9 所列。说明一下，这里选用的文件是从通常应用的角度出发的，实际上本工程并没有用到中断，所以表 9-9 中与中断相关的第 2~4 项都可以不要，但是为了养成好的习惯，都带着也没有关系。

表 9-9 工程中用到的源文件

序 号	文件名	选用理由
1	DSP28_GlobalVariableDefs.c	自定义寄存器段的文件，每个工程都需要有
2	DSP28_PieCtrl.c	PIE 中断控制寄存器初始化，建议每个工程都带
3	DSP28_PieVect.c	中断向量表初始化，建议每个工程都带

第 9 章 通用输入/输出多路复用器 GPIO

续表 9-9

序号	文件名	选用理由
4	DSP28_DefaultIsr.c	F2812 所有的中断函数,建议每个工程都带
5	DSP28_SysCtrl.c	时钟和系统初始化,每个工程都需要有
6	DSP28_Gpio.c	GPIO 初始化,因为本工程用到了 GPIO 引脚 XF

把表 9-9 中的源文件复制到 GpioLed 文件夹内,并把它们添加进工程。已经添加的这些文件内基本上都是对 DSP 各个模块的初始化函数。对于一个完整的工程而言,还缺少主函数,这就需要大家自己创建一个源文件。如何创建源文件,在前面章节已经讲过,大家可以自己动手来试着创建一个名为 GpioLed.c 的源文件,并将其添加进工程。

3. 开始编写程序

前面已经把工程框架都搭建好,下面只需要在各个源文件里添加内容。这里,先来写第 1 个文件 DSP28_SysCtrl.c。这个文件是对时钟和系统初始化的函数,代码如程序清单 9-1 所示。因为没有任何外设,所以可以不使能任何外设的时钟。

程序清单 9-1 系统初始化函数

```
/******************************************************
* 文件名:DSP28_SysCtrl.c
* 功   能:对 2812 的系统控制模块进行初始化
******************************************************/
#include "DSP28_Device.h"
/******************************************************
* 名   称:InitSysCtrl()
* 功   能:该函数对 2812 的系统控制寄存器进行初始化
* 入口参数:无
* 出口参数:无
******************************************************/
void InitSysCtrl(void)
{
   Uint16 i;
   EALLOW;
   SysCtrlRegs.WDCR = 0x0068;          //禁止看门狗模块
   //初始化 PLL 模块,如果外部晶振为 30 MHz,则 SYSCLKOUT = 30 MHz×10/2 = 150 MHz
   SysCtrlRegs.PLLCR = 0xA;
   for(i= 0; i< 5000; i++){}           //延时,使得 PLL 模块能够完成初始化操作
//高速时钟预定标器和低速时钟预定标器,产生高速外设时钟 HSPCLK 和低速外设时钟 LSPCLK
   SysCtrlRegs.HISPCP.all = 0x0001;    // HSPCLK = 150 MHz/2 = 75 MHz
   SysCtrlRegs.LOSPCP.all = 0x0002;    // LSPCLK = 150 MHz/4 = 37.5 MHz
   EDIS;
}
```

然后初始化 GPIO 模块,编写 DSP28_Gpio 的初始化函数。因为用到了引脚 XF,从表 9-7 可以看到,XF 对应于 GPIOF 的第 14 位。GPIO 的初始化这里主要做两件事:

一是选择 XF 引脚的功能为通用数字 I/O 口，二是设置 XF 引脚为输出引脚。

程序清单 9-2　GPIO 初始化函数

```
/****************************************************************
* 文件名:DSP28_Gpio.c
* 功    能:2812 通用输入/输出口 GPIO 的初始化函数
****************************************************************/
# include "DSP28_Device.h"
/****************************************************************
* 名    称:InitGpio()
* 功    能:初始化 GPIO,使得 GPIO 的引脚处于已知的状态,例如确定其功能是特定功能还是
*          通用 I/O。如果是通用 I/O,是输入还是输出,等等
* 入口参数:无
* 出口参数:无
****************************************************************/
void InitGpio(void)
{
    EALLOW;
    GpioMuxRegs.GPFMUX.bit.XF_GPIOF14 = 0;   //设置 XF 引脚为通用数字 I/O 口
    GpioMuxRegs.GPFDIR.bit.GPIOF14 = 1;       //设置 XF 引脚为输出口
    EDIS;
}
```

最后，就是编写主函数。主函数的书写也是有一定的套路可循，首先初始化 DSP 的各个模块，初始化变量，最后就是主循环。在这个例子中，在主循环里改变 XF 引脚的输出电平，从而可以实现 LED 灯的闪烁。

程序清单 9-3　主函数

```
/****************************************************************
* 文件名:GpioLed.c
* 功    能:使用 XF 引脚作为通用的 I/O 口来控制 LED 灯的闪烁
****************************************************************/
# include "DSP28_Device.h"
# include "DSP28_Globalprototypes.h"
void delay_loop(void);         //延时函数
/****************************************************************
* 名    称:main()
* 功    能:通过引脚 XF_XPLLDIS 作为 I/O 口来控制 LED 灯的亮或灭
* 入口参数:无
* 出口参数:无
****************************************************************/
void main(void)
{
    int kk = 0;
    InitSysCtrl();               //初始化系统函数
    DINT;
    IER = 0x0000;                //禁止 CPU 中断
```

```
    IFR = 0x0000;                                //清除 CPU 中断标志
    InitPieCtrl();                               //初始化 PIE 控制寄存器
    InitPieVectTable();                          //初始化 PIE 中断向量表
    InitGpio();                                  //初始化 GPIO 口
    while(1)
    {
        GpioDataRegs.GPFCLEAR.bit.GPIOF14 = 1;   //XF 引脚输出低电平,D1 灯亮
        for(kk = 0;kk<100;kk ++ )
        delay_loop();                            //延时保持
        GpioDataRegs.GPFSET.bit.GPIOF14 = 1;     //XF 引脚输出高电平,D1 灯灭
        for(kk = 0;kk<100;kk ++ )
        delay_loop();                            //延时保持
    }
}
/*************************************************************
* 名      称:delay_loop()
* 功      能:延时函数,使得 LED 灯点亮或者熄灭的状态保持一定的时间
* 入口参数:无
* 出口参数:无
*************************************************************/
void delay_loop()
{
    short  i;
    for (i = 0; i < 30000; i ++) {}
}
```

使用 XF 引脚使 LED 灯闪烁的完整工程就写完了。编译通过后就可以调试,新建工程直接编译的话可能会遇到"warning: creating . stack section with default size of 1024 bytes"。这个 warning 在前面讲如何新建工程的时候就已经讲过如何解决了,请参看之前的内容。若编译没问题,则可以下载到 DSP 中运行,看看引脚 XF 的电平是否在不断变化。

本章详细介绍了 DSP 通用输入/输出口 GPIO 的寄存器及其用法,知道了如何设置一个功能复用的引脚为通用数字 I/O 口,如何设置其为输入引脚或输出引脚,如何检测输入引脚的电平状态,如何使引脚输出高电平或低电平等内容。在下一章中将详细讲解 CPU 定时器的知识。

第 10 章

CPU 定时器

定时器是用来准确控制时间的工具。在生活中,古时用的沙漏、现在用的闹钟等都属于定时器。DSP 为了能够精确地控制时间,以满足控制某些特定事件的要求,定时器是不可缺少的内容。X281x 芯片内部具有 3 个 32 位的 CPU 定时器——Timer0、Timer1 和 Timer2。其中,CPU 定时器 1 和 2 被系统保留,用于实时操作系统,例如 DSP BIOS;只有 CPU 定时器 0 可以供用户使用。

10.1 CPU 定时器工作原理

CPU 定时器(0/1/2)的内部结构如图 10-1 所示。

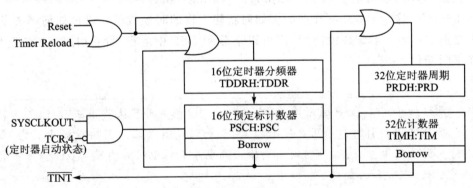

图 10-1 CPU 定时器内部结构

从图 10-1 可以看到 CPU 定时器的几个寄存器:32 位的定时器周期寄存器 PRDH:PRD,32 位的计数器寄存器 TIMH:TIM,16 位的定时器分频器寄存器 TDDRH:TDDR,16 位的预定标计数器寄存器 PSCH:PSC。这里第 1 次遇到"XH:X"形式表示寄存器的方式,顺带介绍一下。因为 X281x DSP 的寄存器都是 16 位的,但是 CPU 定时器是 32 位的,例如定时器周期寄存器、定时器计数器寄存器,那如何用 16 位的寄存器表示 32 位的呢? 很显然,可以用 2 个 16 位的寄存器 XH 和 X 来表示 32 位的

第10章 CPU定时器

寄存器,其中XH表示高16位,而X表示低16位。

在讲CPU定时器工作原理之前,先来看看生活中的例子。每天上班最痛苦的莫过于早上起床了,爱睡懒觉的朋友没有办法只好用闹钟把自己闹醒。首先前一天晚上睡觉前把闹钟设定好,闹钟每秒走动1次,当闹钟显示的时间和设定的时间相同时,闹钟就开始打铃,把睡觉中的主人给叫醒。这是生活中常见的例子,其实CPU定时器的工作原理与其类似,下面详细讲解。

图10-2为CPU定时器的工作示意图。在CPU定时器工作前,先要根据实际的需求,计算好CPU定时器周期寄存器的值,然后给周期寄存器PRDH:PRD赋值,这就好比给闹钟设定时间一样。当启动定时器开始计数时,周期寄存器PRDH:PRD里面的值装载进定时器计数寄存器TIMH:TIM中。好比闹钟每隔1s走动一下一样,计数器寄存器TIMH:TIM里面的值每隔一个TIMCLK就减小1,直到计数到0,完成一个周期的计数。闹钟到点后会打铃,而CPU定时器这时就会产生一个中断信号,关于中断的知识将在下一章中

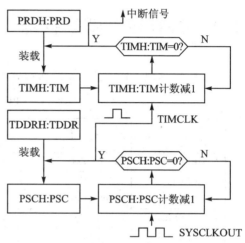

图10-2 CPU定时器工作示意图

详细介绍。完成一个周期的计数后,在下一个定时器输入时钟周期开始时,周期寄存器PRDH:PRD里面的值重新装载入计数器寄存器TIMH:TIM中,周而复始地循环下去。一个CPU定时器周期所经历的时间为(PRDH:PRD+1)×TIMCLK。

计数器寄存器TIMH:TIM每隔TIMCLK时间减少1,那TIMCLK究竟是多久呢?这个由定时器分频器TDDRH:TDDR和定时器预定标器PSCH:PSC来控制。先给定时器分频器TDDRH:TDDR赋值,然后装载入预定标器PSCH:PSC中,每隔一个SYSCLKOUT脉冲,PSCH:PSC中的值减1。当PSCH:PSC中的值为0的时候,就会输出一个TIMCLK,从而TIMH:TIM减1。在下一个定时器输入时钟周期开始时,TDDRH:TDDR中的值重新装载入PSCH:PSC中,周而复始地循环下去。因此,TIMCLK就等于(TDDRH:TDDR+1)个系统时钟的时间。

从上面的介绍可以看到,如果想用CPU定时器来计量一段时间,需要设定的寄存器有两个:一个是周期寄存器PRDH:PRD;一个是分频器寄存器TDDRH:TDDR。分频器寄存器TDDRH:TDDR决定了CPU定时器计数时每一步的时间。假设系统时钟SYSCLKOUT的值为X(单位为MHz),那么计数器每走一步,所需要的时间为:

$$\text{TIMCLK} = \frac{\text{TDDRH:TDDR}+1}{X} \times 10^{-6} (\text{单位}:s) \qquad (10-1)$$

CPU定时器一个周期计数了(PRDH:PRD+1)次,因此CPU定时器一个周期所计量的时间为:

$$T = (\mathrm{PRDH:PRD} + 1) \times \frac{\mathrm{TDDRH:TDDR} + 1}{X} \times 10^{-6} (\text{单位}:\mathrm{s}) \quad (10-2)$$

实际应用时,通常是已知要定时的时间 T 和 CPU 的系统时钟 X,求出周期寄存器 PRDH:PRD 的值。TDDRH:TDDR 通常可以取为 0,如果取 0 则 PRDH:PRD 的值超过了 32 位寄存器的范围,那么 TDDRH:TDDR 可以取其他值,使得 PRDH:PRD 的值小一些,从而能放进 32 位寄存器中。

10.2 CPU 定时器寄存器

表 10-1 列出 CPU 定时器的所有寄存器。

表 10-1 CPU 定时器寄存器列表

名 称	地 址	大小 (×16)	说 明
TIMER0TIM	0x00000C00	1	CPU 定时器 0 计数器寄存器低位
TIMER0TIMH	0x00000C01	1	CPU 定时器 0 计数器寄存器高位
TIMER0PRD	0x00000C02	1	CPU 定时器 0 周期寄存器低位
TIMER0PRDH	0x00000C03	1	CPU 定时器 0 周期寄存器高位
TIMER0TCR	0x00000C04	1	CPU 定时器 0 控制寄存器
Reserved	0x00000C05	1	保留
TIMER0TPR	0x00000C06	1	CPU 定时器 0 预定标寄存器低位
TIMER0TPRH	0x00000C07	1	CPU 定时器 0 预定标寄存器高位
TIMER1TIM	0x00000C08	1	CPU 定时器 1 计数器寄存器低位
TIMER1TIMH	0x00000C09	1	CPU 定时器 1 计数器寄存器高位
TIMER1PRD	0x00000C0A	1	CPU 定时器 1 周期寄存器低位
TIMER1PRDH	0x00000C0B	1	CPU 定时器 1 周期寄存器高位
TIMER1TCR	0x00000C0C	1	CPU 定时器 1 控制寄存器
Reserved	0x00000C0D	1	保留
TIMER1TPR	0x00000C0E	1	CPU 定时器 1 预定标寄存器低位
TIMER1TPRH	0x00000C0F	1	CPU 定时器 1 预定标寄存器高位
TIMER2TIM	0x00000C10	1	CPU 定时器 2 计数器寄存器低位
TIMER2TIMH	0x00000C11	1	CPU 定时器 2 计数器寄存器高位
TIMER2PRD	0x00000C12	1	CPU 定时器 2 周期寄存器低位
TIMER2PRDH	0x00000C13	1	CPU 定时器 2 周期寄存器高位
TIMER2TCR	0x00000C14	1	CPU 定时器 2 控制寄存器
Reserved	0x00000C15	1	保留
TIMER2TPR	0x00000C16	1	CPU 定时器 2 预定标寄存器低位
TIMER2TPRH	0x00000C17	1	CPU 定时器 2 预定标寄存器高位
Reserved	0x00000C18 0x00000C3F	40	保留

(1) 定时器计数器寄存器低位

定时器计数器寄存器低位 TIMERxTIM(x=0,1,2)如图 10-3 所示。

图 10-3～图 10-9 中：R＝可读，W＝可写，-0＝复位后的值。

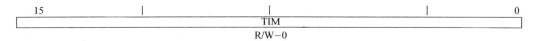

图 10-3　定时器计数器寄存器低位 TIMERxTIM(x=0,1,2)

TIM　　位 15～0。定时器计数寄存器（TIMH：TIM）：TIM 寄存器是当前 32 位定时器的低 16 位，TIMH 寄存器是当前 32 位定时器的高 16 位。TIMH：每隔(TDDRH：TDDR＋1)个时钟周期，TIMH：TIM 减 1，其中，TDDRH：TDDR 是定时器预定标分频值。当 TIMH：TIM 减到 0 时，TIMH：TIM 重新装载 PRDH：PRD 寄存器内所包含的周期值，同时产生定时器中断 $\overline{\text{TINT}}$ 信号。

(2) 定时器计数器寄存器高位

定时器计数器寄存器高位 TIMERxTIMH(x=0,1,2)如图 10-4 所示。

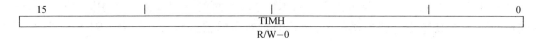

图 10-4　定时器计数器寄存器高位 TIMERxTIMH(x=0,1,2)

TIMH　　位 15～0。请参考 TIMERxTIM 的说明。

(3) 定时器周期寄存器低位

定时器周期寄存器低位 TIMERxPRD(x=0,1,2)如图 10-5 所示。

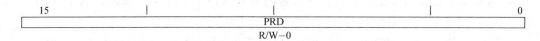

图 10-5　定时器周期寄存器低位 TIMERxPRD(x=0,1,2)

PRD　　位 15～0。定时器周期寄存器（PRDH：PRD）：PRD 寄存器是 32 位周期寄存器的低 16 位，PRDH 寄存器是 32 位周期周期寄存器的高 16 位。当 TIMH：TIM 减到 0 时，在下一个定时器输入时钟周期开始时（预定标器的输出），TIMH：TIM 寄存器重载 PRDH：PR 寄存器内所包含的周期值。当用户在定时器控制寄存器（TCR）中对重装位（TRB）进行了设置时，PRDH：PR 的内容也装到 TIMH：TIM 中。

(4) 定时器周期寄存器高位

定时器周期寄存器高位 TIMERxPRDH(x=0,1,2)如图 10-6 所示。

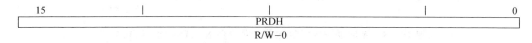

图 10-6　定时器周期寄存器高位 TIMERxPRDH(x=0,1,2)

PRDH 位 15～0。请参考 TIMERxPRD 的说明。

(5) 定时器控制寄存器

定时器控制寄存器 TIMERxTCR(x=0,1,2)如图 10-7 所示。

15	14	13	12	11	10	9	8
TIF	TIE	Reserved		FREE	SOFT	Reserved	
R/W-0	R/W-0	R-0		R/W-0	R/W-0	R-0	

7	6	5	4	3	2	1	0
Reserved		TRB	TSS	Reserved			
R-0		R/W-0	R/W-0	R-0			

图 10-7 定时器控制寄存器 TIMERxTCR(x=0,1,2)

TIF 位 15。定时器中断标志位。当定时器减到 0 时,标志位将置 1,可通过软件写 1 对该位清 0;但是只有计数器递减到 0,该位才会被置位。对该位写 1 将清除该位,写 0 无效。

TIE 位 14。定时器中断使能位。如果定时器计数器递减到 0,该位置 1,定时器将会向 CPU 提出中断请求。

FREE 位 11。定时器仿真方式:FREE 和下面的 SOFT 位是专用于仿真的,这些位决定了在高级语言编程调试中,遇到断点时定时器的状态。如果 FREE 位为 1,那么在遇到断点,定时器继续运行(即自由运行),在这种情况下,SOFT 位不起作用。但是,如果 FREE 为 0,则 SOFT 起作用。在此情形下,如果 SOFT=0,定时器在下一个 TIMH:TIM 递减操作完成后停止;如果 SOFT 位为 1,那么定时器在 TIMH:TIM 递减到 0 后停止。

SOFT 位 10。FREE SOFT 定时器仿真方式。00,定时器在下一个 TIMH:TIM 递减操作完成后停止(硬停止);01,定时器在 TIMH:TIM 递减到 0 后停止(软停止);10,自由运行;11,自由运行。

TRB 位 5。定时器重装位。当向 TRB 写 1 时,PRDH:PRD 的值装入 TIMH:TIM,并且把定时器分频寄存器 TDDRH:TDDR 中的值装入预定标计数器 PSCH:PSC。TRB 位一直读作 0。

TSS 位 4。定时器停止状态位。TSS 是停止或启动定时器的一个标志位。要停止定时器,置 TSS 为 1。要启动或重启动定时器,置 TSS 为 0。在复位时,TSS 清 0 并且定时器立即启动。

(6) 定时器预定标计数器低位

定时器预定标计数器低位 TIMERxTPR(x=0,1,2)如图 10-8 所示。

15			8	7			0
PSC				TDDR			
R-0				R/W-0			

图 10-8 定时器预定标计数器低位 TIMERxTPR(x=0,1,2)

PSC 位 15～8。定时器预定标器计数器。PSC 是预定标计数器的低 8 位。

PSCH 是预定标计数器的高 8 位。对每一个定时器时钟周期,PSCH:PSC 的值大于 0,PSCH:PSC 逐个减计数。PSCH:PSC 到 0 后是一个定时器时钟(定时器预定标器的输出)周期,TDDRH:TDDR 的值装入 PSCH:PSC,定时器计数器寄存器 TIMH:TIM 减 1。无论何时,定时器重装位(TRB)由软件置 1 时,也重装 PSCH:PSC。复位时,PSCH:PSC 置为 0。

TDDR 位 7~0。定时器分频器。TDDR 是定时器分频器的低 8 位。TDDRH 是定时器分频器的高 8 位。每过一个(TDDRH:TDDR+1)定时器时钟周期,定时器计数器寄存器 TIMH:TIM 减 1。复位时,TDDRH:TDDR 位清 0。当预定标器计数器 PSCH:PSC 值为 0,一个定时器时钟源周期后,PSCH:PSC 重装 TDDRH:TDDR 内的值,并使 TIMH:TIM 减 1。无论何时,用软件置定时器重装位 TRB 为 1,PSCH:PSC 就会重装 TDDRH:TDDR 的值。

(7) 定时器预定标计数器高位

定时器预定标计数器高位 TIMERxTPRH(x=0,1,2)如图 10-9 所示。

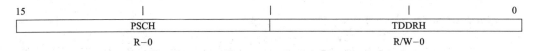

图 10-9 定时器预定标计数器高位 TIMERxTPRH(x=0,1,2)

PSCH   位 15~8。请参考 TIMERxTPR 的说明。
TDDRH 位 7~0。请参考 TIMERxTPR 的说明。

10.3 分析 CPU 定时器的配置函数

CPU 定时器通常要结合其周期中断来使用,即定时一个周期后去处理一些事件。由于还没有介绍中断的知识,所以此处暂时不介绍 CPU 定时器的应用,在下一章讲中断的时候,再结合中断的知识详细介绍 CPU 定时器的实际应用。此处主要来看看编程素材内 DSP28_CpuTimers.c 文件的内容,并分析一下 CPU 配置函数。为了能够看懂 DSP28_CpuTimers.c 内的代码,得先来看看 CPU 定时器相关的头文件 DSP28_CpuTimers.h 内的一段代码。

程序清单 10-1 DSP28_CpuTimers.h 内的一段代码

```
//定义了结构体 CPUTIMER_VARS
struct CPUTIMER_VARS
{
    volatile struct  CPUTIMER_REGS   *RegsAddr;   //CPU 定时器寄存器的起始地址
    Uint32     InterruptCount;   //CPU 定时器中断统计计数器
    float      CPUFreqInMHz;     //CPU 频率,以 MHz 为单位
    float      PeriodInUSec;     //CPU 定时器周期,以 μs 为单位
};
extern struct CPUTIMER_VARS CpuTimer0;    //声明 CPUTIMER_VARS 型的结构体 CpuTimer0
```

接下来看 DSP28_CpuTimers.c 的内容。

程序清单 10-2　DSP28_CpuTimers.c

```c
/********************************************************************
* 文件名:DSP28_CpuTimers.c
* 功　能:初始化 32 位 CPU 定时器
********************************************************************/
#include "DSP28_Device.h"
struct CPUTIMER_VARS CpuTimer0; //对用户开放的 CPU 定时器只有 CpuTimer0,CpuTimer1
struct CPUTIMER_VARS CpuTimer1; //和 CpuTimer2 被保留用作实习操作系统 OS(例如 DSP BIOS)
struct CPUTIMER_VARS CpuTimer2;
/********************************************************************
* 名　　称:InitCpuTimers()
* 功　　能:初始化 CpuTimer0
* 入口参数:无
* 出口参数:无
********************************************************************/
void InitCpuTimers(void)
{
    CpuTimer0.RegsAddr = &CpuTimer0Regs;    //使得 CpuTimer0.RegsAddr 指向定时器寄存器
    CpuTimer0Regs.PRD.all    = 0xFFFFFFFF;  //初始化 CpuTimer0 的周期寄存器
    CpuTimer0Regs.TPR.all    = 0;           //初始化定时器预定标计数器
    CpuTimer0Regs.TPRH.all = 0;
    CpuTimer0Regs.TCR.bit.TSS = 1;          //停止定时器
    CpuTimer0Regs.TCR.bit.TRB = 1;//将周期寄存器 PRD 中的值装入计数器寄存器 TIM 中
    CpuTimer0.InterruptCount = 0;           //初始化定时器中断计数器
}


/********************************************************************
* 名　　称:ConfigCpuTimer()
* 功　　能:此函数将使用 Freq 和 Period 两个参数来对 CPU 定时器进行配置。Freq 以 MHz 为
*          单位,Period 以 μs 作为单位
* 入口参数:*Timer(指定的定时器),Freq,Period
* 出口参数:无
********************************************************************/
void ConfigCpuTimer(struct CPUTIMER_VARS * Timer, float Freq, float Period)
{
    Uint32 temp;

    Timer->CPUFreqInMHz = Freq;
    Timer->PeriodInUSec = Period;
    temp = (long)(Freq * Period);
    Timer->RegsAddr->PRD.all = temp;        //给定时器周期寄存器赋值
    Timer->RegsAddr->TPR.all = 0;           //给定时器预定标寄存器赋值
    Timer->RegsAddr->TPRH.all = 0;
    // 初始化定时器控制寄存器:
    Timer->RegsAddr->TCR.bit.TIF = 1;       //清除中断标志位
```

第 10 章　CPU 定时器

```
        Timer->RegsAddr->TCR.bit.TSS = 1;        //停止定时器
        //定时器重装,将定时器周期寄存器的值装入定时器计数寄存器
        Timer->RegsAddr->TCR.bit.TRB = 1;
        Timer->RegsAddr->TCR.bit.SOFT = 1;
        Timer->RegsAddr->TCR.bit.FREE = 1;
        Timer->RegsAddr->TCR.bit.TIE = 1;        //使能定时器中断
        Timer->InterruptCount = 0;               //初始化定时器中断计数器
}
```

在使用 CPU 定时器时,通常会调用定时器的配置函数,例如 ConfigCpuTimer(&CpuTimer0,150,1000000)。很多人可能对这个函数比较疑惑,不知道这个函数的参数是怎么设置的,下面就来详细分析一下。ConfigCpuTimer 一共有 3 个参数:第 1 个参数表明使用的是哪一个定时器,由于只有 CPU 定时器 0 可以使用,所以这个参数是固定的;第 2 个参数 Freq 是系统时钟频率,单位是 MHz,这个得看工程里 SYSCLKOUT 的值,例如通常 SYSCLKOUT 为 150 MHz,所以第 2 个参数就是 150;第 3 个参数 Period 是希望实现的 CPU 周期,例如想要 CPU 周期为 1 s,因为 Period 的单位是 μs,所以要将 1 s 写成 1 000 000 μs。可能有的朋友会疑问,这么一设置,CPU 定时器 0 就能定时 1 s 的时间吗? 下面再来看。

假设 DSP 的时钟 SYSCLKOUT 为 X MHZ,想要实现的周期是 Y s,则调用配置函数为 ConfigCpuTimer(&CpuTimer0,X,$Y \times 10^6$)。根据函数的定义,可得:

$$\text{temp} = \text{Freq} \times \text{Period} = X \times Y \times 10^6 \quad (10-3)$$

$$\text{CpuTimer0->RegsAddr->PRD.all} = \text{temp} = X \times Y \times 10^6 \quad (10-4)$$

也就是说 CPU 定时器周期寄存器的值为 $X \times Y \times 10^6$,而在函数的定义内又有:

$$\text{CpuTimer0->RegsAddr->TPR.all} = 0 \quad (10-5)$$

式(10-5)说明 CPU 定时 0 的分频器 TDDRH:TDDR 的值为 0。则根据式(10-2)有 CPU 定时器的周期计算公式:

$$T = (X \times Y \times 10^6 + 1) \times \frac{(0+1)}{X} \times 10^{-6} \text{ s} = Y \text{ s} \quad (10-6)$$

计算下来发现,经函数 ConfigCpuTimer(&CpuTimer0,X,$Y \times 10^6$)配置后,CPU 定时器的周期刚好为 Y s。

本章详细介绍了 CPU 定时器的工作原理,CPU 定时器的寄存器,并分析了 CPU 定时器使用时的配置函数。下一章将详细介绍 X281x DSP 的三级中断(CPU 中断、PIE 中断和外设中断),并讲解如何写程序才能保证 DSP 成功进入中断。

第 11 章
X2812 的中断系统

如果接触过单片机,应该会知道中断这个词汇。在任何一款事件驱动型的 CPU 里面都应该会有中断系统,因为中断就是为响应某种事件而存在的。中断的灵活应用不仅能够实现想要实现的功能,而且合理的中断安排可以提高事件执行的效率,因此中断在 DSP 应用中的地位非常重要。本章就详细介绍 X2812 的中断系统,共同探讨 CPU 中断、PIE 中断、外设中断的三级中断体系,并介绍如何正确编写外设的中断程序,以保证中断的正确执行。

11.1 什么是中断

中断(Interrupt)是硬件和软件驱动事件,它使得 CPU 暂停当前的主程序,并转而去执行一个中断服务子程序。为了更好更形象地理解中断,下面以办公时接电话为例来阐述一下中断的概念,希望通过这个例子可以体会一下 CPU 执行中断时候的一些原理。

假如一个工程师正在办公桌前专心致志地写程序,突然电话铃声响了(很显然,电话是不可错过的,相比手中写程序的活,这个电话肯定是更加重要和紧急的。电话事件相当于产生了一个中断请求,因为某种需求不得不请求这个工程师打断手中正在做的事情)。工程师听到铃声便拿起电话进行交谈(工程师响应了电话的请求,相当于 CPU 响应了一个中断,停下了正在执行的主程序,并转向执行中断服务子程序)。电话很快就讲完了,工程师挂上了电话,又接着从刚才停下来的地方开始写程序(中断服务子程序执行完成之后,CPU 又回到了刚才停下来的地方开始执行主程序)。整个过程如图 11 - 1 所示。

当然,CPU 执行中断的时候肯定要比接电话的例子复杂得多,但是通过这个简单的生活实例,希望能够比较感性地理解什么是中断,以及中断产生时 CPU 是如何去执行一些步骤的。X2812 的中断系统从上至下分成了三级,即 CPU 级中断、PIE 级中断和外设中断。下面先从上至下分别详细介绍各级中断,然后再从下至上并结合实例分析 CPU 三级中断的工作过程。

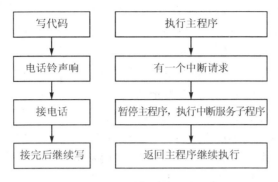

图 11-1 中断的生活实例

11.2 X2812 的 CPU 中断

　　DSP 中，中断申请信号通常是由软件或者是硬件所产生的信号，它可以使得 CPU 暂停正在执行的主程序，转而去执行一个中断服务子程序。通常中断申请信号是由外围设备提出的，表示一个特殊的事件已经发生，请求 CPU 暂停正在执行的主程序，去处理相应的更为紧急的事件。例如，CPU 定时器 0 完成一个周期的计数时，就会发出一个周期中断的请求信号，这个信号通知 CPU 定时器已经完成了一段时间的计时，这时可能有一些紧急事件需要 CPU 过来处理。

11.2.1 CPU 中断的概述

　　X2812 的中断主要有两种方式触发：一种是在软件中写指令，例如 INTR、OR IFR 或者 TRAP 指令；另一种是硬件方式触发，例如来自片内外设或者外围设备的中断信号，表示某个事件已经发生。无论是软件中断还是硬件中断，都可以归结为可屏蔽中断和不可屏蔽中断。

　　所谓可屏蔽中断就是这些中断可以用软件加以屏蔽或者解除屏蔽。X2812 片内外设所产生的中断都是可屏蔽中断，每一个中断都可以通过相应寄存器的中断使能位来禁止或者使能该中断。

　　不可屏蔽中断就是这些中断是不可以被屏蔽的，一旦中断申请信号发出，CPU 必须无条件的立即去响应该中断并执行相应的中断服务子程序。X281x 的不可屏蔽中断主要包括软件中断（INTR 指令和 TRAP 指令等）、硬件中断 $\overline{\text{NMI}}$、非法指令陷阱以及硬件复位中断。平时遇到最多的还是可屏蔽中断，所以这里不可屏蔽中断除了硬件中断 $\overline{\text{NMI}}$ 以外就不多做介绍了。通过引脚 XNMI_XINT13 可以进行不可屏蔽中断 $\overline{\text{NMI}}$ 的硬件中断请求，当该引脚为低电平时，CPU 就可以检测到一个有效的中断请求，从而响应 $\overline{\text{NMI}}$ 中断。

X2812 的 CPU 按照图 11-2 所示的 4 个步骤来处理中断。首先由外设或者其他方式向 CPU 提出中断请求,然后如果这个中断是可屏蔽中断,CPU 便会去检查这个中断的使能情况,再决定是否响应该中断;如果这个中断是不可屏蔽中断,则 CPU 便会立即响应该中断。接着,CPU 会完整地执行完当前指令,为了记住当前主程序的状态,CPU 必须要做一些准备工作,例如将 ST0、T、AH、AL、PC 等寄存器的内容保存到堆栈中,以便自动保存主程序的大部分内容。在准备工作做完之后,CPU 就取回中断向量,开始执行中断服务子程序。当然,处理完相应的中断事件之后,CPU 就回到原来主程序暂停的地方,恢复各个寄存器的内容,继续执行主程序。

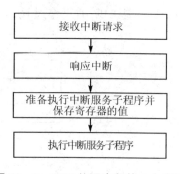

图 11-2　CPU 处理中断的 4 个步骤

上面讲解的是单个中断请求的处理过程,那如果几个中断同时向 CPU 发出中断请求,CPU 该如何处理呢?举个简单的例子,假如有一个医生但是有两个病人需要急诊,一个出了车祸,性命攸关,而另一个只是普通的感冒,这时候医生会先诊治哪个病人呢?很显然,医生肯定会先救治出了车祸的病人,因为从紧急程度来讲,出了车祸的肯定要比感冒病人来的紧急得多。DSP 的 CPU 就像是这个医生,不同的中断就像是一个个急需救治的病人,每一个 CPU 中断都具有一种属性,叫优先级,就好比代表了病情的紧急性。当几个中断同时向 CPU 发出中断请求时,CPU 会根据这些中断的优先级来安排处理的顺序,优先级高的先处理,优先级低的后处理。那 X2812 究竟支持哪些 CPU 中断呢?这些中断的优先级又是如何安排的呢?

11.2.2　CPU 中断向量和优先级

X2812 一共可以支持 32 个 CPU 中断,其中每一个中断都是一个 32 位的中断向量,也就是 2 个 16 位的寄存器,里面存储的是相应中断服务子程序的入口地址,不过这个入口地址是个 22 位的地址。其中地址的低 16 位保存该向量的低 16 位;地址的高 16 位则保存它的高 6 位,其余更高的 10 位被忽略,如图 11-3 所示。

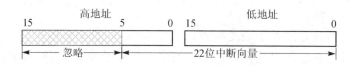

图 11-3　22 位的 CPU 中断向量

表 11-1 列出了 X2812 可以使用的中断向量、各个向量的存储位置以及其各自的优先级。

表 11-1　CPU 中断向量和优先级

中断向量	绝对地址		优先级	说明
	VMAP=0	VMAP=1		
RESET	0x000000	0x3FFFC0	1（最高）	复位中断
INT1	0x000002	0x3FFFC2	5	可屏蔽中断 1
INT2	0x000004	0x3FFFC4	6	可屏蔽中断 2
INT3	0x000006	0x3FFFC6	7	可屏蔽中断 3
INT4	0x000008	0x3FFFC8	8	可屏蔽中断 4
INT5	0x00000A	0x3FFFCA	9	可屏蔽中断 5
INT6	0x00000C	0x3FFFCC	10	可屏蔽中断 6
INT7	0x00000E	0x3FFFCE	11	可屏蔽中断 7
INT8	0x000010	0x3FFFD0	12	可屏蔽中断 8
INT9	0x000012	0x3FFFD2	13	可屏蔽中断 9
INT10	0x000014	0x3FFFD4	14	可屏蔽中断 10
INT11	0x000016	0x3FFFD6	15	可屏蔽中断 11
INT12	0x000018	0x3FFFD8	16	可屏蔽中断 12
INT13	0x00001A	0x3FFFDA	17	可屏蔽中断 13
INT14	0x00001C	0x3FFFDC	18	可屏蔽中断 14
DLOGINT	0x00001E	0x3FFFDE	19（最低）	可屏蔽数据标志中断
RTOSINT	0x000020	0x3FFFE0	4	可屏蔽实时操作系统中断
Reserved	0x000022	0x3FFFE2	2	保留
NMI	0x000024	0x3FFFE4	3	不可屏蔽硬件中断
ILLEGAL	0x000026	0x3FFFE6		非法指令捕获
USER1	0x000028	0x3FFFE8		用户自定义陷阱（TRAP）
USER2	0x00002A	0x3FFFEA		用户自定义陷阱（TRAP）
USER3	0x00002C	0x3FFFEC		用户自定义陷阱（TRAP）
USER4	0x00002E	0x3FFFEE		用户自定义陷阱（TRAP）
USER5	0x000030	0x3FFFF0		用户自定义陷阱（TRAP）
USER6	0x000032	0x3FFFF2		用户自定义陷阱（TRAP）
USER7	0x000034	0x3FFFF4		用户自定义陷阱（TRAP）
USER8	0x000036	0x3FFFF6		用户自定义陷阱（TRAP）
USER9	0x000038	0x3FFFF8		用户自定义陷阱（TRAP）
USER10	0x00003A	0x3FFFFA		用户自定义陷阱（TRAP）
USER11	0x00003C	0x3FFFFC		用户自定义陷阱（TRAP）
USER12	0x00003E	0x3FFFFE		用户自定义陷阱（TRAP）

从表 11-1 也可以看出，CPU 中断向量表可以映射到程序空间的顶部或者底部，主要取决于 CPU 状态寄存器 ST1 的向量映像位 VMAP。如果 VMAP 位是 0，则向量就映射到以 0x000000 开始的地址上；如果 VMAP 是 1，则向量就映射到以 0x3FFFC0 开始的地址上。

11.2.3 CPU 中断的寄存器

表 11-1 所列的 CPU 中断里，$\overline{INT1}$～$\overline{INT14}$ 是 14 个通用中断，DLOGINT 数据标志中断和 RTOSINT 实时操作系统中断是为仿真而设计的两个中断。通常在实际使用时，用到最多的还是通用中断 $\overline{INT1}$～$\overline{INT14}$。这 16 个中断都属于可屏蔽中断，根据可屏蔽中断的概念，知道能够通过软件设置来使能或者禁止这些中断，那在 DSP 中是怎么实现的呢？很简单，通过 CPU 中断使能寄存器 IER 就可以来实现。图 11-4 为 IER 寄存器的位情况，各位说明如表 11-2 所列。

15	14	13	12	11	10	9	8
RTOSINT	DLOGINT	INT14	INT13	INT12	INT11	INT10	INT9
R/W-0	R/W-0	R/W-0	R/W-0	R/W-0	R/W-0	R/W-0	R/W-0
7	6	5	4	3	2	1	0
INT8	INT7	INT6	INT5	INT4	INT3	INT2	INT1
R/W-0	R/W-0	R/W-0	R/W-0	R/W-0	R/W-0	R/W-0	R/W-0

注：R=可读，W=可写，-0=复位后的值。

图 11-4 CPU 中断使能寄存器 IER

表 11-2 IER 寄存器各位说明

位	名 称	说 明
15	RTOSINT	实时操作系统中断使能位。该位使 CPU RTOS 中断使能或禁止。0，RTOSINT 中断禁止；1，IRTOSINT 中断使能
14	DLOGINT	数据记录中断使能位。该位使 CPU 数据记录中断使能或禁止。0，CPU 数据记录中断禁止；1，CPU 数据记录中断使能
13	INT14	中断 14 使能位。该位使 CPU 中断级 INT14 使能或禁止。0，INT14 禁止；1，INT14 使能
12	INT13	中断 13 使能位。该位使 CPU 中断级 INT13 使能或禁止。0，INT13 禁止；1，INT13 使能
11	INT12	中断 12 使能位。该位使 CPU 中断级 INT12 使能或禁止。0，INT12 禁止；1，INT12 使能
10	INT11	中断 11 使能位。该位使 CPU 中断级 INT11 使能或禁止。0，INT11 禁止；1，INT11 使能
9	INT10	中断 10 使能位。该位使 CPU 中断级 INT10 使能或禁止。0，INT10 禁止；1，INT10 使能
8	INT9	中断 9 使能位。该位使 CPU 中断级 INT9 使能或禁止。0，INT9 禁止；1，INT9 使能
7	INT8	中断 8 使能位。该位使 CPU 中断级 INT8 使能或禁止。0，INT8 禁止；1，INT8 使能
6	INT7	中断 7 使能位。该位使 CPU 中断级 INT7 使能或禁止。0，INT7 禁止；1，INT7 使能
5	INT6	中断 6 使能位。该位使 CPU 中断级 INT6 使能或禁止。0，INT6 禁止；1，INT6 使能
4	INT5	中断 5 使能位。该位使 CPU 中断级 INT5 使能或禁止。0，INT5 禁止；1，INT5 使能
3	INT4	中断 4 使能位。该位使 CPU 中断级 INT4 使能或禁止。0，INT4 禁止；1，INT4 使能
2	INT3	中断 3 使能位。该位使 CPU 中断级 INT3 使能或禁止。0，INT3 禁止；1，INT3 使能
1	INT2	中断 2 使能位。该位使 CPU 中断级 INT2 使能或禁止。0，INT2 禁止；1，INT2 使能
0	INT1	中断 1 使能位。该位使 CPU 中断级 INT1 使能或禁止。0，INT1 禁止；1，INT1 使能

第 11 章 X2812 的中断系统

从图 11-4 可以看到,CPU 中断使能寄存器中的每一个位都与一个 CPU 中断相对应,这个位的值就像是开关的状态,1 为打开,0 为关闭。当某一个位的值为 1 时,相对应的中断就被使能;当某一个位的值为 0 时,相对应的中断就被禁止,也就是如果这个时候有此种中断的请求信号的话,这个请求信号 CPU 不会理会,也就是被屏蔽。

除了可屏蔽中断的使能和禁止以外,还有一个问题,就是 CPU 是如何知道某个中断提出了中断请求信号的呢?举个小例子,在学校里上课的时候,学生如果要回答问题,必须先举手,然后老师知道了某个学生想要回答问题,再允许其发言。举手这个动作就是一个想要回答问题的标志。类似的,DSP 中也有一个 CPU 中断的标志寄存器 IFR,寄存器中的每一个位都与一个 CPU 中断相对应,这个位的状态就表示了该 CPU 中断是否提出了请求。CPU 中断标志寄存器 IFR 的位情况如图 11-5 所示,各位说明如表 11-3 所列。

15	14	13	12	11	10	9	8
RTOSINT	DLOGINT	INT14	INT13	INT12	INT11	INT10	INT9
R/W-0	R/W-0	R/W-0	R/W-0	R/W-0	R/W-0	R/W-0	R/W-0

7	6	5	4	3	2	1	0
INT8	INT7	INT6	INT5	INT4	INT3	INT2	INT1
R/W-0	R/W-0	R/W-0	R/W-0	R/W-0	R/W-0	R/W-0	R/W-0

注:R=可读,W=可写,-0=复位后的值。

图 11-5 CPU 中断标志寄存器 IFR

表 11-3 IFR 寄存器各位说明

位	名称	说明
15	RTOSINT	实时操作系统标志。该位是 RTOS 中断的标志位。0,没有未处理的 RTOS 中断;1,至少有一个 RTOS 中断未处理
14	DLOGINT	数据记录中断标志。该位是数据记录中断的标志。0,没有未处理的 DLOGINT 中断;1,至少有一个 DLOGINT 中断未处理
13	INT14	中断 14 标志。该位是连接到 CPU 中断级 INT14 的中断标志。0,没有未处理的 INT14 中断;1,至少有一个 INT14 中断未处理
12	INT13	中断 13 标志。该位是连接到 CPU 中断级 INT13 的中断标志。0,没有未处理的 INT13 中断;1,至少有一个 INT13 中断未处理
11	INT12	中断 12 标志。该位是连接到 CPU 中断级 INT12 的中断标志。0,没有未处理的 INT12 中断;1,至少有一个 INT12 中断未处理
10	INT11	中断 11 标志。该位是连接到 CPU 中断级 INT11 的中断标志。0,没有未处理的 INT11 中断;1,至少有一个 INT11 中断未处理
9	INT10	中断 10 标志。该位是连接到 CPU 中断级 INT10 的中断标志。0,没有未处理的 INT10 中断;1,至少有一个 INT10 中断未处理
8	INT9	中断 9 标志。该位是连接到 CPU 中断级 INT9 的中断标志。0,没有未处理的 INT9 中断;1,至少有一个 INT9 中断未处理

续表 11-3

位	名 称	说 明
7	INT8	中断 8 标志。该位是连接到 CPU 中断级 INT8 的中断标志。0,没有未处理的 INT8 中断;1,至少有一个 INT8 中断未处理
6	INT7	中断 7 标志。该位是连接到 CPU 中断级 INT7 的中断标志。0,没有未处理的 INT7 中断;1,至少有一个 INT7 中断未处理
5	INT6	中断 6 标志。该位是连接到 CPU 中断级 INT6 的中断标志。0,没有未处理的 INT6 中断;1,至少有一个 INT6 中断未处理
4	INT5	中断 5 标志。该位是连接到 CPU 中断级 INT5 的中断标志。0,没有未处理的 INT5 中断;1,至少有一个 INT5 中断未处理
3	INT4	中断 4 标志。该位是连接到 CPU 中断级 INT4 的中断标志。0,没有未处理的 INT4 中断;1,至少有一个 INT4 中断未处理
2	INT3	中断 3 标志。该位是连接到 CPU 中断级 INT3 的中断标志。0,没有未处理的 INT3 中断;1,至少有一个 INT3 中断未处理
1	INT2	中断 2 标志。该位是连接到 CPU 中断级 INT2 的中断标志。0,没有未处理的 INT2 中断;1,至少有一个 INT2 中断未处理
0	INT1	中断 1 标志。该位是连接到 CPU 中断级 INT1 的中断标志。0,没有未处理的 INT1 中断;1,至少有一个 INT1 中断未处理

11.2.4 可屏蔽中断的响应过程

可屏蔽中断的响应过程如图 11-6 所示。当某个可屏蔽中断提出请求时,将其在中断标志寄存器 IFR 中的中断标志位自动置位。CPU 检测到该中断标志位被置位后,接着会检测该中断是否被使能,也就是去读 CPU 中断使能寄存器 IER 中相应位的值。如果该

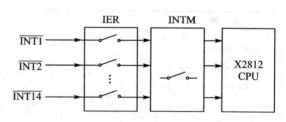

图 11-6 可屏蔽中断的响应过程

中断并未使能,那么 CPU 将不会理会此中断,直到其中断被使能为止。如果该中断已经被使能,则 CPU 会继续检查全局中断 INTM 是否被使能,如果没有使能,则依然不会响应中断;如果 INTM 已经被使能,则 CPU 就会响应该中断,暂停主程序并转向执行相应的中断服务子程序。CPU 响应中断后,IFR 中的中断标志位就会被自动清 0,目的是使 CPU 能够去响应其他中断或者是该中断的下一次中断。

图 11-6 中 IER 和 INTM 的关系应该比较简单。就好比是在一个房间里,有很多灯,也有很多开关,一个开关控制着一盏灯,开关闭合时,对应的灯就亮,开关断开时,对应的灯就灭。通常,房间里除了这些开关以外,还会有一个总闸,如果总闸关了,就切断房间的线路和外面电网的连接,不管房间里的开关是开还是关,灯都不会亮。在 CPU 中断响应的过程里,IER 中的各个位就是控制一个个灯的开关,而 INTM 就是总闸。

如果一个中断被使能,而全局中断没有被使能,则 CPU 还是不会去响应中断。只有当单个中断和全局中断都被使能,此时该中断提出请求,CPU 才会去响应。

这里再来讨论一下当多个中断同时提出中断请求时 CPU 响应的过程。假如有中断 A 和中断 B,中断 A 的优先级高于中断 B 的优先级,中断 A 和中断 B 都被使能了,而且全局中断 INTM 也已经使能了。这时当中断 A 和中断 B 同时提出中断请求时,CPU 就会根据优先级的高低先来响应中断 A,同时清除 A 的中断标志位。当 CPU 处理完中断 A 的服务子程序后,如果这时中断 B 的标志位还处于置位的状态,那么 CPU 就会响应中断 B,转而去执行中断 B 的服务子程序。如果 CPU 在执行中断 A 的服务子程序时,中断 A 的标志位又被置位了,也就是中断 A 又向 CPU 提出了请求,那当 CPU 完成中断响应之后,还是会继续先响应中断 A,而让中断 B 继续在队列中等待。

11.3　X2812 的 PIE 中断

11.2 节介绍的是 X281x CPU 级中断,图 11-7 是 X281x 的中断源。X281x 的 CPU 共有 16 根中断线,其中包括 2 个不可屏蔽中断,$\overline{RS}$ 和 $\overline{NMI}$,还有 14 个可屏蔽中断 $\overline{INT1}\sim\overline{INT14}$。

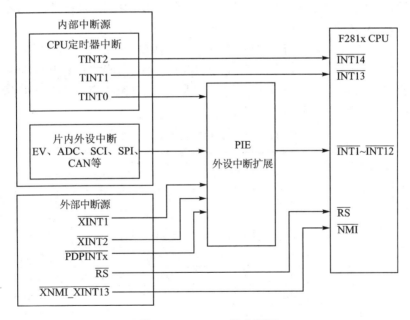

图 11-7　X281x 的中断源

对于 CPU 定时器 1 和 CPU 定时器 2,用户是不可以使用的,已经预留给实时操作系统使用,CPU1 定时器 1 的中断分配给了 $\overline{INT13}$,CPU 定时器 2 的中断分配给了 $\overline{INT14}$。两个不可屏蔽中断 $\overline{RS}$ 和 $\overline{NMI}$ 也各自都有专用的独立中断,同时 $\overline{NMI}$ 还可以与 CPU 定时器 1 复用 $\overline{INT13}$。CPU 定时器 0 的周期中断、X281x 片内外设的所有中断、外部中断 $\overline{\text{XINT1}}$、外部中断 $\overline{\text{XINT2}}$ 和功率保护中断 $\overline{\text{PDPINTx}}$ 共用中断线 $\overline{\text{INT1}} \sim \overline{\text{INT12}}$。通常使用最多的也是 $\overline{\text{INT1}} \sim \overline{\text{INT12}}$，因此这些中断需要重点介绍和探讨。

11.3.1 PIE 中断概述

通过前面的学习已经知道 X281x 内部具有很多外设（EV、AD、SCI、SPI、McBSP 和 CAN），每个外设又可以产生一个或者多个中断请求，例如事件管理器 EV 下面的通用定时器 1 就可以产生周期中断、比较中断、上溢中断和下溢中断共 4 个中断，对于 CPU 而言，它没有足够的能力去同时处理所有外设的中断请求。打个不是很恰当的比喻，这就好比一家大公司，每天会有很多员工向老总提交文件，请求老总处理。老总通常事务繁忙，他一个人没有能力同时去处理所有的事情，那怎么办呢？一般老总会配有秘书，由秘书们将内部员工或者外部人员提交的各种事情进行分类筛选，按照事情的轻重缓急进行安排，然后再提交给老总处理，这样效率就提高上来了，老总也能忙过来了。同样的，X281x 的 CPU 为了能够及时有效地处理好各个外设的中断请求，特别设计了一个"秘书"——专门处理外设中断的扩展模块（Peripheral Interrupt Expansion Block），简称外设中断控制器 PIE，它能够对各种中断请求源（来自外设或者其他外部引脚的请求）做出判断和相应的决策。

PIE 一共可以支持 96 个不同的中断，并把这些中断分成了 12 个组，每个组有 8 个中断，而且每个组都被反馈到 CPU 内核的 $\overline{\text{INT1}} \sim \overline{\text{INT12}}$ 这 12 条中断线中的某一条上。平时能够用到的所有的外设中断都被归入了这 96 个中断中，被分布在不同的组里。外设中断在 PIE 中的分布情况如表 11-4 所列。

表 11-4 外设中断在 PIE 的分布

PIE\CPU	INTx.8	INTx.7	INTx.6	INTx.5	INTx.4	INTx.3	INTx.2	INTx.1
INT1	WAKEINT	TINT0	ADCINT	XINT2	XINT1		PDPINTB	PDPINTA
INT2		T1OFINT	T1UFINT	T1CINT	T1PINT	CMP3INT	CMP2INT	CMP1INT
INT3		CAPINT3	CAPINT2	CAPINT1	T2OFINT	T2UFINT	T2CINT	T2PINT
INT4		T3OFINT	T3UFINT	T3CINT	T3PINT	CMP6INT	CMP5INT	CMP4INT
INT5		CAPINT6	CAPINT5	CAPINT4	T4OFINT	T4UFINT	T4CINT	T4PINT
INT6			MXINT	MRINT			SPITXINTA	SPIRXINTA
INT7								
INT8								
INT9			ECA1INT	ECAN0INT	SCITXINTB	SCIRXINTB	SCITXINTA	SCIRXINTA
INT10								
INT11								
INT12								

表 11-4 是 X281x 内部的外设中断分布,共 8 列 12 行,总共 96 个中断,空白部分表示尚未使用的中断,目前已经使用的有 45 个中断,有兴趣的话可以数一下看看。下面来看看 CPU 定时器 0 的周期中断 TINT0 在表中的哪个位置?很明显,TINT0 在行号为 INT1,列号为 INTx.7 的位置,也就是说 TINT0 对应于 INT1,在 PIE 第 1 组的第 7 位。同样的,可以找到所有外设中断在 PIE 中的所属分组情况以及在该组中的位置。

PIE 第 1 组的所有外设中断复用 CPU 中断 INT1,PIE 第 2 组的所有外设中断复用 CPU 中断 INT2,以此类推,PIE 第 12 组的所有外设中断复用 CPU 中断 INT12。在前面讲 CPU 中断的时候,知道 INT1 的优先级比 INT2 的优先级高,INT2 的优先级比 INT3 的优先级高……那对于 PIE 同组内的各个中断,是不是也是有优先级高低的呢?答案是肯定的。在 PIE 同组内,INTx.1 的优先级比 INTx.2 的优先级高,INTx.2 的优先级比 INTx.3 的优先级高……也就是说,同组内排在前面的优先级比排在后面的优先级高。而不同组之间,排在前面组内的任何一个中断优先级要比排在后面组内的任何一个中断的优先级高。例如,位于 INT1.8 的 WAKEINT,虽然属于第 1 组的第 8 位,但是它的优先级就要比位于 INT2.1 的 CMP1INT 优先级高。这样表 11-4 内所有中断的优先级关系就应该很清楚了。

可屏蔽 CPU 中断都可以通过中断使能寄存器 IER 和中断标志寄存器 IFR 来进行可编程控制。同样的,PIE 的每个组都有 3 个相关的寄存器,分别是 PIE 中断使能寄存器 PIEIERx、PIE 中断标志寄存器 PIEIFRx 和 PIE 中断应答寄存器 PIEACKx。例如,PIE 的第 1 组具有寄存器 PIEIER1、PIEIFR1 和 PIEACK1。寄存器的每个位同中断的对应关系和表 11-4 中是相同的,例如 CPU 定时器中断 TINT0 对应于 PIEIER1.7、PIEIFR1.7 和 PIEACKINT1.7,就是分别在 PIEIER1、PIEIFR1 和 PIEACK1 的第 7 位。下面对各个寄存器进行详细的介绍和说明。

11.3.2 PIE 中断寄存器

PIE 控制器相关的寄存器如表 11-5 所列。

表 11-5 PIE 控制器的寄存器

名 称	地 址	大小(×16)	说 明
PIECTRL	0x00000CE0	1	PIE 控制寄存器
PIEACK	0x00000CE1	1	PIE 应答寄存器
PIEIER1	0x00000CE2	1	PIE,INT1 组使能寄存器
PIEIFR1	0x00000CE3	1	PIE,INT1 组标志寄存器
PIEIER2	0x00000CE4	1	PIE,INT2 组使能寄存器
PIEIFR2	0x00000CE5	1	PIE,INT2 组标志寄存器
PIEIER3	0x00000CE6	1	PIE,INT3 组使能寄存器
PIEIFR3	0x00000CE7	1	PIE,INT3 组标志寄存器
PIEIER4	0x00000CE8	1	PIE,INT4 组使能寄存器

续表 11-5

名 称	地 址	大小(×16)	说 明
PIEIFR4	0x00000CE9	1	PIE,INT4 组标志寄存器
PIEIER5	0x00000CEA	1	PIE,INT5 组使能寄存器
PIEIFR5	0x00000CEB	1	PIE,INT5 组标志寄存器
PIEIER6	0x00000CEC	1	PIE,INT6 组使能寄存器
PIEIFR6	0x00000CED	1	PIE,INT6 组标志寄存器
PIEIER7	0x00000CEE	1	PIE,INT7 组使能寄存器
PIEIFR7	0x00000CEF	1	PIE,INT7 组标志寄存器
PIEIER8	0x00000CF0	1	PIE,INT8 组使能寄存器
PIEIFR8	0x00000CF1	1	PIE,INT8 组标志寄存器
PIEIER9	0x00000CF2	1	PIE,INT9 组使能寄存器
PIEIFR9	0x00000CF3	1	PIE,INT9 组标志寄存器
PIEIER10	0x00000CF4	1	PIE,INT10 组使能寄存器
PIEIFR10	0x00000CF5	1	PIE,INT10 组标志寄存器
PIEIER11	0x00000CF6	1	PIE,INT11 组使能寄存器
PIEIFR11	0x00000CF7	1	PIE,INT11 组标志寄存器
PIEIER12	0x00000CF8	1	PIE,INT12 组使能寄存器
PIEIFR12	0x00000CF9	1	PIE,INT12 组标志寄存器
Reserved	0x00000CFA 0x00000CFF	6	保留

(1) PIE 中断使能寄存器

PIE 控制器共有 12 个 PIE 中断使能寄存器 PIEIERx,分别对应于 PIE 控制器的 12 个组,每组 1 个,用来设置组内中断的使能情况。PIE 中断使能寄存器 PIEIERx 的位分布如图 11-8 所示。

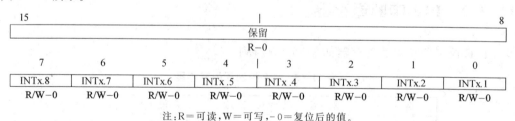

图 11-8 PIE 中断使能寄存器 PIEIERx

INTx.8~INTx.1 位 7~0,对 PIE 组内各个中断单独使能,和 CPU 中断使能寄存器 IER 类似。把某位置 1,可以使能中断服务;将某位清 0,将使该中断服务禁止。x=1~12,INTx 表示 CPU 的 INT1~INT12。

(2) PIE 中断标志寄存器

PIE 控制器共有 12 个 PIE 中断标志寄存器 PIEIFRx,分别对应于 PIE 控制器的 12 个组,每组 1 个。PIEIFR 寄存器的每一位代表对应中断的请求信号,当该位置 1,表示相应的中断提出了请求,需要 CPU 响应。CPU 取出相应的中断向量时,也就是说当 CPU 响应该中断时,该标志位被清 0。PIE 中断标志寄存器 PIEIFRx 的位分布如图 11-9 所示。

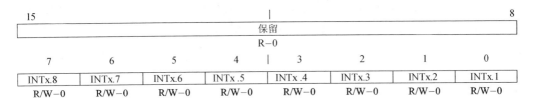

图 11-9　PIE 中断标志寄存器 PIEIFRx

INTx.8~INTx.1　位 7~0,这些位表示一个中断当前是否被激活,向 CPU 提出了中断请求。它们和 CPU 中断标志寄存器 IFR 类似。当中断激活时,各个寄存器位置 1。当一个中断被处理完成或向该寄存器位写 0 时,该位清 0。该寄存器还可以被读取以确定哪个中断被激活或未处理。x=1~12,INTx 表示 CPU 的 INT1~INT12。

(3) PIE 中断应答寄存器

如果 PIE 中断控制器有中断产生,则相应的中断标志位将置 1。如果相应的 PIE 中断使能位也置 1,则 PIE 将检查 PIE 中断应答寄存器 PIEACK,以确定 CPU 是否准备响应该中断。如果相应的 PIEACKx 清 0,PIE 便向 CPU 申请中断;如果相应的 PIEACKx 置 1,那么 PIE 将等待直到相应的 PIEACKx 清 0 才向 CPU 申请中断。PIE 中断应答寄存器 PIEACK 的位情况如图 11-10 所示。

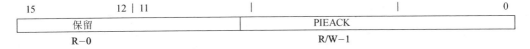

图 11-10　PIE 中断应答寄存器 PIEACK

PIEACK　位 11~0,该寄存器的第 0 位表示 PIE 第 1 组中断的 CPU 响应情况,第 1 位表示 PIE 第 2 组中断的 CPU 响应情况,……,第 11 位表示 PIE 第 12 组中断的 CPU 响应情况。向该寄存器的某一位写 1,可使该位清 0,此时如果该组内有 CPU 尚未响应的中断,则 PIE 向 CPU 提出中断请求。

(4) PIE 控制寄存器

PIE 控制寄存器 PIECTRL 的位情况如图 11-11 所示。

图 11-11　PIE 控制寄存器 PIECTRL

PIEVECT 位 15～1,这些位表示从 PIE 向量表取回的向量地址。最低位忽略,只显示位 1 到位 15 地址。用户可以读取向量值,以确定取回的向量是由哪一个中断产生的。

ENPIE 位 0,从 PIE 块取回向量使能。当该位置 1 时,所有向量取自 PIE 向量表。如果该位置 0,PIE 块无效,向量取自引导 ROM 的 CPU 向量表或 XINTF7 区外部接口。

11.3.3 PIE 中断向量表

PIE 一共可以支持 96 个中断,每个中断都会有中断服务子程序 ISR,那 CPU 去响应中断时是如何找到对应的中断服务子程序呢?解决方法是将 DSP 的各个中断服务子程序的地址存储在一片连续的 RAM 空间内,这就是 PIE 中断向量表。X281x 的 PIE 中断向量表是由 256×16 的 RAM 空间组成,如果不使用 PIE 模块,则这个空间也可以作为通用的 RAM 使用。X281x 的 PIE 中断向量表如表 11-6 所列。

表 11-6　PIE 中断向量表

名称	向量 ID	地址	大小(×16)	说明	CPU 优先级	PIE 优先级
RESET	0	0x00000D00	2	复位中断,总是从 Boot ROM 或者 XINTF7 空间的 0x003FFFC0 地址获取	1(最高)	—
INT1	1	0x00000D02	2	不使用,参考 PIE 组 1	5	—
INT2	2	0x00000D04	2	不使用,参考 PIE 组 2	6	—
INT3	3	0x00000D06	2	不使用,参考 PIE 组 3	7	—
INT4	4	0x00000D08	2	不使用,参考 PIE 组 4	8	—
INT5	5	0x00000D0A	2	不使用,参考 PIE 组 5	9	—
INT6	6	0x00000D0C	2	不使用,参考 PIE 组 6	10	—
INT7	7	0x00000D0E	2	不使用,参考 PIE 组 7	11	—
INT8	8	0x00000D10	2	不使用,参考 PIE 组 8	12	—
INT9	9	0x00000D12	2	不使用,参考 PIE 组 9	13	—
INT10	10	0x00000D14	2	不使用,参考 PIE 组 10	14	—
INT11	11	0x00000D16	2	不使用,参考 PIE 组 11	15	—
INT12	12	0x00000D18	2	不使用,参考 PIE 组 12	16	—
INT13	13	0x00000D1A	2	CPU 定时器 1 或外部中断 13	17	—
INT14	14	0x00000D1C	2	CPU 定时器 2	18	—
DLOGINT	15	0x00000D1E	2	CPU 数据记录中断	19(最低)	—
RTOSINT	16	0x00000D20	2	CPU 实时操作系统中断	4	—
EMUINT	17	0x00000D22	2	CPU 仿真中断	2	—
NMI	18	0x00000D24	2	外部不可屏蔽中断	3	—
ILLEGAL	19	0x00000D26	2	非法中断	—	—

续表 11-6

名 称	向量ID	地 址	大小（×16）	说 明	CPU优先级	PIE优先级
USER1	20	0x00000D28	2	用户定义的陷阱(TRAP)	—	—
USER2	21	0x00000D2A	2	用户定义的陷阱(TRAP)	—	—
USER3	22	0x00000D2C	2	用户定义的陷阱(TRAP)	—	—
USER4	23	0x00000D2E	2	用户定义的陷阱(TRAP)	—	—
USER5	24	0x00000D30	2	用户定义的陷阱(TRAP)	—	—
USER6	25	0x00000D32	2	用户定义的陷阱(TRAP)	—	—
USER7	26	0x00000D34	2	用户定义的陷阱(TRAP)	—	—
USER8	27	0x00000D36	2	用户定义的陷阱(TRAP)	—	—
USER9	28	0x00000D38	2	用户定义的陷阱(TRAP)	—	—
USER10	29	0x00000D3A	2	用户定义的陷阱(TRAP)	—	—
USER11	30	0x00000D3C	2	用户定义的陷阱(TRAP)	—	—
USER12	31	0x00000D3E	2	用户定义的陷阱(TRAP)	—	—
PIE组1向量，共用CPU中断INT1						
INT1.1	32	0x00000D40	2	PDPINTA(EVA)	5	1(最高)
INT1.2	33	0x00000D42	2	PDPINTB(EVB)	5	2
INT1.3	34	0x00000D44	2	保留	5	3
INT1.4	35	0x00000D46	2	XINT1	5	4
INT1.5	36	0x00000D48	2	XINT2	5	5
INT1.6	37	0x00000D4A	2	ADCINT(ADC)	5	6
INT1.7	38	0x00000D4C	2	TINT0(CPU定时器0)	5	7
INT1.8	39	0x00000D4E	2	WAKEINT(LPM/WD)	5	8(最低)
PIE组2向量，共用CPU中断INT2						
INT2.1	40	0x00000D50	2	CMP1INT(EVA)	6	1(最高)
INT2.2	41	0x00000D52	2	CMP2INT(EVA)	6	2
INT2.3	42	0x00000D54	2	CMP3INT(EVA)	6	3
INT2.4	43	0x00000D56	2	T1PINT(EVA)	6	4
INT2.5	44	0x00000D58	2	T1CINT(EVA)	6	5
INT2.6	45	0x00000D5A	2	T1UFINT(EVA)	6	6
INT2.7	46	0x00000D5C	2	T1OFINT(EVA)	6	7
INT2.8	47	0x00000D5E	2	保留	6	8(最低)
PIE组3向量，共用CPU中断INT3						
INT3.1	48	0x00000D60	2	T2PINT(EVA)	7	1(最高)
INT3.2	49	0x00000D62	2	T2CINT(EVA)	7	2
INT3.3	50	0x00000D64	2	T2UFINT(EVA)	7	3
INT3.4	51	0x00000D66	2	T2OFINT(EVA)	7	4
INT3.5	52	0x00000D68	2	CAPINT1(EVA)	7	5
INT3.6	53	0x00000D6A	2	CAPINT2(EVA)	7	6

续表 11-6

名称	向量 ID	地址	大小（×16）	说明	CPU 优先级	PIE 优先级
INT3.7	54	0x00000D6C	2	CAPINT3(EVA)	7	7
INT3.8	55	0x00000D6E	2	保留	7	8(最低)
PIE 组 4 向量，共用 CPU 中断 INT4						
INT4.1	56	0x00000D70	2	CMP4INT(EVB)	8	1(最高)
INT4.2	57	0x00000D72	2	CMP5INT(EVB)	8	2
INT4.3	58	0x00000D74	2	CMP6INT(EVB)	8	3
INT4.4	59	0x00000D76	2	T3PINT(EVB)	8	4
INT4.5	60	0x00000D78	2	T3CINT(EVB)	8	5
INT4.6	61	0x00000D7A	2	T3UFINT(EVB)	8	6
INT4.7	62	0x00000D7C	2	T3OFINT(EVB)	8	7
INT4.8	63	0x00000D7E	2	保留	8	8(最低)
PIE 组 5 向量，共用 CPU 中断 INT5						
INT5.1	64	0x00000D80	2	T4PINT(EVB)	9	1(最高)
INT5.2	65	0x00000D82	2	T4CINT(EVB)	9	2
INT5.3	66	0x00000D84	2	T4UFINT(EVB)	9	3
INT5.4	67	0x00000D86	2	T4OFINT(EVB)	9	4
INT5.5	68	0x00000D88	2	CAPINT4(EVB)	9	5
INT5.6	69	0x00000D8A	2	CAPINT5(EVB)	9	6
INT5.7	70	0x00000D8C	2	CAPINT6(EVB)	9	7
INT5.8	71	0x00000D8E	2	保留	9	8(最低)
PIE 组 6 向量，共用 CPU 中断 INT6						
INT6.1	72	0x00000D90	2	SPIRXINTA(SPI)	10	1(最高)
INT6.2	73	0x00000D92	2	SPITXINTA(SPI)	10	2
INT6.3	74	0x00000D94	2	保留	10	3
INT6.4	75	0x00000D96	2	保留	10	4
INT6.5	76	0x00000D98	2	MRINT(McBSP)	10	5
INT6.6	77	0x00000D9A	2	MXINT(McBSP)	10	6
INT6.7	78	0x00000D9C	2	保留	10	7
INT6.8	79	0x00000D9E	2	保留	10	8(最低)
PIE 组 7 向量，共用 CPU 中断 INT7						
INT7.1	80	0x00000DA0	2	保留	11	1(最高)
INT7.2	81	0x00000DA2	2	保留	11	2
INT7.3	82	0x00000DA4	2	保留	11	3
INT7.4	83	0x00000DA6	2	保留	11	4
INT7.5	84	0x00000DA8	2	保留	11	5
INT7.6	85	0x00000DAA	2	保留	11	6
INT7.7	86	0x00000DAC	2	保留	11	7

续表 11-6

名称	向量 ID	地址	大小(×16)	说明	CPU优先级	PIE优先级
INT7.8	87	0x00000DAE	2	保留	11	8(最低)
PIE 组 8 向量,共用 CPU 中断 INT8						
INT8.1	88	0x00000DB0	2	保留	12	1(最高)
INT8.2	89	0x00000DB2	2	保留	12	2
INT8.3	90	0x00000DB4	2	保留	12	3
INT8.4	91	0x00000DB6	2	保留	12	4
INT8.5	92	0x00000DB8	2	保留	12	5
INT8.6	93	0x00000DBA	2	保留	12	6
INT8.7	94	0x00000DBC	2	保留	12	7
INT8.8	95	0x00000DBE	2	保留	12	8(最低)
PIE 组 9 向量,共用 CPU 中断 INT9						
INT9.1	96	0x00000DC0	2	SCIRXINT(SCIA)	13	1(最高)
INT9.2	97	0x00000DC2	2	SCITXINT(SCIA)	13	2
INT9.3	98	0x00000DC4	2	SCIRXINT(SCIB)	13	3
INT9.4	99	0x00000DC6	2	SCITXINT(SCIB)	13	4
INT9.5	100	0x00000DC8	2	ECAN0INT(ECAN)	13	5
INT9.6	101	0x00000DCA	2	ECAN1INT(ECAN)	13	6
INT9.7	102	0x00000DCC	2	保留	13	7
INT9.8	103	0x00000DCE	2	保留	13	8(最低)
PIE 组 10 向量,共用 CPU 中断 INT10						
INT10.1	104	0x00000DD0	2	保留	14	1(最高)
INT10.2	105	0x00000DD2	2	保留	14	2
INT10.3	106	0x00000DD4	2	保留	14	3
INT10.4	107	0x00000DD6	2	保留	14	4
INT10.5	108	0x00000DD8	2	保留	14	5
INT10.6	109	0x00000DDA	2	保留	14	6
INT10.7	110	0x00000DDC	2	保留	14	7
INT10.8	111	0x00000DDE	2	保留	14	8(最低)
PIE 组 11 向量,共用 CPU 中断 INT11						
INT11.1	112	0x00000DE0	2	保留	15	1(最高)
INT11.2	113	0x00000DE2	2	保留	15	2
INT11.3	114	0x00000DE4	2	保留	15	3
INT11.4	115	0x00000DE6	2	保留	15	4
INT11.5	116	0x00000DE7	2	保留	15	5
INT11.6	117	0x00000DEA	2	保留	15	6
INT11.7	118	0x00000DEC	2	保留	15	7
INT11.8	119	0x00000DEE	2	保留	15	8(最低)

续表 11-6

名 称	向量 ID	地 址	大小（×16）	说 明	CPU 优先级	PIE 优先级
PIE 组 12 向量，共用 CPU 中断 INT12						
INT12.1	120	0x00000DF0	2	保留	16	1（最高）
INT12.2	121	0x00000DF2	2	保留	16	2
INT12.3	122	0x00000DF4	2	保留	16	3
INT12.4	123	0x00000DF6	2	保留	16	4
INT12.5	124	0x00000DF8	2	保留	16	5
INT12.6	125	0x00000DFA	2	保留	16	6
INT12.7	126	0x00000DFC	2	保留	16	7
INT12.8	127	0x00000DFE	2	保留	16	8（最低）

在 X281x 中，中断向量表可以映射到 5 个不同的存储空间。中断向量表的映射主要由以下几个信号来控制。

(1) VMAP

该位是状态寄存器 ST1 的位 3。复位后值为 1。通过写 ST1 或执行"SETC VMAP"对其置位，或者"CLRC VMAP"对其清 0。

(2) M0M1MAP

该位是状态寄存器 ST1 的位 11。复位后的值为 1。通过写 ST1 或执行"SETC M0M1MAP"对其置位，或者"CLRC M0M1MAP"对其清 0。

(3) MP/$\overline{MC}$

该位是 XINTCNF2 寄存器的位 8。在有外部接口 XINTF 的芯片上，复位时，该位的位置由引脚 XMP/$\overline{MC}$ 的输入电平来决定。复位后，通过写 XINTCNF2 寄存器来修改该位的状态，该寄存器的地址为 0x00000B34。

(4) ENPIE

该位是寄存器 PIECTRL 的位 0。复位时，默认值为 0，即 PIE 失效。复位后，可以通过写 PIECTRL 寄存器来修改该位的状态，该寄存器的地址为 0x00000CE0。

由上述 4 个位来决定的中断向量表映像如表 11-7 所列。

表 11-7 中断向量表映像

向量映像	向量获取位置	地址范围	VMAP	M0M1MAP	MP/$\overline{MC}$	ENPIE
M1 向量	M1 SRAM	0x000000～0x00003F	0	0	X	X
M0 向量	M0 SRAM	0x000000～0x00003F	0	1	X	X
BROM 向量	ROM	0x3FFFC0～0x3FFFFF	1	X	0	0
XINTF 向量	XINTF Zone7	0x3FFFC0～0x3FFFFF	1	X	1	0
PIE 向量	PIE	0x000D00～0x000DFF	1	X	X	1

下面来具体分析平常使用时，F2812用的是哪块向量。M1向量和M0向量仅留给TI测试用，所以平时用户不可能用到这两个向量，向量所用的空间这时也可以当作普通的RAM使用。通常在新建工程时，用的是共享资料内的编程素材所提供的各种头文件和源文件，在源文件里并没有涉及对VMAP位的操作，所以当DSP上电复位时，VMAP将取默认值，即为1。又在设计时，通常将引脚XMP/$\overline{MC}$设置为低电平，也就是上电复位时，MP/$\overline{MC}$的值为0，DSP工作于微计算机模式。再打开源文件DSP28_PieCtrl.c，可以看到语句："PieCtrl.PIECRTL.bit.ENPIE=1;"，也就是说在初始化PIE时，将ENPIE的值设为了1。综合上述分析，F2812芯片正常情况下只使用PIE向量表映像。

值得注意的是，如果DSP芯片复位，在没有初始化PIE前，换句话说还没有将ENPIE设为1时，使用的是BROM向量。因此，在DSP复位和程序引导完成之后，用户必须对PIE向量表进行初始化，然后由应用程序使能PIE向量表，这样CPU响应中断时，就从PIE中断向量表中所指出的位置上取出中断向量，即取出中断服务子程序的地址。

11.4　X281x的三级中断系统分析

如图11-12所示，X281x的中断采用的是三级中断机制，分别为外设级、PIE级和CPU级。对于某一个具体的外设中断请求，只要有任意一级不许可，CPU最终都不会响应该外设中断。这就好比一个文件需要三级领导的批示一样，任意一级领导的不同意，都不能被送至上一级领导，更不可能得到最终的批复，中断机制的原理也是如此。上一章里介绍了CPU定时器0，也提及了当CPU定时器0完成一个周期的计数后就会产生一个中断信号，也就是CPU定时器0的周期中断。接下来，将以F2812 CPU定时器0的周期中断为例来探讨DSP的三级中断系统。

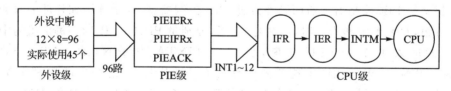

图11-12　X281x的三级中断机制

1. 外设级

假如在程序执行过程中，某一个外设产生了一个中断事件，那么在这个外设的某个寄存器中与该中断事件相关的中断标志位（IF=Interrupt Flag）被置为1。此时，如果该中断相应的中断使能位（IE=Interrupt Enable）已经被置位，也就是值为1，该外设就会向PIE控制器发出一个中断请求。相反，虽然中断事件已经发生了，相应的中断标志位也被置位了，但是该中断没有被使能，也就是中断使能位的值为0，那么外设就不会向PIE控制器提出中断请求。值得一提的是，这时虽然外设不会向PIE控制器提出中断请求,但是相应的中断标志位会一直保持置位状态,直到用程序将其清除为止。当然,在中断标志位保持置位状态时,一旦该中断被使能,那么外设会立即向 PIE 发出中断请求。

下面结合具体的 T0INT 来进一步的说明。当 CPU 定时器 0 的计数器寄存器 TIMH:TIM 计数到 0 时,就产生了一个 T0INT 事件,即 CPU 定时器 0 的周期中断。这时,CPU 定时器 0 的控制寄存器 TIMER0TCR 的第 15 位定时器中断标志 TIF 被置位 1。这时,如果 TIMER0TCR 的第 14 位,也就是定时器中断使能位 TIE 是 1 的话,则 CPU 定时器 0 就会向 PIE 控制器发出中断请求,当然如果 TIE 的值是 0,也就是该中断未被使能,则 CPU 定时器 0 不会向 PIE 发出中断请求;而且中断标志位 TIF 将一直保持为 1,除非通过程序将其清除。需要注意的是,不管在什么情况下,外设寄存器中的中断标志位都必须手工清除。(SCI、SPI 除外,讲解到具体内容时会做介绍。)

清除 CPU 定时器 0 中断标志位 TIF 的语句如下:

```
CpuTimer0Regs.TCR.bit.TIF = 1;    //清除定时器中断标志位
```

看了上面的语句,是否会有疑问,不是说清除中断标志位么,这个语句却明明是对 TIF 位写 1 呀?其实,在 F2812 的编程中,很多时候都是通过对寄存器的位写 1 来清除该位的。写 0 是无效的,只有写 1 才能将该标志位复位,在应用的时候请查阅各个寄存器位的具体说明。

介绍了这么多之后,接下来总结一下在外设级需要编程时手动处理的地方有:
➢ 外设中断的使能,需要将与该中断相关的外设寄存器中的中断使能位置 1;
➢ 外设中断的屏蔽,需要将与该中断相关的外设寄存器中的中断使能位置 0;
➢ 外设中断标志位的清除,需要将与该中断相关的外设寄存器中的中断标志位置 1。

2. PIE 级

当外设产生中断事件,相关中断标志位置位,中断使能位使能之后,外设就会把中断请求提交给 PIE 控制器。前面已经讲过,PIE 控制器将 96 个外设和外部引脚的中断进行了分组,每 8 个中断为 1 组,一共 12 组,分别是 PIE1~PIE12。每个组的中断被多路汇集进入了 1 个 CPU 中断,例如 PDPINTA、PDPINTB、XINT1、XINT2、ADCINT、TINT0、WAKEINT 这 7 个中断都在 PIE1 组内,这些中断也都汇集到了 CPU 中断的 INT1;同样的,PIE2 组的中断都被汇集到了 CPU 中断的 INT2,……,PIE12 组的中断都被汇集到了 CPU 中断的 INT12。

和外设级相类似,PIE 控制器中的每一个组都会有一个中断标志寄存器 PIEIFRx 和一个中断使能寄存器 PIEIERx,x=1~12。每个寄存器的低 8 位对应于 8 个外设中断,高 8 位保留。这些寄存器在前面的 PIE 中断寄存器部分已经介绍到,例如 CPU 定时器 0 的周期中断 T0INT 对应于 PIEIFR1 的第 7 位和 PIEIER1 的第 7 位。

由于 PIE 控制器是多路复用的,每一组内有许多不同的外设中断共同使用一个 CPU 中断,但是每一个组在同一个时间内只能有一个中断被响应,那么 PIE 控制器是如何实现的呢?首先,PIE 组内的各个中断也是有优先级的,位置在前面的中断的优先级比位置在后面的中断的优先级来的高,这样,如果同时有多个中断提出请求,PIE 先处理优先级高的,后处理优先级低的。同时,PIE 控制器除了每组有 PIEIFR 和 PIEIER 寄存器之外,还有一个 PIE 中断应答寄存器 PIEACK,如图 11-10 所示,它的低 12 位分别对应着 12 个组,即 PIE1~PIE12,也就是 INT1~INT12,高位保留。这些位的状态就表示 PIE 是否准备好了去响应这些组内的中断。例如 CPU 定时器 0 的周期中断被响应了,则 PIEACK 的第 0 位(对应于 PIE1,即 INT1)就会被置位,并且一直保持直到手动清除这个标志位。当 CPU 在响应 T0INT 的时候,PIEACK 的第 0 位一直是 1,这时如果 PIE1 组内发生了其他的外设中断,则暂时不会被 PIE 控制器响应并发送给 CPU,必须等到 PIEACK 的第 0 位被复位之后,如果该中断请求还存在,那么 PIE 控制器会立刻把中断请求发送给 CPU。所以,每个外设中断被响应之后,一定要对 PIEACK 的相关位进行手动复位,以使得 PIE 控制器能够响应同组内的其他中断。清除 PIEACK 中与 T0INT 相关的应答位的语句如下所示:

```
PieCtrl.PIEACK.bit.ACK1 = 1;      //响应 PIE 组 1 内的其他中断
```

因此,当外设中断向 PIE 提出中断请求之后,PIE 中断标志寄存器 PIEIFRx 的相关标志位被置位,这时如果相应的 PIEIERx 相关的中断使能位被置位,PIEACK 相应位的值为 0,PIE 控制器便会将该外设中断请求提交给 CPU;否则如果相应的 PIEIERx 相关的中断使能位没有被置位,就是没有被使能,或者 PIEACK 相应位的值为 1,即便 PIE 控制器正在处理同组的其他中断,PIE 控制器都暂时不会响应外设的中断请求。

通过上面的分析,在 PIE 级需要编程时手动处理的地方有:
- PIE 中断的使能,需要使能某个外设中断,就得将其相应组的使能寄存器 PIEIERx 的相应位进行置位;
- PIE 中断的屏蔽,这是和使能相反的操作;
- PIE 应答寄存器 PIEACK 相关位的清除,以使得 CPU 能够响应同组内的其他中断。

将 PIE 级的中断和外设级的中断相比较之后发现,外设中断的中断标志位是需要手工清除的,而 PIE 级的中断标志位都是自动置位或者是清除的。但是 PIE 级多了一个 PIEACK 寄存器,它相当于一个关卡,同一时间只能放一个中断过去,只有等到这个中断被响应完成之后,再给关卡一个放行命令之后,才能让同组的下一个中断过去,被 CPU 响应。

3. CPU 级

和前面两级类似,CPU 级也有中断标志寄存器 IFR 和中断使能寄存器 IER。当某一个外设中断请求通过 PIE 发送到 CPU 时,CPU 中断标志寄存器 IFR 中相对应的中断标志位 INTx 就会被置位。例如,当 CPU 定时器 0 的周期中断 T0INT 发送到 CPU 时,IFR 的第 0 位 INT1 就会被置位,然后该状态就会被锁存在寄存器 IFR 中。这时,CPU 不会马上去执行相应的中断,而是检查 IER 寄存器中相关位的使能情况和 CPU 寄存器 ST1 中全局中断屏蔽位 INTM 的使能情况。如果 IER 中的相关位被置位,并且 INTM 的值为 0,则中断就会被 CPU 响应。在 CPU 定时器 0 的周期中断的例子里,当 IER 的第 0 位 INT1 被置位,INTM 的值为 0,则 CPU 就会响应定时器 0 的周期中断 T0INT。

  CPU 接到了中断请求,并发现可以去响应时,就得暂停正在执行的程序,转而去响应中断程序,但是此时,它必须得做一些准备工作,以便于执行完中断程序之后回过头来还能找到原来的地方和原来的状态。CPU 会将相应的 IFR 位进行清除,EALLOW 也被清除,INTM 被置位,即不能响应其他中断,等于 CPU 向其他中断发出了通知,现在正在忙,没有时间处理别的请求,得等到处理完手上的中断之后才能再来处理。然后,CPU 会存储返回地址并自动保存相关的信息,例如将正在处理的数据放入堆栈等。做好这些准备工作之后,CPU 会从 PIE 向量表中取出对应的中断向量 ISR,从而转去执行中断服务子程序。

  可以看到,CPU 级中断标志位的置位和清除也都是自动完成的。图 11-13 很形象地表示了 X281x 的三级中断,能够帮助更好地理解这部分内容,可以结合此图反复对照琢磨。

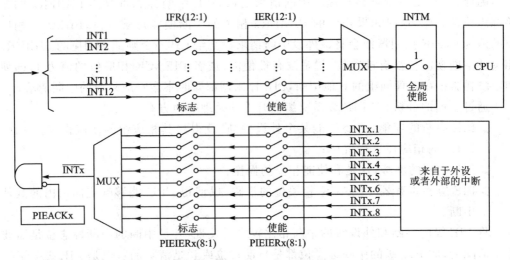

图 11-13   X281x 中断的工作过程

11.5   成功实现中断的必要步骤

  对于刚刚使用 DSP 的用户可能会常常遇到中断无法进入的问题,这确实是一件非常郁闷的事情。接下来,将详细介绍怎样编写中断程序才能够顺利进入中断,这部分内容可能大家在实际使用时才能有所体会,因为毕竟"绝知此事须躬行"。

  先来看看共享资料编程素材文件夹内一些在建立工程时需要使用的文件,也是推荐的工程结构所需的文件。首先来看 DSP28_Piectrl.h,这个文件定义了与 PIE 相关的寄存器数据结构,如果对照书中所介绍的相关寄存器定义,可以发现两者是一样的。然

第 11 章 X2812 的中断系统

后看 DSP28_PieVect.h,这个头文件定义了 PIE 的中断向量。接下来看源文件。DSP28_PieCtrl.c 文件里只有一个函数,InitPieCtrl(),其作用是对 PIE 控制器进行初始化,例如在程序开始时使能某些外设中断。DSP28_PieVect.c 文件是对 PIE 中断向量表进行初始化。执行完这个程序后,各个中断函数就有了明确的入口地址,这样 CPU 执行起来也方便了。最后,需要关注 DSP28_DefaultIsr.c 这个文件,大家或许会惊讶地发现,F2812 所有的与外设相关的中断函数都已经在这个文件里预定义好了,在编写中断函数的时候,只需将具体的函数内容写进去就可以了。图 11-14 是 ADC 中断函数。

```
interrupt void ADCINT_ISR(void)    //ADC中断函数
{
    //在这里插入中断函数的代码

    //注意退出中断函数时需要先释放PIE,使得PIE能够响应同组其他中断
    //PieCtrl.PIEACK.all = PIEACK_GROUP1;

    //下面两行只是为了编译而写的,插入代码后请将其删除

    //中断函数代码
    asm ("    ESTOP0");
    for(;;);

    //返回:
}
```

图 11-14 DSP28_Default.c 文件中的 ADC 中断函数

除了采用上述的文件结构外,接下来介绍一下具体的写法,以保证中断能够成功进入。仍然以 CPU 定时器 0 的周期中断 T0INT 为例。其实编写一个成功的中断并不难,书写时请按照下面的步骤进行。

① 在外设初始化函数中使能外设中断。

程序清单 11-1 外设初始化函数

```
void InitCpuTimers(void)
{
    ...
    CpuTimer0Regs.TCR.bit.TIE = 1; //使能 CPU 定时器 0 的周期中断
    ...
}
```

② 在主函数里有一些步骤不可缺少,主要有初始化外设、使能 PIE 和 CPU 中断等。

程序清单 11-2 主函数中的处理

```
void main(void)
{
    ...
    ...
    InitCpuTimers();              //初始化 CPU 定时器 0
```

```
    DINT;        //禁止和清除所有 CPU 中断
    IER = 0x0000;
    IFR = 0x0000;    InitPieCtrl();        //初始化中断向量
    InitPieVectTable();        //初始化中断向量表
    PieCtrl.PIEIER1.bit.INTx7 = 1;        //使能 PIE 模块中的 CPU 定时器 0 的中断
    IER |= M_INT1;        //开 CPU 中断 1
    EINT;        //使能全局中断
    ERTM;        //使能实时中断
}
```

这里来分析一下开 CPU 中断的语句:"IER |= M_INT1"。为什么这个语句表示开 CPU 中断 1 呢? 首先,M_INT1 的值为 0x0001,这是在 DSP28_Device.h 文件内定义的。这样,"IER |= M_INT1"就等于是"IER |= 0x0001",也就等于"IER = IER | 0x0001"。也就是 IER 的最低位与 1 进行或运算,然后把结果赋给 IER 的最低位,显然这样运算之后,IER 的最低位变成了 1。IER 的最低位代表的就是 CPU 中断 1 的使能位,现在这个位的值为 1,也就是说使能了 CPU 中断 1。

③ 在文件 DSP28_DefaultIsr.c 的中断函数中需要注意的一些步骤:必须要手动清除外设中断的标志位和复位 PIE 应答寄存器 PIEACK 相关的位,使得 CPU 能够响应 PIE 控制器同组内的其他中断。

程序清单 11-3 中断函数的处理

```
interrupt void TINT0_ISR(void)        // CPU Timer0 中断函数
{
    ...
    CpuTimer0Regs.TCR.bit.TIF = 1;        //清除定时器中断标志位
    PieCtrl.PIEACK.bit.ACK1 = 1;        //响应同组其他中断
    EINT;        //开全局中断
}
```

如果按照上述的方法来编写中断程序,一般是不会出错的。当然,万一出现了中断无法进入的情况,也不用着急,一定要学会分析,通过分析找到问题,然后加以解决。首先,应该检查上述的一些程序处理是不是有疏忽弄错的地方;其次要分析是不是有中断源,即中断事件是不是确实发生了,如果中断事件都没有发生,那么也就不可能进入中断程序。

11.6 手把手教你使用 CPU 定时器 0 的周期中断来控制 LED 灯的闪烁

上一章中由于还没有介绍中断的知识,所以也没有讲 CPU 定时器 0 的应用实例,现在来看看如何使用 CPU 定时器 0 的周期中断来控制 LED 灯的闪烁。在第 9 章中讲述使用 GPIO 引脚来控制 LED 灯闪烁的实验,为了实现闪烁的效果,使用的方法是:在主循环中,先使 GPIO 引脚输出低电平,点亮 LED 灯,然后延时一段时间之后,使

GPIO 引脚输出高电平;熄灭 LED 灯,再延时一段时间,然后循环。电路原理图可参看第 9 章中的相关实验。这固然可以实现 LED 灯的闪烁,但是闪烁的时间不好精确控制,例如希望 LED 灯闪烁的频率为 1 Hz,也就是每隔 1 s 闪烁一下,显然,使用延时函数 delay_loop()很难精确控制,那如何解决这个问题呢?

这时想到 CPU 定时器 0,在完成一个周期的计数之后会产生一个周期中断。是不是可以设置 CPU 定时器 0 的周期为 1 s,这样每隔 1 s 就会进入一次周期中断,然后在中断服务子程序中改变 GPIO 引脚的电平,这样就能实现每隔 1 s LED 灯闪烁一次的要求了。此实验的例程在共享资料内的路径为:"共享资料\TMS320F2812 例程\第 11 章\11.6\CpuTimer0"。使用 CPU 定时器 0 的周期中断来控制 LED 灯闪烁的参考程序(CpuTimer0.pjt)见程序清单 11-4~程序清单 11-8。

程序清单 11-4 系统初始化模块

```
/****************************************************************
* 文件名:DSP28_SysCtrl.c
* 功  能:对 2812 的系统控制模块进行初始化
****************************************************************/
#include "DSP28_Device.h"
/****************************************************************
* 名   称:InitSysCtrl()
* 功   能:该函数对 2812 的系统控制寄存器进行初始化
* 入口参数:无
* 出口参数:无
****************************************************************/
void InitSysCtrl(void)
{
    Uint16 i;
    EALLOW;
    SysCtrlRegs.WDCR = 0x0068;        //禁止看门狗模块
//初始化 PLL 模块,如果外部晶振为 30 MHz,则 SYSCLKOUT = 30 MHz × 10/2 = 150 MHz
    SysCtrlRegs.PLLCR = 0xA;
    for(i = 0; i < 5000; i ++ ){}    //延时,使得 PLL 模块能够完成初始化操作
//高速时钟预定标器和低速时钟预定标器,产生高速外设时钟 HSPCLK 和低速外设时钟 LSPCLK
    SysCtrlRegs.HISPCP.all = 0x0001;  // HSPCLK = 150 MHz/2 = 75 MHz
    SysCtrlRegs.LOSPCP.all = 0x0002;  // LSPCLK = 150 MHz/4 = 37.5MHz
    EDIS;
}
```

程序清单 11-5 GPIO 模块初始化

```
/****************************************************************
* 文件名:DSP28_Gpio.c
* 功  能:2812 通用输入/输出口 GPIO 的初始化函数
****************************************************************/
#include "DSP28_Device.h"
/****************************************************************
```

```
* 名    称:InitGpio()
* 功    能:初始化引脚 XF 为通用的 I/O 口,方向为输出。
*         XF 为低电平时,D1 亮;XF 为高电平时,D1 灭
* 入口参数:无
* 出口参数:无
***************************************************************/
void InitGpio(void)
{
    EALLOW;
    GpioMuxRegs.GPFMUX.bit.XF_GPIOF14 = 0;    //将 XF 引脚设置位 I/O 口
    GpioMuxRegs.GPFDIR.bit.GPIOF14 = 1;       //引脚方向为输出
    GpioDataRegs.GPFSET.bit.GPIOF14 = 1;      //引脚初始化为高电平,D1 灭
    EDIS;
}
```

程序清单 11-6   CPU 定时器 0 模块初始化

```
/****************************************************************
* 文件名:DSP28_CpuTimers.c
* 功    能:初始化 32 位 CPU 定时器
***************************************************************/
#include "DSP28_Device.h"
//对用户开放的 CPU 定时器只有 CpuTimer0、CpuTimer1 和 CpuTimer2
struct CPUTIMER_VARS CpuTimer0;
struct CPUTIMER_VARS CpuTimer1;  //被保留用作实习操作系统 OS(例如 DSP BIOS)
struct CPUTIMER_VARS CpuTimer2;
/****************************************************************
* 名    称:InitCpuTimers()
* 功    能:初始化 CpuTimer0
* 入口参数:无
* 出口参数:无
***************************************************************/
void InitCpuTimers(void)
{
    CpuTimer0.RegsAddr = &CpuTimer0Regs;   //使得 CpuTimer0.RegsAddr 指向定时器寄存器
    CpuTimer0Regs.PRD.all = 0xFFFFFFFF;    //初始化 CpuTimer0 的周期寄存器
    CpuTimer0Regs.TPR.all = 0;             //初始化定时器预定标计数器
    CpuTimer0Regs.TPRH.all = 0;
    CpuTimer0Regs.TCR.bit.TSS = 1;         //停止定时器
    CpuTimer0Regs.TCR.bit.TRB = 1;         //将周期寄存器 PRD 中的值装入计数器寄存器 TIM 中
    CpuTimer0.InterruptCount = 0;          //初始化定时器中断计数器
}
/****************************************************************
* 名    称:ConfigCpuTimer()
* 功    能:此函数将使用 Freq 和 Period 两个参数来对 CPU 定时器进行配置。
*         Freq 以 MHz 为单位,Period 以 μs 作为单位。
* 入口参数:*Timer(指定的定时器),Freq,Period
* 出口参数:无
***************************************************************/
```

```c
void ConfigCpuTimer(struct CPUTIMER_VARS * Timer, float Freq, float Period)
{
    Uint32 temp;
    Timer -> CPUFreqInMHz = Freq;
    Timer -> PeriodInUSec = Period;
    temp = (long) (Freq * Period);
    Timer -> RegsAddr -> PRD.all = temp;         //给定时器周期寄存器赋值
    Timer -> RegsAddr -> TPR.all = 0;            //给定时器预定标寄存器赋值
    Timer -> RegsAddr -> TPRH.all = 0;
    // 初始化定时器控制寄存器
    Timer -> RegsAddr -> TCR.bit.TIF = 1;        //清除中断标志位
    Timer -> RegsAddr -> TCR.bit.TSS = 1;        //停止定时器
    Timer -> RegsAddr -> TCR.bit.TRB = 1;        //定时器重装,将定时器周期寄存器的值装
                                                 //入定时器计数器寄存器
    Timer -> RegsAddr -> TCR.bit.SOFT = 1;
    Timer -> RegsAddr -> TCR.bit.FREE = 1;
    Timer -> RegsAddr -> TCR.bit.TIE = 1;        //使能定时器中断
    Timer -> InterruptCount = 0;                 //初始化定时器中断计数器
}
```

程序清单 11-7 主函数模块

```c
/*************************************************************
* 文件名:CpuTimer0.c
* 功   能:通过使用 CPU 定时器来控制 LED D1 的亮和灭
* 说   明:D1 与引脚 XF 相连,XF 为低电平时,D1 亮;XF 为高电平时,D1 灭。频率为 1 Hz,即
*         每隔 1 s D1 被点亮。间隔时间由 CpuTimer0 来控制
*************************************************************/
#include "DSP28_Device.h"
/*************************************************************
* 名   称:main()
* 功   能:完成系统初始化工作
* 入口参数:无
* 出口参数:无
*************************************************************/
void main(void)
{
    InitSysCtrl();                    //初始化系统函数
    DINT;
    IER = 0x0000;                     //禁止 CPU 中断
    IFR = 0x0000;                     //清除 CPU 中断标志
    InitPieCtrl();                    //初始化 PIE 控制寄存器
    InitPieVectTable();               //初始化 PIE 中断向量表
    InitPeripherals();                //初始化 CPU 定时器模块
    InitGpio();                       //初始化 GPIO
    PieCtrl.PIEIER1.bit.INTx7 = 1;    //使能 PIE 模块中的 CPU 定时器 0 的中断
    IER |= M_INT1;                    //开 CPU 中断 1
    EINT;                             //使能全局中断
```

```c
    ERTM;            //使能实时中断
    ConfigCpuTimer(&CpuTimer0, 150, 1000000);    //CPU 定时器 0 的周期为 1 s
    StartCpuTimer0();                            //启动 CPU 定时器 0
    for(;;)
    {
    }
}
```

程序清单 11-8 CPU 定时器 0 周期中断函数

```c
/***************************************************************
* 文件名:DSP28_DefaultIsr.c
* 功  能:此文件包含了与 F2812 所有默认相关的中断含函数,我们只需在相应的中断函数中加入
*        代码以实现中断函数的功能即可
***************************************************************/
#include "DSP28_Device.h"
/***************************************************************
* 名  称:TINT0_ISR()
* 功  能:CPU 定时器 0 中断函数,改变 XF 引脚的电平,从而改变 D1 的状态
* 入口参数:无
* 出口参数:无
***************************************************************/
interrupt void  TINT0_ISR(void)              // CPU Timer0 中断函数
{
    CpuTimer0.InterruptCount++;
    if(CpuTimer0.InterruptCount == 1)
    {
        GpioDataRegs.GPFCLEAR.bit.GPIOF14 = 1;    //XF 引脚低电平,D1 亮
    }
    if(CpuTimer0.InterruptCount == 2)
    {
        GpioDataRegs.GPFSET.bit.GPIOF14 = 1;      //XF 引脚高电平,D1 灭
        CpuTimer0.InterruptCount = 0;
    }
    CpuTimer0Regs.TCR.bit.TIF = 1;                //清除定时器中断标志位
    PieCtrl.PIEACK.bit.ACK1 = 1;                  //响应同组其他中断
    EINT;                                         //开全局中断
}
```

本章首先从上至下详细介绍了 X281x 的 CPU 中断、PIE 中断、中断向量表等内容;然后又从下至上详细分析了 X281x DSP 的三级中断系统,了解了在 DSP 中是如何从外设产生中断事件到 PIE 控制器再到 CPU 响应中断事件的整个过程,并详细介绍了成功进入 DSP 中断必须的一些步骤;最后,介绍了如何使用 CPU 定时器 0 的周期中断来控制 LED 灯的周期性闪烁。下一章将详细介绍 X281x 的事件管理器 EV 的内容。

第 12 章

事件管理器 EV

使用 X281x DSP 做开发,事件管理器通常是肯定要用的,因为事件管理器为用户提供了众多的功能,使其在电机控制、变频器、逆变器等应用场合中显得特别有用。X281x 的事件管理器模块包括通用定时器、全比较/PWM 单元、捕获单元以及正交编码脉冲电路。接下来,本章将一一介绍这些有用的模块,并详细讲解如何使用事件管理器来产生工程所需的 PWM 波形。

12.1 事件管理器的功能

事件管理器的英文名为 Event Manager,简称 EV。X281x 具有两个事件管理器模块 EVA 和 EVB,这两个事件管理器模块就像双胞胎一样,具有完全相同的功能,都具有通用定时器、比较单元、捕获单元、正交编码电路,只是各个单元的名称因为 EVA 和 EVB 而有所区别。EVA 和 EVB 具有相同的外设功能,相应也具有相同的外围寄存器组,两者的区别也只是在命名上。本章在介绍时主要以 EVA 为例,EVB 可对照学习。图 12-1 为 EVA 的结构框图。

从图 12-1 可以看到,事件管理器 EVA 模块具有 2 个 16 位的通用定时器(通用定时器 1 和通用定时器 2)、3 个比较单元(比较单元 1、比较单元 2 和比较单元 3)、3 个捕获单元(捕获单元 1、捕获单元 2 和捕获单元 3)以及 1 个正交编码脉冲电路(QEP 电路)。类似的,EVB 模块同样具有 2 个 16 位的通用定时器(通用定时器 3 和通用定时器 4)、3 个比较单元(比较单元 4、比较单元 5 和比较单元 6)、3 个捕获单元(捕获单元 4、捕获单元 5 和捕获单元 6)以及 1 个正交编码脉冲电路(QEP 电路)。

前面已经讲过 CPU 的定时器,事件管理器的通用定时器与其类似,也可以用来计时,但是两者也有区别。最明显的区别:CPU 定时器是 32 位的,而 EV 的通用定时器都是 16 位的。两种定时器所选用的时钟也不一样、工作方式也有不一样,具体在后面详细介绍。EV 的通用定时器除了可以计时之外,每个定时器还能单独产生 1 路独立的 PWM 波形。

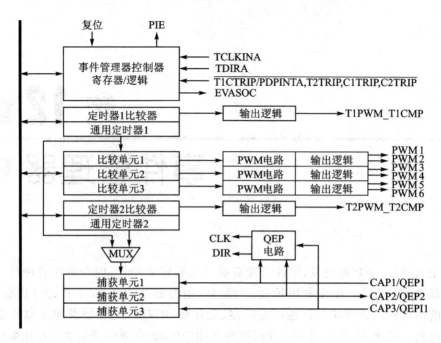

图 12-1 EVA 的结构框图

比较单元又称为全比较/PWM 单元,从名字上就可以看出来,其功能主要是用来产生 PWM 波形,每个比较单元可以产生一对(两路)互补的 PWM 波。3 个比较单元生成的 6 路 PWM 波正好可以驱动一个三相全桥电路。

捕获单元的功能是捕获外部输入脉冲波形的上升沿或者下降沿,可以统计脉冲的间隔,也可以统计脉冲的个数。通常用来对外部硬件信号的时间间隔进行测量,利用 6 个边沿检测单元测量外部信号的时间差,从而可以确定电机转子的转速。

正交编码电路可以对输入的正交脉冲进行编码和计数,它与光电编码器相连可以获得旋转机械部件的位置、速率等信息,也多用于电机控制。

总结图 12-1 中事件管理器的模块及信号,列于表 12-1 中。

表 12-1 事件管理器的模块及信号的命名

事件管理器模块	EVA		EVB	
	模 块	信号引脚	模 块	信号引脚
通用定时器	定时器 1	T1PWM_T1CMP	定时器 3	T3PWM_T3CMP
	定时器 2	T2PWM_T2CMP	定时器 4	T4PWM_T4CMP
比较单元	比较单元 1	PWM1	比较单元 4	PWM4
	比较单元 2	PWM2	比较单元 5	PWM5
	比较单元 3	PWM3	比较单元 6	PWM6
捕获单元	捕获单元 1	CAP1_QEP1	捕获单元 4	CAP4_QEP3
	捕获单元 2	CAP2_QEP2	捕获单元 5	CAP5_QEP4
	捕获单元 3	CAP3_QEPI1	捕获单元 6	CAP6_QEPI2

第 12 章 事件管理器 EV

续表 12 - 1

事件管理器模块	EVA		EVB	
	模 块	信号引脚	模 块	信号引脚
QEP 电路	QEP	CAP1_QEP1	QEP	CAP4_QEP3
		CAP2_QEP2		CAP5_QEP4
		CAP3_QEPI1		CAP6_QEPI2
外部定时器输入	计数方向	TDIRA	计数方向	TDIRB
	外部时钟	TCLKINA	外部时钟	TCLKINB
External Compare - output Trip Inputs		$\overline{\text{C1TRIP}}$		$\overline{\text{C4TRIP}}$
		$\overline{\text{C2TRIP}}$		$\overline{\text{C5TRIP}}$
		$\overline{\text{C3TRIP}}$		$\overline{\text{C6TRIP}}$
External Timer - compare Trip Inputs		$\overline{\text{T1CTRIP\_PDPINTA}}$		$\overline{\text{T3CTRIP\_PDPINTB}}$
		$\overline{\text{T2CTRIP\_EVASOC}}$		$\overline{\text{T4CTRIP\_EVBSOC}}$
External Trip Inputs		$\overline{\text{T1CTRIP\_PDPINTA}}$		$\overline{\text{T3CTRIP\_PDPINTB}}$
启动外部 ADC 转换		$\overline{\text{T2CTRIP\_EVASOC}}$		$\overline{\text{T4CTRIP\_EVBSOC}}$

表 12-1 中，非常明显地列举了事件管理器的各个模块和相对应的信号引脚。其中，"External Compare - output Trip Inputs"、"External Timer - compare Trip Inputs"、"External Trip Inputs"这 3 个表述用的是英文，而其他的模块都翻译成了中文，这是为什么呢？因为这 3 个信号翻译成中文通常非常拗口，例如有的书中把它们翻译成了"外部比较-输出行程输入"、"外部定时器-比较行程输入"、"外部行程输入"，看了使人有些迷糊，更不用说理解这 3 类信号究竟是用来做什么的了，因此在这里还是使用原汁原味的英文名称。下面，来详细介绍一下这 3 类信号的作用。

(1) External Compare - output Trip Inputs

可以将此信号理解为切断比较输出的外部控制输入。以信号 $\overline{\text{C1TRIP}}$ 为例，从命名上看，这个信号肯定是和比较单元 1 有关。假设当比较单元 1 工作时，其两个引脚 PWM1 和 PWM2 正在不断的输出 PWM 波形，这时候，如果 $\overline{\text{C1TRIP}}$ 引脚信号变为低电平，则此时 PWM1 和 PWM2 引脚将立刻变为高阻态，不会再有 PWM 波形输出，也就是给 $\overline{\text{C1TRIP}}$ 引脚输入低电平，则比较输出就会被切断。

(2) External Timer - compare Trip Inputs

可以将此信号理解为切断定时器比较输出的外部控制输入。以信号 $\overline{\text{T1CTRIP\_PDPINT}}$ 为例，从命名上看，这个信号肯定和通用定时器 1 有关。假设当定时器 1 的比较功能在运行，引脚 T1PWM_T1CMP 正在输出 PWM 波形，这时如果 $\overline{\text{T1CTRIP\_PDPINT}}$ 引脚信号变为低电平，则引脚 T1PWM_T1CMP 将立刻变为高阻态，也就不再会有 PWM 波形输出。

(3) External Trip Inputs

$\overline{\text{PDPINTx}}$(x=A 或者 B)其实是一个功率驱动保护信号，它为系统的安全提供了保护。例如在电机控制中，有时电路中会出现过电压、过电流或者温度急剧上升的情况,此时如果 $\overline{PDPINTx}$ 的中断未被屏蔽,当 $\overline{PDPINTx}$ 引脚变为低电平时,则所有的 PWM 输出引脚都将立刻变为高阻态,同时也将会产生一个中断,从而阻止过高的电压、电流或者温度损坏电路,达到保护系统的目的。$\overline{PDPINTA}$ 对应控制的是 PWM1～6,而 $\overline{PDPINTB}$ 对应控制的是 PWM7～12。当然,使用 $\overline{PDPINTx}$ 作为功率驱动保护时,在电路设计时就要考虑到给其配一个监视电路状态的信号。

在上面讲解时,多次提到了 DSP 的引脚变为高阻态,那这是一种什么样的状态呢？下面来简单介绍一下高阻态的概念。高阻态是数字电路里常见的术语,指的是电路的一种输出状态,既不是高电平也不是低电平。如果高阻态再输入下一级电路,对下级电路没有任何影响,就和没有接一样。如果用万用表测量则有可能是高电平,也有可能是低电平,随它后面接的东西来确定。在 X281x 中,悬空的引脚一般就是处于高阻态。

12.2 通用定时器

每个事件管理器都有两个 16 位的通用定时器,事件管理器 EVA 有通用定时器 1 和通用定时器 2,即 T1 和 T2,事件管理器 EVB 有通用定时器 3 和通用定时器 4,即 T3 和 T4。每个通用定时器都可以独立使用,也可以两两配合同步使用,T1 和 T2 可同步,T3 和 T4 可同步。通用定时器的作用主要有三：一是计时；二是使用定时器的比较功能产生 PWM 波；三是给时间管理器的其他子模块提供基准时钟,例如 EVA 的 T1 为比较单元和 PWM 电路提供基准时钟,T2 为捕获单元和正交脉冲计数操作提供基准时钟。由于 T1、T2、T3、T4 基本功能都是一样的,所以下面主要以 T1 为例进行讲解,其余的定时器可参照使用。图 12 - 2 为通用定时器的结构框图。

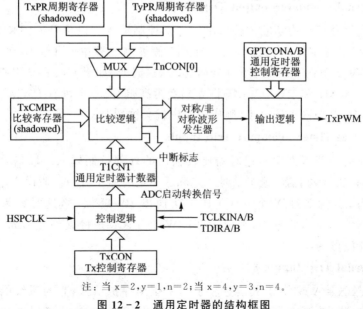

注：当 x=2,y=1,n=2；当 x=4,y=3,n=4。

图 12 - 2 通用定时器的结构框图

第12章 事件管理器 EV

根据图 12-2 可以看出,定时器 T1 具有下面的一些信息:

① 和定时器 T1 相关的常用寄存器:16 位的 T1 周期寄存器 T1PR;16 位的 T1 比较寄存器 T1CMPR;16 位的 T1 计数寄存器 T1CNT;16 位的 T1 控制寄存器 T1CON;16 位的通用定时器控制寄存器 GPTCONA。

② 定时器 T1 常见的输入信号:
- 来自于 CPU 的内部时钟 HSPCLK,这个前面已经讲过,是高速外设时钟。
- 外部时钟输入 TCLKINA,最大频率为器件自身时钟频率的 1/4,也就是不能超过 150 MHz/4=37.5 MHz。
- 定时器计数方向输入 TDIRA,用于定时器工作于定向增/减计数模式,后面会详细介绍。
- 复位信号 RESET。

③ 定时器 T1 的输出信号:
- 定时器的比较输出 T1PWM_T1CMP,可输出 PWM 波。
- 送给 ADC 模块的 AD 转换启动信号。
- 下溢、上溢、比较和周期匹配信号。

T1PR 是定时器 T1 的周期寄存器,用于存放为 T1 设置的周期值。T1CMPR 是定时器 T1 的比较寄存器,用于存放为 T1 设置的比较值。T1PR 和 T1CMPR 通常是在初始化的时候进行赋值操作,然后就成了一个参考标准。而 T1CNT 是定时器 T1 的计数器寄存器,其中的值是随着时钟脉冲不断增加或者减少的,每过一个定时器时钟脉冲,T1CNT 的值就会增加或者减少 1。CPU 会实时地将 T1CNT 的值和 T1CMPR、T1PR 的值进行比较,从而产生一些事件。比如,当 T1CNT 的值和 T1CMPR 的值相等时,就会产生比较匹配事件,进而产生比较中断或者 PWM 波等;当 T1CNT 的值与 T1PR 的值相等时,就会产生周期匹配事件。这些在后面会详细介绍,这里主要是对 T1PR、T1CMPR 和 T1CNT 这 3 个寄存器的功能和特点有所了解。

从图 12-2 还可以看到,定时器周期寄存器 T1PR 和定时器比较寄存器 T1CMPR 都带有"shadowed",直接翻译过来就是带有阴影,可以将其理解为带有缓冲的意思。那么带有阴影的寄存器是什么意思呢?为什么要带有阴影呢?下面结合图 12-3 来说明这个问题。

先来考虑这样一个问题,在定时器计数的过程中,可以改变 T1CMPR 或者 T1PR 的值吗?答案肯定是可以的。用户可以在一个周期的任意时刻向 T1CMPR 或者 T1PR 写入新的值,其功劳就要归功于阴影寄存器了。如图 12-3 所示,假设需要向 T1CMPR 写入 16 位新值 0xXXXX,首先将这个值写入 T1CMPR 的阴影寄存器,然后根据 T1CON 寄存器中第 3 位 TCLD1 和第 2 位 TCLD0 所指定的特定时刻,

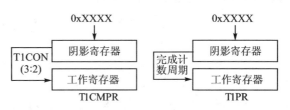

图 12-3 阴影寄存器的作用

阴影寄存器中的数据就会写入 T1CMPR 的工作寄存器中。定时器 1 比较寄存器 T1CMPR 的重载条件如表 12-2 所列。如果 TCLD1 和 TCLD0 设置为 10 的话,新的数据就会立即被写入工作寄存器,从而改变 T1CMPR 的值。

表 12-2 定时器比较寄存器重载条件——T1CON

TCLD1	TCLD0	描 述
0	0	当计数寄存器 T1CNT=0
0	1	当计数寄存器 T1CNT 的值为 0 或者等于周期寄存器的值
1	0	立即载入
1	1	保留

如果需要向 T1PR 写入新的数据 0xXXXX,数据也会被立即写入阴影寄存器,但只有当 T1CNT 完成一个周期计数、值为 0 的时候,阴影寄存器中的内容才会被载入到工作寄存器中,从而改变 T1PR 的值。实际应用定时器的时候很可能需要在程序执行过程中不断地改变这两个寄存器的数值,例如改变 PWM 波形的频率或者脉宽,所以其重载的条件是需要关注的。

12.2.1 通用定时器的时钟

每一个外设的工作都离不开时钟脉冲,通用定时器计数时也完全依赖于提供给它的时钟脉冲,犹如人依赖于心跳一样。定时器 T1 的计数寄存器 T1CNT 就是完全根据时钟脉冲来计数的,每过一个时钟脉冲,T1CNT 就增加或者减少 1。为了能够精确计算定时器定时的时间,首先得弄清定时器的时钟 TCLK。下面结合图 12-4,从外部晶振开始分析起,看看 T1 的时钟脉冲 TCLK 是如何得到的。

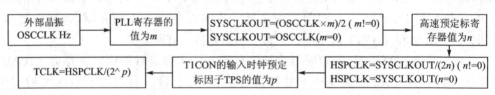

图 12-4 定时器 T1 时钟脉冲 TCLK 的原理

从图 12-4 可以看到,假设外部晶振的频率为 OSCCLK Hz,通常使用的是 30 MHz 晶振,也就是说 OSCCLK=30 MHz,然后通过 F2812 内部的锁相环 PLL 模块得到系统时钟 SYSCLKOUT,假设 PLL 寄存器的值为 m,则

$$\begin{cases} SYSCLKOUT = OSCCLK(m=0) \\ SYSCLKOUT = OSCCLK \times m/2(m \neq 0) \end{cases} \quad (12-1)$$

如果 OSCCLK=30 MHz, $m=10$,则 SYSCLKOUT 就等于 150 MHz 了,达到 F2812 所能支持的最高时钟频率。SYSCLKOUT 信号需要通过高速预定标因子才能得到提供给如 EV、ADC 等高速外设的高速时钟 HSPCLK。假设高速预定标寄存器的值为 n,则 HSPCLK 的计算如下式所示:

$$\begin{cases} \text{HSPCLK} = \text{SYSCLKOUT}(n=0) \\ \text{HSPCLK} = \text{SYSCLKOUT}/2n(n \neq 0) \end{cases} \qquad (12-2)$$

HSPCLK 是不是就是提供给 T1 的时钟了呢？答案是不一定。还得看定时器 T1 控制寄存器 T1CON 中的第 10～8 位，定时器输入时钟预定标因子 TPS 的值，假设其值为 p，则实际最终提供给定时器 T1 的时钟 TCLK 如下式所示：

$$\text{TCLK} = \text{HSPCLK}/2^p \qquad (12-3)$$

至此得到了定时器 T1 的时钟脉冲 TCLK，T1CNT 每隔一个 TCLK 脉冲，就增加或者减少 1。

12.2.2 通用定时器的计数模式

前面学过，CPU 定时器的计数模式是从周期寄存器的值开始，不断减 1，直至为 0，然后再重载周期寄存器的值，循环计数。事件管理器通用定时器的计数模式要比 CPU 定时器丰富多了，能够支持停止/保持、连续增、连续增/减和定向增/减计数共 4 种计数模式。定时器 T1 究竟工作于何种模式取决于 T1 控制寄存器的第 12 位 TMODE1 和第 11 位 TMODE0，具体的模式选择如表 12-3 所列。下面将详细介绍定时器 T1 的 4 种计数模式。

（1）停止/保持模式

当 TMODE 的值为 0 时，定时器工作于停止/保持模式。在这种模式下，通用定时器停止计数并保持当前的状态。此时，定时器的计数寄存器 T1CNT、比较输出 T1PWM_T1CMP 将保持不变。

表 12-3 定时器 T1 计数模式选择——T1CON

TMODE1	TMODE0	描述
0	0	停止/保持模式
0	1	连续增/减计数模式
1	0	连续增计数模式
1	1	定向增/减计数模式

（2）连续增/减计数模式

当 TMODE 的值为 1 时，定时器工作于连续增/减计数模式，工作方式如下：定时器计数器寄存器 T1CNT 先从初始值开始递增至周期寄存器的值，再递减至 0，然后从 0 开始递增至周期寄存器的值，接着再从周期寄存器的值递减至 0，就这样不断循环下去。如图 12-5 所示，T1 周期寄存器 T1PR 的值为 2，T1CNT 的初始值为 0，定时器工作于连续增/减计数模式时，T1CNT 先从 0 开始递增计数至 2，然后再从 2 逐渐递减为 0，周而复始。

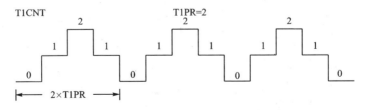

图 12-5 定时器的连续增/减计数模式

从图 12-5 很容易看出,在这种模式下,除了第 1 个计数周期外,定时器的计数周期都是 2×T1PR 个定时器输入时钟周期。当然,T1CNT 的初始值为 0 时,第 1 个计数周期也是 2×T1PR。

图 12-5 是连续增/减计数模式下,T1CNT 的初始值为 0 时定时器的计数过程。其实,T1CNT 的初始值可以是 0x0000～0xFFFF 中的任意值。如图 12-6 所示,当 T1CNT 的初始值大于 T1PR 时,T1CNT 先递增计数至 0xFFFF,然后 T1CNT 的值突变为 0,再继续计数就如同初始值为 0 一样,先从 0 递增至 T1PR,再从 T1PR 递减至 0,不断重复。当 T1CNT 的初始值与 T1PR 的值相等时,T1CNT 先从 T1PR 递减至 0,再从 0 递增至 T1PR,不断重复。当 T1CNT 的初始值大于 0 但是小于 T1PR 时,T1CNT 先从初始值递增至 T1PR,然后再从 T1PR 递减至 0,接着从 0 递增至 T1PR,不断重复。

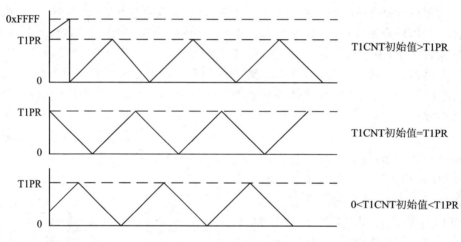

图 12-6　连续增/减计数模式时不同初始值情况下的计数

(3) 连续递增计数模式

当 TMODE 的值为 2 时,定时器工作于连续递增计数模式。连续递增计数模式的工作方式如下:定时器计数器寄存器先从初始值开始递增至周期寄存器的值,然后突变为 0,再从 0 开始递增至周期寄存器的值,就这样不断重复循环下去。如图 12-7 所示,T1 周期寄存器 T1PR 的值为 2,T1CNT 的初始值为 0,定时器工作于连续递增计数模式时,T1CNT 先从 0 开始递增计数至 2,再突变为 0,再从 0 递增计数至 2,周而复始。

从图 12-7 很容易看出,在这种模式下,除了第一个计数周期外,定时器的计数周期都是(T1PR+1)个定时器输入时钟周期。当然,T1CNT 的初始值为 0 时,第一个计数周期也是(T1PR+1)。

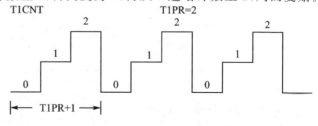

图 12-7　定时器的连续递增计数模式

图 12-7 是连续递增计数模式下,T1CNT 的初始值为 0 时定时器的计数过程。其实,T1CNT 的初始值可以是 0x0000～0xFFFF 中的任意值。如图 12-8 所示,当 T1CNT 的初始值大于 T1PR 时,T1CNT 先递增计数至 0xFFFF,然后 T1CNT 的值突变为 0,再继续计数就如同初始值为 0 一样,先从 0 递增至 T1PR,然后突变为 0,不断重复。当 T1CNT 的初始值与 T1PR 的值相等时,T1CNT 先突变至 0,再从 0 递增至 T1PR,不断重复。当 T1CNT 的初始值大于 0 但是小于 T1PR 时,T1CNT 先从初始值递增至 T1PR,然后突变为 0,接着从 0 递增至 T1PR,不断重复。

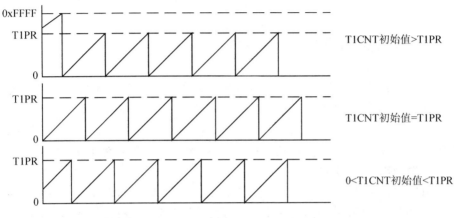

图 12-8　连续递增计数模式时不同初始值情况下的计数

(4) 定向增/减计数模式

当 TMODE 的值为 3 时,定时器工作于定向增/减计数模式。这时候 T1CNT 进行递增或者递减计数取决于引脚 TDIRA 的电平。如果引脚 TDIRA 为高电平,则 T1CNT 进行递增计数;如果 TDIRA 为低电平,则 T1CNT 进行递减计数。如果在 T1CNT 计数过程中,引脚 TDIRA 的电平发生了变化,那么必须在完成当前计数周期后的下一个定时器时钟周期时,T1CNT 的计数方向发生变化。如图 12-9 所示,定时器周期寄存器 T1PR 的值为 2,T1CNT 的初始值为 0。开始时,引脚 TDIRA 为高电平,T1CNT 递增计数,从 0 开始递增至 2,然后再突变至 0。在第 2 个周期计数过程中,TDIRA 变为低电平,但是 T1CNT 并没有立即递减,而是继续递增计数至 2,完成这个周期的计数后,再变为递减计数。

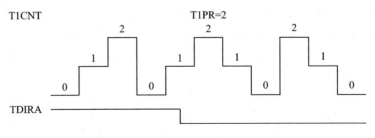

图 12-9　TDIRA 电平与计数方向的关系

定时器工作于定向增/减计数模式时,计数的方向可以从 GPTCONA 的 T1STAT 位读取。当 T1STAT 位为 1 时,表明定时器在递增计数;当 T1STAT 位为 0 时,表明定时器在递减计数。值得提醒的是,T1STAT 是只读位,仅反映了定时器某一时刻的计数方向,真正决定定时器计数方向的还是 TDIRA 引脚的电平。在这种计数模式下,定时器的输入时钟不仅可以选择内部的高速外设时钟 HSPCLK,而且可以选择 TCLKINA 引脚的外部时钟。

其实,通用定时器的这 4 种计数模式中,用得最多的是连续增/减计数模式和连续递增计数模式,其余两种模式很少会用到。

12.2.3 通用定时器的中断事件

前面已经介绍了 X281x 的三级中断系统,也介绍过 CPU 定时器 0 的周期中断,还并没有详细介绍过其他的外设中断。通用定时器的中断事件就是典型的外设中断,下面仍然以定时器 T1 为例来介绍与定时器相关的中断。和 T1 相关的中断有上溢中断 T1OFINT、下溢中断 T1UFINT、比较中断 T1CINT 和周期中断 T1PINT。

(1) 上溢中断 T1OFINT

当 T1CNT 的值为 0xFFFF 时,发生定时器 T1 的上溢中断。当上溢事件发生后,再过 1 个定时器时钟周期,则上溢中断的标志位被置位。值得注意的是,这里的上溢事件和传统的上溢概念有所区别,只要 T1CNT 的值为 0xFFFF,就会发生上溢中断事件。比如,初始化 T1CNT 的值为 0xFFFF,那么在启动定时器工作时,就已经产生了一个上溢中断事件。

(2) 下溢中断 T1UFINT

当 T1CNT 的值为 0x0000 时,发生定时器 T1 的下溢中断。当下溢事件发生后,再过 1 个定时器时钟周期,则下溢中断的标志位被置位。和上溢中断一样,只要 T1CNT 的值为 0x0000,就会发生下溢中断事件。

(3) 比较中断 T1CMP

当 T1CNT 的值和 T1 比较寄存器 T1CMPR 的值相等时,发生定时器 T1 的比较中断。当发生比较匹配后,再过一个定时器时钟周期,则比较中断的标志位被置位。以一个简单的生活实例来解释一下比较中断:防洪部门事先会规定一条警戒水位,雨季时,湖水的水位在不断上涨,当实际水位达到警戒水位时,防洪部门就要发出洪水警报。预先规定好的警戒水位就好比是比较寄存器 T1CMPR 的值,不断变化的水位就好比是不断计数的 T1CNT,当 T1CNT 的值等于 T1CMPR 的值时,就产生了比较中断事件。

(4) 周期中断 T1PR

当 T1CNT 的值和 T1 周期寄存器 T1PR 的值相等时,发生定时器 T1 的周期中断。当发生周期中断事件后,再过一个定时器时钟周期,则周期中断的标志位被置位。

当上述的中断标志位被置位后,如果该中断已经使能,则外设会立刻向 PIE 控制器发送中断请求。要记住,在退出中断时,一定要通过程序手动清除外设中断的标志位。在 EV 中,和上述中断相关的寄存器有:EVA 中断标志寄存器 EVAIFRA 和 EVAIFRB,EVA 中断屏蔽寄存器 EVAIMRA 和 EVAIMRB。这两类寄存器一类是中断标志寄存器,另一类便是中断使能寄存器。关于这些寄存器的内容,后面会详细介绍。

上述事件除了能够产生中断以外,还能够在事件发生时,产生一个启动 ADC 转换的信号 ADSOC(AD Start of Conversion)。这个信号又分成两种:一种是内部的信号,启动 DSP 内部 ADC 转换模块;另一种是通过 $\overline{T2CTRIP\_EVASOC}$ 引脚发出的,可以启动外部 ADC 模块的转换。至于具体是 T1 的哪一个事件发生时产生 ADC 转换信号,就要看寄存器 GPTCONA 的第 8 位和第 7 位 T1TOADC 的值,如表 12-4 所列。这个功能的优点在于允许在 CPU 不干涉的情况下使通用定时器的中断事件和 ADC 启动转换同步进行。

关于 ADSOC 信号,还需要进一步说明的是,虽然在表 12-4 中能够看到可以使用上溢中断、下溢中断或者是周期中断去启动 ADC 转换,但是事实上,这里所描述的中断指的仅仅是事件,并不是通过中断本身去发出一个启动 ADC 转换的信号。以使用周期中断去启动 ADC 转换为例,当

表 12-4 启动 ADC 转换的信号——GPTCONA

位 8	位 7	描 述
0	0	不启动 ADC
0	1	下溢中断启动 ADC
1	0	周期中断启动 ADC
1	1	比较中断启动 ADC

T1CNT 的值等于 T1PR 时就发生了周期中断匹配事件,这时定时器需要做两件事,一件是给周期中断的标志位置位,另一件就是发出 ADSOC 信号。而周期中断被 CPU 响应与否还取决于很多的条件,比如周期中断是否被使能、相应的 PIE 中断和 CPU 中断是否被使能等。因此,周期中断是否发生与发出 ADSOC 信号一点关系也没有,只要产生了周期匹配事件,ADSOC 信号就会被发出。这点很容易混淆,所以需要注意。

12.2.4 通用定时器的同步

国庆阅兵时,受检阅的队伍整齐划一地走过天安门广场,场面很壮观很振奋人心,通过这个画面,应该能体会到同步的含义了吧。所谓同步,直白的说就是以同一步调进行工作。比如,在实际应用时,如何使定时器 T1 和 T2 以相同的时钟脉冲、相同的周期并且同时开始计数呢? 很明显,如果通过程序前后分开启动定时器 T1 和 T2,虽然时间上相差不是很大,但并不是严格意义上实现了同步功能。在 EVA 中,通过相关定时器的设置,T2 可以使用 T1 的周期寄存器而忽略自身的周期寄存器,也可以使用 T1 的使能位来启动 T2 计数,这样的功能保证了定时器 T1 和 T2 能够实现同步计数。同样的,EVB 的 T3 和 T4 也能实现同步计数。具体的配置步骤如下:

① 将 T2CON 的 T2SWT1 位置 1,实现 T1CON 的 TENABLE 位来启动通用定时器 T2 计数,这样,两个计数器 T1 和 T2 就能够被同时启动计数。

② 对 T1CNT 和 T2CNT 赋不同的初始值。

③ 将 T2CON 的 SELT1PR 位置 1,指定定时器 T2 使用定时器 T1 的周期寄存器

作为自己的周期寄存器,而忽略自身的周期寄存器。

12.2.5 通用定时器的比较操作和 PWM 波

在事件管理器中,每个通用定时器都有一个比较寄存器 TxCMPR 和一个 PWM 输出引脚 TxPWM。通过定时器计数器寄存器 TxCNT 的值不断与比较寄存器 TxCMPR 的值进行比较,当 TxCNT 的值等于 TxCMPR 的值时,就发生了比较匹配事件。通过前面的学习知道,这时比较匹配中断标志位被置位,如果中断使能,则产生一个比较中断的请求。如果选择使用比较中断事件启动 ADC 转换的话,还会产生一个启动信号。除了这些之外,其实定时器的比较操作还有一个功能,就是比较匹配发生时,TxPWM 引脚的电平会发生跳变,从而可以输出 PWM 波。当然,前提是定时器的比较操作被使能,这个可以通过对 TxCON 的 TECMPR 位进行置位来实现。

PWM(Pulse Width Modulation),简称脉宽调制,是利用微处理器的数字输出来对模拟电路进行控制的一种非常有效的技术,广泛应用在测量、通信、功率控制与变换的许多领域中,如电力电子、电机控制等。简单来讲,PWM 波就是如图 12-10 所示的矩形脉冲波,描述 PWM 波形最重要的 3 个参数是周期 T、频率 f 和占空比 D。

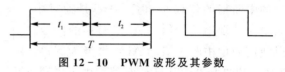

图 12-10 PWM 波形及其参数

从图 12-10 可以看出,PWM 波一个周期 T 分成了两个时期,高电平时间为 t_1,低电平时间为 t_2。通常 PWM 波形去控制一个开关管时,在波形为高电平时可以打开开关管,而在低电平时则关闭开关管。图 12-10 中,PWM 波形各个参数分别如下式所示:

$$T = t_1 + t_2 \tag{12-4}$$

$$f = 1/T \tag{12-5}$$

$$D = t_1/(t_1 + t_2) = t_1/T \tag{12-6}$$

对于 EVA,定时器 T1 和 T2 分别能够产生 1 路独立的 PWM 信号,下面以 T1 为例进行详细介绍。当 T1 的计数器寄存器 T1CNT 和比较寄存器 T1CMPR 的值相等时,如果 T1CON 的 TECMPR 位为 1,也就是定时器比较功能使能,GPTCONA 的 TCMPOE 位为 1,也就是定时器比较输出被使能,则 T1PWM_T1CMP 引脚就会输出 PWM 波形。定时器 T1 能够产生两种类型的 PWM,一种是不对称的 PWM 波形,一种是对称的 PWM 波形,究竟产生哪种类型的 PWM 波形取决于定时器计数器寄存器 T1CNT 的计数方式。当 T1CNT 工作于连续增计数模式时,T1 能够产生不对称的 PWM 波形;当 T1CNT 工作于连续增/减计数模式时,T1 能够产生对称的 PWM 波形。

1. 当 T1CNT 工作于连续增计数模式时,T1PWM_T1CMP 引脚输出不对称的 PWM 波形

当定时器 T1 的控制寄存器 T1CON 的位 TMODE 值为 2 时,定时器 T1 工作于连续增计数模式。当 T1CNT 的值与 T1CMPR 的值相等时,发生比较匹配事件,此时如果 T1CON 的 TECMPR 位为 1,定时器比较操作被使能,同时 GPTCONA 的 TCMPOE 位为 1,定时器比较输出被使能,引脚 T1PWM_T1CMP 的电平就会发生跳变,从而输出不对称的 PWM 波形,如图 12-11 所示。引脚 T1PWM_T1CMP 的输出极性由 GPTCONA 的位 T1PIN 的值来决定,如表 12-5 所列。

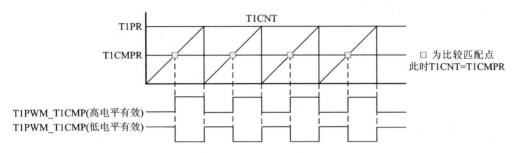

图 12-11　T1 产生非对称的 PWM 波形

从表 12-5 可知,当 GPTCONA 的位 T1PIN 的值为 1 或者 2 时,引脚 T1PWM_T1CMP 的输出极性为低电平有效或者高电平有效,才会有图 12-11 所示的 PWM 波形。如果 T1PIN 的值为 0,T1PWM_T1CMP 的输出极性为强制低,这时引脚会立刻输出恒为低的电平。如果 T1PIN

表 12-5　T1PWM_T1CMP 引脚输出极性——GPTCONA

位 1	位 0	描　述
0	0	强制低
0	1	低电平有效
1	0	高电平有效
1	1	强制高

的值为 3,T1PWM_T1CMP 的输出极性为强制高,这时引脚会立刻输出恒为高的电平。如果 T1PIN 的值为 2,T1PWM_T1CMP 的输出极性为高电平有效,此时引脚的极性和相关的波形发生器的极性相同,即一个计数周期中,比较匹配后输出高电平,其余时间输出低电平。如果 T1PIN 的值为 1,T1PWM_T1CMP 的输出极性为低电平有效,此时引脚的极性和相关的波形发生器的极性相反,即一个计数周期中,比较匹配后输出低电平,其余时间输出高电平。

接下来,重点研究一下图 12-11 中 PWM 波形的各个参数。通过前面的学习已经知道,当定时器 T1 工作于连续增计数模式时,一个周期为(T1PR+1)个定时器时钟脉冲,假设定时器计一次数所需要的时间为 t_c,则定时器计数一个周期所需的时间为:

$$T = (T1PR + 1) \times t_c \qquad (12-7)$$

式(12-7)中的 t_c 如何来确定呢?有没有想到本节一开始时,讲到定时器的时钟频率 TCLK,假设 TCLK 的单位为 MHz,TCLK 的倒数就是每一个时钟脉冲的时间宽度,也就是 t_c,如下式所示(单位为 s):

$$t_c = \frac{1}{TCLK \times 10^6} \text{ s} \qquad (12-8)$$

得到了输入定时器 T1 的时钟脉冲宽度,就不难得到定时器 T1 计数一个周期所花的时间:

$$T = (\text{T1PR}+1) \times t_c = \frac{\text{T1PR}+1}{\text{TCLK} \times 10^6} \tag{12-9}$$

因此,根据 PWM 产生的原理,也不难得出图 12-11 中 PWM 波形的各个参数:PWM 的周期 $T = \frac{\text{T1PR}+1}{\text{TCLK} \times 10^6}$ s;PWM 的频率 $f = \frac{\text{TCLK} \times 10^6}{\text{T1PR}+1}$ Hz;PWM 的占空比要根据 GPTCONA 中 T1PIN 的输出极性,当 T1PIN 为高电平有效时,则占空比 $D = \frac{\text{T1PR}+1-\text{T1CMPR}}{\text{T1PR}+1}$;当 T1PIN 为低电平有效时,PWM 波形的占空比 $D = \frac{\text{T1CMPR}}{\text{T1PR}+1}$。

最后来讨论一下特殊情况时,此计数模式下定时器的比较输出。引脚输出极性以高电平有效为例,低电平有效时恰好相反。如果 T1CMPR 的值大于周期寄存器 T1PR 的值,很明显,无论 T1CNT 在什么时刻,都不可能与 T1CMPR 的值相等,也就是说永远不会发生比较匹配事件,这时引脚 T1PWM_T1CMP 输出低电平。如果 T1CMPR 的值为 0,则 T1CNT 一开始计数就会和 T1CMPR 发生比较比配,当然前提是 T1CNT 的初始值为 0,这时引脚 T1PWM_T1CMP 输出高电平。

2. 当 T1CNT 工作于连续增/减计数模式时,T1PWM_T1CMP 引脚输出对称的 PWM 波形

当定时器 T1 的控制寄存器 T1CON 的位 TMODE 的值为 1 时,定时器 T1 工作于连续增/减计数模式。当 T1CNT 的值和 T1CMPR 的值相等时,发生比较匹配事件。如果 T1CON 的位 TWCMPR 为 1,定时器比较操作被使能,且 GPTCONA 的位 TCMPOE 为 1,定时器比较输出被使能,同时,GPTCONA 的为 T1PIN 输出极性为高电平或者低电平的话,引脚 T1PWM_T1CMP 就会输出对称的 PWM 波形,如图 12-12 所示。

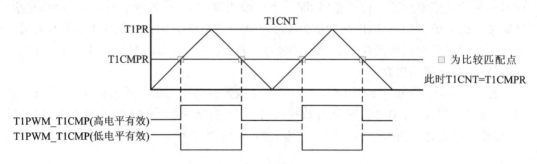

图 12-12　T1 产生对称的 PWM 波形

从图 12-12 可以看到,在一个周期中,由于 T1CNT 先递增再递减,则会发生两次比较匹配事件。当 GPTCONA 的位 T1PIN 的值为 2 时,引脚输出为高电平有效,这时两次匹配之间输出高电平,其余时间输出低电平。当 T1PIN 的值为 1 时,引脚输出为低电平有效,这时恰好和高电平有效时情况相反,两次匹配之间输出低电平,而其余时间输出高电平。

从图 12-12 不难看出，当 T1 工作于连续增/减计数模式时，T1CNT 计数一个周期所需要的时间是 $(2\times T1PR)\times t_c$，其中 t_c 为 T1CNT 计数一次所花的时间，t_c 的计算方法和前面一样，所以这里就不再赘述了。结合 PWM 波形的生成原理和图 12-12，图中引脚 T1PWM_T1CMP 所输出的 PWM 波形各个参数计算方法如下：

PWM 的周期 $T=\dfrac{2\times T1PR}{TCKL\times 10^6}$ s；PWM 的频率 $f=\dfrac{TCLK\times 10^6}{2\times T1PR}$ Hz；当 GPT-CONA 的位 T1PIN 为高电平有效时，PWM 的占空比 $D=\dfrac{T1PR-T1CMPR}{T1PR}$；当 GPTCONA 的位 T1PIN 为低电平有效时，PWM 的占空比 $D=\dfrac{T1CMPR}{T1PR}$。

在前面讲不对称 PWM 波形的最后，讲了一种特殊情况，就是当 T1CMPR 初始化的值为 0 或者大于周期寄存器 T1PR 时的比较输出。其实无论 T1CMPR 的值是多少，怎么变化，主要掌握一个原则就能够百变不离其宗：当产生比较匹配事件时，引脚电平发生跳变，否则引脚电平一直保持原来的状态，不发生跳变。

12.2.6 通用定时器的寄存器

事件管理器的 EVA 和 EVB 具有功能相同的外围寄存器组。EVA 的寄存器组地址开始于 0x7400，而 EVB 的寄存器组地址开始于 0x7500。为了正确使用事件管理器的定时器，必须配置其相关的寄存器。表 12-6 为事件管理器中与通用定时器相关的寄存器。

表 12-6 通用定时器寄存器

名 称	地 址	大小(×16)	说 明
EVA 寄存器组			
GPTCONA	0x00007400	1	通用定时器全局控制寄存器 A
T1CNT	0x00007401	1	定时器 1 计数寄存器
T1CMPR	0x00007402	1	定时器 1 比较寄存器
T1PR	0x00007403	1	定时器 1 周期寄存器
T1CON	0x00007404	1	定时器 1 控制寄存器
T2CNT	0x00007405	1	定时器 2 计数寄存器
T2CMPR	0x00007406	1	定时器 2 比较寄存器
T2PR	0x00007407	1	定时器 2 周期寄存器
T2CON	0x00007408	1	定时器 2 控制寄存器
EVB 寄存器组			
GPTCONB	0x00007500	1	通用定时器全局控制寄存器 B
T3CNT	0x00007501	1	定时器 3 计数寄存器
T3CMPR	0x00007502	1	定时器 3 比较寄存器
T3PR	0x00007503	1	定时器 3 周期寄存器

续表 12-6

名称	地址	大小(×16)	说明
T3CON	0x00007504	1	定时器 3 控制寄存器
T4CNT	0x00007505	1	定时器 4 计数寄存器
T4CMPR	0x00007506	1	定时器 4 比较寄存器
T4PR	0x00007507	1	定时器 4 周期寄存器
T4CON	0x00007508	1	定时器 4 控制寄存器

(1) 定时器计数器寄存器

定时器计数器寄存器 TxCNT(x=1,2,3,4)位情况见图 12-13。图 12-13~图 12-15 中：R=可读，W=可写，-x=复位后的值。

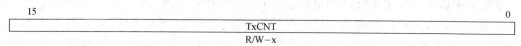

图 12-13 定时器计数器寄存器 TxCNT

TxCNT   位 15~0，定时器 x 计数器的当前值。

(2) 定时器比较寄存器

定时器比较寄存器 TxCMPR(x=1,2,3,4)的位情况如图 12-14 所示。

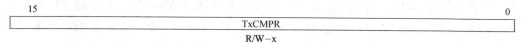

图 12-14 定时器比较寄存器 TxCMPR

TxCMPR   位 15~0，保存定时器 x 的比较值。

(3) 定时器周期寄存器

定时器周期寄存器 TxPR(x=1,2,3,4)的位情况如图 12-15 所示。

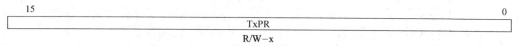

图 12-15 定时器周期寄存器 TxPR

TxPR   位 15~0，保存定时器 x 的周期值。

(4) 定时器控制寄存器

定时器控制寄存器 TxCON(x=1,2,3,4)位情况如图 12-16 所示，各位说明见表 12-7。图 12-16~图 12-18 中 R=可读，W=可写，-0=复位后的值。

表 12-7 定时器控制寄存器 TxCON 各位说明

位	名称	定义
15~14	Free, Soft	仿真控制位。00，一旦仿真挂起，立即停止；01，一旦仿真挂起，在当前定时器周期结束后停止；10，仿真挂起不影响操作；11，仿真挂起不影响操作
13	Reserved	读操作返回 0，写操作无效

第12章 事件管理器 EV

续表 12-7

位	名 称	定 义
12~11	TMODE1~TMODE0	计数模式选择。00,停止/保持模式;01,连续增/减计数模式;10,连续增计数模式;11,定向增/减模式计数
10~8	TPS2~TPS0	输入时钟预定标因子:000 X/1,001 X/2,010 X/4,011 X/8,100 X/16,101 X/32,110 X/64,111 X/128(X=HSPCLK)
7	T2SWT1/ T4SWT3	T2SWT1 是 EVA 的定时器控制位,是使用通用定时器 1 启动定时器 2 的使能位。这一位在 T1CON 中是保留位。 T4SWT3 是 EVB 的定时器控制位,是使用通用定时器 3 启动定时器 4 的使能位。这一位在 T3CON 中是保留位。 0,使用自己的使能位。1,使用 T1CON 的使能位(EVA 中)或 T3CON 的使能位(EVB 中),忽略自身的使能位
6	TENABLE	定时器使能位。0,禁止定时器操作,定时器被置为保持状态且预定标计数器复位。1,使能定时器操作
5~4	TCLKS1~TCLKS0	时钟源选择。00,内部时钟(例如 HSPCLK);01,外部时钟(例如 TCLKIN);10,保留;11,QEP 电路
3~2	TCLD1~TCLD0	定时器比较寄存器重载条件。00,当计数器值为 0;01,当计数器值为 0 或等于周期寄存器值;10,立即;11,保留
1	TECMPR	定时器比较使能。0,禁止定时器比较操作;1,使能定时器比较操作
0	SELT1PR/SELT3PR	在 EVA 中是 SELT1PR(选择周期寄存器),当 T2CON 中的此位为 1,定时器 1 和定时器 2 都选择定时器 1 的周期寄存器,定时器 2 忽略自身的周期寄存器。这一位在 T1CON 中是保留位。 在 EVB 中是 SELT3PR(选择周期寄存器),当 T4CON 中的此位为 1,定时器 3 和定时器 4 都选择定时器 3 的周期寄存器,定时器 4 忽略自身的周期寄存器。这一位在 T3CON 中是保留位。 0,选用自身周期寄存器;1,选用 T1PR 或 T3PR 作为周期寄存器,忽略自身寄存器

15	14	13	12	11	10	9	8
Free	Soft	Reserved	TMODE1	TMODE0	TPS2	TPS1	TPS0
R/W-0	R/W-0	R/W-0	R/W-0	R/W-0	R/W-0	R/W-0	R/W-0
7	6	5	4	3	2	1	0
T2SWT1/T4SWT3	TENABLE	TCLKS1	TCLKS0	TCLD1	TCLD0	TECMPR	SELT1PR/SELT3PR
R/W-0	R/W-0	R/W-0	R/W-0	R/W-0	R/W-0	R/W-0	R/W-0

图 12-16 定时器控制寄存器 TxCON

(5) 通用定时器全局控制寄存器 A

通用定时器全局控制寄存器 GPTCONA 位情况如图 12-17 所示,各位说明见表 12-8。

表 12-8 通用定时器全局控制寄存器 GPTCON 各位说明

位	名 称	定 义
15	Reserved	读操作返回 0,写操作无效
14	T2STAT	定时器 2 的计数状态(只读)。0,减计数;1,增计数

续表 12-8

位	名称	定义
13	T1STAT	定时器 1 计数状态（只读）。0,减计数；1,增计数
12	T2CTRIPE	T2CTRIP 使能位，使能或禁止定时器 2 的比较输出。当 EXTCON[0]=1,该位有效；当 EXTCON[0]=0,该位保留。 0,禁止 T2CTRIP。T2CTRIP 不影响定时器 2 的 GPTCON[5]或 PDPINT 标志位。 1,使能 T2CTRIP。当 T2CTRIP 为低电平,定时器 2 比较输出引脚变为高阻状态,GPTCON[5]变为 0,PDPINT 标志位置 1
11	T1CTRIPE	T1CTRIP 使能位，使能或禁止定时器 1 的比较输出。当 EXTCON[0]=1,该位激活；当 EXTCON[0]=0,该位保留。 0,禁止 T1CTRIP。T1CTRIP 不影响定时器 1 的 GPTCONA[4]或 PDPINT 标志位。 1,使能 T1CTRIP。当 T1CTRIP 为低电平,定时器 1 比较输出引脚变为高阻状态,GPTCON[4]变为 0,PDPINT 标志位置 1
10~9	T2TOADC	定时器 2 事件启动 ADC 转换。00,没有事件启动 ADC；01,下溢中断启动 ADC；10,周期中断启动 ADC；11,比较中断启动 ADC
8~7	T1TOADC	定时器 1 事件启动 ADC 转换。00,没有事件启动 ADC；01,下溢中断启动 ADC；10,周期中断启动 ADC；11,比较中断启动 ADC
6	TCMPOE	定时器比较输出使能位，禁止或使能定时器比较输出。只有当 EXTCON[0]=0 时该位才有效,当 EXTCON[0]=1 时该位保留。当 PDPINT/T1CTRIP 为低电平且 EVIM-RA[0]=1 时,该位复位为 0。 0,禁止所有定时器的比较输出。T1PWM_T1CMP 和 T2PWM_T2CMP 引脚都为高阻态； 1,使能所有定时器的比较输出。T1PWM_T1CMP 和 T2PWM_T2CMP 由各自的定时器比较逻辑驱动
5	T2CMPOE	定时器 2 比较输出使能位，使能或禁止定时器 2 的比较输出（T2PWM_T2CMP）。EXTCON[0]=1 时该位有效,EXTCON[0]=0 时该位保留。当 T2CTRIP 为低电平且被使能,该位复位为 0。 0,定时器 2 比较输出 T2PWM_T2CMPR 为高阻态；1,定时器 2 比较输出 T2PWM_T2CMPR 由定时器 2 比较逻辑驱动
4	T1CMPOE	定时器 1 比较输出使能位，使能或禁止定时器 1 的比较输出（T1PWM_T1CMP）。EXTCON[0]=1 时该位有效,EXTCON[0]=0 时该位保留。当 T1CTRIP 为低电平且被使能,该位复位为 0。 0,定时器 1 比较输出 T1PWM_T1CMPR 为高阻态；1,定时器 1 比较输出 T1PWM_T1CMPR 由定时器 1 比较逻辑驱动
3~2	T2PIN	定时器 2 比较输出极性。00,强制低；01,低电平；10,高电平；11,强制高
1~0	T1PIN	定时器 1 比较输出极性。00,强制低；01,低电平；10,高电平；11,强制高

15	14	13	12	11	10	9	8
Reserved	T2STAT	T1STAT	T2CTRIPE	T1CTRIPE	T2TOADC		T1TOADC
R-0	R-0	R-0	R/W-1	R/W-1	R/W-0		R/W-0

7	6	5	4	3	2	1	0
1TOADC	TCMPOE	T2CMPOE	T1CMPOE	T2PIN		T1PIN	
R/W-0	R/W-0	R/W-0	R/W-0	R/W-0		R/W-0	

图 12-17 通用定时器全局控制寄存器 GPTCONA

(6) 通用定时器全局控制寄存器 B

通用定时器全局控制寄存器 GPTCONB 位情况如图 12-18 所示,各位说明见表 12-9。

表 12-9 通用定时器全局控制寄存器 GPTCONB 各位说明

位	名称	定义
15	Reserved	读操作返回 0,写操作无效。
14	T4STAT	定时器 4 计数状态,只读。0,减计数;1,增计数
13	T3STAT	定时器 3 计数状态,只读。0,减计数;1,增计数
12	T4CTRIPE	T4CTRIP 使能位,使能或禁止定时器 4 的比较输出。当 EXTCON[0]=1,该位有效;当 EXTCON[0]=0,该位保留。 0,禁止 T4CTRIP。T4CTRIP 不影响定时器 4 的 GPTCON[5] 或 PDPINT 标志位。 1,使能 T4CTRIP。当 T4CTRIP 为低电平,定时器 4 比较输出引脚变为高阻状态,GPTCON[5] 变为 0,PDPINT 标志位置 1
11	T3CTRIPE	T3CTRIP 使能位,使能或禁止定时器 3 的比较输出。当 EXTCON[0]=1,该位激活;当 EXTCON[0]=0,该位保留。 0,禁止 T3CTRIP。T3CTRIP 不影响定时器 3 的 GPTCON[4] 或 PDPINT 标志位。 1,使能 T3CTRIP。当 T3CTRIP 为低电平,定时器 3 比较输出引脚变为高阻状态,GPTCON[4] 变为 0,PDPINT 标志位置 1
10~9	T4TOADC	定时器 4 事件启动 ADC 转换。00,没有事件启动 ADC;01,下溢中断启动 ADC;10,周期中断启动 ADC;11,比较中断启动 ADC
8~7	T3TOADC	定时器 3 事件启动 ADC 转换。00,没有事件启动 ADC;01,下溢中断启动 ADC;10,周期中断启动 ADC;11,比较中断启动 ADC
6	TCMPOE	定时器比较输出使能位,禁止或使能定时器比较输出。只有当 EXTCON[0]=0 时该位才有效,当 EXTCON[0]=1 时该位保留。当 PDPINT/T1CTRIP 为低电平且 EVIMRA[0]=1 时,该位复位为 0。 0,禁止所有定时器的比较输出。T3PWM_T3CMP 和 T4PWM_T4CMP 引脚都为高阻态; 1,使能所有定时器的比较输出。T3PWM_T3CMP 和 T4PWM_T4CMP 由各自的定时器比较逻辑驱动
5	T4CMPOE	定时器 4 比较输出使能位,使能或禁止定时器 4 的比较输出(T4PWM_T4CMP)。EXTCON[0]=1 时该位有效,EXTCON[0]=0 时该位保留。当 T4CTRIP 为低电平且被使能,该位复位为 0。 0,定时器 4 比较输出 T4PWM_T4CMPR 为高阻态;1,定时器 4 比较输出 T4PWM_T4CMPR 由定时器 4 比较逻辑驱动
4	T3CMPOE	定时器 3 比较输出使能位,使能或禁止定时器 3 的比较输出(T3PWM_T3CMP)。EXTCON[0]=1 时该位有效,EXTCON[0]=0 时该位保留。当 T3CTRIP 为低电平且被使能,该位复位为 0。 0,定时器 3 比较输出 T3PWM_T3CMPR 为高阻态;1,定时器 3 比较输出 T3PWM_T3CMPR 由定时器 3 比较逻辑驱动
3~2	T4PIN	定时器 4 比较输出极性。00,强制低;01,低电平;10,高电平;11,强制高
1~0	T3PIN	定时器 3 比较输出极性。00,强制低;01,低电平;10,高电平;11,强制高

15	14	13	12	11	10	9	8
Reserved	T4STAT	T3STAT	T4CTRIPE	T3CTRIPE	T4TOADC		T3TOADC	
R-0	R-0	R-0	R/W-1	R/W-1	R/W-0		R/W-0	
7	6	5	4	3	2	1	0
T3TOADC	TCMPOE	T4CMPOE	T3CMPOE	T4PIN			T3PIN	
R/W-0	R/W-0	R/W-0	R/W-0	R/W-0			R/W-0	

图 12-18 通用定时器全局控制寄存器 GPTCONB

12.3 比较单元与 PWM 电路

在电机控制、开关电源、变频器、逆变器等电力电子电路中,常会遇到如图 12-19 所示的三相全桥控制电路,该电路由 6 个开关管组成,上下两个开关管组成一个桥臂。每个开关管都由 PWM 波形驱动,在 PWM 波形处于高电平时导通,处于低电平时关断。同一桥臂的上下两个开关管不能同时导通,从图 12-19 可以很明显地看到,如果同一桥臂上的两个开关管同时导通的话,电源 UDC 和地 AGND 就会短接,也就是电源发生短路。因此,输入开关管的 PWM 信号 PHa1 和 PHa2、PHb1 和 PHb2、PHc1 和 PHc2 必须都是互补的。以 PHa1 和 PHa2 为例,理想情况下,如图 12-20 所示。当 PHa1 为高电平时,PHa2 为低电平;PHa1 为低电平时,PHa2 为高电平。

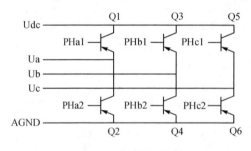

图 12-19 三相全桥电路

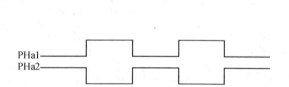

图 12-20 桥电路理想的驱动波形

图 12-20 为开关管理想的驱动波形,但实际上会有下面的问题。PHa1 为高电平时 Q1 导通,此时 PHa2 为低电平,Q2 关断。当 PHa1 从高电平转变为低电平时,Q1 由导通变为关断,而此时 Q2 由关断变为导通。理想情况下这个切换过程是瞬时的,也就是开关管的状态发生了突变。但是实际中,开关管无论是从导通转为关断,还是从关断转为导通,总会有延时。这样,就会有在一小段时间里,其实 Q1 和 Q2 都是处于导通状态。如图 12-21 的阴影部分所示,根据前面的分析可知,这样是非常危险的。

那如何解决上面的问题呢?也就是说要保证 Q1 关断后 Q2 才导通,Q1 开通前 Q2 已经关断。为了实现这样的目标,通常要求上下两个开关管输入的驱动波形需要具有一定的死区时间,如图 12-22 所示。直白点说,就是上下管输入的 PWM 波形的上升沿和下降沿互相要隔开一段时间,就是死区时间,这样上下桥臂中任何一个开关管从关断到导通都需要经过 1 个死区时间的延时。这样,等到 Q1 完全关断的时候,Q2 才导通,反过来也是一样。具体的死区时间取多少,如何确定,需要由开关管的参数来决定。

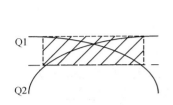

图 12-21 开关管状态切换

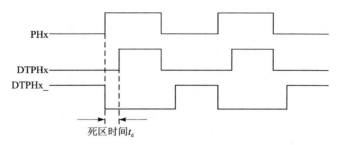

图 12-22 桥电路所需的实际带有死区的驱动波形

听起来是不是有些麻烦?如果使用通用定时器 T1 或者 T2 产生 PWM 波形的方法,既要互补,还要带有死区,那确实是相当复杂的。因为 T1 和 T2 输出的 PWM 波形是独立的,而且每个定时器也只能输出 1 路 PWM 波形,控制全桥电路需要 6 路 PWM 波形,很显然,使用事件管理器的通用定时器来产生 PWM 波是无法满足要求的。不用担心,X281x 的 EV 除了通用定时器外,还提供了全比较单元和带有死区控制的 PWM 电路,它们可以轻松地解决这个问题。

12.3.1 全比较单元

事件管理器 EVA 模块具有 3 个全比较单元,分别是比较单元 1、比较单元 2、比较单元 3。事件管理器 EVB 模块也具有 3 个全比较单元,分别是比较单元 4、比较单元 5、比较单元 6。EVA 的比较单元时钟信号由通用定时器 1 来提供,而 EVB 的比较单元时钟信号由通用定时器 3 来提供。如图 12-23 所示,每个比较单元都能够输出 2 路互补的 PWM 波形,也可以通过相应的寄存器设置死区时间,这样,使得 EVA 和 EVB 都有能力去驱动一个三相全桥电路。

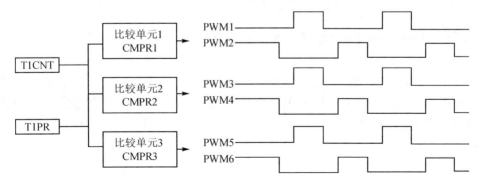

图 12-23 EVA 的比较单元

比较单元产生 PWM 波形的原理和前面讲述的通用定时器 T1 通过比较功能产生 PWM 波形的原理是类似的。只不过定时器产生 PWM 时,使用的比较寄存器是

T1CMPR，而这里变成了比较单元的比较寄存器，例如 CMPR1。由于 3 个比较单元功能相同，所以下面就主要以比较单元 1 为例进行介绍。比较单元产生 PWM 波所涉及的资源有：

① 一个 16 位的比较寄存器，EVA 的 CMPR1、CPMR2、CMPR3 和 EVB 的 CMPR4、CMPR5、CMPR6，这些比较寄存器也都带有阴影寄存器，和前面介绍的 T1CMPR 的阴影寄存器是一样的。

② 一个 16 位的比较控制寄存器，EVA 的 COMCONA 和 EVB 的 COMCONB。

③ 一个 16 位的行为控制寄存器，EVA 的 ACTRA 和 EVB 的 ACTRB，这两个寄存器也都带有阴影功能。

④ 每个比较单元具有 2 个 PWM 输出引脚。例如，CMPR1 对应于引脚 PWM1、PWM2。

⑤ 控制和中断逻辑。

EVA 的比较单元所使用的时基是由 T1 来提供的，也就是在使用 CMPR1 产生 PWM 波形时，用到的是 T1PR 和 T1CNT，可见和 T2 没有什么关系。当定时器计数寄存器 T1CNT 中的值和比较寄存器 CMPR1 中的值相等时，就发生了比较匹配。这时，如果比较控制寄存器 COMCONA 的位 CENABLE 为 1，即比较操作被使能，位 FCMPOE 为 1，比较输出时各路 PWM 波形都由相应的比较逻辑来驱动，同时如果行为控制寄存器 ACTRA 中的位 CMP1 和 CMP2 的极性为低电平或者是高电平有效时，就会产生两路互补的 PWM 波形——PWM1 和 PWM2。

和通用定时器产生的 PWM 波形一样，当 T1 工作于连续增计数模式时，比较单元 1 输出不对称的 PWM 波形；当 T1 工作于连续增/减计数模式时，比较单元 1 输出对称的 PWM 波形。比较单元输出的 PWM 波形的各种参数和 T1 产生的 PWM 波形的各种参数计算方法基本上一样，这里不再赘述，只是把各公式中 T1CMPR 改为 CMPRx（x=1,2,3）就可以。根据占空比的计算公式可以看出，比较单元作为 PWM 信号输出的辅助电路，主要是用来控制 PWM 输出的占空比。

12.3.2 带有死区控制的 PWM 电路

事件管理器的比较单元之所以能够通过比较功能来产生 PWM 波，是因为事件管理器的 PWM 电路。EVA 模块的 PWM 电路功能框图如图 12-24 所示。EVB 模块的 PWM 电路功能模块框图与 EVA 的一样，只是改变相应的寄存器。此外，电路中的对称/不对称波形发生器和在通用定时器中的波形发生器也是一样的。

从图 12-24 可以看出，EVA 模块的 PWM 电路包括非对称/对称波形发生器、可编程的死区单元、输出逻辑、SVPWM 状态机。当通用定时器计数器的值与比较单元比较寄存器的值相等时，就会产生一个比较匹配事件，这时波形发生器就能改变引脚电平的状态，形成上升沿或者下降沿，产生一对互补的 PWM 波形。然后通过死区单元为互补的这一对 PWM 波形设置死区，改变原始的 PWM 波形，使得互补的波形之间具有

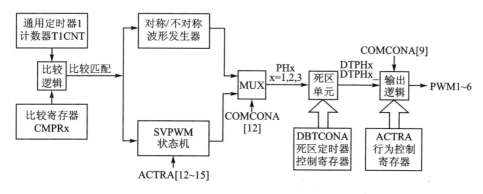

图 12-24 EVA 模块的 PWM 电路功能框图

一定的死区时间。最后,由输出逻辑电路来决定输出波形的状态,输出逻辑是高电平有效、低电平有效还是恒低或者恒高。当输出逻辑是高电平有效,那么输出 PWM 的逻辑和波形发生器的逻辑相同,即比较匹配后输出高电平,其他时间输出低电平;当输出逻辑是低电平有效,那么输出 PWM 的逻辑与波形发生器的逻辑相反;当输出逻辑为恒低,则输出低电平;当输出逻辑为恒高,则输出高电平。

比较单元的 PWM 电路能够输出带有死区的 PWM 波形,最主要的是由于此电路中具有可编程的死区单元,下面就来详细介绍死区单元,看看死区时间是怎么设置的,带有死区的 PWM 波形是怎么形成的。死区单元的模块图如图 12-25 所示。

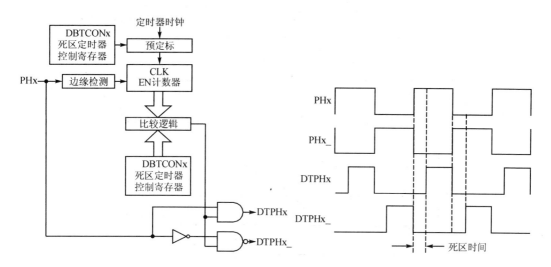

图 12-25 死区单元的模块图

在图 12-25 中,死区单元的输入是 PH1、PH2、PH3,它们分别是来自比较单元 1、比较单元 2、比较单元 3 的非对称/对称波形发生器。死区单元的输出是 DTPH1、DTPH1_、DTPH2、DTPH2_、DTPH3、DTPH3_,它们与 PH1、PH2、PH3 各自对应。图 12-25 中,PHx 和 PHx_是原本应该输出的一对互补的 PWM 波形,没有设置死区时间。而DTPHx和DTPHx_是在PHx和PHx_的基础上设置了死区时间的一对互补PWM波形,假设死区时间为t_{BD},那么具有死区时间的DTPHx、DTPHx_和没有死区时间的PHx、PHx_之间有什么关系呢?仔细观察图12-25中的波形,不难发现,PHx的上升沿延时t_{BD},下降沿不变,就成了DTPHx;PHx_的上升沿延时t_{BD},下降沿不变,就成了DTPHx_。当然,当比较单元的死区被禁止时,即死区时间为0,这时DTPHx和PHx是一样的,DTPHx_和PHx_也是一样的。

当比较单元的比较操作被使能时,就会产生波形PHx。对于每一个输入信号PHx,经过死区单元都会输出两路互补的带有死区的PWM波形DTPHx和DTPHx_,死区时间为t_{BD},死区时间的设置需要涉及死区控制器寄存器DBTCONx[8~11]位的死区定时器周期和DBTCON[2~4]位的死区定时器预定标因子。如果死区定时器周期为m,死区定时器预定标因子为x/p,高速时钟HSPCLK的时钟周期为t,则死区时间t_{BD}的计算公式为:$t_{BD}=m\times p\times t$。

了解死区时间的设置以后,将其应用于比较单元PWM波形产生的原理,不难得出带有死区的不对称和对称PWM波形。当定时器T1工作于连续增计数模式时,比较单元输出一对不对称的PWM波形,如图12-26所示。当定时器T1工作于连续增/减计数模式时,比较单元输出一对对称的PWM波形,如图12-27所示。

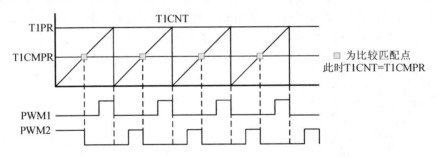

图12-26 比较单元1产生的带有死区的不对称PWM波形

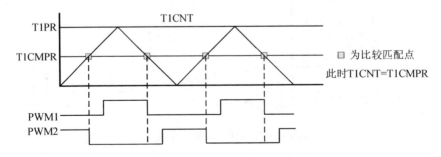

图12-27 比较单元1产生的带有死区的对称PWM波形

总结一下,通过前面的学习,可以看到每个事件管理器可以产生8路PWM波形:有5路是独立的PWM输出,其中有2路是由通用定时器产生的,3路是由比较单元产生的;而另外3路是由比较单元的PWM互补输出。比较单元产生的互补PWM输出死区时间是可编程的。

12.3.3 比较单元的中断事件

相对于通用定时器的中断事件而言,比较单元的中断事件就简单一些了。和比较单元相关的中断事件有两类:一类是比较中断,每个比较单元都会有一个比较中断,例如 EVA 的比较单元 1 有 CMP1INT,比较单元 2 有 CMP2INT,比较单元 3 有 CMP3INT;另一类是功率驱动保护中断 $\overline{PDPINTx}$,EVA 的功率驱动保护是 $\overline{PDPINTA}$。

(1) 比较中断

当 T1CNT 的值和比较单元的比较寄存器 CMPRx 的值相等时,发生比较单元 x 的比较中断 CMPxINT。当发生比较比配后,再过 1 个定时器时钟周期,则比较中断的标志位被置位。

(2) 功率驱动保护中断

前面介绍过,功率驱动保护中断是为系统的安全提供保护而设计的。当由 PWM 驱动的功率电路中出现过压、过流或者温度急剧上升的现象时,可以通过电压、电流、温度等检测电路向引脚 $\overline{PDPINTx}$ 输入一个低电平。这时,如果的 $\overline{PDPINTx}$ 中断没有被屏蔽,所有相关的 PWM 输出引脚都将会立刻变为高阻态,同时也将会产生一个中断。虽然 PWM 引脚状态被置为高阻态,但是为了保险起见,在中断函数里还是得将引脚电平置为低电平,这样确保 PWM 引脚的电平不会再驱动开关管。

当上述的中断标志位被置位后,如果该中断已经使能,则外设会立刻向 PIE 控制器发送中断请求。要记住的是,在退出中断时一定要通过程序手动清除外设中断的标志位。在 EV 中,和上述中断相关的寄存器有:EVA 中断标志寄存器 EVAIFRA、EVA 中断屏蔽寄存器 EVAIMRA、EVB 中断标志寄存器 EVBIFRA、EVB 中断屏蔽寄存器 EVBIMRA。这两类寄存器一类是中断标志寄存器,而另一类便是中断使能寄存器。关于这些寄存器的内容,后面会详细介绍。

12.3.4 比较单元的寄存器

表 12-10 所列的是事件管理器比较单元的寄存器。

表 12-10 比较单元的寄存器

名 称	地 址	大小(×16)	说 明
EVA 寄存器组			
COMCONA	0x0000 7411	1	比较控制寄存器 A
ACTRA	0x0000 7413	1	比较行为控制寄存器 A
DBTCONA	0x0000 7415	1	死区定时器控制寄存器 A
CMPR1	0x0000 7417	1	比较寄存器 1
CMPR2	0x0000 7418	1	比较寄存器 2

续表 12-10

名称	地址	大小（×16）	说明
CMPR3	0x0000 7419	1	比较寄存器 3
EVB 寄存器组			
COMCONB	0x0000 7511	1	比较控制寄存器 B
ACTRB	0x0000 7513	1	比较行为控制寄存器 B
DBTCONB	0x0000 7515	1	死区定时器控制寄存器 B
CMPR4	0x0000 7517	1	比较寄存器 4
CMPR5	0x0000 7518	1	比较寄存器 5
CMPR6	0x0000 7519	1	比较寄存器 6

（1）比较控制寄存器 A

比较控制寄存器 COMCONA 的位情况如图 12-28 所示，各位说明见表 12-11。

15	14	13	12	11	10	9	8
CENABLE	CLD1	CLD0	SVENABLE	ACTRLD1	ACTRLD0	FCMPOE	PDPINTA Status
R/W-0	R/W-0	R/W-0	R/W-0	R/W-0	R/W-0	R/W-0	R/W-0

7	6	5	4	3	2	1	0
FCMP3OE	FCMP2OE	FCMP1OE	Reserved	C3TRIPE	C2TRIPE	C1TRIPE	
R/W-0	R/W-0	R/W-0		R/W-1	R/W-1	R/W-1	

注：R=可读，W=可写，-n=复位后的值。

图 12-28 比较控制寄存器 COMCONA

表 12-11 比较控制寄存器 COMCONA 各位说明

位	名称	说明
15	CENABLE	比较器使能。0，禁止比较操作；1，使能比较操作
14~13	CLD1~CLD0	比较寄存器 CMPRx 重新装载条件。00，当 T1CNT＝0（即下溢中断）；01，当 T1CNT＝0 或 T1CNT＝T1PR（即下溢中断或周期匹配）；10，立即；11，保留
12	SVENABLE	使能空间向量 PWM 模式。0，禁止空间向量 PWM 模式；1，使能空间向量 PWM 模式
11~10	ACTRLD1~ACTRLD0	行为控制寄存器重载条件。00，当 T1CNT（即下溢中断）；01，当 T1CNT＝0 或 T1CNT＝T1PR（即下溢中断或周期匹配）；10，立即；11，保留
9	FCMPOE	全比较器输出使能。当该位有效时，可以使能或禁止所有的比较输出。当 EXTCONA[0]＝0 时，该位有效；当 EXTCONA[0]＝1 时，该位保留。0，全比较输出（PWM1/2/3/4/5/6）处于高阻态；1，全比较输出（PWM1/2/3/4/5/6）由相应的比较逻辑驱动
8	PDPINTA Status	该位反映 PDPINTA 引脚的当前状态
7	FCMP3OE	全比较器 3 输出使能。当该位有效时，可以使能或禁止全比较器 3 的输出（PWM5/6）。当 EXTCONA[0]＝1 时，该位有效；当 EXTCONA[0]＝0 时，该位保留。当 C3TRIP 为低电平且被使能，该位复位为 0。0，全比较 3 输出（PWM5/6）处于高阻态；1，全比较 3 输出（PWM5/6）由全比较器 3 逻辑驱动

第 12 章 事件管理器 EV

续表 12-11

位	名称	说明
6	FCMP2OE	全比较器 2 输出使能。当该位有效时,可以使能或禁止全比较器 2 的输出(PWM3/4)。当 EXTCONA[0]=1 时,该位有效;当 EXTCONA[0]=0 时,该位保留。当 C2TRIP 为低电平且被使能,该位复位为 0。0,全比较 2 输出(PWM3/4)处于高阻态;1,全比较 2 输出(PWM3/4)由全比较器 2 逻辑驱动
5	FCMP1OE	全比较器 1 输出使能。当该位有效时,可以使能或禁止全比较器 1 的输出(PWM1/2)。当 EXTCONA[0]=1 时,该位有效;当 EXTCONA[0]=0 时,该位保留。当 C1TRIP 为低电平且被使能,该位复位为 0。0,全比较 1 输出(PWM1/2)处于高阻态;1,全比较 1 输出(PWM1/2)由全比较器 1 逻辑驱动
4~3	Reserved	保留
2	C3TRIPE	C3TRIP 使能位。当该位有效时,可以使能或禁止全比较器 3 比较输出。当 EXTCONA[0]=1 时,该位有效;当 EXTCONA[0]=0 时,该位保留。0,禁止 C3TRIP。引脚 C3TRIP 不影响全比较器 3 的输出、COMCONA[8] 或 PDPINTA 标志位 (EVAIFRA[0])。1,使能 C3TRIP。当引脚 C3TRIP 为低电平时,全比较器 3 输出变为高阻态,COMCONA[8] 复位为 0,且 PDPINTA 的标志位 (EVAIFRA[0]) 置 1
1	C2TRIPE	C2TRIP 使能位。当该位有效时,可以使能或禁止全比较器 2 比较输出。当 EXTCONA[0]=1 时,该位有效;当 EXTCONA[0]=0 时,该位保留。0,禁止 C2TRIP。引脚 C2TRIP 不影响全比较器 2 的输出、COMCONA[7] 或 PDPINTA 标志位 (EVAIFRA[0])。1,使能 C2TRIP。当引脚 C2TRIP 为低电平时,全比较器 2 输出变为高阻态,COMCONA[7] 复位为 0,且 PDPINTA 的标志位 (EVAIFRA[0]) 置 1
0	C1TRIPE	C1TRIP 使能位。当该位有效时,可以使能或禁止全比较器 1 比较输出。当 EXTCONA[0]=1 时,该位有效;当 EXTCONA[0]=0 时,该位保留。0,禁止 C1TRIP。引脚 C1TRIP 不影响全比较器 1 的输出、COMCONA[6] 或 PDPINTA 标志位 (EVAIFRA[0])。1,使能 C1TRIP。当引脚 C1TRIP 为低电平时,全比较器 1 输出变为高阻态,COMCONA[6] 复位为 0,且 PDPINTA 的标志位 (EVAIFRA[0]) 置 1

(2) 比较控制寄存器 B

比较控制寄存器 COMCONB 的位情况如图 12-29 所示,各位说明见表 12-12。

15	14	13	12	11	10	9	8
CENABLE	CLD1	CLD0	SVENABLE	ACTRLD1	ACTRLD0	FCMPOE	PDPINTB Status
R/W-0	R/W-0	R/W-0	R/W-0	R/W-0	R/W-0	R/W-0	R-0
7	6	5	4	3	2	1	0
FCMP6OE	FCMP5OE	FCMP4OE	Reserved		C6TRIPE	C5TRIPE	C4TRIPE
R/W-0	R/W-0	R/W-0	R-0		R/W-1	R/W-1	R/W-1

注:R=可读,W=可写,-n=复位后的值。

图 12-29 比较控制寄存器 COMCONB

表 12-12 比较控制寄存器 COMCONB 各位说明

位	名称	说明
15	CENABLE	比较器使能。0,禁止比较操作;1,使能比较操作
14~13	CLD1~CLD0	比较寄存器 CMPRx 重新装载条件。00,当 T1CNT=0(即下溢中断);01,当 T1CNT=0 或 T1CNT=T1PR(即下溢中断或周期匹配);10,立即;11,保留

续表 12-12

位	名称	说明
12	SVENABLE	使能空间向量 PWM 模式。0,禁止空间向量 PWM 模式。1,使能空间向量 PWM 模式
11~10	ACTRLD1~ACTRLD0	行为控制寄存器重载条件。00,当 T1CNT(即下溢中断);01,当 T1CNT=0 或 T1CNT=T1PR(即下溢中断或周期匹配);10,立即;11,保留
9	FCMPOE	全比较器输出使能。当该位有效时,可以使能或禁止所有的比较输出。当 EXTCONB[0]=0 时,该位有效;当 EXTCONB[0]=1 时,该位保留。0,全比较输出(PWM7/8/9/10/11/12)处于高阻态;1,全比较输出(PWM7/8/9/10/11/12)由相应的比较逻辑驱动
8	PDPINTB Status	该位反映 PDPINTB 引脚的当前状态
7	FCMP6OE	全比较器 6 输出使能。当该位有效时,可以使能或禁止全比较器 6 的输出(PWM11/12)。当 EXTCONB[0]=1 时,该位有效;当 EXTCONB[0]=0 时,该位保留。当 C6TRIP 为低电平且被使能,该位复位为 0。0,全比较 6 输出(PWM11/12)处于高阻态;1,全比较 6 输出(PWM11/12)由全比较器 6 逻辑驱动
6	FCMP5OE	全比较器 5 输出使能。当该位有效时,可以使能或禁止全比较器 5 的输出(PWM9/10)。当 EXTCONB[0]=1 时,该位有效;当 EXTCONB[0]=0 时,该位保留。当 C5TRIP 为低电平且被使能,该位复位为 0。0,全比较 5 输出(PWM9/10)处于高阻态;1,全比较 5 输出(PWM9/10)由全比较器 5 逻辑驱动
5	FCMP4OE	全比较器 4 输出使能。当该位有效时,可以使能或禁止全比较器 1 的输出(PWM7/8)。当 EXTCONB[0]=1 时,该位有效;当 EXTCONB[0]=0 时,该位保留。当 C4TRIP 为低电平且被使能,该位复位为 0。0,全比较 4 输出(PWM7/8)处于高阻态;1,全比较 4 输出(PWM7/8)由全比较器 4 逻辑驱动
4~3	Reserved	保留
2	C6TRIPE	C6TRIP 使能位。当该位有效时,可以使能或禁止全比较器 6 比较输出。当 EXTCONB[0]=1 时,该位有效;当 EXTCONB[0]=0 时,该位保留。0,禁止 C6TRIP。引脚 C6TRIP 不影响全比较器 6 的输出、COMCONB[8]或 PDPINTB 标志位。1,使能 C6TRIP。当引脚 C6TRIP 为低电平时,全比较器 6 输出变为高阻态,COMCONB[8]复位为 0,且 PDPINTB 的标志位置 1
1	C5TRIPE	C5TRIP 使能位。当该位有效时,可以使能或禁止全比较器 5 比较输出。当 EXTCONB[0]=1 时,该位有效;当 EXTCONB[0]=0 时,该位保留。0,禁止 C5TRIP。引脚 C5TRIP 不影响全比较器 5 的输出、COMCONB[7]或 PDPINTB 标志位。1,使能 C5TRIP。当引脚 C5TRIP 为低电平时,全比较器 5 输出变为高阻态,COMCONB[7]复位为 0,且 PDPINTB 的标志位置 1
0	C4TRIPE	C4TRIP 使能位。当该位有效时,可以使能或禁止全比较器 4 比较输出。当 EXTCONB[0]=1 时,该位有效;当 EXTCONB[0]=0 时,该位保留。0,禁止 C4TRIP。引脚 C4TRIP 不影响全比较器 4 的输出、COMCONB[6]或 PDPINTB 标志位。1,使能 C4TRIP。当引脚 C4TRIP 为低电平时,全比较器 4 输出变为高阻态,COMCONB[6]复位为 0,且 PDPINTB 的标志位置 1

(3) 比较行为控制寄存器 A

比较控制寄存器 ACTRA 的位情况如图 12-30 所示,各位说明见表 12-13。

第 12 章　事件管理器 EV

15	14	13	12	11	10	9	8
SVRDIR	D2	D1	D0	CMP6ACT1	CMP6ACT0	CMP5ACT1	CMP5ACT0
R/W-0	R/W-0	R/W-0	R/W-0	R/W-0	R/W-0	R/W-0	R/W-0
7	6	5	4	3	2	1	0
CMP4ACT1	CMP4ACT0	CMP3ACT1	CMP3ACT0	CMP2ACT1	CMP2ACT0	CMP1ACT1	CMP1ACT0
R/W-0	R/W-0	R/W-0	R/W-0	R/W-0	R/W-0	R/W-0	R/W-0

注：R＝可读，W＝可写，-x＝复位后的值。

图 12 - 30　比较控制寄存器 ACTRA

表 12 - 13　比较控制寄存器 ACTRA 各位说明

位	名　称	说　　明
15	SVRDIR	空间矢量 PWM 转动方向,仅使用在空间矢量 PWM 输出的产生。0,正向(CCW);1,负向(CW)
14～12	D2～D0	空间矢量位,仅使用在空间矢量 PWM 输出的产生
11～10	CMP6ACT1～CMP6ACT0	比较输出引脚 6(CMP6)上的输出极性。00,强制低;01,低有效;10,高有效;11,强制高
9～8	CMP5ACT1～CMP5ACT0	比较输出引脚 5(CMP5)上的输出极性。00,强制低;01,低有效;10,高有效;11,强制高
7～6	CMP4ACT1～CMP4ACT0	比较输出引脚 4(CMP4)上的输出极性。00,强制低;01,低有效;10,高有效;11,强制高
5～4	CMP3ACT1～CMP3ACT0	比较输出引脚 3(CMP3)上的输出极性。00,强制低;01,低有效;10,高有效;11,强制高
3～2	CMP2ACT1～CMP2ACT0	比较输出引脚 2(CMP2)上的输出极性。00,强制低;01,低有效;10,高有效;11,强制高
1～0	CMP2ACT1～CMP2ACT0	比较输出引脚 1(CMP1)上的输出极性。00,强制低;01,低有效;10,高有效;11,强制高

（4）比较行为控制寄存器 B

比较控制寄存器 ACTRB 的位情况如图 12 - 31 所示,各位说明见表 12 - 14。

15	14	13	12	11	10	9	8
VRDIR	D2	D1	D0	CMP12ACT1	CMP12ACT0	CMP11ACT1	CMP11ACT0
R/W-0	R/W-0	R/W-0	R/W-0	R/W-0	R/W-0	R/W-0	R/W-0
7	6	5	4	3	2	1	0
MP10ACT1	CMP10ACT0	CMP9ACT1	CMP9ACT0	CMP8ACT1	CMP8ACT0	CMP7ACT1	CMP7ACT0
R/W-0	R/W-0	R/W-0	R/W-0	R/W-0	R/W-0	R/W-0	R/W-0

注：R＝可读,W＝可写,-0＝复位后的值。

图 12 - 31　比较控制寄存器 ACTRB

（5）死区定时器控制寄存器 A

死区定时器控制寄存器 DBTCONA 的位情况如图 12 - 32 所示,各位说明见表 12 - 15。

表 12-14 比较控制寄存器 ACTRB 各位描述

位	名称	说明
15	SVRDIR	空间矢量 PWM 转动方向,仅使用在空间矢量 PWM 输出的产生。0,正向(CCW);1,负向(CW)
14~12	D2~D0	空间矢量位。仅使用在空间矢量 PWM 输出的产生上
11~10	CMP12ACT1~CMP12ACT0	比较输出引脚 12(CMP12)上的输出极性。00,强制低;01,低有效;10,高有效;11,强制高
9~8	CMP11ACT1~CMP11ACT0	比较输出引脚 11(CMP11)上的输出极性。00,强制低;01,低有效;10,高有效;11,强制高
7~6	CMP10ACT1~CMP10ACT0	比较输出引脚 10(CMP10)上的输出极性。00,强制低;01,低有效;10,高有效;11,强制高
5~4	CMP9ACT1~CMP9ACT0	比较输出引脚 9(CMP9)上的输出极性。00,强制低;01,低有效;10,高有效;11,强制高
3~2	CMP8ACT1~CMP8ACT0	比较输出引脚 8(CMP8)上的输出极性。00,强制低;01,低有效;10,高有效;11,强制高
1~0	CMP7ACT1~CMP7ACT0	比较输出引脚 7(CMP7)上的输出极性。00,强制低;01,低有效;10,高有效;11,强制高

15				12	11	10	9	8
Reserved					DBT3	DBT2	DBT1	DBT0
R—0					R/W—0	R/W—0	R/W—0	R/W—0

7	6	5	4	3	2	1	0
EDBT3	EDBT2	EDBT1	DBTPS2	DBTPS1	DBTPS0	Reserved	
R/W—0	R/W—0	R/W—0	R/W—0	R/W—0	R/W—0	R/W—0	

注:R=可读,W=可写,-0=复位后的值。

图 12-32 死区定时器控制寄存器 DBTCONA

表 12-15 DBTCONA 各位说明

位	名称	说明
15~12	Reserved	读返回 0,写无效
11~8	DBT3~DBT0	死区定时器周期。这 4 位定义了 3 个 4 位死区定时器的周期值
7	EDBT3	死区定时器 3 使能位(用于比较单元 3 的 PWM5 和 PWM6 引脚)。0,禁止;1,使能
6	EDBT2	死区定时器 2 使能位(用于比较单元 2 的 PWM3 和 PWM4 引脚)。0,禁止;1,使能
5	EDBT1	死区定时器 1 使能位(用于比较单元 1 的 PWM1 和 PWM2 引脚)。0,禁止;1 使能
4~2	DBTPS2~DBTPS0	死区定时器预定标因子。000 x/1,001 x/2,010 x/4,011 x/8,100 x/16,101 x/32,110 x/64,111 x=定时器时钟频率
1~0	Reserved	读返回 0,写无效

(6) 死区定时器控制寄存器 B

死区定时器控制寄存器 DBTCONB 的位情况如图 12-33 所示,各位说明见表 12-16。

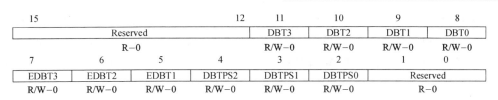

注：R＝可读，W＝可写，-0＝复位后的值。

图 12-33　死区定时器控制寄存器 DBTCONB

表 12-16　DBTCONB 各位说明

位	名称	说明
15～12	Reserved	读返回 0，写无效。
11～8	DBT3～DBT0	死区定时器周期。这 4 位定义了 3 个 4 位死区定时器的周期值
7	EDBT3	死区定时器 3 使能位(用于比较单元 6 的 PWM11 和 PWM12 引脚)。0,禁止；1 使能
6	EDBT2	死区定时器 2 使能位(用于比较单元 5 的 PWM9 和 PWM10 引脚)。0,禁止；1,使能
5	EDBT1	死区定时器 1 使能位(用于比较单元 4 的 PWM7 和 PWM8 引脚)。0,禁止；1 使能
4～2	DBTPS2～DBTPS0	死区定时器预定标因子。000　x/1,001　x/2,010　x/4,011　x/8,100　x/16, 101　x/32,110　x/64,111　x＝定时器时钟频率
1～0	Reserved	读返回 0，写无效

12.4　捕获单元

捕获单元能够捕获外部输入引脚的电平变化，其原理如图 12-34 所示。每个捕获单元都有一个捕获引脚，当捕获引脚输入脉冲波形时，捕获单元就能够捕获指定的电平变化，如捕获脉冲的上升沿。当捕获到脉冲指定的电平变化时，捕获单元就记录下定时器的时

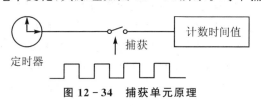

图 12-34　捕获单元原理

间。现在假如捕获到第一个脉冲时定时器的时间为 t_{k-1}，捕获到第 2 个脉冲时定时器的时间为 t_k，那么很明显这个脉冲的宽度为 $t_k - t_{k-1}$，因此捕获单元可以用于测量脉冲或者数字信号的宽度。再者，假设在电机旋转时，当转轴转到某个特定的位置时，通过光电码盘或者其他传感器输出一个信号，这样通过捕获单元可以得到转子转过一圈所需要的时间，从而能够估计出电机的转速，这也是捕获单元常见的应用。

X2812 的事件管理器 EVA 和 EVB 分别有 3 个捕获单元，EVA 有捕获单元CAP1、CAP2、CAP3，EVB 有捕获单元 CAP4、CAP5、CAP6。每一个捕获单元都有一个捕获输入引脚，通过相关寄存器的设置能够捕获输入波形的上升沿、下降沿或者同时捕获上升沿和下降沿。当输入引脚检测到指定的状态变化时，所选用的定时器的值将被捕获并锁存到相应的 2 级 FIFO 堆栈中。与 EVA 的捕获单元相关的寄存器有：捕获控制寄存器 CAPCONA、捕获 FIFO 状态寄存器 CAPFIFOA、2 级深度的 FIFO 堆栈

CAPFIFO1、CAP1FBOT、CAPFIFO2、CAP2FBOT、CAPFIFO3、CAP3FBOT。与 EVB 的捕获单元相关的寄存器有：捕获控制寄存器 CAPCONB、捕获 FIFO 状态寄存器 CAPFIFOB、2 级深度的 FIFO 堆栈 CAPFIFO4、CAP4FBOT、CAPFIFO5、CAP5FBOT、CAPFIFO6、CAP6FBOT。

12.4.1 捕获单元的结构

事件管理器共有 6 个捕获单元，每个捕获单元基本都是相同的，所以就以 EVA 的捕获单元 1 为例进行介绍。图 12-35 是捕获单元 1 的结构框图。捕获单元 1 有一个捕获引脚 CAP1_QEP1，当捕获引脚上输入脉冲时，通过边缘检测，当检测到指定的电平变化时，就把定时器计数器 TxCNT 的值存入捕获单元 1 的 2 级 FIFO 堆栈中。

EVA 的每个捕获单元都能够选择定时器 1 或者定时器 2 作为自己的时基，但是 CAP1 和 CAP2 必须选择相同的定时器来作为自己的时基，而 CAP3 则可以根据需求随意进行选择。同样的，EVB 的每个捕获单元都能够选择定时器 3 和定时器 4 作为自

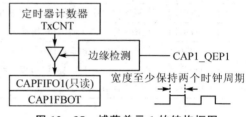

图 12-35 捕获单元 1 的结构框图

己的时基，但是 CAP4 和 CAP5 必须选择相同的定时器来作为自己的时基，而 CAP6 则可以根据需求随意进行选择。还值得一提的是，捕获引脚在捕获输入波形的边沿变化时，从引脚变化发生到定时器计数器值的锁存需要 2 个时钟周期，所以，为了能够捕获到变化，输入信号应该要至少保持当前状态 2 个时钟周期。捕获单元的捕获操作不会影响到定时器的任何操作以及定时器相关的比较/PWM 操作。

EVA 中，CAP3 比 CAP1 和 CAP2 多了一个功能：当 CAP3 的输入引脚检测到指定的电平变化时，除了可以记录下定时器计数器的值以外，还可以发出一个信号去启动 ADC 的转换。EVB 中的 CAP6 也有此功能。

12.4.2 捕获单元的操作

前面讲到，当捕获单元捕获到输入引脚指定的电平变化时，就会将定时器计数器的值锁存到 FIFO 堆栈中，这里第一次讲到 FIFO 堆栈，所以先来简单介绍一下什么是 FIFO 堆栈，为什么要使用 FIFO 堆栈，使用 FIFO 堆栈的优点在什么地方。

FIFO 是"First in First out"的缩写，也就是先入先出的意思。FIFO 堆栈就是内存空间中的一片连续的存储空间，它有两端，一端为栈底，另一端为栈顶，数据只能从栈底进入，从栈顶出去。FIFO 堆栈的一个指标就是深度，也就是它的存储容量，通常如果一个 FIFO 堆栈能够同时最多存放 n 个数据，则该 FIFO 堆栈的深度为 n，或者将其称为 n 级 FIFO 堆栈。图 12-36 就是一个 n 级深度的 FIFO 堆栈。

通常在没有使用 FIFO 堆栈的时候,如果有数据需要 CPU 处理,则有一个数据 CPU 就要来读取一次,如果有 n 个数据,CPU 就需要读取 n 次。当使用 n 级深度的 FIFO 堆栈时,有一个数据就把它放入堆栈中,新的数据来时,之前的数据都往栈顶移动一个位置,新的数据始终放在栈底。当堆栈放满,即有 n 个数据时,再通知 CPU 来读取,这时 CPU 一次就可以把 n 个数据读走,显然,CPU 的效率就高了许多。这就好比一个快递员到一家单位去取件,他可以一次取一个快件,有一个快件就跑一趟,当然他也可以到这个单位下班前去取这个单位当天所有的快件,稍微聪明些的快递员肯定会选择后者,因为明显后者要省力省时得多。FIFO 堆栈的原理与其类似,这也是为什么要使用 FIFO 堆栈的原因。

图 12-36　n 级深度的 FIFO 堆栈

X281x 事件管理器的每个捕获单元都有一个专用的 2 级深度的 FIFO 堆栈。EVA 的捕获单元 1 顶层堆栈由 CAPFIFO1 组成,底层堆栈由 CAP1FBOT 组成。同样的,捕获单元 2 的堆栈由 CAPFIFO2 和 CAP2FBOT 组成,捕获单元 3 的堆栈由 CAPFIFO3 和 CAP3FBOT 组成。堆栈的顶层寄存器是只读寄存器,通常存储捕获单元捕获到的旧值。当 FIFO 堆栈顶层寄存器中的旧值被读取后,堆栈底层寄存器中的新值就会被推入顶层寄存器。下面以捕获单元 1 并选用通用定时器 1 作为时基为例来详细分析捕获的过程。

(1) 第一次捕获

第一次捕获,此时堆栈应该为空。当捕获引脚 CAP1_QEP1 捕获到指定的变化时,捕获单元就会捕获定时器计数寄存器 T1CNT 中的值,并将其存入 FIFO 堆栈的顶层寄存器 CAP1FIFO1 中。这时捕获 FIFO 状态寄存器 CAPFIFOA 中的 CAP1FIFO 状态位从 00 变为 01,如图 12-37 所示。如果在另一次捕获发生前读取 FIFO 堆栈的值,则状态位 CAP1FIFO 变为 00。

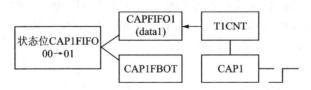

图 12-37　第 1 次捕获示意图

(2) 第 2 次捕获

如果在第一次捕获的数据被读取之前发生第 2 次捕获,也就是说在 CAPFIFO1 里面还有数据时发生第 2 次捕获,则新捕获的值就会被送入堆栈底层寄存器 CAP1FBOT 中。这时捕获 FIFO 状态寄存器 CAPFIFOA 中的 CAP1FIFO 状态位从 01 变为 10,说明现在堆栈中有 2 个数据,如图 12-38 所示。如果在另一次捕获发生前,顶层寄存器 CAPIFIFO1 中的数据被读取,则 CAP1FBOT 中的新值就会被推入 CAPFIFO1,同时状态位 CAP1FIFO 变为 01。

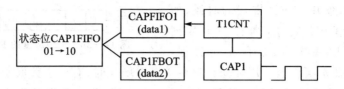

图 12-38 第 2 次捕获示意图

(3) 第 3 次捕获

如果 FIFO 堆栈中已经存储了 2 个数据,这时又发生了一次捕获,顶层寄存器 CAPFIFO1 中的数据就会丢失,底层寄存器的值被推入顶层寄存器中,而新捕获到的值将写入底层寄存器中,同时状态位 CAP1FIFO 会变为 11,说明有 1 个或者多个捕获旧值已经丢失,如图 12-39 所示。当然,如果在第 3 次捕获之前已经读取了第一次捕获的旧值,那么底层寄存器的值被送入顶层寄存器,新的值被写入底层寄存器,状态位为 10,和第 2 次捕获的情况相同。之后的捕获就是不断重复上述过程。

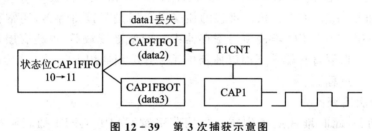

图 12-39 第 3 次捕获示意图

12.4.3 捕获单元的中断事件

和捕获单元相关的中断只有捕获中断。事件管理器的每一个捕获单元都对应于一个捕获中断,例如 EVA 的捕获单元 1 有捕获中断 CAP1INT,捕获单元 2 有捕获中断 CAP2INT,捕获单元 3 有捕获中断 CAP3INT。

如果捕获单元捕获到了指定信号的变化,且 FIFO 堆栈中已经有了一个有效的数据,也就是说状态位 CAPxFIFO 的值不为 0,则发生了捕获中断事件,相应的中断标志位被置位。

当中断标志位被置位后,如果该中断已经使能,则外设会立刻向 PIE 控制器发送中断请求。要记住的是,在退出中断时一定要通过程序手动清除外设中断的标志位。如果 CPU 响应中断,则可以通过中断服务程序读取 FIFO 堆栈中一对捕获的数值。当然,如果不响应中断程序,也可以通过查询中断标志位或者状态位来确定捕获的发生并读取捕获的数值。

在 EV 中,和捕获单元的捕获中断相关的寄存器有:EVA 中断标志寄存器 EVAIFRC、EVA 中断屏蔽寄存器 EVAIMRC,EVB 的中断标志寄存器 EVBIFRC、EVB 的中断屏蔽寄存器 EVBIMRC。这两类寄存器一类是中断标志寄存器,而另一类便是中断使能寄存器。关于这些寄存器的内容,后面会详细介绍。

12.4.4 捕获单元的寄存器

表 12-17 所列的是事件管理器捕获单元的寄存器。

表 12-17 捕获单元的寄存器

名 称	地 址	大小(×16)	说 明
EVA 寄存器组			
CAPCONA	0x0000 7420	1	捕获单元控制寄存器 A
CAPFIFOA	0x0000 7422	1	捕获单元 FIFO 状态寄存器 A
CAP1FIFO	0x0000 7423	1	CAP1 的 FIFO 堆栈顶层寄存器
CAP2FIFO	0x0000 7424	1	CAP2 的 FIFO 堆栈顶层寄存器
CAP3FIFO	0x0000 7425	1	CAP3 的 FIFO 堆栈顶层寄存器
CAP1FBOT	0x0000 7427	1	CAP1 的 FIFO 堆栈底层寄存器
CAP2FBOT	0x0000 7428	1	CAP2 的 FIFO 堆栈底层寄存器
CAP3FBOT	0x0000 7429	1	CAP3 的 FIFO 堆栈底层寄存器
EVB 寄存器组			
CAPCONB	0x0000 7520	1	捕获单元控制寄存器 B
CAPFIFOB	0x0000 7522	1	捕获单元 FIFO 状态寄存器 B
CAP4FIFO	0x0000 7523	1	CAP4 的 FIFO 堆栈顶层寄存器
CAP5FIFO	0x0000 7524	1	CAP5 的 FIFO 堆栈顶层寄存器
CAP6FIFO	0x0000 7525	1	CAP6 的 FIFO 堆栈顶层寄存器
CAP4FBOT	0x0000 7527	1	CAP4 的 FIFO 堆栈底层寄存器
CAP5FBOT	0x0000 7528	1	CAP5 的 FIFO 堆栈底层寄存器
CAP6FBOT	0x0000 7529	1	CAP6 的 FIFO 堆栈底层寄存器

(1) 捕获单元控制寄存器 A

捕获单元控制寄存器 CAPCONA 的位情况如图 12-40 所示,各位说明见表 12-18。

15	14	13	12	11	10	9	8
CAPRES	CAP12EN		CAP3EN	Reserved	CAP3TSEL	CAP2TSEL	CAP3TOADC
R/W-0	R/W-0		R/W-0	R/W-0	R/W-0	R/W-0	R/W-0

7	6	5	4	3	2	1	0
CAP1EDGE		CAP2EDGE		CAP3EDGE		Reserved	
R/W-0		R/W-0		R/W-0		R/W-0	

注:R=可读,W=可写,-0=复位后的值。

图 12-40 捕获单元控制寄存器 CAPCONA

表 12-18 CAPCONA 各位说明

位	名 称	说 明
15	CAPRES	捕获单元复位,读返回为 0。0,清除所有捕获单元寄存器,QEP 电路清 0;1,无动作

续表 12-18

位	名称	说明
14～13	CAP12EN	捕获 1 和 2 的使能位。00,禁止捕获 1 和 2,FIFO 堆栈保留其内容;01,使能捕获 1 和 2;10,保留;11,保留
12	CAP3EN	捕获 3 使能。0,禁止捕获 3。捕获 3 的 FIFO 堆栈保留其内容;1,使能捕获 3
11	Reserved	读返回 0,写无效
10	CAP3TSEL	为捕获单元 3 选择定时器。0,选择定时器 2;1,选择定时器 1
9	CAP2TSEL	为捕获单元 2 选择定时器。0,选择定时器 2;1,选择定时器 1
8	CAP3TOADC	捕获单元 3 事件启动 ADC。0,无操作;1,当 CAP3INT 标志位置 1 时启动 ADC
7～6	CAP1EDGE	捕获单元 1 边沿检测控制位。00,不检测;01,检测上升沿;10,检测下降沿;11,检测两个边沿
5～4	CAP2EDGE	捕获单元 2 边沿检测控制位。00,不检测;01,检测上升沿;10,检测下降沿;11,检测两个边沿
3～2	CAP3EDGE	捕获单元 3 边沿检测控制位。00,不检测;01,检测上升沿;10,检测下降沿;11,检测两个边沿
1～0	Reserved	读返回 0,写无效

(2) 捕获单元控制寄存器 B

捕获单元控制寄存器 CAPCONB 的位情况如图 12-41 所示,各位说明见表 12-19。

15	14	13	12	11	10	9	8
CAPRES	CAPQEPN		CAP6EN	Reserved	CAP6TSEL	CAP45TSEL	CAP6TOADC
R/W-0	R/W-0		R/W-0		R/W-0	R/W-0	R/W-0

7	6	5	4	3	2	1	0
CAP4EDGE		CAP5EDGE		CAP6EDGE		Reserved	
R/W-0		R/W-0		R/W-0		R/W-0	

注:R=可读,W=可写,-0=复位后的值。

图 12-41 捕获单元控制寄存器 CAPCONB

表 12-19 CAPCONB 各位说明

位	名称	说明
15	CAPRES	捕获单元复位,读返回为 0。0,清除所有捕获单元寄存器,QEP 电路清 0;1,无动作
14～13	CAPQEPN	捕获单元 4 和 5 以及 QEP 电路控制位。00,禁止捕获 4 和 5 以及 QEP 电路,FIFO 堆栈保持不变;01,使能捕获 4 和 5,禁止 QEP 电路;10,保留;11,使能 QEP 电路,禁止捕获单元 4 和 5,位 4～7 和 9 忽略
12	CAP6EN	捕获单元 6 控制。0,禁止捕获单元 6,FIFO 堆栈保持其内容不变;1,使能捕获单元 6
11	Reserved	读返回 0,写无效
10	CAP6TSEL	为捕获单元 6 选择定时器。0,选择定时器 4;1,选择定时器 3
9	CAP45TSEL	为捕获单元 4 和 5 选择定时器。0,选择定时器 4;1,选择定时器 3
8	CAP6TOADC	捕获单元 6 事件启动 ADC。0,无操作;1,当 CAP6INT 标志位置 1 时启动 ADC
7～6	CAP4EDGE	捕获单元 4 边沿检测控制位。00,不检测;01,检测上升沿;10,检测下降沿;11,检测两个边沿

第 12 章　事件管理器 EV

续表 12-19

位	名称	说明
5~4	CAP5EDGE	捕获单元 5 边沿检测控制位。00,不检测;01,检测上升沿;10,检测下降沿;11,检测两个边沿
3~2	CAP6EDGE	捕获单元 6 边沿检测控制位。00,不检测;01,检测上升沿;10,检测下降沿;11,检测两个边沿
1~0	Reserved	读返回 0,写无效

(3) 捕获单元 FIFO 状态寄存器 A

捕获单元 FIFO 状态寄存器 CAPFIFOA 的位情况如图 12-42 所示,各位说明见表 12-20。

15	14	13	12	11	10	9	8
Reserved		CAP3FIFO		CAP2FIFO		CAP1FIFO	
R-0		R/W-0		R/W-0		R/W-0	

7							0
Reserved							
R-0							

注:R=可读,W=可写,-0=复位后的值。

图 12-42　捕获单元 FIFO 状态寄存器 CAPFIFOA

表 12-20　CAPFIFOA 各位说明

位	名称	说明
15~14	Reserved	读返回 0,写无效
13~12	CAP3FIFO	CAP3FIFO 状态位。00,空;01,有 1 个数值;10,有 2 个数值;11,已有 2 个数值并且又捕获了 1 个数值,第 1 个数值已丢失
11~10	CAP2FIFO	CAP2FIFO 状态位。00,空;01,有 1 个数值;10,有 2 个数值;11,已有 2 个数值并且又捕获了 1 个数值,第 1 个数值已丢失
9~8	CAP1FIFO	CAP1FIFO 状态位。00,空;01,有 1 个数值;10,有 2 个数值;11,已有 2 个数值并且又捕获了 1 个数值,第 1 个数值已丢失
7~0	Reserved	读返回 0,写无效

(4) 捕获单元 FIFO 状态寄存器 B

捕获单元 FIFO 状态寄存器 CAPFIFOB 的位情况如图 12-43 所示,各位说明见表 12-21。

15	14	13	12	11	10	9	8
Reserved		CAP6FIFO		CAP5FIFO		CAP4FIFO	
R-0		R/W-0		R/W-0		R/W-0	

7							0
Reserved							
R-0							

注:R=可读,W=可写,-0=复位后的值。

图 12-43　捕获单元 FIFO 状态寄存器 CAPFIFOB

表 12-21 CAPFIFOB 各位说明

位	名 称	说 明
15～14	Reserved	读返回 0,写无效
13～12	CAP6FIFO	CAP6FIFO 状态位。00,空;01,有 1 个数值;10,有 2 个数值;11,已有 2 个数值并且又捕获了 1 个数值,第 1 个数值已丢失
11～10	CAP5FIFO	CAP5FIFO 状态位。00,空;01,有 1 个数值;10,有 2 个数值;11,已有 2 个数值并且又捕捉了 1 个数值,第 1 个数值已丢失
9～8	CAP4FIFO	CAP4FIFO 状态位。00,空;01,有 1 个数值;10,有 2 个数值;11,已有 2 个数值并且又捕获了 1 个数值,第 1 个数值已丢失
7～0	Reserved	读返回 0,写无效

12.5 正交编码电路

在介绍事件管理器的正交编码电路之前,先来看一个实际的问题。在电机旋转的时候,如何来确定转子旋转的转速、位置和旋转方向呢?通常的做法如图 12-44 所示,在电机的转子上安装一个光电编码器。光电编码器主要由光栅盘和光电检测装置组成。光栅盘是在一定直径的圆板上等分地开通若干个长方形孔。当电机旋转时,光栅盘与电动机同轴旋转,当 LED 光被遮挡时,传感器 A 就输出逻辑 0,也就是输出低电平;当 LED 光透过光栅的孔被传感器接收时,传感器 A 就输出逻辑 1,也就是输出高电平。这样,光电编码器的光电检测部分就能够输出连续的脉冲信号,通过计算传感器 A 每秒输出的脉冲个数就能够知道当前电机的转速。

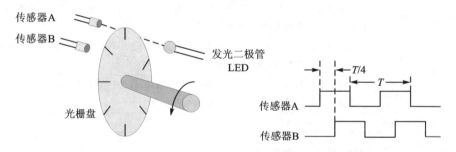

图 12-44 光电编码器原理

在实际应用时,光电码盘除了提供传感器 A 的脉冲信号外,还会提供和传感器 A 的信号相差 90°的传感器 B 的信号,也就是说传感器 A 和传感器 B 的输出信号相位上相差 90°,为正交的信号。通过这两路正交脉冲信号的状态变化,就能确定出电机转子的旋转方向。

通过前面的介绍知道了在电机旋转时,光电码盘能够输出两路正交的脉冲信号,但是这两路脉冲信号怎么和 DSP 关联起来呢?这就需要事件管理器的正交编码电路了。每个事件管理器都有一个正交编码脉冲电路,即 QEP 电路。EVA 的 QEP 电路有输入引脚 CAP1_QEP1、CAP2_QEP2，EVB 的 QEP 电路有输入引脚 CAP4_QEP3、CAP5_QEP4，光电码盘输出的两路正交编码信号正好从上述的两个输入引脚输入到 DSP 的 QEP 电路，然后再通过 QEP 的译码器对正交编码信号进行译码，最后可以得到电机转子的转速、旋转方向、旋转位置等信息。

EVA 和 EVB 的 QEP 电路原理和功能是相同的，下面就以 EVA 的 QEP 电路为例进行讲解。图 12-45 为 EVA 的 QEP 电路原理框图，从图中可以看到 QEP 电路的两个输入引脚 CAP1_QEP1、CAP2_QEP2 是复用引脚，既能做捕获单元的输入引脚，也能做 QEP 电路的输入引脚，但是当使能 QEP 电路时，捕获的功能就相应被禁止了。如果使能捕获单元，那么 QEP 电路的功能被禁止。选择使用捕获单元还是 QEP 电路，可以通过 CAPCONA 寄存器的第 13、14 位进行设置。

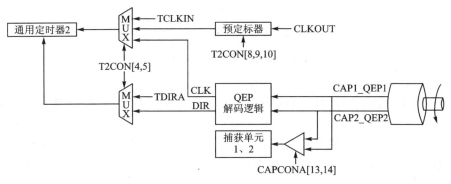

图 12-45　EVA 的 QEP 电路原理框图

当 QEP 电路使能，通用定时器 2 为 QEP 电路提供时基；相同的，EVB 中通用定时器 4 为 QEP 电路提供时基。但是值得注意的是，此时定时器 2 只能工作于前面介绍的定向增/减计数模式。设置定时器控制寄存器 T2CON[4,5]的值为 3，也就是选择时钟源为 QEP 电路，则此时原本可以从外部输入时钟和计数方向的引脚 TCLKIN 和 TDIRA 被忽略，时钟信号和计数方向的信号均来自于 QEP 解码电路。QEP 解码电路可以通过输入的正交编码脉冲产生定时器计数的时钟脉冲和计数方向。

QEP 电路工作时，引脚 CAP1_QEP1 和引脚 CAP2_QEP2 输入两路正交编码脉冲。QEP 电路对这两路正交编码脉冲的上升沿和下降沿都进行计数，如图 12-46 中 CLK 的信号，无论是检测到哪个引脚的上升沿或下降沿，都会产生一个时钟脉冲，这个时钟脉冲将提供给定时器 T2 进行计数。因此，QEP 电路为定时器 T2 所提供的时钟频率是每个输入脉冲序列的 4 倍。

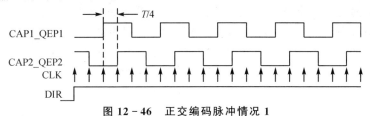

图 12-46　正交编码脉冲情况 1

QEP 电路的方向检测逻辑还可为定时器 T2 提供计数方向 DIR 信号。图 12-46 中,引脚 CAP1_QEP1 输入的脉冲序列在相位上比引脚 CAP2_QEP2 输入的脉冲序列超前了 90°,此时 QEP 电路输出的 DIR 信号为高电平,定时器 T2 进行增计数。

图 12-47 中,引脚 CAP2_QEP2 输入的脉冲序列在相位上比引脚 CAP1_QEP1 输入的脉冲序列超前了 90°,此时 QEP 电路输出的 DIR 信号为低电平,定时器 T2 进行减计数。

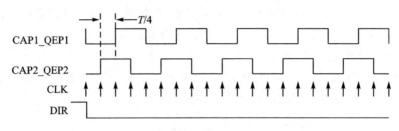

图 12-47 正交编码脉冲情况 2

当然,如果想要正确使用 QEP 电路,首先需要对 QEP 进行适当的设置。下面以启动 EVA 的 QEP 电路为例进行说明:

① 根据需要将初始值载入到通用定时器 2 的计数器寄存器、周期寄存器和比较寄存器。

② 设置定时器控制器 T2CON,使 T2 工作于定向增/减计数模式,选择 QEP 电路作为时钟源,并使能使用的通用定时器。

③ 设置 CAPCONA 寄存器,使能 QEP 电路。

假设 QEP 电路已经使能了,那如何通过输入的正交脉冲来确定电机转子的转速和旋转位置呢?下面假设给电机的转子安装的是如图 12-48 所示的光电码盘,此光电码盘的光栅一共有 1 024 格。当电机旋转一周时,传感器 A 和传感器 B 将输出 2 路相位相差 90°的 1 024 个正交脉冲。由于 QEP 检测每一路信号的上升沿和下降沿,因此,电机旋转一周,QEP 将提供给定时器 T2 一共 4 096 个时钟脉冲。有 1 个时钟脉冲,定时器 T2 就计一次数。

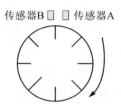

图 12-48 光电码盘示意图

接下来,再假设转子顺时针旋转,传感器 A 的信号超前传感器 B 信号 90°相位,传感器 A 输入到 CAP1_QEP1,传感器 B 输入到 CAP2_QEP2,则此时定时器 T2 将增计数。给 T2CNT 赋初值 0,T2PR 赋初值 0x0FFF,十进制的话就是 4 095,也就是说定时器 T2 的计数寄存器 T2CNT 将从 0 开始计数,当计数到 0x0FFF 时,电机刚好转完一周。现在可以通过定时器的中断来每隔一定的时间去读取 T2CNT 的值,就能够得到电机的转速和旋转位置。例如使用定时器 T1 的周期中断,使得 T1 每隔 t_s 的时间去读取 T2CNT 的值,第 $(k+1)t$ 时刻,T2CNT 的值为 T2CNT$[(k+1)t]$,第 k 时刻,T2CNT 的值为 T2CNT$[kt]$,则经过时间 t_s,电机转过的角度为:

$$\Delta\theta = \frac{\text{T2ONT}[(k+1)t] - \text{T2CNT}[kt]}{4\ 096} \times 360° \qquad (12-10)$$

因此电机的转速 n 为：

$$n = \frac{T2CNT[(k+1)t] - T2CNT[kt]}{4096 \times t} \times 60 \text{ rpm} \quad (12-11)$$

式(12-11)中的单位为 rpm，即每分钟电机旋转了 n 转。如果每隔 10 ms 读取一次 T2CNT，相邻两次的读数差为 1 024 的话，则电机的转速为 1 500 rpm，即每分钟 1 500 转。

根据式(12-10)，假设第 kt 时刻转子旋转的机械角度为 $\theta[kt]$，则 $(k+1)t$ 时刻，转子所旋转的机械角度为：

$$\theta[(k+1)t] = \theta[kt] + \Delta\theta \quad (12-12)$$

根据式(12-10)和式(12-12)，可以得到 T2CNT 的值与电机旋转机械角度位置之间的关系，如表 12-22 所列。

表 12-22　T2CNT 与转子位置的关系

T2CNT	机械角度位置	T2CNT	机械角度位置
0	0°	0x0800	180°
0x0200	45°	0x0A00	225°
0x0400	90°	0x0C00	270°
0x0600	135°	0x0E00	315°

当然这里为了举例分析如何使用 QEP 电路来测量电机转子的旋转速度、如何确定转子旋转位置等问题，已经忽略了很多因素。通常还得根据实际情况来进行调整分析。

12.6　事件管理器的中断及其寄存器

前面已经讲过事件管理器的通用定时器的中断事件、比较单元的中断事件、捕获单元的中断事件，这里对这些中断事件再进行总结，并详细介绍与事件管理器中断相关的寄存器。由于事件管理器的中断事件比较多，为了便于管理将每个事件管理器的中断事件都分成了 A、B、C 3 组，每一组中都有若干个中断事件。表 12-23 列出了 EVA 的所有中断、分组情况及其优先级，表 12-24 列出了 EVB 的所有中断、分组情况及其优先级。每个中断具体的介绍请参阅前面各个单元的中断事件。

表 12-23　EVA 的中断

组别	中断名称	组内优先级	PIE 中断向量	描述	所属 PIE 中断组别
A	PDPINTA	1(最高)	0x0020	功率驱动保护中断 A	PIE1
	CMP1INT	2	0x0021	比较单元 1 比较中断	
	CMP2INT	3	0x0022	比较单元 2 比较中断	
	CMP3INT	4	0x0023	比较单元 3 比较中断	
	T1PINT	5	0x0027	定时器 1 周期中断	PIE2
	T1CINT	6	0x0028	定时器 1 比较中断	
	T1UFINT	7	0x0029	定时器 1 下溢中断	
	T1OFINT	8(最低)	0x002A	定时器 1 上溢中断	

续表 12 - 23

组 别	中断名称	组内优先级	PIE 中断向量	描 述	所属 PIE 中断组别
B	T2PINT	1(最高)	0x002B	定时器 2 周期中断	PIE3
B	T2CINT	2	0x002C	定时器 2 比较中断	PIE3
B	T2UFINT	3	0x002D	定时器 2 下溢中断	PIE3
B	T2OFINT	4(最低)	0x002E	定时器 2 上溢中断	PIE3
C	CAP1INT	1(最高)	0x0033	捕获单元 1 中断	PIE3
C	CAP2INT	2	0x0034	捕获单元 2 中断	PIE3
C	CAP3INT	3(最低)	0x0035	捕获单元 3 中断	PIE3

表 12 - 24 EVB 的中断

组 别	中断名称	组内优先级	PIE 中断向量	描 述	所属 PIE 中断组别
A	PDPINTB	1(最高)	0x0019	功率驱动保护中断 B	PIE1
A	CMP4INT	2	0x0024	比较单元 4 比较中断	PIE4
A	CMP5INT	3	0x0025	比较单元 5 比较中断	PIE4
A	CMP6INT	4	0x0026	比较单元 6 比较中断	PIE4
A	T3PINT	5	0x002F	定时器 3 周期中断	PIE4
A	T3CINT	6	0x0030	定时器 3 比较中断	PIE4
A	T3UFINT	7	0x0031	定时器 3 下溢中断	PIE4
A	T3OFINT	8(最低)	0x0032	定时器 3 上溢中断	PIE4
B	T4PINT	1(最高)	0x0039	定时器 4 周期中断	PIE5
B	T4CINT	2	0x003A	定时器 4 比较中断	PIE5
B	T4UFINT	3	0x003B	定时器 4 下溢中断	PIE5
B	T4OFINT	4(最低)	0x003C	定时器 4 上溢中断	PIE5
C	CAP4INT	1(最高)	0x0036	捕获单元 4 中断	PIE5
C	CAP5INT	2	0x0037	捕获单元 5 中断	PIE5
C	CAP6INT	3(最低)	0x0038	捕获单元 6 中断	PIE5

表 12 - 23、表 12 - 24 中每组中断都有一个中断标志寄存器和一个中断屏蔽寄存器。如果中断屏蔽寄存器中代表某个中断事件的使能位为 0,则相应的中断事件将不会产生外围设备的中断请求,中断也就不会发生。表 12 - 25 是事件管理器的中断标志寄存器和相应的中断屏蔽寄存器。

表 12 - 25 中断标志寄存器和相应的中断屏蔽寄存器

类 别	中断标志寄存器	说 明	中断屏蔽寄存器	说 明
EVA	EVAIFRA	EVA 中断标志寄存器 A	EVAIMRA	EVA 中断屏蔽寄存器 A
EVA	EVAIFRB	EVA 中断标志寄存器 B	EVAIMRC	EVA 中断屏蔽寄存器 B
EVA	EVAIFRC	EVA 中断标志寄存器 C	EVAIMRC	EVA 中断屏蔽寄存器 C
EVB	EVBIFRA	EVB 中断标志寄存器 A	EVBIMRA	EVB 中断屏蔽寄存器 A
EVB	EVBIFRB	EVB 中断标志寄存器 B	EVBIMRB	EVB 中断屏蔽寄存器 B
EVB	EVBIFRC	EVB 中断标志寄存器 C	EVBIMRC	EVB 中断屏蔽寄存器 C

(1) EVA 中断标志寄存器 A

EVA 中断标志寄存器 EVAIFRA 的位情况如图 12-49 所示,各位说明见表 12-26。图 12-49～图 12-60 中:R=可读,W=可写,-0=复位后的值。

15					10	9	8
Reserved					T1OFINTFLAG	T1UFINT	T1CINTFLAG
R-0					R/W-0	R/W-0	R/W-0
7	6	5	4	3	2	1	0
T1PINTFLAG		Reserved		CMP3INTFLAG	CMP2INTFLAG	CMP1INTFLAG	PDPINTAFLAG
R/W-0		R-0		R/W-0	R/W-0	R/W-0	R/W-0

图 12-49 EVA 中断标志寄存器 EVAIFRA

表 12-26 EVAIFRA 各位说明

位	名 称	说 明
15～11	Reserved	读返回 0,写无效
10	T1OFINT FLAG	定时器 1 上溢中断标志位。读:0,标志复位;1,标志置位。写:0,无效;1,复位标志位
9	T1UFINT FLAG	定时器 1 下溢中断标志位。读:0,标志复位;1,标志置位。写:0,无效;1,复位标志位
8	T1CINT FLAG	定时器 1 比较中断标志位。读:0,标志复位;1,标志置位。写:0,无效;1,复位标志位
7	T1PINT FLAG	定时器 1 周期中断标志位。读:0,标志复位;1,标志置位。写:0,无效;1,复位标志位
6～4	Reserved	读返回 0,写无效
3	CMP3INT FLAG	比较单元 3 比较中断标志位。读:0,标志复位;1,标志置位。写:0,无效;1,复位标志位
2	CMP2INT FLAG	比较单元 2 比较中断标志位。读:0,标志复位;1,标志置位。写:0,无效;1,复位标志位
1	CMP1INT FLAG	比较单元 1 比较中断标志位。读:0,标志复位;1,标志置位。写:0,无效;1,复位标志位
0	PDPINTA FLAG	功率驱动保护中断标志位。读:0,标志复位;1,标志置位。写:0,无效;1,复位标志位

(2) EVA 中断标志寄存器 B

EVA 中断标志寄存器 EVAIFRB 的位情况如图 12-50 所示,各位说明见表 12-27。

15							8
Reserved							
R-0							
7			4	3	2	1	0
Reserved				T2OFINFLAG	T2UFINTFLAG	T2CINTFLAG	T2PINTFLAG
R-0				RW1C-0	RW1C-0	RW1C-0	RW1C-0

图 12-50 EVA 中断标志寄存器 EVAIFRB

表 12-27 EVAIFRB 各位说明

位	名 称	说 明
15～4	Reserved	读返回 0,写无效
3	T2OFINT FLAG	定时器 2 上溢中断标志位。读:0,标志复位;1,标志置位。写:0,无效;1,复位标志位
2	T2UFINT FLAG	定时器 2 下溢中断标志位。读:0,标志复位;1,标志置位。写:0,无效;1,复位标志位
1	T2CINT FLAG	定时器 2 比较中断标志位。读:0,标志复位;1,标志置位。写:0,无效;1,复位标志位
0	T2PINT FLAG	定时器 2 周期中断标志位。读:0,标志复位;1,标志置位。写:0,无效;1,复位标志位

(3) EVA 中断标志寄存器 C

EVA 中断标志寄存器 EVAIFRC 的位情况如图 12-51 所示,各位说明见表 12-28。

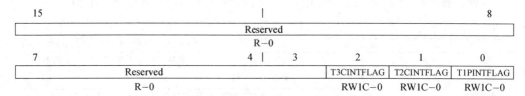

图 12-51 EVA 中断标志寄存器 EVAIFRC

表 12-28 EVAIFRC 各位说明

位	名称	说明
15~3	Reserved	读返回 0,写无效
2	CAP3INT FLAG	捕获单元 3 捕获中断标志位。读:0,标志复位;1,标志置位。写:0,无效;1,复位标志位
1	CAP2INT FLAG	捕获单元 2 捕获中断标志位。读:0,标志复位;1,标志置位。写:0,无效;1,复位标志位
0	CAP1INT FLAG	捕获单元 1 捕获中断标志位。读:0,标志复位;1,标志置位。写:0,无效;1,复位标志位

(4) EVA 中断屏蔽寄存器 A

EVA 中断屏蔽寄存器 EVAIMRA 的位情况如图 12-52 所示,各位说明见表 12-29。

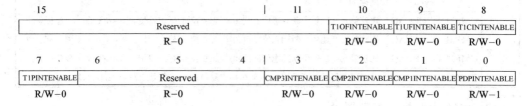

图 12-52 EVA 中断屏蔽寄存器 EVAIMRA

表 12-29 EVAIMRA 各位说明

位	名称	说明
15~11	Reserved	读返回 0,写无效
10	T1OFINT ENABLE	定时器 1 上溢中断使能位。0,禁止;1,使能
9	T1UFINT ENABLE	定时器 1 下溢中断使能位。0,禁止;1,使能
8	T1CINT ENABLE	定时器 1 比较中断使能位。0,禁止;1,使能
7	T1PINT ENABLE	定时器 1 周期中断使能位。0,禁止;1,使能
6~4	Reserved	读返回 0,写无效
3	CMP3INT ENABLE	比较单元 3 比较中断使能位。0,禁止;1,使能
2	CMP2INT ENABLE	比较单元 2 比较中断使能位。0,禁止;1,使能
1	CMP1INT ENABLE	比较单元 1 比较中断使能位。0,禁止;1 使能
0	PDPINTA ENABLE	功率驱动保护中断 A 使能位。0,禁止;1,使能

(5) EVA 中断屏蔽寄存器 B

EVA 中断屏蔽寄存器 EVAIMRB 的位情况如图 12-53 所示,各位说明见表 12-30。

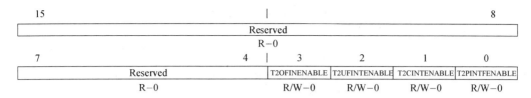

图 12-53　EVA 中断屏蔽寄存器 EVAIMRB

表 12-30　EVAIMRB 各位说明

位	名　称	说　明
15~4	Reserved	读返回 0，写无效
3	T2OFINT　ENABLE	定时器 2 下溢中断使能位。0，禁止；1，使能
2	T2UFINT　ENABLE	定时器 2 上溢中断使能位。0，禁止；1，使能
1	T2CINT　ENABLE	定时器 2 比较中断使能位。0，禁止；1，使能
0	T2PINT　ENABLE	定时器 2 周期中断使能位。0，禁止；1，使能

(6) EVA 中断屏蔽寄存器 C

EVA 中断屏蔽寄存器 EVAIMRC 的位情况如图 12-54 所示，各位说明见表 12-31。

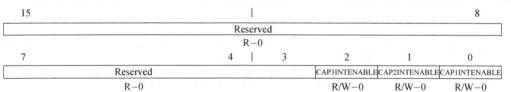

图 12-54　EVA 中断屏蔽寄存器 EVAIMRC

表 12-31　EVAIMRC 各位说明

位	名　称	说　明
15~3	Reserved	读返回 0，写无效
2	CAP3INT　ENABLE	捕获单元 3 捕获中断使能位。0，禁止；1，使能
1	CAP2INT　ENABLE	捕获单元 2 捕获中断使能位。0，禁止；1，使能
0	CAP1INT　ENABLE	捕获单元 1 捕获中断使能位。0，禁止；1，使能

(7) EVB 中断标志寄存器 A

EVB 中断标志寄存器 EVBIFRA 的位情况如图 12-55 所示，各位说明见表 12-32。

15						10	9	8
Reserved						T3OFINTFLAG	T3UFINTFLAG	T3CINTFLAG
R-0						RW1C-0	RW1C-0	RW1C-0
7	6	5	4		3	2	1	0
T3PINTFLAG		Reserved			CMP6INT	CMP5INT	CMP4INT	PDPINTB
RW1C-0		R-0			RW1C-0	RW1C-0	RW1C-0	RW1C-0

图 12-55　EVB 中断标志寄存器 EVBIFRA

表 12-32　EVBIFRA 各位说明

位	名称	说明
15～11	Reserved	读返回 0，写无效
10	T3OFINT FLAG	定时器 3 上溢中断标志位。读：0，标志复位；1，标志置位。写：0，无效；1，复位标志位
9	T3UFINT FLAG	定时器 3 下溢中断标志位。读：0，标志复位；1，标志置位。写：0，无效；1，复位标志位
8	T3CINT FLAG	定时器 3 比较中断标志位。读：0，标志复位；1，标志置位。写：0，无效；1，复位标志位
7	T3PINT FLAG	定时器 3 周期中断标志位。读：0，标志复位；1，标志置位。写：0，无效；1，复位标志位
6～4	Reserved	读返回 0，写无效
3	CMP6INT FLAG	比较单元 6 比较中断标志位。读：0，标志复位；1，标志置位。写：0，无效；1，复位标志位
2	CMP5INT FLAG	比较单元 5 比较中断标志位。读：0，标志复位；1，标志置位。写：0，无效；1，复位标志位
1	CMP4INT FLAG	比较单元 4 比较中断标志位。读：0，标志复位；1，标志置位。写：0，无效；1，复位标志位
0	PDPINTB FLAG	功率驱动保护中断 B 标志位。读：0，标志复位；1，标志置位。写：0，无效；1，复位标志位

(8) EVB 中断标志寄存器 B

EVB 中断标志寄存器 EVBIFRB 的位情况如图 12-56 所示，各位说明见表 12-33。

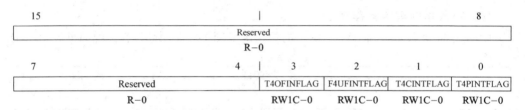

图 12-56　EVB 中断标志寄存器 EVBIFRB

表 12-33　EVBIFRB 各位说明

位	名称	说明
15～4	Reserved	读返回 0，写无效
3	T4OFINT FLAG	定时器 4 上溢中断标志位。读：0，标志复位；1，标志置位。写：0，无效；1，复位标志位
2	T4UFINT FLAG	定时器 4 下溢中断标志位。读：0，标志复位；1，标志置位。写：0，无效；1，复位标志位
1	T4CINT FLAG	定时器 4 比较中断标志位。读：0，标志复位；1，标志置位。写：0，无效；1，复位标志位
0	T4PINT FLAG	定时器 4 周期中断标志位。读：0，标志复位；1，标志置位。写：0，无效；1，复位标志位

(9) EVB 中断标志寄存器 C

EVB 中断标志寄存器 EVBIFRC 的位情况如图 12-57 所示，各位说明见表 12-34。

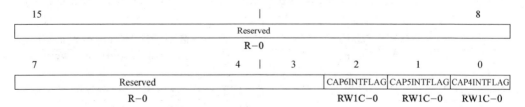

图 12-57　EVB 中断标志寄存器 EVBIFRC

表 12 – 34　EVBIFRC 各位说明

位	名　　称	说　　明
15～3	Reserved	读返回 0,写无效
2	CAP6INT　FLAG	捕获单元 6 捕获中断标志位。读:0,标志复位;1,标志置位。写:0,无效;1,复位标志位
1	CAP5INT　FLAG	捕获单元 5 捕获中断标志位。读:0,标志复位;1,标志置位。写:0,无效;1,复位标志位
0	CAP4INT　FLAG	捕获单元 4 捕获中断标志位。读:0,标志复位;1,标志置位。写:0,无效;1,复位标志位

(10) EVB 中断屏蔽寄存器 A

EVB 中断屏蔽寄存器 EVBIMRA 的位情况如图 12 – 58 所示,各位说明见表 12 – 35。

15					11	10	9	8
Reserved						T3OFINTENABLE	T3UFINTENABLE	T3CINTENABLE
R-0						R/W-0	R/W-0	R/W-0

7	6	5	4		3	2	1	0
T3PINTENABLE	Reserved				CMP6INTENABLE	CMP5INTENABLE	CMP4INTENABLE	PDPINTBENABLE
R/W-0	R-0				R/W-0	R/W-0	R/W-0	R/W-1

图 12 – 58　EVB 中断屏蔽寄存器 EVBIMRA

表 12 – 35　EVBIMRA 各位说明

位	名　　称	说　　明
15～11	Reserved	读返回 0,写无效
10	T3OFINT　ENABLE	定时器 3 上溢中断使能位。0,禁止;1,使能
9	T3UFINT　ENABLE	定时器 3 下溢中断使能位。0,禁止;1,使能
8	T3CINT　ENABLE	定时器 3 比较中断使能位。0,禁止;1,使能
7	T3PINT　ENABLE	定时器 3 周期中断使能位。0,禁止;1,使能
6～4	Reserved	读返回 0,写无效
3	CMP6INT　ENABLE	比较单元 6 比较中断使能位。0,禁止;1,使能
2	CMP5INT　ENABLE	比较单元 5 比较中断使能位。0,禁止;1,使能
1	CMP4INT　ENABLE	比较单元 4 比较中断使能位。0,禁止;1,使能
0	PDPINTB　ENABLE	功率驱动保护中断 B 使能位。0,禁止;1,使能

(11) EVB 中断屏蔽寄存器 B

EVB 中断屏蔽寄存器 EVBIMRB 的位情况如图 12 – 59 所示,各位说明见表 12 – 36。

15								8
Reserved								
R-0								

7				4	3	2	1	0
Reserved					T4OFINENABLE	T4UFINTENABLE	T4CINTENABLE	T4PINTENABLE
R-0					R/W-0	R/W-0	R/W-0	R/W-0

图 12 – 59　EVB 中断屏蔽寄存器 EVBIMRB

表 12-36 EVBIMRB 各位说明

位	名 称	说 明
15~4	Reserved	读返回 0,写无效
3	T4OFINT ENABLE	定时器 4 上溢中断使能位。0,禁止;1,使能
2	T4UFINT ENABLE	定时器 4 下溢中断使能位。0,禁止;1,使能
1	T4CINT ENABLE	定时器 4 比较中断使能位。0,禁止;1,使能
0	T4PINT ENABLE	定时器 4 周期中断使能位。0,禁止;1,使能

(12) EVB 中断屏蔽寄存器 C

EVB 中断屏蔽寄存器 EVBIMRC 的位情况如图 12-60 所示,各位说明见表 12-37。

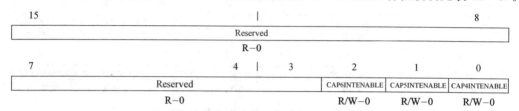

图 12-60 EVB 中断屏蔽寄存器 EVBIMRC

表 12-37 EVBIMRC 各位说明

位	名 称	说 明
15~4	Reserved	读返回 0,写无效
2	CAP6INT ENABLE	捕获单元 6 捕获中断使能位。0,禁止;1,使能
1	CAP5INT ENABLE	捕获单元 5 捕获中断使能位。0,禁止;1,使能
0	CAP4INT ENABLE	捕获单元 4 捕获中断使能位。0,禁止;1,使能

12.7 手把手教你产生 PWM 波形

事件管理器应用比较多的场合就是使用通用定时器和比较单元产生 PWM 波形,来驱动电力电子开关器件。下面将详细介绍如何使用事件管理器来产生开发所需的 PWM 波形。

12.7.1 输出占空比固定的 PWM 波形

假设需要使 EVA 的 T1PWM、T2PWM、PWM1、PWM3、PWM5 引脚输出 1 kHz、占空比为 40% 的不对称 PWM 波形,PWM2、PWM4、PWM6 输出 1 kHz、占空比为 60% 的不对称 PWM 波形;EVB 的 T3PWM、T4PWM、PWM7、PWM9、PWM11 引脚输出 1 kHz、占空比为 40% 的对称 PWM 波形,PWM8、PWM10、PWM12 输出 1 kHz、占空比为 60% 的对称 PWM 波形;而且各比较单元输出的 PWM 波形需要具有死区,死区时间为 4.27 μs,那如何来实现呢?本例程在共享资料中的路径为:"共享资料\

TMS320F2812 例程\第 12 章\12.7\EvPWM01"。

(1) 初始化系统时钟

不管是什么样的程序,首先第一步需要做的就是初始化系统时钟,给整个系统分配好时钟脉冲,就像给人安上一个强有力的心脏一样。通常 X2812 的晶振使用 30 MHz,通过 PLL 锁相环倍频至 150 MHz。因为需要使用到外设 EVA 和 EVB,所以需要使能 EVA 和 EVB 的时钟。系统初始化函数 InitSysCtrl()在文件 DSP28_SysCtrl.c 中,见程序清单 12-1。

程序清单 12-1 系统初始化函数

```
/*****************************************************
 * 文件名:DSP28_SysCtrl.c
 * 功  能:对 F2812 的系统控制模块进行初始化
 *****************************************************/
#include "DSP28_Device.h"
/*****************************************************
 * 名   称:InitSysCtrl()
 * 功   能:该函数对 F2812 的系统控制寄存器进行初始化
 * 入口参数:无
 * 出口参数:无
 *****************************************************/
void InitSysCtrl(void)
{
    Uint16 i;
    EALLOW;
    SysCtrlRegs.WDCR = 0x0068;      //禁止看门狗模块
    //初始化 PLL 模块,如果外部晶振为 30 MHz,则 SYSCLKOUT = 30 MHz × 10/2 = 150 MHz
    SysCtrlRegs.PLLCR = 0xA;
    for(i = 0; i< 5000; i++){}      //延时,使得 PLL 模块能够完成初始化操作
// 高速时钟预定标器和低速时钟预定标器,产生高速外设时钟 HSPCLK 和低速外设时钟 LSPCLK
    SysCtrlRegs.HISPCP.all = 0x0001;  // HSPCLK = 150 MHz/2 = 75 MHz
    SysCtrlRegs.LOSPCP.all = 0x0002;  // LSPCLK = 150 MHz/4 = 37.5 MHz
// 对工程中使用到的外设进行时钟使能,在本例中需要用到 EVA 和 EVB
    SysCtrlRegs.PCLKCR.bit.EVAENCLK = 1;  //使能 EVA 的时钟
    SysCtrlRegs.PCLKCR.bit.EVBENCLK = 1;  //使能 EVB 的时钟
    EDIS;
}
```

(2) 初始化 GPIO

因为 F2812 的 T1PWM、T2PWM、PWM1~6、T3PWM、T4PWM、PWM7~12 引脚都是复用的,所以需要在 GPIO 中初始化这些引脚,使它们的功能是输出 PWM 而不是普通的数字 I/O 口,这就需要在 DSP28_Gpio.c 文件中编写函数 InitGpio(),见程序清单 12-2。

程序清单 12-2　GPIO 初始化函数

```
/*************************************************************
* 文件名:DSP28_Gpio.c
* 功    能:2812 通用输入/输出口 GPIO 的初始化函数
*************************************************************/
#include "DSP28_Device.h"
/*************************************************************
* 名    称:InitGpio()
* 功    能:初始化 GPIO,使得 GPIO 的引脚处于已知的状态,例如确定其功能是特定功能还是
*          通用 I/O。如果是通用 I/O,是输入还是输出,等等。
* 入口参数:无
* 出口参数:无
*************************************************************/
void InitGpio(void)
{
    EALLOW;
    //将 GPIO 中和 PWM 相关的引脚设置为 PWM 功能
    GpioMuxRegs.GPAMUX.bit.T1PWM_GPIOA6 = 1;     //设置 T1PWM 引脚
    GpioMuxRegs.GPAMUX.bit.T2PWM_GPIOA7 = 1;     //设置 T2PWM 引脚
    GpioMuxRegs.GPAMUX.bit.PWM1_GPIOA0 = 1;      //设置 PWM1 引脚
    GpioMuxRegs.GPAMUX.bit.PWM2_GPIOA1 = 1;      //设置 PWM2 引脚
    GpioMuxRegs.GPAMUX.bit.PWM3_GPIOA2 = 1;      //设置 PWM3 引脚
    GpioMuxRegs.GPAMUX.bit.PWM4_GPIOA3 = 1;      //设置 PWM4 引脚
    GpioMuxRegs.GPAMUX.bit.PWM5_GPIOA4 = 1;      //设置 PWM5 引脚
    GpioMuxRegs.GPAMUX.bit.PWM6_GPIOA5 = 1;      //设置 PWM6 引脚
    GpioMuxRegs.GPBMUX.bit.T3PWM_GPIOB6 = 1;     //设置 T3PWM 引脚
    GpioMuxRegs.GPBMUX.bit.T4PWM_GPIOB7 = 1;     //设置 T4PWM 引脚
    GpioMuxRegs.GPBMUX.bit.PWM7_GPIOB0 = 1;      //设置 PWM7 引脚
    GpioMuxRegs.GPBMUX.bit.PWM8_GPIOB1 = 1;      //设置 PWM8 引脚
    GpioMuxRegs.GPBMUX.bit.PWM9_GPIOB2 = 1;      //设置 PWM9 引脚
    GpioMuxRegs.GPBMUX.bit.PWM10_GPIOB3 = 1;     //设置 PWM10 引脚
    GpioMuxRegs.GPBMUX.bit.PWM11_GPIOB4 = 1;     //设置 PWM11 引脚
    GpioMuxRegs.GPBMUX.bit.PWM12_GPIOB5 = 1;     //设置 PWM12 引脚
    EDIS;
}
```

(3) 初始化事件管理器

接下来就是初始化事件管理器模块了。从前面 PWM 的参数和定时器寄存器之间的关系可以知道,PWM 的频率与定时器周期寄存器的值有关,PWM 的占空比与定时器比较寄存器的值有关,当然,这两个参数还和定时器的计数方式有关。下面根据例程的要求先来确定定时器周期寄存器和比较寄存器的值。

在系统初始化时,可以知道系统的高速外设时钟 HSPCLK 为 75 MHz,然后此处设定定时器 T1、T2、T3、T4 的时钟预定标因子值为 1,所以各个定时器的时钟为 37.5 MHz,也就是说,定时器每计数 1 次,所需要的时间为 $(1/37.5)\ \mu s$。

EVA 输出的 PWM 都是不对称的波形,说明定时器 T1、T2 工作于连续增计数模式,根据 12.2.5 小节公式 $f = \dfrac{TCLK \times 10^6}{T1PR+1}$ Hz,可以得到:$f = \dfrac{37.5 \times 10^6}{T1PR+1} = 1\ 000$ Hz。

解这个方程便可以得到 T1PR＝37 499，表示成十六进制就是 0x927B。同样的，T2PR 也为 0x927B。

设定 T1PWM 引脚的极性为低电平有效，根据 12.2.5 小节公式 $D=\dfrac{\text{T1CMPR}}{\text{T1PR}+1}$，可以得到：$D=\dfrac{\text{T1CMPR}}{37\ 499+1}=0.4$。解这个方程便可以得到 T1CMPR＝15 000，表示成十六进制为 0x3A98。如果 PWM1、PWM3、PWM5 的引脚输出极性也是低电平有效，那么比较单元 1、比较单元 2、比较单元 3 的值也为 0x3A98。

设定 T2PWM 引脚的极性为高电平有效，根据 12.2.5 小节公式 $D=\dfrac{\text{T1PR}+1-\text{T1CMPR}}{\text{T1PR}+1}$，可以得到：$D=\dfrac{37\ 499+1-\text{T2CMPR}}{37\ 499+1}=0.4$。解这个方程可以得到 T2CMPR＝22 500，表示成十六进制就是 0x57E4。

接下来看 EVB。EVB 输出的 PWM 波形都是对称的 PWM 波形，说明定时器 T3、T4 工作于连续增/减计数模式，根据 12.2.5 小节公式 $f=\dfrac{\text{TCLK}\times 10^6}{2\times \text{T1PR}}\text{Hz}$，可以得到：$f=\dfrac{37.5\times 10^6}{2\times \text{T3PR}}=1\ 000\ \text{Hz}$。解这个方程可以得到 T3PR＝18 750，表示成十六进制就是 0x493E。同样的，T4PR 也为 0x493E。

设定 T3PWM 引脚的极性为低电平有效，根据 12.2.5 小节公式 $D=\text{T1CMPR}/\text{T1PR}$，可以得到：$D=\text{T3CMPR}/18\ 750=0.4$，则可以得出 T3CMPR＝7 500，表示成十六进制就是 0x1D4C。如果 PWM7、PWM9、PWM11 的引脚输出极性也是低电平有效，那么比较单元 4、比较单元 5、比较单元 6 的值也为 0x1D4C。

设定 T4PWM 的引脚极性为高电平有效，根据 12.2.5 小节公式 $D=\dfrac{\text{T1PR}-\text{T1CMPR}}{\text{T1PR}}$，可以得到：$D=\dfrac{18\ 750-\text{T4CMPR}}{18\ 750}=0.4$。则可以得出 T4CMPR＝11 250，表示成十六进制就是 0x2BF2。

通过上面的分析，已经得到了各个定时器周期寄存器、比较寄存器和各个比较单元的值。下面再来看看 PWM 的死区如何设置。定时器的时钟频率为 37.5 MHz，如果设定死区定时器预定标因子值为 4，也就是说死区定时器的时钟 $T_{db}=37.5\ \text{MHz}/16=2.34\ \text{MHz}$。又设定死区定时器周期 m 为 10，则死区时间 $t=\dfrac{10}{2.34\ \text{MHz}\times 10^6}\times 10^6=4.27\ \mu\text{s}$。

这样，把需要初始化的各个寄存器的值确定下来后，就可以开始编写 EV 的初始化函数。InitEv()函数在 DSP28_InitEv.c 文件中，见程序清单 12-3。

程序清单 12-3　初始化 EV 函数

```
/********************************************************************
 * 文件名:DSP28_Ev.c
 * 功　能:2812 事件管理器的初始化函数,包括了 EVA 和 EVB 的初始化
 ********************************************************************/
```

```c
#include "DSP28_Device.h"
/*****************************************************************
 * 名    称:InitEv()
 * 功    能:初始化 EVA 或者 EVB,本例中 EVA 和 EVB 均产生占空比为 40% 的 PWM 波形,EVA 下面
 *          的定时器均工作于连续增模式,而 EVB 下面的定时器均工作于连续增/减模式,各个
 *          全比较单元的死区时间为 4.27 μs
 * 入口参数:无
 * 出口参数:无
 *****************************************************************/
void InitEv(void)
{
    //EVA 模块
    EvaRegs.T1CON.bit.TMODE = 2;            //连续增模式
    EvaRegs.T1CON.bit.TPS = 1;              //T1CLK = HSPCLK/2 = 37.5 MHz
    EvaRegs.T1CON.bit.TENABLE = 0;          //暂时禁止 T1 计数
    EvaRegs.T1CON.bit.TCLKS10 = 0;          //使用内部时钟 T1CLK
    EvaRegs.T1CON.bit.TECMPR = 1;           //使能定时器比较操作
    EvaRegs.T2CON.bit.TMODE = 2;            //连续增模式
    EvaRegs.T2CON.bit.TPS = 1;              //T2CLK = HSPCLK/2 = 37.5 MHz
    EvaRegs.T2CON.bit.TENABLE = 0;          //暂时禁止 T2 计数
    EvaRegs.T2CON.bit.TCLKS10 = 0;          //使用内部时钟 T2CLK
    EvaRegs.T2CON.bit.TECMPR = 1;           //使能定时器比较操作
    EvaRegs.GPTCONA.bit.TCOMPOE = 1;        //定时器比较输出 T1PWM_T1CMPR 和 T2PWM_T2CMPR
                                            //由各自的定时器比较逻辑驱动
    EvaRegs.GPTCONA.bit.T1PIN = 1;          //低电平有效
    EvaRegs.GPTCONA.bit.T2PIN = 2;          //高电平有效
    EvaRegs.T1PR = 0x927B;                  //1 kHz 的 PWM,周期为 1 ms
    EvaRegs.T1CMPR = 0x3A98;                //占空比为 40%,低电平有效
    EvaRegs.T1CNT = 0;
    EvaRegs.T2PR = 0x927B;                  //1 kHz 的 PWM,周期为 1 ms
    EvaRegs.T2CMPR = 0x57E4;                //占空比为 40%,高电平有效
    EvaRegs.T2CNT = 0;
    EvaRegs.COMCONA.bit.CENABLE = 1;        //使能比较单元的比较操作
    EvaRegs.COMCONA.bit.FCOMPOE = 1;        //全比较输出,PWM1~6 引脚均由相应的比较逻辑驱动
    EvaRegs.COMCONA.bit.CLD = 2;
    //死区时间为:4.27 μs
    EvaRegs.DBTCONA.bit.DBT = 10;           //死区定时器周期,m = 10
    EvaRegs.DBTCONA.bit.EDBT1 = 1;          //死区定时器 1 使能位
    EvaRegs.DBTCONA.bit.EDBT2 = 1;          //死区定时器 2 使能位
    EvaRegs.DBTCONA.bit.EDBT3 = 1;          //死区定时器 3 使能位
    EvaRegs.DBTCONA.bit.DBTPS = 4;          //死区定时器预定标因子 $T_{db}$ = 37.5 MHz/16 = 2.34 MHz
    EvaRegs.ACTR.all = 0x0999;              //设定引脚 PWM1~6 的动作属性
    EvaRegs.CMPR1 = 0x3A98;                 //PWM1 占空比为 40%
    EvaRegs.CMPR2 = 0x3A98;                 //PWM3 占空比为 40%
    EvaRegs.CMPR3 = 0x3A98;                 //PWM5 占空比为 40%
    //EVD 模块
    EvbRegs.T3CON.bit.TMODE = 1;            //连续增/减模式
    EvbRegs.T3CON.bit.TPS = 1;              //T3CLK = HSPCLK/2 = 37.5 MHz
    EvbRegs.T3CON.bit.TENABLE = 0;          //暂时禁止 T3 计数
```

```
    EvbRegs.T3CON.bit.TCLKS10 = 0;          //使用内部时钟 T3CLK
    EvbRegs.T3CON.bit.TECMPR = 1;           //使能定时器比较操作
    EvbRegs.T4CON.bit.TMODE = 1;            //连续增/减模式
    EvbRegs.T4CON.bit.TPS = 1;              //T4CLK = HSPCLK/2 = 37.5 MHz
    EvbRegs.T4CON.bit.TENABLE = 0;          //暂时禁止 T4 计数
    EvbRegs.T4CON.bit.TCLKS10 = 0;          //使用内部时钟 T4CLK
    EvbRegs.T4CON.bit.TECMPR = 1;           //使能定时器比较操作
    EvbRegs.GPTCONB.bit.TCOMPOE = 1;        //定时器比较输出 T3PWM_T3CMPR 和 T4PWM_T4CMPR
                                            //由各自的定时器比较逻辑驱动
    EvbRegs.GPTCONB.bit.T3PIN = 1;          //低电平有效
    EvbRegs.GPTCONB.bit.T4PIN = 2;          //高电平有效
    EvbRegs.T3PR = 0x493E;                  //1 kHz 的 PWM,周期为 1 ms
    EvbRegs.T3CMPR = 0x1D4C;                //占空比为 40%,低电平有效
    EvbRegs.T3CNT = 0;
    EvbRegs.T4PR = 0x493E;                  //1 kHz 的 PWM,周期为 1 ms
    EvbRegs.T4CMPR = 0x2BF2;                //占空比为 40%,高电平有效
    EvbRegs.T4CNT = 0;
    EvbRegs.COMCONB.bit.CENABLE = 1;        //使能比较单元的比较操作
    EvbRegs.COMCONB.bit.FCOMPOE = 1;        //全比较输出,PWM7~12 引脚均由相应的比较逻辑驱动
    EvbRegs.COMCONB.bit.CLD = 2;
    //死区时间为:4.27μs
    EvbRegs.DBTCONB.bit.DBT = 10;           //死区定时器周期,m = 10
    EvbRegs.DBTCONB.bit.EDBT1 = 1;          //死区定时器 1 使能位
    EvbRegs.DBTCONB.bit.EDBT2 = 1;          //死区定时器 2 使能位
    EvbRegs.DBTCONB.bit.EDBT3 = 1;          //死区定时器 3 使能位
    EvbRegs.DBTCONB.bit.DBTPS = 4;          //死区定时器预定标因子 $T_{db}$ = 37.5 MHz/16 = 2.34 MHz
    EvbRegs.ACTRB.all = 0x0999;             //设定引脚 PWM7~12 的动作属性
    EvbRegs.CMPR4 = 0x1D4C;                 //PWM7 占空比为 40%
    EvbRegs.CMPR5 = 0x1D4C;                 //PWM9 占空比为 40%
    EvbRegs.CMPR6 = 0x1D4C;                 //PWM11 占空比为 40%
}
```

(4) 主函数

最后一步就是任何一个工程都不能少的主函数。此处,主函数的作用主要是初始化各个模块使 DSP 稳定运行,并且启动定时器计数,见程序清单 12-4。

程序清单 12-4   主函数模块

```
#include "DSP28_Device.h"
#include "DSP28_Globalprototypes.h"
/*************************************************************
* 名    称:main()
* 功    能:初始化系统和各个外设
* 入口参数:无
* 出口参数:无
*************************************************************/
void main(void)
{
    InitSysCtrl();                          //初始化系统函数
    DINT;
    IER = 0x0000;                           //禁止 CPU 中断
    IFR = 0x0000;                           //清除 CPU 中断标志
```

```
        InitPieCtrl();                  //初始化 PIE 控制寄存器
        InitPieVectTable();             //初始化 PIE 中断向量表
        InitGpio();                     //初始化 GPIO 口
        InitEv();                       //初始化 EV
        EvaRegs.T1CON.bit.TENABLE = 1;  //使能定时器 T1 计数操作
        EvaRegs.T2CON.bit.TENABLE = 1;  //使能定时器 T2 计数操作
        EvbRegs.T3CON.bit.TENABLE = 1;  //使能定时器 T3 计数操作
        EvbRegs.T4CON.bit.TENABLE = 1;  //使能定时器 T4 计数操作
        while(1)
        {
        }
}
```

上述的程序就能够使 EVA 的 T1PWM、T2PWM、PWM1、PWM3、PWM5 引脚输出 1 kHz、占空比为 40% 的不对称 PWM 波形，PWM2、PWM4、PWM6 输出 1 kHz、占空比为 60% 的不对称 PWM 波形。EVB 的 T3PWM、T4PWM、PWM7、PWM9、PWM11 引脚输出 1 kHz、占空比为 40% 的对称 PWM 波形，PWM8、PWM10、PWM12 输出 1 kHz、占空比为 60% 的对称 PWM 波形。

本例程的 PWM 波形占空比是固定的，那如果在使用过程中，需要输出占空比可变的 PWM，应该如何实现呢？

12.7.2 输出占空比可变的 PWM 波形

假设 EVA 的 PWM1 和 PWM2 引脚输出频率为 1 kHz 的互补的 PWM 波形，PWM 波形占空比每隔 1 s 变化 5%，变化范围为 10%～90%，从 10% 不断增加至 90%，然后从 90% 再不断减小至 10%，如此循环。而且 PWM1 和 PWM2 具有死区，时间为 4.27 μs。

此处如果输出的是占空比固定的 PWM，如是 10% 或者 90%，那解决方法和前面的例程相同，关键此处要求占空比每隔 1 s 进行变化。通过前面的学习知道，改变 PWM 的占空比就是改变定时器比较寄存器的值，本例程中需要使用的是定时器 T1 和比较单元 1，所以也就是需要改变 CMPR1 的值，那如何实现每隔 1 s 改变 1 次 CMPR1 的值呢？可以利用定时器 T1 的周期中断，下面进行详细分析。

系统初始化部分和前面的一样，定时器 T1 的时钟为 37.5 MHz，此例程使得定时器 T1 工作于连续增/减计数模式。由于 PWM 输出的频率为 1 kHz，可以得到：

$$f = \frac{TCLK \times 10^6}{T1PR+1} = \frac{37.5 \times 10^6}{2 \times T1PR} = 1\,000\ Hz$$

这样可以得出 T1PR=18 750，表示成十六进制就是 0x493E。但是，由于频率是 1 kHz，周期是 1 ms，那如何利用定时器 1 ms 的周期中断来实现每隔 1 s 改变 1 次 CMPR1 呢？这就需要在周期中断里设置一个统计中断次数的变量 intcount，每进 1 次中断，intcount 就累加 1 次，当 intcount 等于 1 000 时，正好过了 1 s，这时就可以改变 CMPR1 的值。由于占空比每次改变 5%，当设定

PWM1 为低电平有效时,根据公式 $D = T1CMPR/T1PR$ 可以得到: $\Delta CMPR1 = \Delta D \times T1PR = 0.05 \times 18\,750 = 938$,也就是说每 1 次 CMPR1 改变的值为 938,这样可以正好改变占空比为 5%。此例程在共享资料中的路径为:"共享资料\TMS320F2812 例程\第 12 章\12.7\EvPwm02"。输出占空比可变的 PWM 波形实验的参考程序(EvPwm02.pjt)见程序清单 12-5~程序清单 12-9。

程序清单 12-5 系统初始化模块

```
/*******************************************************
* 文件名:DSP28_SysCtrl.c
* 功  能:对 2812 的系统控制模块进行初始化
*******************************************************/
#include "DSP28_Device.h"
/*******************************************************
* 名    称:InitSysCtrl()
* 功    能:该函数对 2812 的系统控制寄存器进行初始化
* 入口参数:无
* 出口参数:无
*******************************************************/
void InitSysCtrl(void)
{
    Uint16 i;
    EALLOW;
    SysCtrlRegs.WDCR = 0x0068;       //禁止看门狗模块
    //初始化 PLL 模块,如果外部晶振为 30 MHz,则 SYSCLKOUT = 30 MHz × 10/2 = 150 MHz
    SysCtrlRegs.PLLCR = 0xA;
    for(i = 0; i < 5000; i++){}      //延时,使得 PLL 模块能够完成初始化操作
// 高速时钟预定标器和低速时钟预定标器,产生高速外设时钟 HSPCLK 和低速外设时钟 LSPCLK
    SysCtrlRegs.HISPCP.all = 0x0001;    // HSPCLK = 150 MHz/2 = 75 MHz
    SysCtrlRegs.LOSPCP.all = 0x0002;    // LSPCLK = 150 MHz/4 = 37.5 MHz
// 对工程中使用到的外设进行时钟使能,在本例中我们将用到 EVA
    SysCtrlRegs.PCLKCR.bit.EVAENCLK = 1;
    EDIS;
}
```

程序清单 12-6 初始化 GPIO 模块

```
/*******************************************************
* 文件名:DSP28_Gpio.c
* 功  能:2812 通用输入输出口 GPIO 的初始化函数
*******************************************************/
#include "DSP28_Device.h"
/*******************************************************
* 名    称:InitGpio()
* 功    能:初始化 GPIO,使得 GPIO 的引脚处于已知的状态,例如确定其功能是特定功能还是通
*          用 I/O。如果是通用 I/O,是输入还是输出等
* 入口参数:无
* 出口参数:无
*******************************************************/
```

```
void InitGpio(void)
{
    EALLOW;
    // 将 GPIO 中和 PWM 相关的引脚设置为 PWM 功能
    GpioMuxRegs.GPAMUX.bit.PWM1_GPIOA0 = 1;      //设置 PWM1 引脚
    GpioMuxRegs.GPAMUX.bit.PWM2_GPIOA1 = 1;      //设置 PWM2 引脚
    EDIS;
}
```

程序清单 12-7　初始化 EV 模块

```
/****************************************************************
 * 文件名:DSP28_Ev.c
 * 功　能:2812 事件管理器的初始化函数,包括了 EVA 和 EVB 的初始化
 ****************************************************************/
#include "DSP28_Device.h"
/****************************************************************
 * 名　　称:InitEv()
 * 功　能:初始化 EVA,使得 PWM1 和 PWM2 输出互补的周期为 1 kHz 的 PWM 波,占空比初始化
 *         为 10%,死区时间为 4.27 μs
 * 入口参数:无
 * 出口参数:无
 ****************************************************************/
void InitEv(void)
{
    //EVA 模块
    EvaRegs.T1CON.bit.TMODE = 1;            //连续增/减模式
    EvaRegs.T1CON.bit.TPS = 1;              //T1CLK = HSPCLK/2 = 37.5 MHz
    EvaRegs.T1CON.bit.TENABLE = 0;          //暂时禁止 T1 计数
    EvaRegs.T1CON.bit.TCLKS10 = 0;          //使用内部时钟 T1CLK
    EvaRegs.T1CON.bit.TECMPR = 1;           //使能定时器比较操作
    EvaRegs.T1PR = 0x493E;                  //1 kHz 的 PWM,周期为 1 ms
    EvaRegs.T1CNT = 0;
    EvaRegs.COMCONA.bit.CENABLE = 1;        //使能比较单元的比较操作
    EvaRegs.COMCONA.bit.FCOMPOE = 1;        //全比较输出,PWM1~6 引脚均由相应的比较逻辑驱动
    EvaRegs.COMCONA.bit.CLD = 2;
    //死区时间为:4.27 μs
    EvaRegs.DBTCONA.bit.DBT = 10;           //死区定时器周期,m = 10
    EvaRegs.DBTCONA.bit.EDBT1 = 1;          //死区定时器 1 使能位
    EvaRegs.DBTCONA.bit.DBTPS = 4;          //死区定时器预定标因子 $T_{db}$ = 37.5 MHz/16 = 2.34 MHz
    EvaRegs.ACTR.all = 0x0666;              //设定引脚 PWM1~6 的动作属性
    EvaRegs.CMPR1 = 0x41EB;                 //PWM1 占空比初始化为 10%
    EvaRegs.EVAIMRA.bit.T1PINT = 1;         //使能定时器 T1 周期中断
    EvaRegs.EVAIFRA.bit.T1PINT = 1;         //清除 T1 周期中断的标志位
}
```

程序清单 12-8　主函数模块

```
/****************************************************************
 * 文件名:EvPwm02.c
 * 功　能:PWM1 和 PWM2 输出频率为 1 kHz 的 PWM 波形。波形的占空比每隔 1 s 变化 5%,范围
```

```
*   10% ~ 90%
*   说    明:EVA 下面的通用定时器 T1 工作于连续增/减计数模式,产生对称的 PWM 波形
*          通过 T1 的周期中断来计时,每隔 1 s 改变 1 次占空比。死区时间为 4.27 μs
***************************************************************/
#include "DSP28_Device.h"
#include "DSP28_Globalprototypes.h"
Uint32 intcount;        //中断次数统计变量
int increase;           //占空比变化方向标志,此为增加标志
int decrease;           //占空比变化方向标志,此为减少标志
/****************************************************************
*   名      称:main()
*   功      能:初始化系统和各个外设
*   入口参数:无
*   出口参数:无
****************************************************************/
void main(void)
{
    InitSysCtrl();                    //初始化系统函数
    DINT;
    IER = 0x0000;                     //禁止 CPU 中断
    IFR = 0x0000;                     //清除 CPU 中断标志
    InitPieCtrl();                    //初始化 PIE 控制寄存器
    InitPieVectTable();               //初始化 PIE 中断向量表
    InitGpio();                       //初始化 GPIO 口
    InitEv();                         //初始化 EV
    intcount = 0;                     //T1 定时器周期中断计数器
    increase = 0;                     //占空比逐渐变小的变化趋势标志位
    decrease = 1;                     //占空比逐渐变大的变化趋势标志位
    PieCtrl.PIEIER2.bit.INTx4 = 1;    //使能 PIE 中断,T1 定时器中断位于 INT2.4
    IER |= M_INT2;                    //开 CPU 中断
    EINT;                             //开全局中断
    ERTM;                             //开实时中断
    EvaRegs.T1CON.bit.TENABLE = 1;    //使能定时器 T1 计数操作
    while(1)
    {
    }
}
```

程序清单 12 - 9 中断函数

```
/****************************************************************
*   文件名:DSP28_DefaultIsr.c
*   功    能:此文件包含了与 F2812 所有默认相关的中断函数,只须在相应的中断函数中加入代
*            码以实现中断功能即可
****************************************************************/
#include "DSP28_Device.h"
interrupt void T1PINT_ISR(void)                    //通用定时器 T1 的周期中断
{
    if(intcount >= 1000)                           //当时间到达 1 s 时
```

```
        {
            if((increase == 1)&&(decrease == 0))//如果占空比越来越小
            {
                EvaRegs.CMPR1 = EvaRegs.CMPR1 + 938;
                if(EvaRegs.CMPR1 >= 0x41EB)
                {
                    EvaRegs.CMPR1 = 0x41EB;    //占空比到达最小的10%时,改变变化的方向
                    increase = 0;
                    decrease = 1;
                }
            }
            if((increase == 0)&&(decrease == 1))//如果占空比越来越大
            {
                EvaRegs.CMPR1 = EvaRegs.CMPR1 - 938;
                if(EvaRegs.CMPR1 <= 0x0753)
                {
                    EvaRegs.CMPR1 = 0x0753;    //占空比到达最大的90%时,改变变化的方向
                    increase = 1;
                    decrease = 0;
                }
            }
            intcount = 0;
        }
    //响应同组其他中断,PIEACK_GROUP1 的值为 0x0001
    PieCtrl.PIEACK.all = PIEACK_GROUP1;
    EvaRegs.EVAIFRA.bit.T1PINT = 1;//清除中断标志位
    EINT;//开全局中断
}
```

事件管理器是 X281x 非常重要的一个外设,本章先后详细介绍了事件管理器的通用定时器、比较单元、捕获单元和 QEP 电路等各个模块,介绍了它们的功能、用法和相关的中断事件,并详细分析了如何使用通用定时器和比较单元来产生各种 PWM 波形。在下一章里,将详细介绍把模拟量向数字量转换的 ADC 模块。

第 13 章

模/数转换器 ADC

在现实世界中,许多量都是模拟量,例如电压、电流、温度、湿度、压力等信号;而在 DSP 等微控制器世界中,所有的量却都是数字量,那如何实现将现实世界的模拟量提供给 DSP 等微控制器呢? 模/数转换器 ADC 模块就是连接现实世界和微控制器的桥梁,它可以将现实世界的模拟量转换成数字量,提供给控制器使用。本章将详细介绍 X281x 内部自带 ADC 模块的性能、特点及其工作方式,并从硬件和软件两方面的角度来探讨如何提高内部 ADC 的采样精度。

13.1 X281x 内部的 ADC 模块

X281x 内部的 ADC 模块是一个 12 位分辨率、具有流水线结构的模/数转换器,其结构框图如图 13-1 所示。从图 13-1 可以很清楚地看到,X281x 的 ADC 模块一共具有 16 个采样通道,分成两组:一组为 ADCINA0～ADCINA7;另一组为 ADCINB0～ADCINB7。A 组的采样通道使用采样保持器 A,也就是图中的 S/H-A;B 组的采样通道使用采样保持器 B,也就是图中的 S/H-B。

虽然 ADC 模块具有多个输入通道,但是它内部只有一个转换器,也就是说同一时刻只能对一路输入信号进行转换。当有多路信号需要转换时,ADC 模块通过前端模拟多路复用器 Analog MUX 的控制,在同一时刻,只允许一路信号输入到 ADC 的转换器中。

如图 13-2 所示,假设现在对 ADCINA0、ADCINA2、ADCINA3、ADCINA5 这 4 路输入信号进行 A/D 转换,转换的顺序为 ADCINA0、ADCINA3、ADCINA2、ADCINA5,则第一次 Analog MUX 中 ADCINA0 通道的开关闭合,ADCINA0 信号输入至转换器中,转换的结果存放于结果寄存器 ADCRESULT0 中;第 2 次 Analog MUX 中 ADCINA3 通道的开关闭合,ADCINA3 信号输入至转换器中,转换的结果存放于结果寄存器 ADCRESULT1 中;第 3 次 Analog MUX 中 ADCINA2 通道的开关闭合,ADCINA2 信号输入至转换器中,转换的结果存放于结果寄存器 ADCRESULT2 中;第 4

次 Analog MUX 中 ADCINA5 通道的开关闭合，ADCINA5 信号输入至转换器中，转换的结果存放于结果寄存器 ADCRESULT3 中。至此，完成一个序列的转换。可见，同一时刻，ADC 模块只能对一个通道的信号进行转换。

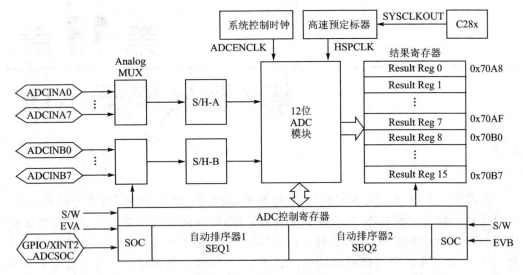

图 13-1 X281x 内部 ADC 模块的结构框图

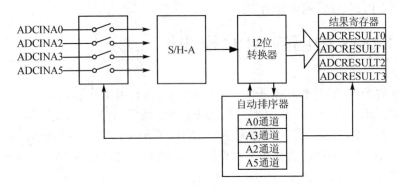

图 13-2 多路转换示意图

上面的例子中是对 4 个通道进行采样并转换，转换的顺序为 ADCINA0、ADCINA3、ADCINA2、ADCINA5，那 ADC 模块是如何来实现预定的转换顺序呢？换句话说，如何才能让 ADC 按照用户指定的顺序对各个通道进行采样并转换呢？如图 13-2 所示，ADC 模块内部具有自动序列发生器，用户可以通过编程为序列发生器指定需要转换的通道顺序。这里，序列发生器中第一个通道为 ADCINA0，然后是 ADCINA3、ADCINA2 和 ADCINA5，一旦启动转换，ADC 便按照序列发生器中通道的顺序对指定的输入信号进行转换。

从图 13-1 可以看到，X281x 的 ADC 模块具有 2 个 8 状态的序列发生器：SEQ1 和 SEQ2。这 2 个序列发生器分别对应于 2 组采样通道：A 组通道 ADCINA0～ADCI-

NA7 对应于序列发生器 SEQ1,而 B 组通道 ADCINB0～ADCINB7 对应于序列发生器 SEQ2。此时,ADC 工作于 2 个独立的 8 通道模块。当 ADC 级联成一个 16 通道的模块时,SEQ1 和 SEQ2 也级联成一个 16 状态的序列发生器 SEQ。对于每个序列发生器,一旦指定的序列转换结束,已选择采样的通道值就会被保存到各个通道的结果寄存器中。对应于 16 个信号输入通道,X281x 的 ADC 模块总共有 16 个结果寄存器 ADCRESULT0～ADCRESULT15。

13.1.1 ADC 模块的特点

X281x 内部自带 ADC 模块的特点如下:

① 共有 16 个模拟量输入引脚,将这 16 个输入引脚分成了 2 组:A 组的引脚为 ADCINA0～ADCINA7,B 组的引脚为 ADCINB0～ADCINB7。

② 具有 12 位的 ADC 内核,内置有 2 个采样保持器 S/H - A 和 S/H - B。从前面的学习可以知道,引脚 ADCINA0～ADCINA7 对应于采样保持器 S/H - A,引脚 ADCINB0～ADCINB7 对应于采样保持器 S/H - B。

③ ADC 模块的时钟频率最高可配置为 25 MHz,采样频率最高为 12.5 MSPS,也就是说每秒最高能完成 12.5 个百万次的采样。

④ ADC 模块的自动序列发生器可以按 2 个独立的 8 状态序列发生器(SEQ1 和 SEQ2)来运行,也可以按一个 16 状态的序列发生器(SEQ)来运行。不管是 SEQ1、SEQ2 或者是级联后的 SEQ,每个序列发生器都允许系统对同一个通道进行多次采样,也就是说允许用户执行过采样的算法。如图 13 - 3 所示,8 状态的序列发生器 SEQ1 中先对通道 ADCINA0 连续采样 3 次,然后再对 ADCINA1 通道连续采样 3 次,最后对 ADCINA2 通道连续采样 2 次。以 ADCINA0 为例,3 次采样结果的平均值肯定要比单次采样结果的精度来得高。

图 13 - 3 自动序列发生器 SEQ1

⑤ ADC 模拟输入的范围为 0～3 V。值得注意的是,ADC 采样端口的最高输入电压为 3 V,实际设计中,通常需要考虑到余量,因此一般输入最大值设计在 3 V 的 80% 左右,也就是 2.5 V。如果输入的电压过高,如超过 3 V,或者输入的电压为负电压,都会烧毁 DSP,因此,通常需要将采样输入的信号先经过调理电路进行调整,使其输入电压范围在 ADC 正常工作范围之内。例如输入的电压值范围为 0～X,X 大于 3 V,则可以通过分压电路,使输入电压的最大值小于 3 V;或者输入的电压范围为 -X～Y,则可以将电压整体抬高 X,使其电压范围变为 0～(X+Y),然后再通过其他的方式,使得电压最大值小于 3V。如果将调整前的信号称为原始信号,而将调整后的信号称为调整信号,DSP 采样得到的是调整信号的值,但是最后可以在 DSP 程序中通过原始信号和调整信号的关系来还原原始输入信号的值。

为了保险起见,在输入信号(如果经过调理电路,则为调整信号)进 DSP 的 ADC 端口时,最好加一个如图13-4所示的钳位电路。图中采用了一个双二极管,如英飞凌公司的BAT68-04。当输入电压超过3.3 V时,二极管D1导通,ADC输入引脚上的电平变为3.3 V;当输入电压为负电压时,二极管D2导通,ADC输入引脚上的电平变为0,因此这个电路能够将ADC输出引脚上的电平稳定在0~3.3 V,从而保护了ADC输入端口。这里大家可能会有疑问,不是说A/D端口的输入电压是0~3 V吗,怎么图13-4中设计的高电压是3.3 V呢?这是从工程设计的实际情况出发,选择最容易获得并且接近的电压,因为DSP的工作电压就是3.3 V和1.8 V,所以选择3.3 V。

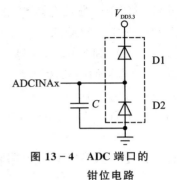

图13-4　ADC端口的钳位电路

⑥ ADC模块对一个序列的通道开始转换必须需要有一个启动信号,或者说是一个触发信号。当启动信号到来时,相应的序列发生器就开始对其内部预先指定的通道进行转换。当ADC工作于独立的8状态序列发生器SEQ1、SEQ2和工作一个级联的16状态序列发生器时,启动ADC转换的方式稍有不同,具体如表13-1所列。软件立即启动,是指通过程序对ADC控制寄存器ADCTRL2的第13位,即SOC SEQ1位置1,来立即启动ADC转换。EVA或者EVB的多种事件启动方式是指用通用定时器的周期匹配、比较匹配和下溢匹配这3个事件来启动ADC转换,而究竟采用哪个事件来启动ADC转换,取决于事件管理器寄存器GPTCONA的位T1TOADC、T2TOADC或者GPTCONB的位T3TOADC、T4TOADC。外部引脚启动方式是指当引脚XINT2_ADCSOC从低电平转为高电平时,启动ADC转换,当然首先需要将该引脚设置为功能引脚,而不是通用的数字I/O口。从表13-1可以看出,序列发生器SEQ的启动方式其实就是综合了序列发生器SEQ1和SEQ2的启动方式。

表13-1　SEQ1、SEQ2和级联SEQ的有效启动方式

序列发生器	启动方式
SEQ1	软件立即启动(S/W),EVA的多种事件,外部引脚(GPIO/XINT2_ADCSOC)
SEQ2	软件立即启动(S/W),EVB的多种事件
SEQ	软件立即启动(S/W),EVA的多种事件,EVB的多种事件,外部引脚(GPIO/XINT2_ADCSOC)

⑦ ADC模块共有16个结果寄存器ADCRESULT0~ADCRESULT15用来保存转换的数值。每个结果寄存器都是16位,而X281x的ADC是12位,也就是说转换后的数字值最高只有12位,那这个12位的值是如何放在16位的结果寄存器中的呢?如图13-5所示,ADC转换的数值在结果寄存器中是左对齐,结果寄存器的高12位用于存放转换结果,而低4位被忽略。接下来,一起来推导输入的模拟量和转换后的数字量之间的关系。

从图13-5可知,当模拟输入电压为3 V时,ADC结果寄存器的高12位

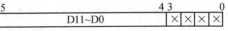

图13-5　ADC的结果寄存器

均为 1,而低 4 位均为 0,则此时结果寄存器中的数字量是 0xFFF0,也就是 65 520。当模拟输入电压为 0 V 时,ADC 结果寄存器中的数字量为 0。由于 ADC 转换的特性是线性关系的,如图 13-6 所示,所以不难得到:

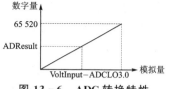

图 13-6 ADC 转换特性

$$ADResult = (VoltInput - ADCLO)/3.0 \times 65\ 520 \quad (13-1)$$

式中,ADResult 是结果寄存器中的数字量,VoltInput 是模拟电压输入值,ADCLO 是 ADC 转换的参考电平,实际使用时,通常将其与 AGND 连在一起,因此此时 ADCLO 的值为 0。

还有一种关系表达式,其结果是一样的,只是表达的方法不一样。由于 ADC 结果寄存器中的数字量位于高 12 位,低 4 位是无效的,那是不是可以将 ADResult 中的值先右移 4 位,然后再进行计算。同样的,当输入的电压为 3 V 时,ADResult 右移 4 位后,值为 0x0FFF,也就是 4 095。当输入的电压为 0 V 时,结果寄存器的值依然为 0。根据图 13-6 所示的线性转换关系,则:

$$(ADResult \gg 4) = (VoltInput - ADCLO)/3.0 \times 4\ 095 \quad (13-2)$$

在实际应用中,通常都是通过读取 ADC 结果寄存器中的值,然后求得实际输入的模拟电压值。

13.1.2 ADC 的时钟频率和采样频率

图 13-7 显示了驱动 ADC 模块的时钟和采样脉冲的时钟。

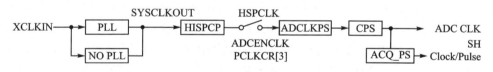

图 13-7 ADC 时钟级联

下面来详细分析 ADC 模块的时钟 ADCLK。图 13-7 中的 XCLKIN 是指外部输入的时钟,这里也就是外部晶振所产生的时钟。假设外部晶振的频率为 OSCCLK Hz,通过前面的介绍可以知道,通常选用的是 30 MHz 的晶振。外部晶振经过 PLL 模块产生 CPU 时钟 SYSCLKOUT,如果 PLL 模块的值为 m,则有:

$$\begin{cases} SYSCLKOUT = OSCCLK * m/2 (m != 0) \\ SYSCLKOUT = OSCCLK (m = 0) \end{cases} \quad (13-3)$$

然后,CPU 时钟信号经过高速时钟预定标器 HISPCP 之后,生成高速外设时钟 HSPCLK。假设 HISPCP 寄存器的值为 n,则有:

$$\begin{cases} HSPCLK = SYSCLKOUT/2n (n != 0) \\ HSPCLK = SYSCLKOUT (n = 0) \end{cases} \quad (13-4)$$

如果外设时钟控制寄存器 PCLKCR 的第 3 位,也就是位 ADCENCLK 置位,则

HSPCLK 输入到 ADC 模块;否则,HSPCLK 不向 ADC 模块提供时钟,ADC 也就不能正常工作。ADC 控制寄存器 ADCTRL3 的第 0~3 位,也就是功能位 ADCLKPS,可以对 HSPCLK 进行分频。此外,ADC 控制寄存器 ADCTRL1 的 CPS 位还可以提供一个 2 分频,因此,可以得到 ADC 模块的时钟 ADCLK 为:

$$\begin{cases} ADCLK = HSPCLK/(CPS+1)(ADCLKPS=0) \\ ADCLK = \dfrac{HSPCLK}{2 \times ADCLKPS \times (CPS+1)}(ADCLKPS! = 0) \end{cases} \quad (13-5)$$

X281x 的 ADC 时钟频率最高为 25 MHz,因此在设置 ADC 的时钟 ADCLK 时,不能超过 25 MHz。在设置完 ADCLK 之后,需要选定采样窗口的大小。首先,什么是采样窗口?对于 S/H 电路来说,采样窗口其实就是采样时间,或者说是采样脉冲的宽度。为了能够更好地理解采样窗口的概念,这里再来补充介绍一下 ADC 的模拟输入阻抗模型,如图 13-8 所示。

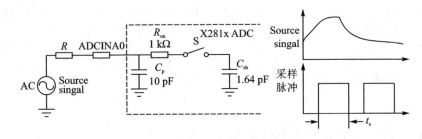

图 13-8 ADC 模拟输入阻抗模型

图 13-8 中,C_{sh} 是采样电容,R_{on} 是多路复用器 MUX 的导通电阻,C_p 是和 ADCIN 引脚连接的寄生电容。对于每一次采样,采样脉冲为高电平,采样/保持开关 S 在 t_s 时间是闭合的,在这段时间内,采样电容 C_{sh} 在不断充电,直至电容上的电压等于 ADCIN 引脚上的电压。这里,t_s 就是采样窗口的时间,显然,采样窗口必须保证采样电容能有足够的时间来使其电压等于外部输入的模拟电压,否则采样就会不正确。从图 13-7 可以看出,采样窗口的大小由 ADC 控制寄存器 ADCTRL1 的位 ACQ_PS 和 ADCCLK 有关,假设 ADC 的每个时钟脉冲的时间为 T_{adclk},则采样时间 $t_s = (ACQ\_PS + 1) \times T_{adclk}$。

下面以两个实例来说明 ADC 时钟的产生过程,如表 13-2 所列。

表 13-2 ADC 时钟产生实例

寄存器位	XCLKIN	PLLCR[3:0]	HISPCLK	ADCTRL3[1:4]	ADCTRL1[7]	ADC_CLK	ADCTRL1[8:11]	SH Width
取值		0000b	HSPCP=0	ADCLKPS=0	CPS=0		ACQ_PS=0	
时钟频率	30 MHz	15 MHz	15 MHz	15 MHz	15 MHz	15 MHz	SH Pulse Clock=0	1
取值		1010b	HSPCP=3	ADCLKPS=2	CPS=1		ACQ_PS=15	
时钟频率	30 MHz	150 MHz	150/(2×3)= 25 MHz	25/(2×2)= 6.25 MHz	6.25/(2×1)= 3.125 MHz	3.125 MHz	SH Pulse Clock =15	16

如果不是实际的需要，请不要把 ADCCLK 设置为最高的频率，把 ACQ_PS 设置为 0，除非在 ADC 模块的输入引脚具有合适的信号环境电路，换句话说除非 ADC 的输入信号比较理想。为了获取准确和稳定的 ADC 转换值，通常需要设置较低的时钟频率和较大的采样窗口。

ADC 的时钟频率、转换时间和采样频率是 3 个比较容易混淆的概念。ADC 的时钟频率就是每秒有多少个时钟脉冲的意思，它是 ADC 模块运行的基础，正如上面所介绍的，它由系统时钟经过很多环节分频后得到，它取决于外部的时钟输入和各个环节的倍频或者分频的系数。而转换时间是指 ADC 模块完成一个通道或者一个序列的转换所需要的时间，很显然，转换时间是由 ADC 的时钟频率来决定的。采样频率是指 ADC 模块每秒能够完成多少次的采样，采样频率取决于启动 ADC 的频率。启动 ADC 的方式有很多，如利用软件直接启动，利用事件管理器的某些事件，或者是利用外部引脚来启动。启动 ADC 的频率才是 ADC 的采样频率，如果每隔 1 ms 启动一次 ADC，那么 ADC 的采样频率就为 1 kHz。ADC 的采样频率和 ADC 时钟或者 ADC 转换时间都没有什么关系，采样频率应该根据采样定理和工程的实际需要来确定。在 X281x 中，ADC 的采样频率最高为 12.5 MSPS。

13.2 ADC 模块的工作方式

下面一起来探讨 X281x 内部的 DSP 是如何工作，或者说可以如何工作。先来回顾一下前面所学的知识，X281x 的 ADC 共有 16 个引脚，分成两组：一组为 ADCINA0～ADCINA7，使用采样保持器 S/H-A，对应于序列发生器 SEQ1；另一组为 ADCINB0～ADCINB7，使用采样保持器 S/H-B，对应于序列发生器 SEQ2。序列发生器的作用是为需要转换的通道安排转换的顺序，就是来确定先采哪个通道，后采哪个通道，它的状态指示了能够完成模/数转换通道的个数。ADC 模块既支持 2 个 8 状态序列发生器 SEQ1 和 SEQ2 分开独立工作，此时称为双序列发生器方式；也支持序列发生器 SEQ1 和 SEQ2 级联成一个 16 状态序列发生器 SEQ 来工作，此时称为单序列发生器方式，或者称为级联方式。

无论 ADC 工作于双序列发生器方式，还是级联的单序列发生器方式，ADC 都可以对一个序列多个通道的转换进行排序。每当 ADC 收到一个开始转换的请求，便能自动完成这个序列所有通道的转换。转换过程中，可以通过模拟复用器 Analog MUX 选择序列发生器中指定的通道进行转换，转换后的结果保存到相应的结果寄存器中。

X281x 的 16 个通道可以通过编程为序列发生器中需要转换的通道安排顺序，这个功能就需要通过 ADC 输入通道选择序列控制寄存器 ADCCHSELSEQx(x=1,2,3,4) 来实现。每个输入通断选择序列控制寄存器都是 16 位的，被分成了 4 个功能位 CONVxx，每个功能位占据寄存器的 4 个位，如图 13-9 所示。在 ADC 转换过程中，当前

CONVxx 的位定义了要进行转换的引脚。

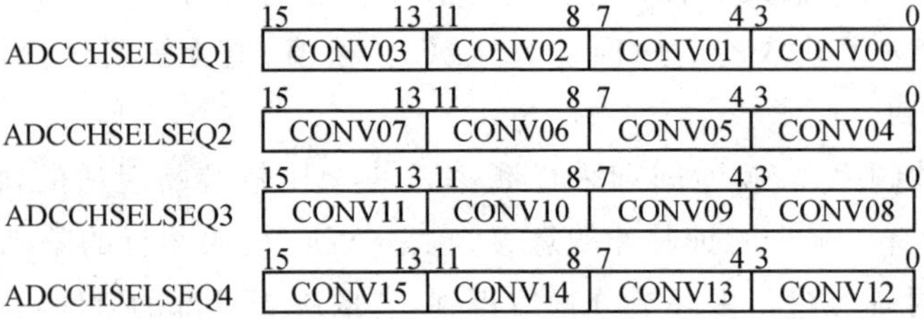

```
                   15      13 11      8 7      4 3      0
ADCCHSELSEQ1    | CONV03 | CONV02 | CONV01 | CONV00 |
                   15      13 11      8 7      4 3      0
ADCCHSELSEQ2    | CONV07 | CONV06 | CONV05 | CONV04 |
                   15      13 11      8 7      4 3      0
ADCCHSELSEQ3    | CONV11 | CONV10 | CONV09 | CONV08 |
                   15      13 11      8 7      4 3      0
ADCCHSELSEQ4    | CONV15 | CONV14 | CONV13 | CONV12 |
```

图 13-9　ADC 输入通道选择序列控制寄存器

当 ADC 工作于双序列发生器模式下，序列发生器 SEQ1 使用通道选择控制寄存器 ADCCHSELSEQ1 和 ADCCHSELSEQ2，可选择的通道为 ADCINA0～ADCINA7；序列发生器 SEQ2 使用通道选择控制寄存器 ADCCHSELSEQ3 和 ADCCHSELSEQ4，可选择的通道为 ADCINB0～ADCINB7。当 ADC 工作于单序列发生器模式下，序列发生器 SEQ 使用通道选择控制寄存器 ADCCHSELSEQ1～ADCCHSELSEQ4，可选择的通道为 ADC 所有的 16 个通道。表 13-3 为各个序列发生器所对应的寄存器和可选用的通道情况。

表 13-3　各个序列发生器所对应的寄存器和可选用的通道情况

序列发生器	对应的通道选择控制寄存器	CONVxx	对应的引脚
SEQ1	ADCCHSELSEQ1、ADCCHSELSEQ2	CONV00～CONV07	ADCINA0～ADCINA7
SEQ2	ADCCHSELSEQ3、ADCCHSELSEQ4	CONV08～CONV15	ADCINB0～ADCINB7
SEQ	ADCCHSELSEQ1、ADCCHSELSEQ2 ADCCHSELSEQ3、ADCCHSELSEQ4	CONV00～CONV15	ADCINA0～ADCINA7 ADCINB0～ADCINB7

当 ADC 对外面的输入信号进行采样时，可以选择工作于顺序采样或者并发采样两种模式，这是针对引脚采样的顺序而言的。顺序采样，就是按照序列发生器内的通道顺序一个通道、一个通道地进行采样，如 ADCINA0、ADCINA1、…、ADCINA7、ADCINB0、ADCINB1、…、ADCINB7。并发采样，是一对通道、一对通道地采样，即 ADCINA0 和 ADCINB0 一起，ADCINA1 和 ADCINB1 一起，…，ADCINA7 和 ADCINB7 一起。

在顺序采样模式下，通道选择控制寄存器中 CONVxx 的 4 位均用来定义输入引脚。最高位为 0 时，说明采样的是 A 组；最高位为 1 时，说明采样的是 B 组；而低 3 位定义的是偏移量，决定了某一组内的某个特定引脚。如果 CONVxx 的数值是 0101b，则说明选择的输入通道是 ADCINA5；如果 CONVxx 的数值是 1011b，则说明选择的输入通道是 ADCINB3。

在并发采样模式下，因为是成对进行采样，所以 CONVxx 的最高位被舍弃，只有低

3 位的数据有效。如果 CONVxx 的数值为 0101b,则采样保持器 S/H-A 对通道 ADCINA5 进行采样,紧接着 S/H-B 对通道 ADCINB5 进行采样;如果 CONVxx 的数值为 1011b,则采样保持器 S/H-A 对通道 ADCINA3 进行采样,紧接着 S/H-B 对通道 ADCINB3 进行采样。

  X281x 的 ADC 还有一个最大转换通道寄存器 ADCMAXCONV,这个寄存器的值决定了一个采样序列所要进行转换的通道总数,其结构如图 13-10 所示。当 ADC 模块工作于双序列发生器模式时,SEQ1 使用位 MAXCONV1_0~MAXCONV1_2,即 ADCMAXCONV[0:2];SEQ2 使用位 MAXCONV2_0~MAXCONV2_2,即 ADCMAXCONV[4:6]。当 ADC 模块工作于级联模式时,SEQ 使用位 MAXCONV1_0~MAXCONV1_3,即 ADCMAXCONV[0:3]。最大通道数等于(MAXCONVn+1),如果现在某个序列发生器要转换 6 个通道,则相应的 MAXCONVn 应该取值为 5。

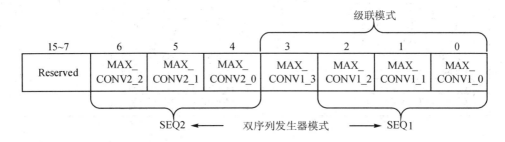

图 13-10 最大转换通道寄存器的结构

  是不是看得有点晕头转向,一会是顺序采样、并发采样,一会又是双序列发生器模式、级联模式,是不是很容易混淆? 其实前者讲的是 ADC 的采样方式,而后者讲的是序列发生器的工作模式,在双序列发生器模式下可以采用顺序采样或者并发采样,在级联模式下也可以采用顺序采样或者并发采样。下面将结合实例,详细介绍 ADC 模块的这 4 种工作方式。

13.2.1 双序列发生器模式下顺序采样

  假设需要对 ADCINA0~ADCINA7、ADCINB0~ADCINB7 这 16 路通道进行采样,ADC 模块工作于双序列发生器模式,并采用顺序采样。

  由于 ADC 工作于双序列发生器模式,所以会用到序列发生器 SEQ1、SEQ2。最大转换通道寄存器将用到位 MAXCONV1 和 MAXCONV2,两个位的值均为 7。由于是顺序采样,必须对 16 个通道每一个通道都要进行排序,SEQ1 将用到通道选择控制寄存器 ADCCHSELSEQ1、ADCCHSELSEQ2,SEQ2 将用到通道选择控制寄存器 ADCCHSELSEQ3、ADCCHSELSEQ4,其通道分配情况如表 13-4 所列。序列发生器内通道的选择情况如图 13-11 所示。

表 13-4 双序列发生器顺序采样模式下 16 路通道时 ADCCHSELSEQn 位情况

序列选择控制寄存器	所属位	位 值	序列选择控制寄存器	所属位	位 值
ADCCHSELSEQ1	CONV00	0000(ADCINA0)	ADCCHSELSEQ3	CONV08	1000(ADCINB0)
	CONV01	0001(ADCINA1)		CONV09	1001(ADCINB1)
	CONV02	0010(ADCINA2)		CONV10	1010(ADCINB2)
	CONV03	0011(ADCINA3)		CONV11	1011(ADCINB3)
ADCCHSELSEQ2	CONV04	0100(ADCINA4)	ADCCHSELSEQ4	CONV12	1100(ADCINB4)
	CONV05	0101(ADCINA5)		CONV13	1101(ADCINB5)
	CONV06	0110(ADCINA6)		CONV14	1110(ADCINB6)
	CONV07	0111(ADCINA7)		CONV15	1111(ADCINB7)

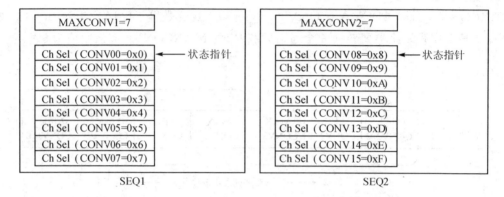

图 13-11 双序列发生器顺序采样模式下序列发生器 16 路通道选择情况

下面来看看双序列发生器模式下顺序采样的初始化代码该怎么来写：

```
AdcRegs.ADCTRL1.bit.SEQ_CASC = 0;           //选择双序列发生器模式
AdcRegs.ADCTRL3.bit.SMODE_SEL = 0;          //选择顺序采样模式
AdcRegs.MAX_CONV.all = 0x0077;
//每个序列发生器最大采样通道数为 8,总共可采样 16 通道
//SEQ1 将用到 ADCCHSELSEQ1、ADCCHSELSEQ2,SEQ2 将用到 ADCCHSELSEQ3、ADCCHSELSEQ4
AdcRegs.CHSELSEQ1.bit.CONV00 = 0x0;         //采样 ADCINA0 通道
AdcRegs.CHSELSEQ1.bit.CONV01 = 0x1;         //采样 ADCINA1 通道
AdcRegs.CHSELSEQ1.bit.CONV02 = 0x2;         //采样 ADCINA2 通道
AdcRegs.CHSELSEQ1.bit.CONV03 = 0x3;         //采样 ADCINA3 通道
AdcRegs.CHSELSEQ2.bit.CONV04 = 0x4;         //采样 ADCINA4 通道
AdcRegs.CHSELSEQ2.bit.CONV05 = 0x5;         //采样 ADCINA5 通道
AdcRegs.CHSELSEQ2.bit.CONV06 = 0x6;         //采样 ADCINA6 通道
AdcRegs.CHSELSEQ2.bit.CONV07 = 0x7;         //采样 ADCINA7 通道
AdcRegs.CHSELSEQ3.bit.CONV08 = 0x8;         //采样 ADCINB0 通道
AdcRegs.CHSELSEQ3.bit.CONV09 = 0x9;         //采样 ADCINB1 通道
AdcRegs.CHSELSEQ3.bit.CONV10 = 0xA;         //采样 ADCINB2 通道
AdcRegs.CHSELSEQ3.bit.CONV11 = 0xB;         //采样 ADCINB3 通道
AdcRegs.CHSELSEQ4.bit.CONV12 = 0xC;         //采样 ADCINB4 通道
AdcRegs.CHSELSEQ4.bit.CONV13 = 0xD;         //采样 ADCINB5 通道
AdcRegs.CHSELSEQ4.bit.CONV14 = 0xE;         //采样 ADCINB6 通道
AdcRegs.CHSELSEQ4.bit.CONV15 = 0xF;         //采样 ADCINB7 通道
```

如果序列发生器 SEQ1 和 SEQ2 都已经完成了转换,转换结果如图 13-12 所示。

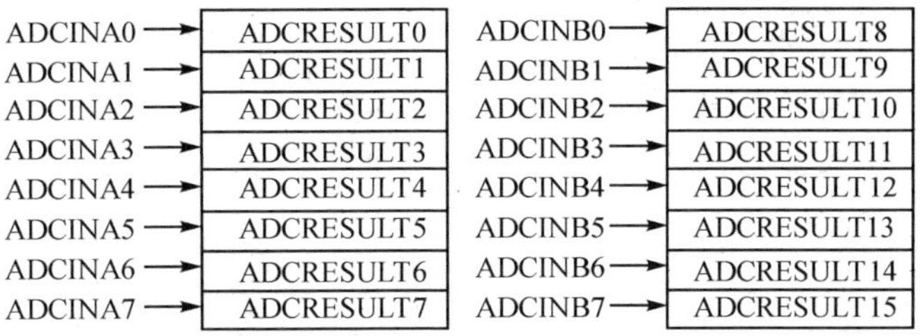

```
ADCINA0 → ADCRESULT0      ADCINB0 → ADCRESULT8
ADCINA1 → ADCRESULT1      ADCINB1 → ADCRESULT9
ADCINA2 → ADCRESULT2      ADCINB2 → ADCRESULT10
ADCINA3 → ADCRESULT3      ADCINB3 → ADCRESULT11
ADCINA4 → ADCRESULT4      ADCINB4 → ADCRESULT12
ADCINA5 → ADCRESULT5      ADCINB5 → ADCRESULT13
ADCINA6 → ADCRESULT6      ADCINB6 → ADCRESULT14
ADCINA7 → ADCRESULT7      ADCINB7 → ADCRESULT15
```

图 13-12 双序列发生器顺序采样模式下 16 路通道转换结果

在双序列发生器模式下,SEQ1 和 SEQ2 是独立工作的,而 ADC 模块只有一个转换器,就有可能出现 SEQ1 和 SEQ2 同时向转换器发出转换请求的情况,这时转换器应该怎样响应呢?前面学习中断时,知道各个中断是有优先级的,这里也一样,两个序列发生器在转换器那里也是有优先级的,SEQ1 的优先级高于 SEQ2 的优先级。当 SEQ1 和 SEQ2 同时产生转换请求时,ADC 的转换器先响应 SEQ1 的请求,再响应 SEQ2 的。如果 ADC 在转换 SEQ1 中的序列时,SEQ2 的请求在等待状态,这时 SEQ1 又产生了一个转换请求,则当 ADC 完成转换后,仍然先响应 SEQ1 的转换请求,SEQ2 继续等待。

前面的例子是对 16 个通道一起采样,可能很多问题还没有办法看清楚,下面再来看一个实例。假设需要对 ADCINA0、ADCINA1、ADCINA2、ADCINB3、ADCINB4、ADCINB5、ADCINB7 这 7 路通道进行采样,ADC 模块工作于双序列发生器模式,并采用顺序采样。

和上一个例子一样,由于 ADC 工作于双序列发生器模式,所以会用到序列发生器 SEQ1、SEQ2。最大转换通道寄存器将用到位 MAXCONV1 和 MAXCONV2,这里由于 A 组转换的通道有 3 路,B 组转换的通道有 4 路,所以 MAXCONV1 的值为 2,MAXCONV2 的值为 3。SEQ1 将用到通道选择控制寄存器 ADCCHSELSEQ1,SEQ2 将用到通道选择控制寄存器 ADCCHSELSEQ3,其通道分配情况如表 13-5 所列。序列发生器内通道的选择情况如图 13-13 所示。

表 13-5 双序列发生器顺序采样模式下 7 路通道时 ADCCHSELSEQn 位情况

序列选择控制寄存器	所属位	位 值	序列选择控制寄存器	所属位	位 值
ADCCHSELSEQ1	CONV00	0000(ADCINA0)	ADCCHSELSEQ3	CONV08	1000(ADCINB3)
	CONV01	0001(ADCINA1)		CONV09	1001(ADCINB4)
	CONV02	0010(ADCINA2)		CONV10	1010(ADCINB5)
	CONV03	×		CONV11	1011(ADCINB7)
ADCCHSELSEQ2	CONV04	×	ADCCHSELSEQ4	CONV12	×
	CONV05	×		CONV13	×
	CONV06	×		CONV14	×
	CONV07	×		CONV15	×

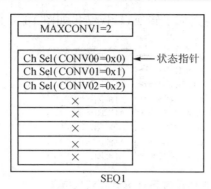
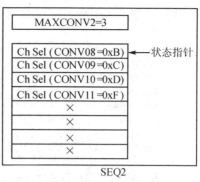

图 13-13 双序列发生器顺序采样模式下序列发生器 7 路通道选择情况

此处 ADC 模块的初始化代码如下：

```
AdcRegs.ADCTRL1.bit.SEQ_CASC = 0;    //选择双序列发生器模式
AdcRegs.ADCTRL3.bit.SMODE_SEL = 0;   //选择顺序采样模式
AdcRegs.MAX_CONV.all = 0x0032;
//A 组采样通道数为 3,B 组采样通道数为 4,共 7 路通道需要采样
//SEQ1 将用到 ADCCHSELSEQ1,SEQ2 将用到 ADCCHSELSEQ3
AdcRegs.CHSELSEQ1.bit.CONV00 = 0x0;  //采样 ADCINA0 通道
AdcRegs.CHSELSEQ1.bit.CONV01 = 0x1;  //采样 ADCINA1 通道
AdcRegs.CHSELSEQ1.bit.CONV02 = 0x2;  //采样 ADCINA2 通道
AdcRegs.CHSELSEQ3.bit.CONV08 = 0xB;  //采样 ADCINB3 通道
AdcRegs.CHSELSEQ3.bit.CONV09 = 0xC;  //采样 ADCINB4 通道
AdcRegs.CHSELSEQ3.bit.CONV10 = 0xD;  //采样 ADCINB5 通道
AdcRegs.CHSELSEQ3.bit.CONV11 = 0xF;  //采样 ADCINB7 通道
```

如果序列发生器 SEQ1 和 SEQ2 都已经完成了转换,转换结果如图 13-14 所示。

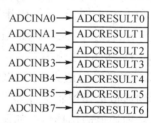

图 13-14 双序列发生器顺序采样模式下 7 路通道转换结果

13.2.2 双序列发生器模式下并发采样

假设要对 ADCINA0～ADCINA7、ADCINB0～ADCINB7 这 16 路通道进行采样,ADC 模块工作于双序列发生器模式,并采用并发采样。

由于 ADC 工作于双序列发生器模式,所以会用到序列发生器 SEQ1、SEQ2。最大转换通道寄存器将用到位 MAXCONV1 和 MAXCONV2,两个位的值均为 3。这里值得注意的是,由于并发采样是一对通道、一对通道地采样,如采样 ADCINA0,也必定会采样 ADCINB0,所以 A 组和 B 组采样的通道数是一样的,也就是 MAXCONV1 和 MAXCONV2 的值必须一样,而且只需要对一对通道中的任何一个通道进行排序,所以通道选择控制寄存器使用的数量也将是顺序采样时的一半。SEQ1 将用到通道选择控制寄存器 ADCCHSELSEQ1,SEQ2 将用到通道选择控制寄存器 ADCCHSELSEQ3,其通道分配情况如表 13-6 所列。序列发生器内通道的选择情况如图 13-15 所示。

表 13-6　双序列发生器并发采样模式下 16 路通道时 ADCCHSELSEQn 位情况

序列选择控制寄存器	所属位	位　值	序列选择控制寄存器	所属位	位　值
ADCCHSELSEQ1	CONV00	0000(ADCINA0)	ADCCHSELSEQ3	CONV08	1000(ADCINB4)
	CONV01	0001(ADCINA1)		CONV09	1001(ADCINB5)
	CONV02	0010(ADCINA2)		CONV10	1010(ADCINB6)
	CONV03	0011(ADCINA3)		CONV11	1011(ADCINB7)
ADCCHSELSEQ2	CONV04	×	ADCCHSELSEQ4	CONV12	×
	CONV05	×		CONV13	×
	CONV06	×		CONV14	×
	CONV07	×		CONV15	×

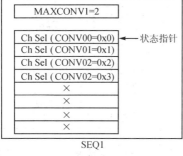
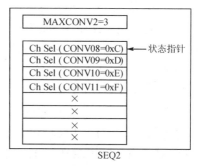

图 13-15　双序列发生器并发采样模式下序列发生器 16 路通道选择情况

此时 ADC 模块的初始化代码如下：

```
AdcRegs.ADCTRL1.bit.SEQ_CASC = 0;        //选择双序列发生器模式
AdcRegs.ADCTRL3.bit.SMODE_SEL = 1;       //选择并发采样模式
AdcRegs.MAX_CONV.all = 0x0033;
//由于并发采样是一对通道、一对通道采样,采16个通道,总共只需设置8个通道
//SEQ1 和 SEQ2 各设置 4 个通道,SEQ1 将用到 ADCCHSELSEQ1,SEQ2 将用到 SDCCHSELSEQ3
AdcRegs.CHSELSEQ1.bit.CONV00 = 0x0;      //采样 ADCINA0 和 ADCINB0
AdcRegs.CHSELSEQ1.bit.CONV01 = 0x1;      //采样 ADCINA1 和 ADCINB1
AdcRegs.CHSELSEQ1.bit.CONV02 = 0x2;      //采样 ADCINA2 和 ADCINB2
AdcRegs.CHSELSEQ1.bit.CONV03 = 0x3;      //采样 ADCINA3 和 ADCINB3
AdcRegs.CHSELSEQ3.bit.CONV08 = 0xC;      //采样 ADCINA4 和 ADCINB4
AdcRegs.CHSELSEQ3.bit.CONV09 = 0xD;      //采样 ADCINA5 和 ADCINB5
AdcRegs.CHSELSEQ3.bit.CONV10 = 0xE;      //采样 ADCINA6 和 ADCINB6
AdcRegs.CHSELSEQ3.bit.CONV11 = 0xF;      //采样 ADCINA7 和 ADCINB7
```

如果序列发生器 SEQ1 和 SEQ2 都已经完成了转换,转换结果如图 13-16 所示。

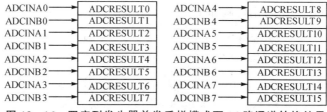

图 13-16　双序列发生器并发采样模式下 16 路通道转换结果

13.2.3 级联模式下的顺序采样

这里,假设需要对 ADCINA0～ADCINA7、ADCINB0～ADCINB7 这 16 路通道进行采样,ADC 模块工作于级联模式,并采用顺序采样。

由于 ADC 工作于级联模式,所以此时序列发生器 SEQ1 和 SEQ2 级联成了一个 16 状态的序列发生器 SEQ。如图 13-10 所示,最大转换通道寄存器用到的功能位 MAXCONV1 也由原来的 3 位数据位成了 4 位,由于需要对 16 路通道进行采样,所以 MAXCONV1 的值为 15。由于采样方式是顺序采样,所以必须对 16 个通道中的每一个通道都要进行排序,SEQ 将用到通道选择控制寄存器 ADCCHSELSEQ1、ADCCHSELSEQ2、ADCCHSELSEQ3、ADCCHSELSEQ4,它们的通道分配情况如表 13-7 所列。序列发生器内通道的选择情况如图 13-17 所示。

图 13-17 级联顺序采样模式下序列发生器 16 路通道选择情况

表 13-7 级联顺序采样模式下 16 路通道时 ADCCHSELSEQn 位情况

序列选择控制寄存器	所属位	位 值	序列选择控制寄存器	所属位	位 值
ADCCHSELSEQ1	CONV00	0000(ADCINA0)	ADCCHSELSEQ3	CONV08	1000(ADCINB0)
	CONV01	0001(ADCINA1)		CONV09	1001(ADCINB1)
	CONV02	0010(ADCINA2)		CONV10	1010(ADCINB2)
	CONV03	0011(ADCINA3)		CONV11	1011(ADCINB3)
ADCCHSELSEQ2	CONV04	0100(ADCINA4)	ADCCHSELSEQ4	CONV12	1100(ADCINB4)
	CONV05	0101(ADCINA5)		CONV13	1101(ADCINB5)
	CONV06	0110(ADCINA6)		CONV14	1110(ADCINB6)
	CONV07	0111(ADCINA7)		CONV15	1111(ADCINB7)

此时 ADC 模块的初始化代码如下:

```
AdcRegs.ADCTRL1.bit.SEQ_CASC = 1;        //选择级联模式
AdcRegs.ADCTRL3.bit.SMODE_SEL = 0;        //选择顺序采样模式
AdcRegs.MAX_CONV.all = 0x000F;
//序列发生器最大采样通道数为 16,一次采 1 个通道,总共可采 16 通道
//SEQ 将用到 ADCCHSELSEQ1、ADCCHSELSEQ2、ADCCHSELSEQ3、ADCCHSELSEQ4
AdcRegs.CHSELSEQ1.bit.CONV00 = 0x0;      //采样 ADCINA0 通道
```

```
AdcRegs.CHSELSEQ1.bit.CONV01 = 0x1;    //采样 ADCINA1 通道
AdcRegs.CHSELSEQ1.bit.CONV02 = 0x2;    //采样 ADCINA2 通道
AdcRegs.CHSELSEQ1.bit.CONV03 = 0x3;    //采样 ADCINA3 通道
AdcRegs.CHSELSEQ2.bit.CONV04 = 0x4;    //采样 ADCINA4 通道
AdcRegs.CHSELSEQ2.bit.CONV05 = 0x5;    //采样 ADCINA5 通道
AdcRegs.CHSELSEQ2.bit.CONV06 = 0x6;    //采样 ADCINA6 通道
AdcRegs.CHSELSEQ2.bit.CONV07 = 0x7;    //采样 ADCINA7 通道
AdcRegs.CHSELSEQ3.bit.CONV08 = 0x8;    //采样 ADCINB0 通道
AdcRegs.CHSELSEQ3.bit.CONV09 = 0x9;    //采样 ADCINB1 通道
AdcRegs.CHSELSEQ3.bit.CONV10 = 0xA;    //采样 ADCINB2 通道
AdcRegs.CHSELSEQ3.bit.CONV11 = 0xB;    //采样 ADCINB3 通道
AdcRegs.CHSELSEQ4.bit.CONV12 = 0xC;    //采样 ADCINB4 通道
AdcRegs.CHSELSEQ4.bit.CONV13 = 0xD;    //采样 ADCINB5 通道
AdcRegs.CHSELSEQ4.bit.CONV14 = 0xE;    //采样 ADCINB6 通道
AdcRegs.CHSELSEQ4.bit.CONV15 = 0xF;    //采样 ADCINB7 通道
```

如果序列发生器 SEQ 已经完成了转换,转换结果如图 13-18 所示。

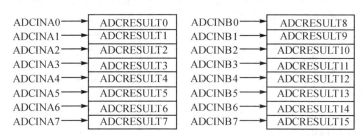

图 13-18 级联顺序采样模式下 16 路通道转换结果

有没有发现,双序列发生器模式和级联模式顺序采样 16 路通道的初始化程序区别仅仅在于对 MAXCONV 的设置上,但事实上两种工作模式的区别肯定不止这个,为了能够更清楚地看清两种工作模式的区别,下面进行分析。仍然和前面一样,假设需要对 ADCINA0、ADCINA1、ADCINA2、ADCINB3、ADCINB4、ADCINB5、ADCINB7 这 7 路通道进行采样,ADC 模块工作于级联模式,并采用顺序采样。

由于 ADC 工作于级联模式,所以此时序列发生器 SEQ1 和 SEQ2 级联成了一个 16 状态的序列发生器 SEQ。由于需要对 7 路通道进行采样,所以 MAXCONV1 的值为 6。由于采样方式是顺序采样,所以必须对这 6 个通道一一进行排序,SEQ 将用到通道选择控制寄存器 ADCCHSELSEQ1、ADCCHSELSEQ2,其通道分配情况如表 13-8 所列。序列发生器内通道的选择情况如图 13-19 所示。

此时 ADC 模块的初始化程序为:

```
AdcRegs.ADCTRL1.bit.SEQ_CASC = 1;      //选择级联模式
AdcRegs.ADCTRL3.bit.SMODE_SEL = 0;     //选择顺序采样模式
AdcRegs.MAX_CONV.all = 0x0006;
//序列发生器最大采样通道数为 7,一次采 1 个通道,总共可采 7 通道
//SEQ 将用到 ADCCHSELSEQ1、ADCCHSELSEQ2
AdcRegs.CHSELSEQ1.bit.CONV00 = 0x0;    //采样 ADCINA0 通道
AdcRegs.CHSELSEQ1.bit.CONV01 = 0x1;    //采样 ADCINA1 通道
```

```
AdcRegs.CHSELSEQ1.bit.CONV02 = 0x2;  //采样 ADCINA2 通道
AdcRegs.CHSELSEQ1.bit.CONV03 = 0xB;  //采样 ADCINB3 通道
AdcRegs.CHSELSEQ2.bit.CONV04 = 0xC;  //采样 ADCINB4 通道
AdcRegs.CHSELSEQ2.bit.CONV05 = 0xD;  //采样 ADCINB5 通道
AdcRegs.CHSELSEQ2.bit.CONV06 = 0xF;  //采样 ADCINB7 通道
```

表 13-8　级联顺序采样模式下 7 路通道时 ADCCHSELSEQn 位情况

序列选择控制寄存器	所属位	位值
ADCCHSELSEQ1	CONV00	0000(ADCINA0)
	CONV01	0001(ADCINA1)
	CONV02	0010(ADCINA2)
	CONV03	1011(ADCINB3)
ADCCHSELSEQ2	CONV04	1100(ADCINB4)
	CONV05	1101(ADCINB5)
	CONV06	1111(ADCINB7)
	CONV07	×
ADCCHSELSEQ3	CONV08	×
	CONV09	×
	CONV10	×
	CONV11	×
ADCCHSELSEQ4	CONV12	×
	CONV13	×
	CONV14	×
	CONV15	×

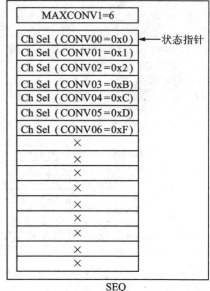

图 13-19　级联顺序采样模式下序列发生器 7 路通道选择情况

如果序列发生器 SEQ 已经完成了转换,转换结果如图 13-20 所示。

通过这个例子可以看到,双序列发生器模式下顺序采样和级联模式下顺序采样的区别除了对最大转换通道寄存器的设置不同外,最大的区别在于通道选择控制寄存器的使用上。在双序列发生器模式下,A 组的通道只能选择 ADCCHSELSEQ1 和 ADCCHSELSEQ2,B 组的通道只能选择 ADCCHSELSEQ3 和 ADCCHSELSEQ4;但是在级联模式下,不管 A 组通道或者 B 组通道,都能选择 ADCCHSELSEQ1~ADCCHSELSEQ4 中的任意一个通道选择控制寄存器。当然,这些区别究其本质,主要是由于双序列发生器模式下使用的是 2 个 8 状态的序列发生器 SEQ1 和 SEQ2,而级联模式下使用的序列发生器是 16 状态的 SEQ。

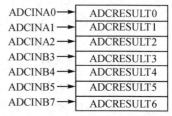

图 13-20　级联顺序采样模式下 7 路通道转换结果

13.2.4 级联模式下的并发采样

假设需要对 ADCINA0~ADCINA7、ADCINB0~ADCINB7 这 16 路通道进行采样,ADC 模块工作于级联模式,并采用并发采样。

由于 ADC 工作于级联模式,所以 SEQ1 和 SEQ2 级联成了 16 状态的 SEQ。因为并发采样是一对通道、一对通道的采样,如采样 ADCINA0,也必定会采样 ADCINB0,所以 A 组和 B 组采样的通道数必定是一样的。这里只需要对一对通道中的任何一个通道进行排序,若要对 2 组 16 个通道进行采样,只需要对 8 个通道进行排序就可以了,因此,MAX-CONV1 的值为 7。通道选择控制寄存器使用的数量也将是顺序采样时的一半,序列发生器 SEQ 将用到通道选择控制寄存器 ADCCHSELSEQ1 和 ADCCHSELSEQ2,其通道分配情况如表 13-9 所列。序列发生器内通道的选择情况如图 13-21 所示。

此时 ADC 模块的初始化程序为:

```
AdcRegs.ADCTRL1.bit.SEQ_CASC = 1;        //选择级联模式
AdcRegs.ADCTRL3.bit.SMODE_SEL = 1;       //选择并发采样模式
AdcRegs.MAX_CONV.all = 0x0007;
//序列发生器最大采样通道数为 8,一次采 2 个通道,总共可采 16 通道
//SEQ 将用到 ADCCHSELSEQ1、ADCCHSELSEQ2
AdcRegs.CHSELSEQ1.bit.CONV00 = 0x0;      //采样 ADCINA0 和 ADCINB0
AdcRegs.CHSELSEQ1.bit.CONV01 = 0x1;      //采样 ADCINA1 和 ADCINB1
AdcRegs.CHSELSEQ1.bit.CONV02 = 0x2;      //采样 ADCINA2 和 ADCINB2
AdcRegs.CHSELSEQ1.bit.CONV03 = 0x3;      //采样 ADCINA3 和 ADCINB3
AdcRegs.CHSELSEQ2.bit.CONV04 = 0x4;      //采样 ADCINA4 和 ADCINB4
AdcRegs.CHSELSEQ2.bit.CONV05 = 0x5;      //采样 ADCINA5 和 ADCINB5
AdcRegs.CHSELSEQ2.bit.CONV06 = 0x6;      //采样 ADCINA6 和 ADCINB6
AdcRegs.CHSELSEQ2.bit.CONV07 = 0x7;      //采样 ADCINA7 和 ADCINB7
```

表 13-9 级联并发采样模式下 16 路通道时 ADCCHSELSEQn 位情况

序列选择控制寄存器	所属位	位 值
ADCCHSELSEQ1	CONV00	0000(ADCINA0)
	CONV01	0001(ADCINA1)
	CONV02	0010(ADCINA2)
	CONV03	0011(ADCINA3)
ADCCHSELSEQ2	CONV04	0100(ADCINA4)
	CONV05	0101(ADCINA5)
	CONV06	0110(ADCINA6)
	CONV07	0111(ADCINA7)
ADCCHSELSEQ3	CONV08	×
	CONV09	×
	CONV10	×
	CONV11	×
ADCCHSELSEQ4	CONV12	×
	CONV13	×
	CONV14	×
	CONV15	×

图 13-21 级联并发采样模式下序列发生器 6 路通道选择情况

如果序列发生器 SEQ 已经完成了转换,转换结果如图 13-22 所示。

ADCINA0 →	ADCRESULT0	ADCINA4 →	ADCRESULT8
ADCINB0 →	ADCRESULT1	ADCINB4 →	ADCRESULT9
ADCINA1 →	ADCRESULT2	ADCINA5 →	ADCRESULT10
ADCINB1 →	ADCRESULT3	ADCINB5 →	ADCRESULT11
ADCINA2 →	ADCRESULT4	ADCINA6 →	ADCRESULT12
ADCINB2 →	ADCRESULT5	ADCINB6 →	ADCRESULT13
ADCINA3 →	ADCRESULT6	ADCINA7 →	ADCRESULT14
ADCINB3 →	ADCRESULT7	ADCINB7 →	ADCRESULT15

图 13-22 级联并发采样模式下 16 路通道转换结果

终于介绍完了 ADC 模块的这 4 种工作方式,其实无论是采用哪一种工作方式,其最终转换得到的结果都是一样的,因为最终决定某个通道转换结果的是该通道的模拟输入,和 ADC 的工作方式是没有关系的。在实际使用时,用的最多的就是理解起来最简单的级联模式下进行顺序采样的方式。当然,究竟选用哪一种工作模式应当结合工程的实际需求,例如需要计算瞬时功率时,可以选用并发采样模式,因为这样可以一路采集电压,另一路同时采集电流。

13.2.5 序列发生器连续自动序列化模式和启动/停止模式

下面一起来探讨 ADC 模块序列发生器的工作流程,看看序列发生器到底是如何按部就班地实现对一个序列通道的转换,图 13-23 为序列发生器工作的流程图。通过前面的学习已经知道,一个序列需要转换的通道数是由 MAXCONVn 进行控制的,如果 MAXCONVn 的值为 n,则这个序列需要转换的通道总数为(n+1)个。在启动一个转换序列进行转换时,ADC 模块将 MAXCONVn 的值装载入自动序列状态寄存器 ADCSEQSR 的序列计数器状态位 SEQCNTR。当转换开始,序列发生器的状态指针将根据通道选择控制寄存器 ADCCHSELSEQn 中的状态进行指示,如图 13-21 中,从 CONV00 开始,接下来是 CONV01、CONV02、…。每转换一个通道,SEQCNTR 的值就减 1,直到为 0,完成一个序列通道的转换。由于 SEQCNTR 是从 n 开始递减至 0,所以当结束一个序列的转换时,完成转换的通道刚好是(n+1)个。关键是序列发生器在完成一个序列的转换后,接下来该如何工作?根据 ADC 控制寄存器 ADCTRL1 的 CONT RUN 位状态的不同,ADC 的序列发生器可工作于连续自动序列化模式或者启动/停止模式。

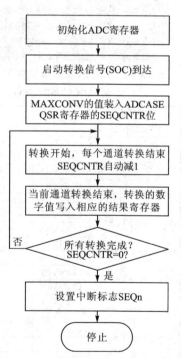

图 13-23 序列发生器工作流程图

当 CONT RUN 位的值为 1 时,序列发生器工作于连续自动序列化模式。当序列发生器完成一个序列的转换时,转换序列将自动重复开始,序列发生器的状态指针重新指向 CONV00,MAXCONVn 的值重新装入 SEQCNTR,接着开始再一次的转换。在这种情况下,为了避免重写数据,必须确保在下一个转换序列开始前读取结果寄存器。

当 CONT RUN 位的值为 0 时,序列发生器工作于启动/停止模式。当序列发生器完成一个序列的转换时,序列发生器的状态指针就停在了当前转换的状态。仍然以图 13-21 的例子来说明,如果序列发生器工作在启动/停止模式,当完成该序列的转换时,序列发生器的状态指针将停留在状态 CONV07。此时,如果想要再一次对该序列进行转换,首先必须手动复位序列发生器,使得状态指针重新指向 CONV00,否则状态指针将指向 CONV08,然后必须等待转换请求 SOC 信号的到来。启动/停止模式时,每启动一次 ADC 转换,序列发生器就完成一次序列的转换,转换结束后必须手动复位序列发生器,以等待下一次转换的启动。序列发生器工作流程如图 13-23 所示。手动复位序列发生器 SEQ1 的方法如下:

```
AdcRegs.ADCTRL2.bit.RST_SEQ1 = 1; //立即复位序列发生器状态为 CONV00
```

实际使用时,通常都选择启动/停止模式,因为该模式下比较容易设置 ADC 采样的频率,1 s 内启动多少次 ADC 的转换,采样频率就为多少。

13.3　ADC 模块的中断

从图 13-23 可以看到,当序列发生器完成一个序列的转换时,就会对该序列发生器的中断标志位进行置位,如果该序列发生器的中断已经使能,则 ADC 模块便向 PIE 控制器提出中断请求。当 ADC 模块工作于双序列发生器模式时,序列发生器 SEQ1 和 SEQ2 可以分开单独设置中断标志位和使能位;当 ADC 模块工作于级联模式时,设置序列发生器 SEQ1 的中断标志位和使能位便可以产生 ADC 转换的中断。双序列发生器模式时,无论是 SEQ1 产生中断还是 SEQ2 产生中断,都是中断 ADCINT,位于 PIE 控制器第 1 组的第 6 个。下面的分析都以序列发生器 SEQ1 为例。

ADC 模块的序列发生器支持两种中断方式:一种为"interrupt request occurs at the end of every sequence",意思是中断请求出现在每一个序列转换结束时,换句话说,每转换完一个序列,便产生一次中断请求;另一种为"interrupt request occurs at the end of every other sequence",意思是中断请求出现在每隔一个序列转换结束时,换句话说,不是每次转换完都会产生一个中断请求,而是一个隔一个地产生,例如第 1 次转换完成时并不产生中断请求,第 2 次转换完成时才产生中断请求,接着,第 3 次转换完成也不产生中断请求,第 4 次转换完成时产生中断请求,一直这样下去。ADC 模块究竟工作于哪种中断方式,可以通过控制寄存器 ADCTRL2 的中断方式使能控制位来进行设置。

当 ADC 中断最终被 CPU 响应时,通常在 ADC 中断函数里要做的就是读取 ADC

转换结果寄存器里的值,还有一些其他的操作。下面将结合两个例子,来看看上述的两种中断方式是如何来工作的。

1. 中断请求出现在每一个序列转换结束时

如图 13-24 所示,ADC 模块需要采集 5 个量:I1、I2、V1、V2、V3。图中采用的是两个触发信号启动两个序列的转换,触发信号 1 是通用定时器 1 的下溢中断事件,启动了 2 个通道的自动转换,分别是 I1 和 I2;触发信号 2 是通用定时器 1 的周期中断事件,启动了 3 个通道的自动转换,分别是 V1、V2、V3;触发信号 1 和触发信号 2 在时间上相差 25 μs。序列发生器工作在启动/停止模式。ADC 输入通道选择序列控制寄存器的设置情况如表 13-10 所列。

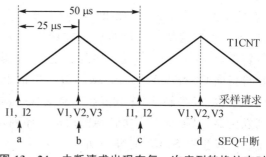

图 13-24 中断请求出现在每一次序列转换结束时

表 13-10 ADC 输入通道选择序列控制寄存器设置

序列选择控制寄存器	所属位	位 值	序列选择控制寄存器	所属位	位 值
ADCCHSELSEQ1	CONV00	I1	ADCCHSELSEQ3	CONV08	×
	CONV01	I2		CONV09	×
	CONV02	V1		CONV10	×
	CONV03	V2		CONV11	×
ADCCHSELSEQ2	CONV04	V3	ADCCHSELSEQ4	CONV12	×
	CONV05	×		CONV13	×
	CONV06	×		CONV14	×
	CONV07	×		CONV15	×

首先,因为需要转换 I1 和 I2,序列发生器用 MAXCONV1=1 来进行初始化。一旦复位和初始化,SEQ1 就等待一个触发,也就是等待一个启动转换的信号。第 1 个转换序列号要完成 2 个通道的转换,这 2 个转换由 CONV00(I1) 和 CONV01(I2) 的通道值来确定。SEQ1 一旦收到触发信号 1,便将 MAXCONV1 的值装载入 SEQCNTR,然后先转换 CONV00 的通道,再转换 CONV01 的通道,也就是先转换 I1 再转换 I2。由于中断方式为每一个转换序列结束时产生中断请求,当完成这个序列的转换时,序列发生器产生中断事件,如图 13-24 中标识,称为中断"a"。此时,序列发生器的状态指针指向的是 CONV01。

由于接下来需要转换的是 V1、V2、V3,共 3 个通道,因此需要在中断服务子程序 a 中,将 MAXCONV1 的值改为 2。SEQ1 一旦收到触发信号 2,便将 MAXCONV1 的值自动装载入 SEQCNTR 中,状态指针指向 CONV02,先转换 CONV02 的通道,接着转换 CONV03 和 CONV04。完成这个序列的转化时,序列发生器再次产生中断事件,称为中断事件 b。

接下来依然需要转换通道 I1 和 I2,所以在中断服务子程序 b 中,需要将 MAXCONV1 的值又改为 1,然后从 ADC 结果寄存器中读取 I1、I2、V1、V2、V3 的数值。还有一件事千万不能忘,此时序列发生器的状态指针指向的是 CONV04,所以在开始采集 I1 和 I2 之前,先要复位序列发生器,使状态指针指向 CONV00。

中断 c 重复中断 a,中断 d 重复中断 b,就这样不断重复下去。这个例子用来说明序列发生器在每一个序列转换结束时都会产生一个中断请求的工作方式,接下来看另外一个例子。

2. 中断请求出现在每隔一个序列转换结束时

如图 13-25 所示,ADC 模块需要采集 6 个量,I1、I2、I3、V1、V2、V3。和前面的例子一样,采用的是两个触发信号启动了两个序列的转换:触发信号 1 是通用定时器 1 的下溢中断事件,启动了 3 个通道的自动转换,分别是 I1、I2、I3;触发信号 2 是通用定时器 1 的周期中断事件,启动了 3 个通道的自动转换,分别是 V1、V2、V3;触发信号 1 和触发信号 2 在时间上相差 25 μs。序列发生器工作在启动/停止模式。ADC 输入通道选择序列控制寄存器的设置情况如表 13-11 所列。

表 13-11 ADC 输入通道选择控制寄存器设置

序列选择控制寄存器	所属位	位 值	序列选择控制寄存器	所属位	位 值
ADCCHSELSEQ1	CONV00	I1	ADCCHSELSEQ3	CONV08	×
	CONV01	I2		CONV09	×
	CONV02	I3		CONV10	×
	CONV03	V1		CONV11	×
ADCCHSELSEQ2	CONV04	V2	ADCCHSELSEQ4	CONV12	×
	CONV05	V3		CONV13	×
	CONV06	×		CONV14	×
	CONV07	×		CONV15	×

首先,因为需要转换 I1、I2 和 I3,序列发生器用 MAXCONV1=2 来进行初始化。一旦复位和初始化,SEQ1 就等待一个触发,也就是等待一个启动转换的信号。第 1 个转换序列号要完成 3 个通道的转换,这 3 个转换由 CONV00(I1)、CONV01(I2)和 CONV02(I3)的通道值来确定。SEQ1 一旦收到触发信号 1,便将 MAXCONV1 的值装载入 SEQCNTR 中,然

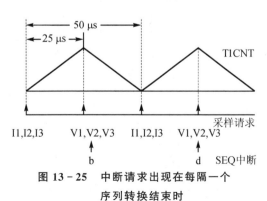

图 13-25 中断请求出现在每隔一个序列转换结束时

后先转换 CONV00 的通道,再转换 CONV01、CONV02;也就是先转换 I1,然后再转换 I2 和 I3。由于中断方式为每隔一个转换序列结束时产生中断请求,当完成这个序列的转换时,序列发生器将不产生中断事件。此时,序列发生器的状态指针指向 CONV02。

当 SEQ1 接收到触发信号 2 时,将 MAXCONV1 的值重新装载入 SEQCNTR,因为 MAXCONV1 的值仍为 2,所以还能刚好采集 3 个通道。状态指针指向 CONV03,开始转换 V1,接着转换 V2 和 V3。完成这个序列的转化时,序列发生器产生中断事件,如图 13 - 25 所示,称为中断事件 b。那么,在中断服务子程序 b 中,需要将 I1、I2、I3、V1、V2、V3 这 6 个通道的数据值从 ADC 结果寄存器中读出来,然后复位序列发生器,等待触发信号 1 开始新的转换。中断事件 d 将重复中断事件 b,并一直重复下去。这个例子说明了中断出现在每隔一个序列转换结束时的工作方式。

可能会有这样的疑问:为什么不将这 5 个或者 6 个通道作为一个序列来进行转换,这样当中断请求出现在每一个序列转换结束时,在中断服务子程序里读取所有通道对应的结果寄存器的值,并复位序列发生器?而为何如此麻烦,要将这几个通道分成两个序列来分开采样呢?仔细观察一下,便会发现,这两个例子中涉及了两种物理量:电流和电压。由于这两种物理量采样时刻不同,所以才将其分成两个序列分别进行转换。如果这几路物理量的采样时刻相同,那么完全可以将其作为一个序列来进行转化。

13.4 ADC 模块的寄存器

ADC 模块的寄存器如表 13 - 12 所列。

表 13 - 12　ADC 寄存器

寄存器名	地址范围	尺寸(×16)	说　明
ADCTRL1	0x00007100	1	ADC 控制寄存器 1
ADCTRL2	0x00007101	1	ADC 控制寄存器 2
ADCMAXCONV	0x00007102	1	ADC 最大转换通道寄存器
ADCCHSELSEQ1	0x00007103	1	ADC 通道选择控制寄存器 1
ADCCHSELSEQ2	0x00007104	1	ADC 通道选择控制寄存器 2
ADCCHSELSEQ3	0x00007105	1	ADC 通道选择控制寄存器 3
ADCCHSELSEQ4	0x00007106	1	ADC 通道选择控制寄存器 4
ADCASEQSR	0x00007107	1	ADC 自动序列状态寄存器
ADCRESULT0	0x00007108	1	ADC 转换结果缓冲寄存器 0
ADCRESULT1	0x00007109	1	ADC 转换结果缓冲寄存器 1
ADCRESULT2	0x0000710A	1	ADC 转换结果缓冲寄存器 2
ADCRESULT3	0x0000710B	1	ADC 转换结果缓冲寄存器 3
ADCRESULT4	0x0000710C	1	ADC 转换结果缓冲寄存器 4
ADCRESULT5	0x0000710D	1	ADC 转换结果缓冲寄存器 5
ADCRESULT6	0x0000710E	1	ADC 转换结果缓冲寄存器 6
ADCRESULT7	0x0000710F	1	ADC 转换结果缓冲寄存器 7
ADCRESULT8	0x00007110	1	ADC 转换结果缓冲寄存器 8
ADCRESULT9	0x00007111	1	ADC 转换结果缓冲寄存器 9

续表 13-12

寄存器名	地址范围	尺寸(×16)	说明
ADCRESULT10	0x00007112	1	ADC 转换结果缓冲寄存器 10
ADCRESULT11	0x00007113	1	ADC 转换结果缓冲寄存器 11
ADCRESULT12	0x00007114	1	ADC 转换结果缓冲寄存器 12
ADCRESULT13	0x00007115	1	ADC 转换结果缓冲寄存器 13
ADCRESULT14	0x00007116	1	ADC 转换结果缓冲寄存器 14
ADCRESULT15	0x00007117	1	ADC 转换结果缓冲寄存器 15
ADCTRL3	0x00007118	1	ADC 控制寄存器 3
ADCST	0x00007119	1	ADC 状态寄存器
保留	0x0000711A 0X0000711F	6	

(1) ADC 控制寄存器 1

ADC 控制寄存器 ADCTRL1 位情况如图 13-26 所示,各位说明见表 13-13。图 13-26～图 13-36 中:R＝可读,W＝可写,-0＝复位后的值。

15	14	13	12	11	10	9	8
Reserved	RESET	SUSMOD1	SUSMOD0	ACQ PS3	ACQ PS2	ACQ PS1	ACQ PS0
R-0	R/W-0	R/W-0	R/W-0	R/W-0	R/W-0	R/W-0	R/W-0
7	6	5	4	3	2	1	0
CPS	CONT RUN	SEQ1 OVRD	SEQ CASC	Reserved			
R/W-0	R/W-0	R/W-0	R/W-0	R-0			

图 13-26 ADC 控制寄存器 ADCTRL1

表 13-13 ADCTRL1 各位说明

位	名称	说明
15	Reserved	保留位,读时返回 0,写时没有影响

14	RESET	ADC 模块软件复位。本位可以使整个 ADC 模块复位。当芯片复位脚被拉低(或者上电复位后),所有的寄存器和序列发生器状态机构复位到初始状态。这是一个一次性的影响位,意思是该位置 1 后,立即可以自动清 0。读取该位时,返回为 0。ADC 复位信号需要锁存 3 个时钟周期,即 ADC 复位后,3 个时钟周期内不能改变 ADC 的控制寄存器。0,没有影响;1,复位整个 ADC 模块,然后,ADC 控制逻辑将该位清 0。注意:在系统复位时,ADC 模块复位。如果想在其他时间复位 ADC 模块,可以向此位写 1 来完成。在 12 个空操作后,用户将需要的配置值写到 ADCTRL1 寄存器:
		　　MOV ADCTRL1,♯01xxxxxxxxxxxxxxb;复位 ADC(RESET = 1)
		　　RPT ♯12;
		　　NOP;向 ADCTRL1 写数时,提供必要的延时
		　　MOV ADCTRL1,♯00xxxxxxxxxxxxxxb;按用户的要求值配置 ADCTRL1
		如果默认配置很充分,则可以不使用第 2 个 MOV 改变控制寄存器的配置

13～12	SUSMOD1～SUSMOD0	仿真暂停方式。这两位决定仿真暂停时执行的操作(如,调试器遇到一个断点)。00,方式 0 忽略仿真暂停。01,方式 1 当前的序列完成时,序列发生器和其他数字电路逻辑停止,锁存最后结果,更新状态机。10,方式 2 当前的转换完成时,序列发生器和其他数字电路逻辑停止,锁存最后结果,更新状态机。11,方式 3 在仿真暂停时,序列发生器和其他数字电路逻辑立即停止

续表 13-13

位	名称	说明
11~8	ACQ PS3~ACQ PS0	采集窗口大小。控制 SOC 脉冲的宽度,同时也确定了采样开关闭合的时间。SOC 脉冲的宽度是(ACQ_PS+1)个 ADCLK 周期数
7	CPS	内核时钟预定标器,用于对外设高速时钟 HSPCLK 进行分频。0,F_{CLK}=CLK/1;1,F_{CLK}=CLK/2。注意:CLK=定标后的 HSPCLK(ADCCLKPS3~0)
6	CONT RUN	连续运行。该位决定了序列发生器运行在连续方式还是启动/停止方式。当一个当前转换正在进行时,可对该位进行写操作。在当前序列转换结束时,该位将起作用;即在 EOS 出现前,也就是采取有效的动作前,可以用软件设置/清除该位。在连续方式下,没必要复位序列发生器;然而,在启动/停止方式下,必须复位序列发生器,将转换器置为 CONV00。0,启动-停止方式。到达 EOS 后,序列发生器停止。除非复位序列发生器,否则,在下一个 SOC,序列发生器将从它结束的状态开始。1,连续转换方式。到达 EOS 后,序列发生器从状态 CONV00(对于 SEQ1 和级联方式)或 CONV08(对于 SEQ2)开始
5	SEQ OVRD	序列发生器忽略位。在连续运行模式下,通过 MAXCONVn 寄存器设置循环转换通道,从而增加排序转换的灵活性。这一位不用关注,平时用不到
4	SEQ CASC	级联序列发生器工作方式。本位决定 SEQ1 和 SEQ2 是作为两个 8 状态序列发生器运行还是一个 16 状态序列发生器(SEQ)。0,双序列发生器模式。SEQ1 和 SEQ2 作为两个 8 状态序列发生器操作。1,级联模式。SEQ1 和 SEQ2 级联起来,作为一个 16 状态序列发生器操作(SEQ)
3~0	Reserved	读时返回 0,写时没有影响

(2) ADC 控制寄存器 2

ADC 控制寄存器 ADCTRL2 位情况如图 13-27 所示,各位说明见表 13-14。

15	14	13	12	11	10	9	8
VB SOC SEQ	RST SEQ1	SOC SEQ1	Reserved	INT ENA SEQ1	INT MOD SEQ1	Reserved	EVA SOC SEQ1
R/W-0	R/W-0	R/W-0	R-0	R/W-0	R/W-0	R-0	R/W-0
7	6	5	4	3	2	1	0
EXT SOC SEQ1	RST SEQ2	SOC SEQ2	Reserved	INT ENA SEQ2	INT MOD SEQ2	Reserved	EVB SOC EQ2
R/W-0	R/W-0	R/W-0	R-0	R/W-0	R/W-0	R-0	R/W-0

图 13-27 ADC 控制寄存器 ADCTRL2

表 13-14 ADCTRL2 各位说明

位	名称	说明
15	EVB SOC SEQ	在级联序列发生器方式下,EVB 启动转换使能位(注意:该位只在级联模式时有效)。0,不起作用。1,该位置 1,允许事件管理器 B 的信号启动级联的序列发生器,可以通过对事件管理器 EVB 进行编程,实现 EVB 的多种事件启动转换
14	RST SEQ1	复位序列发生器 1。向该位写 1,立即复位序列发生器到初始的"预触发"状态。例如,在 CONV00 等待一个触发,当前执行的转换序列将失败。0,不起作用。1,立即复位序列发生器到 CONV00 状态

第13章 模/数转换器ADC

续表13-14

位	名 称	说 明
13	SOC SEQ1	序列发生器1的启动转换(SOC)触发位(SEQ1)。该位可被下列触发进行设置:S/W—通过软件向该位写1;EVA—事件管理器A;EVB—事件管理器B(仅在级联模式中);EXT—外部引脚(即 ADCSOC 引脚)。 当触发到来时,有3种可能的情况:情况1:SEQ1 空闲且 SOC 位清0。SEQ1 立即启动(在仲裁控制下)。允许任何"挂起"触发请求。 情况2:SEQ1 忙并且 SOC 位清0。该位的置位表示有一个触发请求正被挂起。当完成当前转换、SEQ1 重新开始时,该位清0。 情况3:SEQ1 忙并且 SOC 位置1。在这种情况下,任何触发都被忽略。 注意:如果序列发生器已经启动,该位自动清0,因此,写0不起作用,即已经启动的序列发生器不能通过清0该位而停止。0,清除一个不确定的 SOC 触发。1,软件触发—从当前停止的位置启动 SEQ1。 注意:RST SEQ1(ADCTRL2.14)和 SOC SEQ1(ADCTRL2.13)位不应该用同一条指令置位。这可以复位序列发生器,但不能启动序列发生器。正确的操作顺序是先置位 RST SEQ1,然后在下一条指令中置位 SOC SEQ1。这可以确保序列发生器复位并启动一个新的序列。此操作顺序还适用于 RST SEQ2(ADCTRL2.6)和 SOC SEQ2(ADCTRL2.5)位
12	Reserved	读取返回0,写无效
11	INT ENA SEQ1	SEQ1中断使能。该位使能 SEQ1 向 CPU 发出的中断请求。0,禁止 SEQ1 的中断请求。1,使能 SEQ1 的中断请求
10	INT MOD SEQ1	SEQ1中断方式。0,每个 SEQ1 序列转换结束时,置位 SEQ1 的中断标志位。1,每隔一个 SEQ1 序列结束时,置位 SEQ1 的中断标志位
9	Reserved	保留位。读取返回0,写无效
8	EVA SOC SEQ1	SEQ1事件管理器A的SOC屏蔽位。0,不能通过 EVA 触发启动 SEQ1。1,允许 EVA 触发启动 SEQ1/SEQ。可对事件管理器进行编程,以便在各种事件下启动转换
7	EXT SOC SEQ1	SEQ1的外部信号启动转换位。0,不起作用。1,置位该位,通过一个来自 ADCSOC 引脚的信号,启动 ADC 自动转换序列
6	RST SEQ2	复位 SEQ2。0,不起作用。1,立即复位 SEQ2 到初始的"预触发"状态,例如在 CONV08 等待一个触发,将会退出正在执行的转换序列
5	SOC SEQ2	启动 SEQ2 的转换触发。仅适用于双序列发生器模式,在级联方式中被忽略。该位可被下列触发置位:S/W—通过软件向该位写1;EVB—事件管理器B。 当一个触发到来时,有3种可能的情况: 情况1:SEQ2 空闲且 SOC 位清0。SEQ2 立即启动(在仲裁控制下),允许任何"挂起"触发请求。 情况2:SEQ2 忙并且 SOC 位清0。该位置位表示有一个触发请求正被挂起。在当前转换完成后,SEQ2 重新开始启动,该位清0。 情况3:SEQ2 忙并且 SOC 位置1。任何触发都被忽略。 注意:如果序列发生器已经启动,该位自动清0,因此,写0不起作用,即已经启动的序列发生器不能通过清0该位而停止。0,清除一个不确定的 SOC 触发。1,软件触发—从当前停止的位置启动 SEQ2(即空闲方式)

续表 13-14

位	名称	说明
4	Reserved	读取返回 0,写无效
3	INT ENA SEQ2	SEQ2 中断使能。本位使能 SEQ2 向 CPU 提出的中断请求。0,禁止 SEQ2 的中断请求。1,使能 SEQ2 的中断请求
2	INT MOD SEQ2	SEQ2 中断方式。0,每个 SEQ2 序列转换结束时,置位 SEQ2 的中断标志位。1,每隔一个 SEQ2 序列结束时,置位 SEQ2 的中断标志位
1	Reserved	读取返回 0,写无效
0	EVB SOC SEQ2	SEQ2 事件管理器 B 的 SOC 屏蔽位。0,不能通过 EVB 触发启动 SEQ2。1,允许 EVB 触发启动 SEQ2。可对事件管理器进行编程,以便在各种事件下启动一个转换

(3) ADC 控制寄存器 3

ADC 控制寄存器 ADCTRL3 位情况如图 13-28 所示,各位说明见表 13-15。

15							8
Reserved							
R-0							

7	6	5	4			1	0
ADCBGRFDN1	ADCBGRFDN0	ADCPWDN	ADCCLKPS[3:0]				SMODE_SEL
R/W-0	R/W-0	R/W-0	R/W-0				R/W-0

图 13-28 ADC 控制寄存器 ADCTRL3

表 13-15 ADCTRL3 各位说明

位	名称	说明
15~8	Reserved	读返回 0,写无效
7~6	ADCBGRFDN[1:0]	ADC 带隙(BandGap)和参考的电源控制。该位控制内部模拟的内部带隙和参考电路的电源。0,带隙和参考电路掉电。1,带隙和参考电路加电
5	ADCPWDN	ADC 电源控制。该位控制带隙和参考电路外的 ADC 其他模拟电路的供电。0,除带隙和参考电路外的 ADC 其他模拟电路掉电。1,除带隙和参考电路外的 ADC 其他模拟电路加电
4~1	ADCCLKPS[3:0]	ADC 内核时钟分频器。高速外设预定标时钟 HSPCLK 被 $2\times$ ADCCLKPS[3~0]分频;ADCCLKPS[3~0]为 0 时除外,在这种情况下,HSPCLK 直接送出。分频后的时钟被 ACTRL1[7]+1 进一步分频,产生 ADC 的内核时钟 ADC-CLK,具体描述如表 13-16 所列
0	SMODE SEL	采样方式选择。该位可选择顺序方式或者并发模式。0,顺序采样方式。1,并发采样方式

表 13-16 ADCCLK 与 ADCCLKPS[3:0]对应关系

ADCCLKPS[3~0]	ADC 内核时钟分频数	ADCCLK
0000	0	HSPCLK/(ADCTRL1[7]+1)
0001	1	HSPCLK/[$2\times$(ADCTRL1[7]+1)]
0010	2	HSPCLK/[$4\times$(ADCTRL1[7]+1)]
0011	3	HSPCLK/[$6\times$(ADCTRL1[7]+1)]

续表 13-16

ADCCLKPS[3~0]	ADC 内核时钟分频数	ADCCLK
0100	4	HSPCLK/[8×(ADCTRL1[7]+1)]
0101	5	HSPCLK/[10×(ADCTRL1[7]+1)]
0110	6	HSPCLK/[12×(ADCTRL1[7]+1)]
0111	7	HSPCLK/[14×(ADCTRL1[7]+1)]
1000	8	HSPCLK/[16×(ADCTRL1[7]+1)]
1001	9	HSPCLK/[18×(ADCTRL1[7]+1)]
1010	10	HSPCLK/[20×(ADCTRL1[7]+1)]
1011	11	HSPCLK/[22×(ADCTRL1[7]+1)]
1100	12	HSPCLK/[24×(ADCTRL1[7]+1)]
1101	13	HSPCLK/[26×(ADCTRL1[7]+1)]
1110	14	HSPCLK/[28×(ADCTRL1[7]+1)]
1111	15	HSPCLK/[30×(ADCTRL1[7]+1)]

(4) 最大转换通道寄存器

最大转换通道寄存器 MAXCONV 位情况如图 13-29 所示,各位说明见表 13-17。

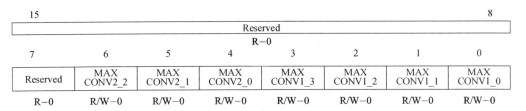

图 13-29 最大转换通道寄存器 MAXCONV

表 13-17 MAXCONV 各位说明

位	名称	说明
15~7	Reserved	读返回 0,写无效
6~0	MAX CONVn	MAX CONVn 定义了一个自动转换序列中完成的最大转换通道数。该位根据序列发生器的工作模式变化而变化:对 SEQ1 操作来说,使用位 MAX CONV1_2~0;对 SEQ2 操作来说,使用位 MAX CONV2_2~0;对 SEQ 操作来说,使用位 MAX CONV1_3~0

(5) 自动序列状态寄存器

自动序列状态寄存器 ADCASEQSR 位情况如图 13-30 所示,各位说明见表 13-18。

15								8
Reserved				SEQCNTR3	SEQCNTR2	SEQCNTR1	SEQCNTR0
R-0				R-0	R-0	R-0	R-0

7	6	5	4	3	2	1	0
Reserved	MAX CONV2_2	MAX CONV2_1	MAX CONV2_0	MAX CONV1_3	MAX CONV1_2	MAX CONV1_1	MAX CONV1_0
R-0	R/W-0	R/W-0	R/W-0	R/W-0	R/W-0	R/W-0	R/W-0

图 13-30 自动序列状态寄存器 ADCASEQSR

表 13-18 ADCASEQSR 各位说明

位	名称	说明
15~12	Reserved	保留位。读返回 0,写无效
11~8	SEQ CNTR3~0	序列计数器状态位。SEQ1、SEQ2 和级联序列发生器 SEQ 使用 SEQ CNTRn 的 4 个计数状态位。在级联方式下 SEQ2 是不相关的。序列发生器计数器位 SEQ CNTR(3~0)在启动一个序列转换时,初始化为 MAX CONV。在自动转换序列中,每个转换(或并发方式下的一对转换)完成后,序列发生器计数器减 1。在减计数过程中,SEQ CNTRn 位随时可读,以检查序列发生器的状态。此值和 SEQ1、SEQ2 的忙标志位一起,在任何时间点上,可以标识正在执行的序列发生器的状态
7	Reserved	读返回 0,写无效
6~0	SEQ2 STATE2~0 SEQ1 STATE3~0	SEQ2 STATE2~0 和 SEQ1 STATE3~0 相应位分别是 SEQ2 和 SEQ1 的指针。这些位保留作为 TI 调试之用,不提供给用户使用

(6) ADC 状态和标志寄存器

ADC 状态和标志寄存器 ADCST 位情况如图 13-31 所示,各位说明见表 13-19。

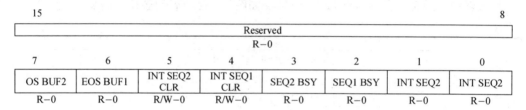

图 13-31 ADC 状态和标志寄存器 ADCST

表 13-19 ADCST 各位说明

位	名称	说明
15~8	Reserved	读返回 0,写无效
7	EOS BUF2	SEQ2 的序列缓冲器结束位。在中断方式 0,即当 ADCTRL2[2]=0 时,该位不用或者一直保持为 0 值。在中断方式 1,即当 ADCTRL2[2]=1 时,在每一个 SEQ2 序列结束时出发。设备复位时,该位清 0,序列发生器复位或者清除相应的中断标志位并不影响该位
6	EOS BUF1	SEQ1 的序列缓冲器结束位。在中断方式 0,即当 ADCTRL2[10]=0 时,该位不用或者一直保持为 0 值。在中断方式 1,即当 ADCTRL2[10]=1 时,在每一个 SEQ1 序列结束时重复出现。设备复位时,该位清 0,序列发生器复位或者清除相应的中断标志位并不影响该位
5	INT SEQ2 CLR	中断清除位。读该位总是返回 0,可以通过向该位写 1 清除标志位。0,向该位写 0 无效。1,向该位写 1,清除 SEQ2 中断标志位 INT SEQ2
4	INT SEQ1 CLR	中断清除位。读该位总是返回 0,可以通过向该位写 1 清除标志位。0,向该位写 0 无效。1,向该位写 1,清除 SEQ1 中断标志位 INT SEQ1
3	SEQ2 BSY	SEQ2 忙状态位。0,SEQ2 处于空闲状态,等待触发。1,SEQ2 正在进行中,写该位无效
2	SEQ1 BSY	SEQ1 忙状态位。0,SEQ1 处于空闲状态,等待触发。1,SEQ1 正在进行中,写该位无效

续表 13-19

位	名称	说 明
1	INT SEQ2	SEQ2 中断标志位。对该位进行写操作无效。在中断方式 0,即当 ADCTRL2[2]=0 时,在每个 SEQ2 序列结束时将该位置 1。在中断方式 1,即当 ADCTRL2[2]=1 时,如果 EOS_BUF2 被置位,则在 SEQ2 序列结束时,该位置 1。0,没有 SEQ2 中断事件。1,SEQ2 中断事件产生
0	INT SEQ2	SEQ1 中断标志位。对该位进行写操作无效。中断方式 0,即当 ADCTRL2[10]=0 时,在 SEQ1 序列结束时将该位置 1。中断方式 1,即当 ADCTRL2[10]=1 时,如果 EOS_BUF1 被置位,则在 SEQ1 序列结束时,该位置 1。0,没有 SEQ1 中断事件。1,SEQ1 中断事件产生

(7) ADC 输入通道选择序列控制寄存器

下面是 4 个 ADC 输入通道选择序列控制寄存器 ADCCHSELSEQ1～ADCCHSELSEQ4 的位分布情况,分别如图 13-32～图 13-35 所示。对于每一个自动转换,每一个 4 位值 CONVnn 可以选择 ADC 模块 16 个模拟输入通道中的任何一路。

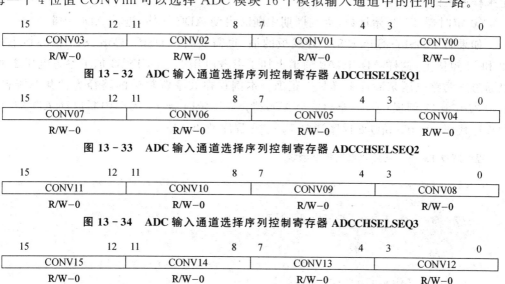

图 13-32 ADC 输入通道选择序列控制寄存器 ADCCHSELSEQ1

图 13-33 ADC 输入通道选择序列控制寄存器 ADCCHSELSEQ2

图 13-34 ADC 输入通道选择序列控制寄存器 ADCCHSELSEQ3

图 13-35 ADC 输入通道选择序列控制寄存器 ADCCHSELSEQ4

(8) ADC 转换结果缓冲寄存器

ADC 转换结果缓冲寄存器 ADCRESULTn(n=0～15)位定义如图 13-36 所示。

图 13-36 ADC 转换结果缓冲寄存器 ADCRESULTn

13.5 手把手教你写 ADC 采样程序

前面已经讲过,启动 ADC 转换的方法有软件置位、使用事件管理器的某些事件或者是外部引脚启动。现在假设 ADC 模块工作于级联模式,SEQ1 和 SEQ2 级联成一个 16 状态的序列发生器 SEQ,来实现对引脚 ADCINA0~ADCINA7 和 ADCINB0~ADCINB7 共 16 路通道的采样。下面将详细介绍如何使用通用定时器中断事件的方法来启动 ADC 模块的转换。

这里采用并发采样,并采用定时器 T1 周期中断的方法启动 ADC 转换。本程序的基本思路如下:

① 初始化系统,为系统分配时钟,处理看门狗电路等。

② 初始化 ADC 模块,设定 ADC 采样的相关方式,如单序列发生器、并发采样、决定采样通道的顺序等。

③ 定时器 T1 开始计数,等到周期中断时启动 ADC 转换,进入 ADC 中断。

如果有 HDSP-Super2812 开发板的话,也需要将 HDSP-Core2812 核心板上的 J2 和 J3 短接上,这样 ADCINA0 通道上加了参考电压 1,ADCINB0 加了参考电压 2,可以通过这两路电压来验证采样是否正确。本例程在共享资料中的路径为:"共享资料\TMS320F2812 例程\第 13 章\13.6\AD02"。通用定时器 T1 周期中断启动 ADC 转换的程序代码(AD02.pjt)见程序清单 13-1~程序清单 13-5。

程序清单 13-1 初始化系统控制模块

```
/***************************************************************
* 文件名:DSP28_SysCtrl.c
* 功  能:对 2812 的系统控制模块进行初始化
***************************************************************/
# include "DSP28_Device.h"
/***************************************************************
* 名    称:InitSysCtrl()
* 功    能:该函数对 2812 的系统控制寄存器进行初始化
* 入口参数:无
* 出口参数:无
***************************************************************/
void InitSysCtrl(void)
{
    Uint16 i;
    EALLOW;
    SysCtrlRegs.WDCR = 0x0068;        //禁止看门狗模块
    //初始化 PLL 模块,如果外部晶振为 30 MHz,则 SYSCLKOUT = 30 MHz×10/2 = 150 MHz
    SysCtrlRegs.PLLCR = 0xA;
    for(i = 0; i< 5000; i++){}        //延时,使得 PLL 模块能够完成初始化操作
    // 高速时钟预定标器和低速时钟预定标器,产生高速外设时钟 HSPCLK 和低速外设时钟 LSPCLK
    SysCtrlRegs.HISPCP.all = 0x0001;   // HSPCLK = 150 MHz/2 = 75 MHz
```

第 13 章 模/数转换器 ADC

```c
    SysCtrlRegs.LOSPCP.all = 0x0002;        // LSPCLK = 150 MHz/4 = 37.5 MHz
// 对工程中使用到的外设进行时钟使能
    SysCtrlRegs.PCLKCR.bit.ADCENCLK = 1;    //ADC 模块时钟使能
    SysCtrlRegs.PCLKCR.bit.EVAENCLK = 1;    //EVA 模块时钟使能
    EDIS;
}
```

程序清单 13-2 初始化 ADC 模块

```c
/************************************************************
 * 文件名:DSP28_Adc.c
 * 功   能:对 2812 的 ADC 模块进行初始化
 ************************************************************/
#include "DSP28_Device.h"
/************************************************************
 * 名   称:InitAdc()
 * 功   能:ADC 初始化程序
 * 入口参数:无
 * 出口参数:无
 ************************************************************/
void InitAdc(void)
{
    unsigned int i;
    AdcRegs.ADCTRL1.bit.RESET = 1;
    NOP;
    AdcRegs.ADCTRL1.bit.RESET = 0;
    //仿真暂停时,序列发生器和其他数字电路逻辑立即停止
    AdcRegs.ADCTRL1.bit.SUSMOD = 3;
    AdcRegs.ADCTRL1.bit.ACQ_PS = 0;         //采样窗口大小,SOC 脉冲宽度为 1 个 ADCLK
    AdcRegs.ADCTRL1.bit.CPS = 0;            //核时钟预定标器,等于 0,未将时钟进行 2 分频
    AdcRegs.ADCTRL1.bit.CONT_RUN = 0;       //运行于启动/停止模式
    AdcRegs.ADCTRL1.bit.SEQ_CASC = 1;       //选择单序列发生器模式
    AdcRegs.ADCTRL3.bit.ADCBGRFDN = 3;
    for(i = 0;i<10000;i++) NOP;
    AdcRegs.ADCTRL3.bit.ADCPWDN = 1;
    for(i = 0;i<5000;i++) NOP;
    AdcRegs.ADCTRL3.bit.ADCCLKPS = 15;      //ADCLK = HSPCLK/30
    AdcRegs.ADCTRL3.bit.SMODE_SEL = 1;      //采用并发采样模式
    AdcRegs.MAX_CONV.bit.MAX_CONV = 0x07;   //共 8 个并发采样,共采样 16 路
    AdcRegs.CHSELSEQ1.bit.CONV00 = 0;       //采样 ADCINA0 和 ADCINB0
    AdcRegs.CHSELSEQ1.bit.CONV01 = 1;       //采样 ADCINA1 和 ADCINB1
    AdcRegs.CHSELSEQ1.bit.CONV02 = 2;       //采样 ADCINA2 和 ADCINB2
    AdcRegs.CHSELSEQ1.bit.CONV03 = 3;       //采样 ADCINA3 和 ADCINB3
    AdcRegs.CHSELSEQ2.bit.CONV04 = 4;       //采样 ADCINA4 和 ADCINB4
    AdcRegs.CHSELSEQ2.bit.CONV05 = 5;       //采样 ADCINA5 和 ADCINB5
    AdcRegs.CHSELSEQ2.bit.CONV06 = 6;       //采样 ADCINA6 和 ADCINB6
    AdcRegs.CHSELSEQ2.bit.CONV07 = 7;       //采样 ADCINA7 和 ADCINB7
    AdcRegs.ADC_ST_FLAG.bit.INT_SEQ1_CLR = 1;   //清除 SEQ1 中的中断标志位 INT_SEQ1
    AdcRegs.ADC_ST_FLAG.bit.INT_SEQ2_CLR = 1;   //清除 SEQ2 中的中断标志位 INT_SEQ2
```

```c
    AdcRegs.ADCTRL2.bit.EVB_SOC_SEQ = 0;
    AdcRegs.ADCTRL2.bit.RST_SEQ1 = 0;
    AdcRegs.ADCTRL2.bit.INT_ENA_SEQ1 = 1;      //使能 SEQ1 的中断请求
    AdcRegs.ADCTRL2.bit.INT_MOD_SEQ1 = 0;
    AdcRegs.ADCTRL2.bit.EVA_SOC_SEQ1 = 1;      //允许 EVA 启动触发 SEQ1/SEQ
    AdcRegs.ADCTRL2.bit.EXT_SOC_SEQ1 = 0;
    AdcRegs.ADCTRL2.bit.RST_SEQ2 = 0;
    AdcRegs.ADCTRL2.bit.SOC_SEQ2 = 0;
    AdcRegs.ADCTRL2.bit.INT_ENA_SEQ2 = 0;
    AdcRegs.ADCTRL2.bit.INT_MOD_SEQ2 = 0;
    AdcRegs.ADCTRL2.bit.EVB_SOC_SEQ2 = 0;
    AdcRegs.ADCTRL2.bit.SOC_SEQ1 = 0;
}
```

程序清单 13-3 初始化 EV 模块

```c
/*******************************************************
 * 文件名:DSP28_Ev.c
 * 功  能:2812 事件管理器的初始化函数,包括了 EVA 和 EVB 的初始化
 *******************************************************/
#include "DSP28_Device.h"
/*******************************************************
 * 名  称:InitEv()
 * 功  能:初始化 EVA 下的通用定时器 T1,T1 的周期中断标志位被置 1 时向 ADC 模块发出一个
 *        ADC 启动信号。采样频率设定为 10 kHz,则定时器 T1 的周期为 0.1 ms
 * 入口参数:无
 * 出口参数:无
 *******************************************************/
void InitEv(void)
{
    EvaRegs.T1CON.bit.TMODE = 2;         //计数模式为连续增计数
    EvaRegs.T1CON.bit.TPS = 1;           //T1CLK = HSPCLK/2 = 37.5 MHz
    EvaRegs.T1CON.bit.TENABLE = 0;       //暂时禁止 T1 计数
    EvaRegs.T1CON.bit.TCLKS10 = 0;       //使用内部时钟
    EvaRegs.GPTCONA.bit.T1TOADC = 2;     //周期中断启动 ADC
    EvaRegs.EVAIMRA.bit.T1PINT = 1;      //使能定时器 T1 的周期中断
    EvaRegs.EVAIFRA.bit.T1PINT = 1;      //清除定时器 T1 的周期中断标志位
    EvaRegs.T1PR = 0x0EA5;               //周期为 0.1 ms
    EvaRegs.T1CNT = 0;                   //初始化计数器寄存器
}
```

程序清单 13-4 主函数程序

```c
/*******************************************************
 * 文件名:ADO2.c
 * 功  能:T1 周期中断启动 ADC,实现 ADC 模块 16 路通道的采样
 * 说  明:ADC 采样频率为 10 kHz,序列发生器 SEQ1 和 SEQ2 级联成一个 16 通道的序列发生器,
 *        采样模式采用并发采样。利用通用定时器 T1 的周期中断来触发 ADC 转换
 *******************************************************/
#include "DSP28_Device.h"
float adc[16];    //用于存储 ADC 转换结果
```

第13章 模/数转换器 ADC

```c
float adclo;        //ADC 转换的模拟参考电平,Super2812 中已经将其接地
/***************************************************************
* 名      称:main()
* 功      能:完成系统初始化工作,实现 AD16 通道的采样
* 入口参数:无
* 出口参数:无
***************************************************************/
void main(void)
{
    InitSysCtrl();                      //初始化系统函数
    DINT;
    IER = 0x0000;                       //禁止 CPU 中断
    IFR = 0x0000;                       //清除 CPU 中断标志
    InitPieCtrl();                      //初始化 PIE 控制寄存器
    InitPieVectTable();                 //初始化 PIE 中断向量表
    InitPeripherals();                  //初始化 EV 和 ADC 模块
    adclo = 0;                          //通常 ADCLO 接地,Super2812 中已经将其接地
    PieCtrl.PIEIER1.bit.INTx6 = 1;      //使能 PIE 模块中的 ADC 采样中断
    IER | = M_INT1;                     //开 CPU 中断
    EINT;                               //使能全局中断
    ERTM;                               //使能实时中断
    EvaRegs.T1CON.bit.TENABLE = 1;      //启动 T1 计数
    for(;;)
    {
    }
}
```

程序清单 13 – 5　中断函数

```c
/***************************************************************
* 文件名:DSP28_DefaultIsr.c
* 功      能:此文件包含了与 F2812 所有默认相关的中断函数,只须在相应的中断函数中加入代
*            码以实现中断函数的功能即可
***************************************************************/
#include "DSP28_Device.h"
/***************************************************************
* 名      称:ADCINT_ISR
* 功      能:ADC 采样中断函数,ADC 模块完成对一个序列的转换后,在这里获取采样通道的数据
* 入口参数:无
* 出口参数:无
***************************************************************/
interrupt void ADCINT_ISR(void)         // ADC 中断函数
{
    //读取转换结果
    adc[0] = ((float)AdcRegs.RESULT0) * 3.0/65520.0 + adclo;    //存放 ADCINA0 的结果
    adc[1] = ((float)AdcRegs.RESULT1) * 3.0/65520.0 + adclo;    //存放 ADCINB0 的结果
    adc[2] = ((float)AdcRegs.RESULT2) * 3.0/65520.0 + adclo;    //存放 ADCINA1 的结果
    adc[3] = ((float)AdcRegs.RESULT3) * 3.0/65520.0 + adclo;    //存放 ADCINB1 的结果
    adc[4] = ((float)AdcRegs.RESULT4) * 3.0/65520.0 + adclo;    //存放 ADCINA2 的结果
```

```
    adc[5] = ((float)AdcRegs.RESULT5) * 3.0/65520.0 + adclo;    //存放 ADCINB2 的结果
    adc[6] = ((float)AdcRegs.RESULT6) * 3.0/65520.0 + adclo;    //存放 ADCINA3 的结果
    adc[7] = ((float)AdcRegs.RESULT7) * 3.0/65520.0 + adclo;    //存放 ADCINB3 的结果
    adc[8] = ((float)AdcRegs.RESULT8) * 3.0/65520.0 + adclo;    //存放 ADCINA4 的结果
    adc[9] = ((float)AdcRegs.RESULT9) * 3.0/65520.0 + adclo;    //存放 ADCINB4 的结果
    adc[10] = ((float)AdcRegs.RESULT10) * 3.0/65520.0 + adclo;//存放 ADCINA5 的结果
    adc[11] = ((float)AdcRegs.RESULT11) * 3.0/65520.0 + adclo;//存放 ADCINB5 的结果
    adc[12] = ((float)AdcRegs.RESULT12) * 3.0/65520.0 + adclo;//存放 ADCINA6 的结果
    adc[13] = ((float)AdcRegs.RESULT13) * 3.0/65520.0 + adclo;//存放 ADCINB6 的结果
    adc[14] = ((float)AdcRegs.RESULT14) * 3.0/65520.0 + adclo;//存放 ADCINA7 的结果
    adc[15] = ((float)AdcRegs.RESULT15) * 3.0/65520.0 + adclo;//存放 ADCINB7 的结果
    PieCtrl.PIEACK.all = 0x0001;    //响应 PIE 同组中断
    AdcRegs.ADC_ST_FLAG.bit.INT_SEQ1_CLR = 1;    //清除 AD 中断的标志位
    AdcRegs.ADCTRL2.bit.RST_SEQ1 = 1;    //复位序列发生器 SEQ1
    EINT;    //使能全局中断
}
```

运行程序后,可以在中断函数里设置断点来观察 ADC 结果缓冲寄存器中的值,可以发现,虽然实验时仅仅在 ADCINA0 和 ADCINB0 引脚加了电压,为什么其他通道也都有采样数据呢?当 X281x 的 ADC 模块的引脚悬空时,引脚处于高阻态,也就是会有电压的,而且是随机值。只有给引脚施加了模拟信号之后,采样结果才正确,不过需要注意的是,施加的电压值必须是 0~3 V。建议对于不使用的 ADC 引脚,最好将其接地,这样采样到的数据就是 0。

通过这个例子还可以看到一个问题:使用 T1 的周期中断事件启动 ADC 模块的转换时,只要定时器 T1 产生周期匹配事件,也就是 T1CNT 的值和 T1PR 的值相等时,T1 周期中断的标志位置位,同时产生一个 ADC 模块的启动信号。这里要注意,通过上面的叙述可以发现进不进 T1 的周期中断和启动 ADC 转换是没有关系的,只要有周期匹配事件就会产生启动 ADC 的转换信号。

13.6 ADC 模块采样校正技术

X281x 具有 12 位 ADC 模块,理论上来讲,ADC 模块的采样精度还是可以的。根据工程经验,一般 ADC 模块的采样精度正常都会比理论值少 3 位,也就是说 12 位的 ADC 模块,采样精度在比较好的情况下能够达到 9 位,也就是相对误差不超过 1/512,约为 0.2%。但是在实际应用过程中,ADC 模块的精度往往不尽如人意,采样值和实际值之间的相对误差有时候最大甚至会超过 15%,这给实际应用带来了很大的困扰。

HDSP-Super2812 具有 ADC 校正功能,通过硬件电路和软件算法的配合,可有效提高 ADC 采样的精度。实验证明,其校正后的采样值和实际值之间的相对误差可不超过 0.3%,精度平均能够达到 0.2% 甚至更高,具体情况和软件算法有关。接下来,就从 ADC 采样误差产生的原理入手,来详细介绍 ADC 模块采样的校正技术。

13.6.1　ADC 校正的原理

本章一开始就介绍到 ADC 模块的误差不仅包括模块本身器件特性引起的零点、增益、非线性等误差,还有原理性的量化误差等。非线性误差、量化误差等这些因素是很难通过措施来弥补的,但由于 ADC 模块的转换特性是线性的,由转换特性引起的增益和偏移的误差可以通过适当的措施来进行补偿。补偿后,可有效提高 ADC 转换的精度。ADC 模块的转换特性曲线如图 13-37 所示。

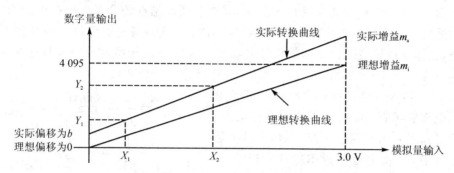

图 13-37　ADC 模块的转换特性曲线

从图 13-37 上可以看到,理想的 12 位 ADC 转换应该是没有增益误差和偏移误差的,因此模拟量输入 X 和数字量输出 Y 之间的关系应该是:$Y = m_i \times X$。理想转换特性曲线上有一个点是固定的也是明确的,前面已经介绍过,当输入模拟电压是 3.0 V 时,ADC 转换结果缓冲寄存器中的值右移 4 位后为 0x0FFF,也就是 4 095,因此这个点就是 (3.0,4 095),我们可以得到理想转换特性曲线的增益:$m_i = \dfrac{4\ 095}{3.0} = 1\ 365$。

但是,实际上 X281x 内部 ADC 转换是存在增益误差和偏移误差的,实际转换特性曲线如图 13-37 所示。假设实际增益为 m_a,实际偏移量为 b,则模拟量输入与数字量输出 Y 之间的关系为:$Y = m_a \cdot X + b$。很明显,m_a 和 b 是个未知量。假如能够知道 m_a 和 b,那么通过 ADC 转换结果缓冲寄存器得到的数据 Y,就能够知道实际输入的电压 X。也就是说关键是如何来求出 m_a 和 b。对于二元一次方程,如果有两个方程组成了二元一次方程组,且其中 (X_1, Y_1) 和 (X_2, Y_2) 已知,m_a 和 b 就可以通过求解该方程来得到:

$$\begin{cases} Y_1 = m_a \cdot X_1 + b \\ Y_2 = m_a \cdot X_2 + b \end{cases} \tag{13-6}$$

实际应用中可以通过两路精准电源,提供给 ADC 的任意两个输入通道,如 ADCINA0 和 ADCINB0,精准电源的输入电压是很容易确定的,也就是 X_1 和 X_2,然后通过读取 ADCINA0 和 ADCINB0 的转换结果来获得 Y_1 和 Y_2。这样,根据式(13-6),就可以得到转换过程中的实际增益 m_a 和实际的偏移量 b,如下式所示:

$$\begin{cases} m_a = \dfrac{Y_2 - Y_1}{X_2 - X_1} \\ b = \dfrac{Y_1 X_2 - Y_2 X_1}{X_2 - X_1} \end{cases} \quad (13-7)$$

此时,只要知道数字量转换结果 Y,就可以得到实际的输入量 $X:X=(Y-b)/m_a$。

13.6.2　ADC 校正的措施

上面介绍的 ADC 校正方法的前提是:需要有两路精准的参考电压提供给 ADC 模块任意的两个采样通道,这就要求设计硬件 ADC 采样电路时需要设计两路精准的参考电压,这样通过转换两路已知的信号可以求出 X281x 的转换过程中本身存在的增益系数和偏移量,再利用这两个参数去校正 ADC 其他的采样通道。

图 13-38 是产生两路参考电压的硬件电路。一般在实际应用时需要考虑到器件成本,所以这里选择使用三端稳压管 TL431,虽说是三端稳压管,其实也是集成 IC。TL431 是一个有良好热稳定性能的三端可调分流基准源,它有 3 个端:阳极 A、阴极 K 和 V_{REF}。TL431 的输出电压用两个电阻就可以设置 V_{REF} (2.5 V)~36 V 范围内的任意值。图 13-38 也是

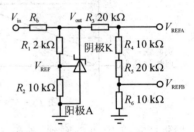

图 13-38　参考电压产生电路

TL431 应用的典型电路,其输出 V_{out} 与输入 V_{in} 之间的关系为:

$$V_{out} = \dfrac{R_1 + R_2}{2 \cdot R_2} \cdot V_{in} \quad (13-8)$$

此处,V_{in} 为 5 V,R_1 为 2 kΩ,R_2 为 10 kΩ,代入式(13-8)便可得到:

$$V_{out} = \dfrac{2+10}{2\times10} \times 5 = 3 \text{ V}$$

从图 13-38 可以看到,两路参考电压 V_{REFA} 和 V_{REFB} 是将 TL431 的输出电压 V_{out} 经电阻分压后得到的。根据电路原理,不难得到:

$$V_{REFA} = \dfrac{R_4 + R_5 + R_6}{R_3 + R_4 + R_5 + R_6} \cdot V_{out} = \dfrac{10+20+10}{20+10+20+10} \times 3 = 2 \text{ V} \quad (13-9)$$

$$V_{REFB} = \dfrac{R_6}{R_3 + R_4 + R_5 + R_6} \cdot V_{out} = \dfrac{10}{20+10+20+10} \times 3 = 0.5 \text{ V} \quad (13-10)$$

这样,就可以利用这两路精准电压 V_{REFA} 和 V_{REFB} 来作为 X281x ADC 模块采样的参考电压,在软件中计算出转换时的增益系数和偏移量,从而可以校正其他 14 路通道的采样。当然,因为电阻的阻值也是有误差的,所以 V_{REFA} 和 V_{REFB} 的值要以实际测量得到的数据为准。

ADC 模块的校正措施仅从硬件角度考虑肯定是不够的,还需要在软件算法中加以配合。例如在采样直流信号时,如果考虑到成本等因素,可以在软件中采用滤波算法。

一般情况下,先把采样值取 N 个点存储在数组中,然后在程序中进行处理,处理时比较常用的有两种方法:取这 N 个点的平均值;或者将这 N 个采样点的值按从小到大的顺序进行排列之后,去掉较小的 N/4 个数据,然后再去掉较大的 N/4 个数据,最后对中间的 N/2 个数据进行求和,再取平均值,也就是所谓的中值滤波法。

当然,为提高 ADC 模块采样的精度,首先最主要的还是得给 ADC 模块提供一个质量比较好的输入信号,这就不仅要求输入信号在输入到 ADC 端口前需要经过适当的调理,比如要滤波、放大等;还需要在 PCB 布线时就注意提高 ADC 电路的抗干扰性能。通常要求 ADC 模块的引脚不要运行在靠近数字通路的地方,这样可以使耦合到 ADC 输入端的数字信号线上的开关噪声减到最小。此外,还需要采用适当的隔离技术,将 ADC 模块的电源和数字电源进行隔离,以免产生串扰。

13.6.3　手把手教你写 ADC 校正的软件算法

HDSP-Super2812 具有 ADC 校正功能,其 ADC 模块引脚的连接如图 13-39 所示。当跳线 J2 和 J3 被短接时,ADC 校正功能使能,参考电压 1 通过 J2 提供给 ADCINA0 通道,参考电压 2 通过 J3 提供给 ADCINB0 通道,ADCINA1~ADCINA7 和 ADCINB1~ADCINB7 共 14 个通道可通过程序自由配置。当跳线 J2 和 J3 未被短接时,ADC 校正功能被禁止,ADCINA0~ADCINA7 和 ADCINB0~ADCINB7 共 16 个通道可通过程序自由配置。参考电压 ADCLO 已经接地。这里,因为讨论的是 ADC 的校正算法,所以 J2 和 J3 需要短接上。

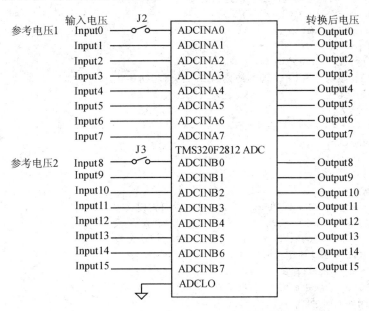

图 13-39　HDSP-Super2812 ADC 模块引脚连接示意图

假设 ADC 采样频率为 10 kHz,序列发生器 SEQ1 和 SEQ2 级联成一个 16 通道的序列发生器,同时采用顺序采样的方式。利用通用定时器 T1 的周期匹配事件来启动 ADC 转换。ADCINA0 和 ADCINB0 为参考电平,实际的电压值为 0.420 V 和 1.653 V。本程序中先对 ADCINA0、ADCINA1、ADCINB0、ADCINB1 这 4 个通道进行连续 10 次的采样;然后对各个通道的 10 个采样值进行排序、滤波,求取平均值;接着由 ADCINA0 和 ADCINB0 通道的值计算求得转换的增益系数 CalGain 和偏移量 CalOffset;最后由这两个量来校正 ADCINA1 和 ADCINB1。

本程序的整体思路如下:
① 初始化系统,为系统分配时钟,处理看门狗电路等。
② 初始化 ADC 模块。
③ 初始化 EVA 下通用定时器 T1。
④ T1 计数,周期匹配时启动 ADC 转换。
⑤ ADC 采样序列转换完成,进入中断,连续采样 10 次;然后对每个通道 10 次的采样数据进行排序、滤波;通过参考电压 ADCINA0 和 ADCINB0 来计算 CalGain 和 CalOffset;最后由这两个参数来对其他通道进行校正。

ADC 校正算法的参考程序见程序清单 13-6～程序清单 13-10。本例程在共享资料中的路径为:"共享资料\TMS320F2812 例程\第 13 章\13.6\ADSample"。

程序清单 13-6　初始化系统控制模块

```
/************************************************
* 文件名:DSP28_SysCtrl.c
* 功   能:对 2812 的系统控制模块进行初始化
*************************************************/
#include "DSP28_Device.h"
/************************************************
* 名   称:InitSysCtrl()
* 功   能:该函数对 2812 的系统控制寄存器进行初始化
* 入口参数:无
* 出口参数:无
*************************************************/
void InitSysCtrl(void)
{
    Uint16 i;
    EALLOW;
    SysCtrlRegs.WDCR = 0x0068;        // 禁止看门狗模块
    SysCtrlRegs.PLLCR = 0xA;          // 初始化 PLL 模块
    for(i = 0; i < 5000; i++){}       // 等待 PLL 模块配置
    // 设置高速外设预定标时钟和低速外设预定标时钟
    SysCtrlRegs.HISPCP.all = 0x0001;
    SysCtrlRegs.LOSPCP.all = 0x0002;
    // 使能外设时钟
    SysCtrlRegs.PCLKCR.bit.EVAENCLK = 1;
    SysCtrlRegs.PCLKCR.bit.ADCENCLK = 1;
    EDIS;
```

程序清单 13-7 初始化 EVA 模块

```
/*****************************************************************
* 文件名:DSP28_Ev.c
* 功    能:2812 事件管理器的初始化函数,包括了 EVA 和 EVB 的初始化
*****************************************************************/
# include "DSP28_Device.h"
/*****************************************************************
* 名    称:InitEv()
* 功    能:初始化 EVA 下的通用定时器 T1,T1 的周期中断标志位被置 1 的时候向 ADC 模块发
*          出一个 ADC 启动信号。采样频率设定为 10 kHz,则定时器 T1 的周期为 0.1 ms
* 入口参数:无
* 出口参数:无
*****************************************************************/
void InitEv(void)
{
    EvaRegs.T1CON.bit.TMODE = 2;           //计数模式为连续增计数
    EvaRegs.T1CON.bit.TPS = 1;             //T1CLK = HSPCLK/2 = 37.5 MHz
    EvaRegs.T1CON.bit.TENABLE = 0;         //暂时禁止 T1 计数
    EvaRegs.T1CON.bit.TCLKS10 = 0;         //使用内部时钟
    EvaRegs.GPTCONA.bit.T1TOADC = 2;       //周期中断启动 ADC
    EvaRegs.EVAIMRA.bit.T1PINT = 1;        //使能定时器 T1 的周期中断
    EvaRegs.EVAIFRA.bit.T1PINT = 1;        //清除定时器 T1 的周期中断标志位
    EvaRegs.T1PR = 0x0EA5;                 //周期为 0.1 ms
    EvaRegs.T1CNT = 0;                     //初始化计数器寄存器
}
```

程序清单 13-8 初始化 ADC 模块

```
/*****************************************************************
* 文件名:DSP28_Adc.c
* 功    能:对 2812 的 ADC 模块进行初始化
*****************************************************************/
# include "DSP28_Device.h"
/*****************************************************************
* 名    称:InitAdc()
* 功    能:ADC 初始化程序
* 入口参数:无
* 出口参数:无
*****************************************************************/
void InitAdc(void)
{
    unsigned int i;
    AdcRegs.ADCTRL1.bit.RESET = 1;
    NOP;
    AdcRegs.ADCTRL1.bit.RESET = 0;
//仿真暂停时,序列发生器和其他数字电路逻辑立即停止
```

```c
        AdcRegs.ADCTRL1.bit.SUSMOD = 3;
        AdcRegs.ADCTRL1.bit.ACQ_PS = 0;              //采样窗口大小,SOC 脉冲宽度为 1 个 ADCLK
        AdcRegs.ADCTRL1.bit.CPS = 0;                 //核时钟预定标器,等于 0,未将时钟进行 2 分频
        AdcRegs.ADCTRL1.bit.CONT_RUN = 0;            //运行于启动/停止模式
        AdcRegs.ADCTRL1.bit.SEQ_CASC = 1;            //级联方式
        AdcRegs.ADCTRL3.bit.ADCBGRFDN = 3;
        for(i = 0;i<10000;i++)         NOP;
        AdcRegs.ADCTRL3.bit.ADCPWDN = 1;
        for(i = 0;i<5000;i++)          NOP;
        AdcRegs.ADCTRL3.bit.ADCCLKPS = 15;           //ADCLK = HSPCLK/30
        AdcRegs.ADCTRL3.bit.SMODE_SEL = 0;           //采用顺序采样模式
        AdcRegs.MAX_CONV.bit.MAX_CONV = 15;          //总共采样 16 路
        AdcRegs.CHSELSEQ1.bit.CONV00 = 0;            //参考通道 1,InputL = 0.420 V
        AdcRegs.CHSELSEQ1.bit.CONV01 = 1;            //对 ADCINA1 通道进行采样
        AdcRegs.CHSELSEQ1.bit.CONV02 = 2;            //对 ADCINA2 通道进行采样
        AdcRegs.CHSELSEQ1.bit.CONV03 = 3;            //对 ADCINA3 通道进行采样
        AdcRegs.CHSELSEQ2.bit.CONV04 = 4;            //对 ADCINA4 通道进行采样
        AdcRegs.CHSELSEQ2.bit.CONV05 = 5;            //对 ADCINA5 通道进行采样
        AdcRegs.CHSELSEQ2.bit.CONV06 = 6;            //对 ADCINA6 通道进行采样
        AdcRegs.CHSELSEQ2.bit.CONV07 = 7;            //对 ADCINA7 通道进行采样
        AdcRegs.CHSELSEQ3.bit.CONV08 = 8;            //参考通道 2,InputH = 1.653 V
        AdcRegs.CHSELSEQ3.bit.CONV09 = 9;            //对 ADCINB1 通道进行采样
        AdcRegs.CHSELSEQ3.bit.CONV10 = 10;           //对 ADCINB2 通道进行采样
        AdcRegs.CHSELSEQ3.bit.CONV11 = 11;           //对 ADCINB3 通道进行采样
        AdcRegs.CHSELSEQ4.bit.CONV12 = 12;           //对 ADCINB4 通道进行采样
        AdcRegs.CHSELSEQ4.bit.CONV13 = 13;           //对 ADCINB5 通道进行采样
        AdcRegs.CHSELSEQ4.bit.CONV14 = 14;           //对 ADCINB6 通道进行采样
        AdcRegs.CHSELSEQ4.bit.CONV15 = 15;           //对 ADCINB7 通道进行采样
        AdcRegs.ADC_ST_FLAG.bit.INT_SEQ1_CLR = 1;    //清除 SEQ1 中的中断标志位 INT_SEQ1
        AdcRegs.ADC_ST_FLAG.bit.INT_SEQ2_CLR = 1;    //清除 SEQ2 中的中断标志位 INT_SEQ2
        AdcRegs.ADCTRL2.bit.EVB_SOC_SEQ = 0;
        AdcRegs.ADCTRL2.bit.RST_SEQ1 = 0;
        AdcRegs.ADCTRL2.bit.INT_ENA_SEQ1 = 1;        //SEQ1 的中断使能
        AdcRegs.ADCTRL2.bit.INT_MOD_SEQ1 = 0;
        AdcRegs.ADCTRL2.bit.EVA_SOC_SEQ1 = 1;        //EVA 事件启动 AD 转换
        AdcRegs.ADCTRL2.bit.EXT_SOC_SEQ1 = 0;
        AdcRegs.ADCTRL2.bit.RST_SEQ2 = 0;
        AdcRegs.ADCTRL2.bit.SOC_SEQ2 = 0;
        AdcRegs.ADCTRL2.bit.INT_ENA_SEQ2 = 0;
        AdcRegs.ADCTRL2.bit.INT_MOD_SEQ2 = 0;
        AdcRegs.ADCTRL2.bit.EVB_SOC_SEQ2 = 0;
        AdcRegs.ADCTRL2.bit.SOC_SEQ1 = 0;
}
```

程序清单 13-9 主函数程序

```
/*************************************************************
 * 文件名:ADsample.c
 * 功  能:通过 ADC 校正来提高 2812 ADC 采样的精度
```

```
* 说   明:ADC采样频率为10 kHz,序列发生器SEQ1和SEQ2级联成一个16通道的序列发生器,
*        采样模式采用顺序采样。利用通用定时器T1的周期中断事件来启动ADC转换。
*        ADCINA0和ADCINB0为参考电平,实际的电压值分别为0.420 V和1.653 V。此例程对
*        ADCINA0、ADCINA1、ADCINB0、ADCINB1这4个通道进行连续10次的采样;然后对各个通
*        道的10个采样值进行排序、滤波,最后取平均值;然后由ADCINA0和ADCINB0通道的
*        值计算求得CalGain和CalOffset;最后由这两个量来校正ADCINA1和ADCINB1
***************************************************************/
# include "DSP28_Device.h"
float adc[16];       //用于存储ADC转换结果
float adclo;         //ADC转换的模拟参考电平,HDSP-Super2812中已经将其接地
float CalGain;       //ADC校正算法用于计算的增益,CalGain = (InputH - InputL)/
                     //(OutputH - OutputL)
float CalOffset;
//ADC校正算法用于计算的偏移,CalOffset = (InputH × OutputL - InputL × OutputH)/
//(OutputH - OutputL)
//float Input0,Input1,Input8,Input9;
//用于保存ADCINA0、ADCINA1、ADCINB0、ADCINB1这4个通道实际的输入电压float Output0,
//Output1,Output8,Output9;
//用于保存ADCINA0、ADCINA1、ADCINB0、ADCINB1这4个通道滤波处理后的采样结果
float adcresulta0[10];              //用于保存ADCINA0通道的10次采样结果
float adcresulta1[10];              //用于保存ADCINA1通道的10次采样结果
float adcresultb0[10];              //用于保存ADCINB0通道的10次采样结果
float adcresultb1[10];              //用于保存ADCINB1通道的10次采样结果
int SampleCount;                    //采样次数的计数器
void sequence(float a[], int n);    //排序算法
/***************************************************************
* 名     称:main()
* 功     能:完成系统初始化工作,实现AD16通道的采样
* 入口参数:无
* 出口参数:无
***************************************************************/
void main(void)
{
    int i;
    InitSysCtrl();              //初始化系统函数
    DINT;
    IER = 0x0000;               //禁止CPU中断
    IFR = 0x0000;               //清除CPU中断标志
    InitPieCtrl();              //初始化PIE控制寄存器
    InitPieVectTable();         //初始化PIE中断向量表
    InitPeripherals();          //初始化EV和ADC模块
    adclo = 0;                  //通常ADCLO接地,HDSP-Core2812中已经将其接地
    Input0 = 0.420;             //参考电压1
    Input1 = 0;
    Input8 = 1.653;             //参考电压2
    Input9 = 0;
    Output0 = 0;
    Output1 = 0;
    Output8 = 0;
```

```
        Output9 = 0;
        for(i = 0;i<10;i++)
        {
            adcresulta0[i] = 0;
            adcresulta1[i] = 0;
            adcresultb0[i] = 0;
            adcresultb1[i] = 0;
        }
        SampleCount = 0;
        PieCtrl.PIEIER1.bit.INTx6 = 1;      //使能 PIE 模块中的 ADC 采样中断
        IER| = M_INT1;                       //开 CPU 中断
        EINT;                                //使能全局中断
        ERTM;                                //使能实时中断
        EvaRegs.T1CON.bit.TENABLE = 1;       //启动 T1 计数
        for(;;)
        {
        }
}
/******************************************************************
* 名       称:void sequency(float a[],int n)
* 功       能:排序算法,将数组 a[n]的元素由小到大进行排列
* 入口参数:float a[], int n
* 出口参数:无
******************************************************************/
void sequence(float a[],int n)
{
    int i = 0;
    int j = 0;
    float temp = 0;
    for(i = 0;i<n;i++)
    {
        for(j = i + 1;j< = n;j++)
        {
            if(a[i]>a[j])    //如果 a[i]比 a[j]大,则交换数据,前面的总是保存较小的数据
            {
                temp = a[i];
                a[i] = a[j];
                a[j] = temp;
            }
        }
    }
}
```

程序清单 13 - 10 AD 中断处理

```
/******************************************************************
* 文件名:DSP28_DefaultIsr.c
* 功     能:此文件包含了与 F2812 所有默认相关的中断函数,只需在相应的中断函数中加入
*          代码以实现中断函数的功能即可
```

```
*****************************************************/
#include "DSP28_Device.h"
/*****************************************************
* 名      称:ADCINT_ISR
* 功      能:ADC采样中断函数,AD模块完成对一个序列的转换后,在这里获取采样通道的数据
* 入口参数:无
* 出口参数:无
*****************************************************/
interrupt void ADCINT_ISR(void)        // ADC 中断函数
{
    SampleCount ++ ;                   //采样计数器计数
    //读取转换结果
    adc[0] = ((float)AdcRegs.RESULT0) * 3.0/65520.0 + adclo; //读取 ADCINA0 通道采样结果
    adc[1] = ((float)AdcRegs.RESULT1) * 3.0/65520.0 + adclo; //读取 ADCINA1 通道采样结果
    adc[8] = ((float)AdcRegs.RESULT8) * 3.0/65520.0 + adclo; //读取 ADCINB0 通道采样结果
    adc[9] = ((float)AdcRegs.RESULT9) * 3.0/65520.0 + adclo; //读取 ADCINB1 通道采样结果
    adcresulta0[SampleCount - 1] = adc[0];
    //将 ADCINA0 通道采样到的数据存入数组 adcresulta0[]中,等待数据处理
    adcresulta1[SampleCount - 1] = adc[1];
    //将 ADCINA1 通道采样到的数据存入数组 adcresulta1[]中,等待数据处理
    adcresultb0[SampleCount - 1] = adc[8];
    //将 ADCINB0 通道采样到的数据存入数组 adcresultb0[]中,等待数据处理
    adcresultb1[SampleCount - 1] = adc[9];
    //将 ADCINB1 通道采样到的数据存入数组 adcresultb1[]中,等待数据处理
    if(SampleCount == 10)              //采样 10 次之后,需要进行滤波处理
    {
        int i;
        i = 0;
        Output0 = 0;
        Output1 = 0;
        Output8 = 0;
        Output9 = 0;
        sequence(adcresulta0,10);                //对采样 10 次得到的数据进行排序
        sequence(adcresulta1,10);
        sequence(adcresultb0,10);
        sequence(adcresultb1,10);
        for(i = 3;i<7;i++ )
        {
            Output0 = Output0 + adcresulta0[i];  //中值滤波法
            Output1 = Output1 + adcresulta1[i];  //去掉最小的 3 个和最大的 3 个
            Output8 = Output8 + adcresultb0[i];  //取中间的 4 个数据进行求和
            Output9 = Output9 + adcresultb1[i];
        }
        SampleCount = 0;                         //清采样计数器,进入新的连续 10 次的采样
        Output0 = Output0/4;                     //计算 4 个采样数据的平均值
        Output1 = Output1/4;
        Output8 = Output8/4;
        Output9 = Output9/4;
        CalGain = (Input8 - Input0)/(Output8 - Output0);
```

```
        //ADC校正算法用于计算的增益,CalGain = (InputH - InputL)/(OutputH - OutputL)
        CalOffset = (Input8 * Output0 - Input0 * Output8)/(Output8 - Output0);
        //ADC校正算法用于计算的偏移,CalOffset = (InputH × OutputL - InputL × OutputH)/
        //(OutputH - OutputL)
        Input1 = Output1 * CalGain - CalOffset;    //通过采样数据来计算实际的输入
        Input9 = Output9 * CalGain - CalOffset;    //通过采样数据来计算实际的输入
    }
    PieCtrl.PIEACK.all = 0x0001;                   //响应 PIE 同组中断
    AdcRegs.ADC_ST_FLAG.bit.INT_SEQ1_CLR = 1;      //清除 ADC 中断的标志位
    AdcRegs.ADCTRL2.bit.SOC_SEQ1 = 1;              //立即启动下一次转换
    EINT;                                          //使能全局中断
}
```

本章详细介绍了 X281x ADC 模块的结构、特点及其工作方式;结合实例分析了如何编写 ADC 转换的中断程序;并从 ADC 模块转换误差产生的原理出发,介绍了 ADC 采样校正的硬件措施和软件算法,有效地提高了 ADC 转换的精度。下一章将详细介绍 X281x 串行通信接口 SCI 模块。

第 14 章

串行通信接口 SCI

将 X281x 应用于实际开发时,经常会遇到这样的情况,例如做电机控制时需要显示 ADC 采样之后得到的电机电压、电流、转速等数据。当然首先想到的是可以为系统设计液晶屏来显示,不过还有一种不错的方法,就是将这些数据通过协议上传给计算机,然后通过计算机上的软件进行显示和监测。又例如在某些项目中需要计算机发送预先设定的指令来控制 X281x 中程序的运行方式。那 X281x 怎样才能和计算机之间实现数据的传输呢?最简单最常用的方法就是使用 X281x 内部的串行通信接口 SCI。本章将详细介绍 SCI 的结构、特点及其工作原理,并结合实例详细分析如何使用查询和中断的方式来实现 SCI 接收或者发送数据。

14.1 SCI 模块的概述

SCI 是 Serial Communication Interface 的简称,即串行通信接口。SCI 是一个双线的异步串口,换句话说,是具有接收和发送两根信号线的异步串口,一般可以看作是 UART(通用异步接收/发送装置)。看了本章一开始的介绍,是否会有这样的疑问,X281x 的 SCI 只能够和计算机上的串口进行通信吗?答案自然是否定的,X281x 的 SCI 模块支持 CPU 与采用 NRZ(Non-Return-to-Zero)标准格式的异步外围设备之间进行数据通信。例如,设计时使用 MAX3232 芯片将 SCI 设计成串口 RS232,那么 X281x 就能够和其他使用 RS232 接口的设备进行通信。例如 X281x 内部的两个 SCI 之间,或者 X281x 的 SCI 同其他 DSP 的 SCI 之间均能实现通信。当然,X281x 的 SCI 还可以设计成其他电平形式的串口,如 RS485。

X281x 的内部具有两个相同的 SCI 模块,SCIA 和 SCIB。每一个 SCI 模块都各有一个接收器和发送器,接收器用于实现数据的接收功能,发送器用于实现数据的发送功能。SCI 的接收器和发送器各自都具有一个 16 级深度的 FIFO 队列(FIFO 队列的基本概念在 11.4 节介绍事件管理器的捕获单元时已经提到过),它们还都有自己独立的使能位和中断位,可以在半双工通信中进行独立的操作,或者在全双工通信中同时进行操作。

根据数据的传送方向,串行通信可以分为单工、半双工和全双工3种,如图14-1所示。单工是指设备 A 只能发送,而设备 B 只能接收。半双工是指设备 A 和 B 都能接收和发送,但是同一时间只能接收或者发送。全双工是指在任意时刻,设备 A 和设备 B 都能同时接收或者发送。因为 X281x 的 SCI 具有能够独立使能和工作的接收器和发送器,所以其既可以工作于半双工方式,也可以工作于全双工方式。

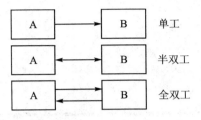

图 14-1 串行通信的 3 种方式

14.1.1 SCI 模块的特点

SCIA 和 SCIB 的功能是相同的,只是寄存器的命名有所不同,所以如果不做特殊说明,下面均已 SCIA 为例来进行讲解。SCIA 与 CPU 的接口如图 14-2 所示。SCIA 模块的特点如下:

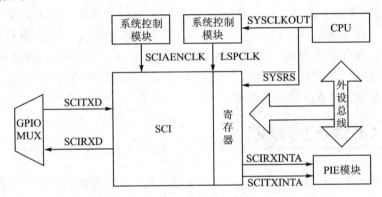

图 14-2 SCIA 与 CPU 的接口

① 从图14-2可以看到,SCI 模块具有两个引脚:发送引脚 SCITXD 和接收引脚 SCIRXD。SCITXD 可以实现数据的发送,SCIRXD 可以实现数据的接收。这两个引脚是复用引脚,分别对应于 GPIOF 模块的第 4 位和第 5 位。在编程初始化时,需要将 GPIOFMUX 寄存器的第 4 位和第 5 位置1,否则这两个引脚就是通用的数字 I/O 口。

② 外部晶振通过 X281x 的 PLL 模块倍频之后产生了 CPU 的系统时钟 SYSCLKOUT,然后 SYSCLKOUT 经过低速时钟预定标器之后输出低速外设时钟 LSPCLK 提供给 SCI 模块。要保证 SCI 的正常运行,系统控制模块必须使能 SCI 时钟,只有使能了,LSPCLK 才供给 SCI,也就是在系统初始化函数中需要将外设时钟控制寄存器 PCLKCR 的 SCIAENCLK 位置 1。

③ SCI 模块具有 4 种错误检测标志,分别是:极性错误(parity)、超时错误(overrun)、帧错误(framing)、间断(break)检测。

④ SCI 模块具有双缓冲接收和发送功能,接收缓冲寄存器为 SCIRXBUF,发送缓冲寄存器位 SCITXBUF。独立的发送器和接收器使得 SCI 既能工作于半双工模式,也能工作于全双工模式。

⑤ 从图 14-2 可以看到,SCI 模块可以产生两个中断:SCIRXINT 和 SCITXINT,即接收中断和发送中断。SCI 模块具有独立的发送中断使能位和接收中断使能位。发送和接收可以通过中断方式实现,也可以查询中断方式实现。

⑥ 在多处理器模式下,SCI 模块具有两种唤醒方式:空闲线方式和地址位方式。平时在使用 SCI 时很少遇到多处理器的情况,通常就是 2 个处理器之间进行通信,这时候 SCI 通信采用空闲线方式。

⑦ SCIA 模块具有 13 个寄存器,值得注意的是,与前面所学的 EV、ADC 的寄存器不同,SCI 的这些寄存器都是 8 位的。当某个寄存器被访问时,数据位于低 8 位,高 8 位为 0,因此,如果将数据写入高 8 位将无效。

⑧ 相对于 F240x 的 SCI 而言,X281x 的 SCI 还具有增强的 16 级深度发送/接收 FIFO 以及自动通信速率检测的功能。

14.1.2　SCI 模块信号总结

从图 14-2 可以看到,SCI 模块的信号有外部信号、控制信号和中断信号 3 种,如表 14-1 所列。

表 14-1　SCI 模块的信号

信号分类	信号名称	说　明
外部信号	SCIRXD	SCI 异步串口接收数据
	SCITXD	SCI 异步串口发送数据
控制信号	LSPCLK	低速外设预定标时钟
中断信号	RXINT	SCI 接收中断
	TXINT	SCI 发送中断

14.2　SCI 模块的工作原理

SCI 模块能够工作于全双工模式,主要是因为具有以下的功能单元:

① 一个发送器及其相关寄存器

➢ SCITXBUF:发送数据缓冲寄存器,存放由 CPU 装载的需要发送的数据。

➢ TXSHF:发送移位寄存器,从 SCITXBUF 寄存器接收数据,然后将数据逐位移到 SCITXD 引脚上,每次移一位数据。

② 一个接收器及其相关寄存器

➢ RXSHF:接收移位寄存器,从 SCIRXD 引脚移入数据,每次移 1 位数据。

➢ SCIRXBUF：接收数据缓冲寄存器，存放 CPU 要读取的数据。从其他处理器传输过来的数据逐位移入寄存器 RXSHF。当装满 RXSHF 时，将数据装入接收数据缓冲寄存器 SXIRXBUF 和接收仿真缓冲寄存器 SCIRXEMU 中。
③ 一个可编程的波特率发生器。
④ 数据存储器映射的控制和状态寄存器。

14.2.1 SCI 模块发送和接收数据的工作原理

SCI 模块的工作原理如图 14-3 所示，图中的数字 8 表示 8 位数据并行传输。SCI 模块具有独立的数据发送器和数据接收器，这样能够保证 SCI 既能同时进行，也能够独立进行发送和接收的操作。

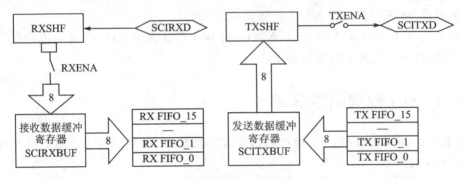

图 14-3　SCI 模块的工作原理

SCI 接收数据的过程如图 14-3 左半部分所示，主要如下：
① 当其他处理器发出的数据到达 SCIRXD 引脚后，SCI 开始检测数据的起始位。
② 当 SCIXD 引脚检测到起始位，便开始将随后的数据逐位移至 RXSHF 寄存器。
③ 如果 SCI 控制寄存器 SCICTL1 的位 RXENA 为 1，也就是如果使能了 SCI 的接收操作，当 RXSHF 寄存器中的数据满后，便将这个 8 位的数据并行移入接收缓冲寄存器 SCIRXBUF；接收缓冲寄存器就绪标志位 RXRDY 被置位，表示已经接收了一个新的数据，等待 CPU 来读取；此时还会产生一个 SCI 的接收中断申请信号。
④ CPU 通过程序读取 SCIRXBUF 寄存器中的数据后，RXRDY 标志位被自动清除。至此，完成了一个数据的读取。
⑤ 如果 SCI 控制寄存器 SCICTL1 的位 RXENA 为 0，也就是如果没有使能 SCI 的接收操作，从图 14-3 可以看到，当外部数据到达引脚 SCIRXD 时，数据还是会被逐位移入 RXSHF 寄存器，但是不会从 RXSHF 寄存器移入到 SCIRXBUF 寄存器中。
⑥ 如果使能了 SCI 的 FIFO 功能，则 RXSHF 会将数据直接加载到 RX FIFO 队列中，CPU 再从 FIFO 队列读取数据，这样减少了 CPU 的开销，提高了效率。

SCI 发送数据的过程如图 14-3 右半部分所示，主要如下：
① CPU 通过程序将数据写入 SCITXBUF 寄存器，这时发送器不再为空，发送缓

冲寄存器就绪标志位 TXRDY 被清除。

② 如果使能了 SCI 的 FIFO 功能，发送移位寄存器 TXSHF 将直接从 TX FIFO 队列中获取需要发送的数据。

③ SCI 将数据从 SCITXBUF 发送到 TXSHF 寄存器，这时 SCITXBUF 寄存器为空，可以将下一个数据写入该寄存器了，发送缓冲寄存器就绪标志位 TXRDY 被置位，并发出发送中断请求信号。

④ 当数据移入发送移位寄存器 TXSHF 后，如果 SCI 控制寄存器 SCICTL1 的位 TXENA 为 1，也就是如果使能了 SCI 的发送操作，则移位寄存器将数据逐位逐位的移到引脚 TXRDY 上。至此，完成一个数据的发送。

仔细回味一下 SCI 发送和接收数据的原理，不难发现，发送和接收其实就是一个相反的过程。这里需要再提一下：当接收缓冲寄存器 SCIRXBUF 内有数据时，表示接收缓冲寄存器已经就绪，等待 CPU 来读取数据，其标志位 RXRDY 为高；当 CPU 将数据从 SCIRXBUF 读取后，RXRDY 被清除，变为低。当发送缓冲寄存器为空时，表示发送缓冲寄存器就绪，等待 CPU 写入下一个需要发送的数据，其标志位 TXRDY 为高；当 CPU 将数据写入 SCITXBUF 后，TXRDY 被清除，变为低。

14.2.2 SCI 通信的数据格式

处理器在通信时，一般都会涉及协议，所谓协议就是通信双方预先约定好的数据格式，以及每位数据所代表的具体含义。这就像地下党员做情报工作一样，地下工作人员将一份情报传给了上级，上级可以根据事先约定好的规则进行翻译，获取该份情报的具体内容。如果情报被敌人截获了也不怕，由于敌人不知道情报中每个文字所代表的含义，对于敌人来说，这份情报是无效的。这种事先约定好的规则，在通信中就称为通信协议。

在 SCI 中，通信协议体现在 SCI 的数据格式上。通常将 SCI 的数据格式称为可编程的数据格式，原因是可以通过 SCI 的通信控制寄存器 SCICCR 来进行设置，规定通信过程中使用的数据格式。X281x 的 SCI 模块使用的是 NRZ 数据格式，其包括：一个起始位；1～8 个数据位；一个奇/偶/非极性位；1～2 个结束位；在多处理器通信时的地址位模式下，有一个用于区别数据或者地址的特殊位。

从上面的介绍可以看到，在一个 NRZ 格式的数据中，真正的数据内容是 1～8 位，最多为一个字符的长度。通常，将带有格式信息的每一个数据字符称作一帧。在通信中，常常以帧为单位。SCI 模块可以工作于空闲线方式或者地址位方式。而在平常使用时，一般都是两个处理器之间进行通信，例如 X281x 与 PC 机之间，或者两个 X281x 之间，这时更适合使用空闲线方式；而地址位方式一般用于多处理器之间的通信。在空闲线方式下，SCI 发送或者接收一帧的数据格式如图 14-4 所示，其中 LSB 为数据的最低位，MSB 为数据的最高位。

从图 14-4 也能看出，SCI 的数据帧包括一个起始位、1～8 个数据位、一个可选的

| 起始位 | LSB | 2 | 3 | 4 | 5 | 6 | 7 | MSB | 奇/偶/无极性 | 结束位 |

图 14-4 空闲线模式下 SCI 一帧的数据格式

奇偶校验位和 1 或 2 个停止位。每个数据位占用 8 个 SCI 的时钟周期 SCICLK，也就是 LSPCLK，如图 14-5 所示。

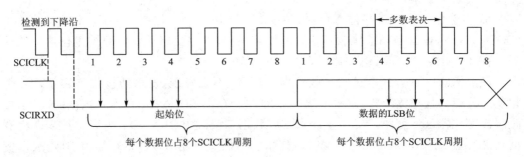

图 14-5 SCI 异步通信格式

SCI 的接收器在收到一个起始位后开始工作，如图 14-5 所示。如果 SCIRXD 引脚检测到连续的 4 个 SCICLK 周期的低电平，SCI 就认为接收到了一个有效的起始位，否则就需要寻找新的起始位。对于每个帧中起始位后面的数据位，CPU 采用多数表决的机制来确定该位的值，具体的做法是：在每个数据位第 4、5、6 个 SCICLK 周期进行采样，如果 3 次采样中有 2 次以上的值相同，那么这个值就作为该数据位的值。

14.2.3 SCI 通信的波特率

过去寄一封信或者一个包裹通常需要一周甚至更久的时间，而现在使用快递有时只需一到两天，说明运输和派送的速度大大加快了。SCI 通信其实也是在运输物品，只不过这些物品是由 1 或 0 组成的数字信息，那么 SCI 是以什么样的速度去运输这些数据的呢？这个速度由 SCI 的波特率来决定。所谓的波特率就是指设备每秒能发送的二进制数据的位数。X281x 的每个 SCI 模块都具有 2 个 8 位的波特率寄存器：SCIHBAUD 和 SCILBAUD，通过编程可以实现达到 64K 种不同的速率。

SCI 模块通信波特率与波特率选择寄存器之间的关系如下式所示：

$$BRR = \frac{LSPCLK}{Sa\ Asynchronous\ Baud \times 8} - 1 \qquad (14-1)$$

其中，BRR 为 SCI 波特率选择寄存器中的值，从十进制转换成十六进制后，其高 8 位赋值给 SCIHBAUD，低 8 位赋值给 SCILBAUD。

需要提醒的是，式(14-1)所示的波特率公式仅适用于 $1 \leqslant BRR \leqslant 65\ 535$ 的情况。当 BRR=0 时，SCI 模块通信的波特率为：Sa Asynchronous Baud=LSPCLK/16。

下面进行举例说明。假设外部晶振的频率为 30 MHz，经过锁相环 PLL 倍频之后 SYSCLKOUT 为 150 MHz，然后，假设低速时钟预定标器 LOSPCP 的值为 2，则 SY-

SCLKOUT 经过低速时钟预定标器之后产生低速外设时钟 LSPCLK 的值为 37.5 MHz,也就是说 SCI 模块的时钟为 37.5 MHz。如果需要 SCI 的波特率为 19 200 bps,则将 LSPCLK 和波特率的数值代入式(14-1),便可得:BRR=243.14。由于寄存器的值都是正整数,所以忽略掉小数以后可以得 BRR=243。将 243 用十六进制数表示是 0xF3,因此 SCIHBAUD 的值为 0,SCILBAUD 的值为 0xF3。由于忽略了小数,将会产生 0.06% 的误差。当 LSPCLK 为 37.5 MHz 时,对于 SCI 模块常见的波特率,其波特率选择寄存器的值如表 14-2 所列。

表 14-2 LSPCLK 为 37.5 MHz 时,SCI 常见波特率所对应的波特率寄存器的值

理想波特率/bps	BRR(十进制)	SCIHBAUD	SCILBAUD	精确波特率/bps	误差(%)
2 400	1 952	0x7A	0	2 400	0
4 800	976	0x3D	0	4 798	−0.04
9 600	487	0x01	0xE7	9 606	−0.06
19 200	243	0	0xF3	19 211	0.06
38 400	121	0	0x79	38 422	0.06

在进行串口通信时,双方设备都必须以相同的数据格式和波特率进行通信,否则通信就会失败。例如 F2812 的 SCI 和计算机上的串口调试软件进行通信时,SCI 采用什么样的数据格式和波特率,那么串口调试软件也需要设定成相同的数据格式和波特率,反之也一样。这是 SCI 通信不成功时最简单然而也最容易忽视的一个问题。

14.2.4 SCI 模块的 FIFO 队列

X281x 的 SCI 可以工作在标准 SCI 模式,也可以工作在增强的 FIFO 模式。当 DSP 上电复位时,SCI 模块工作在标准 SCI 模式,此时 FIFO 功能是被禁止的,相应的,和 FIFO 功能相关的寄存器 SCIFFTX、SCIFFRX 和 SCIFFCT 都是无效的。

通过将 SCI FIFO 发送寄存器 SCIFFTX 的位 SCIFFEN 置 1,使能 FIFO 模式。将 SCIFFTX 的位 SCIRST 置 1,可以在任何状态下复位 FIFO 模式,SCI FIFO 将重新开始发送和接收数据。

在标准 SCI 模式下,发送只有发送缓冲器 SCITXBUF,接收也只有接收缓冲器 SCIRXBUF。在 FIFO 模式下,发送缓冲器和接收缓冲器都是 2 个 16 级的 FIFO 队列,发送 FIFO 队列的寄存器是 8 位,而接收 FIFO 队列的寄存器是 10 位。以发送为例,在标准 SCI 模式下,8 位的 SCITXBUF 作为发送 FIFO 和发送移位寄存器 TXSHF 间的缓冲器,当移位寄存器的最后一位被移出后,SCITXBUF 才从 FIFO 加载 CPU 写好的需要发送的数据;而在 FIFO 模式下,SCITXBUF 将不被使用,发送移位寄存器 TXSHF 将直接从 FIFO 加载需要发送的数据,而且加载数据的速度可编程。

通过 SCI FIFO 控制寄存器 SCIFFCT 的位 FFTXDLY[7:0]可以确定 TXSHF 从 FIFO 加载数据的速度,或者说是加载数据的延时,即隔多久加载一个数据。这种延时

以 SCI 模块波特率的时钟周期为基本单元,8 位的 FFTXDLY 可以定义最小延时 0 个波特率时钟周期到最大延时 256 个波特率时钟周期。如果将延时设定为最小延时,也就是 0 个波特率时钟周期,则 SCI 模块的 FIFO 加载数据没有延时,实现连续地发送数据。如果将延时设定为 N 个波特率时钟周期,则 SCI 模块发送完一个数据后,TXSHF 将隔 N 个波特率时钟周期再从 FIFO 加载数据进行发送。这种可编程延时功能的好处在于:可以协调和慢速设备之间的串行通信,同时也减少了 CPU 的干预。

发送和接收 FIFO 都有状态位 TXFFST 和 RXFFST。TXFFST 位于寄存器 SCIFFTX[12:8],共 5 位。RXFFST 位于寄存器 SCIFFRX[12:8],共 5 位。这两位的作用是在任何时间可以标识 FIFO 队列中有用数据的个数。当 TXFFST 被清 0 时,发送 FIFO 队列的复位位 TXFIFO RESET 也被清 0,发送 FIFO 的指针复位为 0,可以通过将 TXFIFO RESET 置位来重新启动 FIFO 队列的发送操作。同样的,当 RXFFST 被清 0 时,接收 FIFO 队列的复位位 RXFIFO RESET 也被清 0,接收 FIFO 的指针复位为 0,可以通过将 RXFIFO RESET 置位来重新启动 FIFO 队列的接收操作。

14.2.5 SCI 模块的中断

图 14-6 是 SCI 中断标志和中断使能逻辑汇总。从图 14-6 可以看到,SCI 模块可以产生两种中断:接收中断 RXINT 和发送中断 TXINT。SCI 可以工作在标准的 SCI 模式下,也可以工作在增强的 FIFO 模式下,无论工作于哪种模式,SCI 都能产生接收中断和发送中断;但是不同的模式下,这两种中断信号产生的情况会有所不同,下面进行一一介绍。

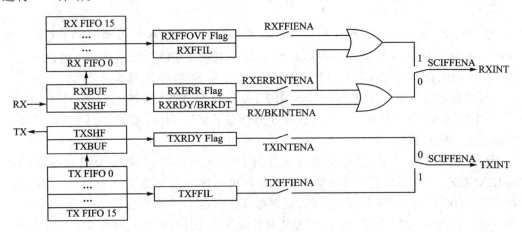

图 14-6 SCI 中断标志和中断使能逻辑

(1) 在标准 SCI 模式下

如图 14-6 所示,当 SCIFFTX 寄存器的 SCIFFENA 位为 0,也就是 FIFO 功能未使能时,SCI 工作于标准 SCI 模式。对于接收操作,当 RXSHF 将接收到的数据写入 SCIRXBUF,等待 CPU 来读取时,接收缓冲器就绪标志位 RXRDY 被置位,表示已经接收了一个数据,同时产生了一个接收中断 RXINT 的请求信号。如果 SCI 控制寄存器 SCICTL2 的位 RX/BKINTENA 为 1,也就是接收中断已经使能,那么 SCI 将向 PIE 控制器提出中断请求。

通过接收中断的中断使能位 RX/BKINTENA 可以看出,其实 RXINT 是一个复用的中断。当 SCI 接收出现错误(RX ERROR)时,或者当 SCI 接收出现间断(RX BREAK)时,都会产生接收中断 RXINT 的请求信号。

当极性错误(parity)、超时错误(overrun)、帧错误(framing)、间断(break)检测这 4 种错误检测标志位中任何一个标志位被置 1,SCI 的接收错误标志 RX ERROR 就会被置 1,同时产生一个接收中断 RXINT 的请求信号。如果 SCI 控制寄存器 SCICTL1 的位 RX ERR INT ENA 为 1,也就是接收中断已经使能,那么 SCI 将向 PIE 控制器提出中断请求。

当 SCI 从丢失第一个停止位开始,如果 SCIRXD 引脚上连续地保持至少 10 位的低电平,则 SCI 认为接收产生了一次间断,此时 SCI 接收状态寄存器 SCIRXST 的位 BRKDT 被置位,即间断检测标志位被置位,同时产生一个接收中断 RXINT 的请求信号。如果 SCI 控制寄存器 SCICTL2 的位 RX/BKINTENA 为 1,也就是接收中断已经使能,那么 SCI 将向 PIE 控制器提出中断请求。

从上面的介绍可以看到,SCI 接收时,接收完一个数据、接收出现错误或者接收出现间断,都可以作为 SCI 接收中断 RXINT 的中断事件,如果使能相应的中断使能位,当这些事件发生时,都会产生一个 RXINT 的中断请求。不过,平时使用最多、接触最多的还是当 SCI 接收完一个数据后产生接收中断的情况。

对于发送操作,当发送缓冲寄存器 SCITXBUF 将数据写入发送移位寄存器 TX-SHF 后,SCITXBUF 为空,发送缓冲器就绪标志位 TXRDY 被置位,表示 CPU 可以将下一个需要发送的数据写到 SCITXBUF 中,同时产生一个发送中断 TXINT 的请求信号。如果 SCI 控制寄存器 SCICTL2 的位 TXINTENA 为 1,也就是发送中断已经使能,那么 SCI 将向 PIE 控制器提出中断请求。

(2) 在 FIFO 模式下

如图 14-6 所示,当 SCIFFTX 寄存器的 SCIFFENA 位为 1,也就是 FIFO 功能被使能时,SCI 工作于增强的 FIFO 模式。对于接收操作,前面已经介绍过,接收 FIFO 队列有状态位 RXFFST,表示接收 FIFO 中有多少个接收到的数据。同时,SCI FIFO 接收寄存器 SCIFFRX 还有一个可编程的中断级位 RXFFIL。当 RXFFST 的值与预设好的 RXFFIL 相等时,接收 FIFO 就会产生接收中断 RXINT 信号,如果 SCIFFRX 寄存器的位 RXFFIENA 为 1,也就是 FIFO 接收中断已经使能,那么 SCI 将向 PIE 控制器提出中断请求。例如,假设通过编程将 RXFFIL 位设置为 8,那么当 FIFO 队列中接收到 8 个数据时,RXFFST 的值也为 8,正好和 RXFFIL 的值相等,这时接收 FIFO 就产生了接收中断匹配事件。复位后,接收 FIFO 的中断触发级位 RXFFIL 默认的值为 0x1111,即 16,也就是说 FIFO 队列中接收到 16 个数据时产生接收中断请求。

同工作于标准 SCI 模式类似,接收 FIFO 的接收中断 RXINT 也是复用的,当 SCI

接收出现错误(RX ERROR)时,也会产生接收中断 RXINT 的请求信号。

对于发送操作,发送 FIFO 队列有状态位 TXFFST,表示发送 FIFO 中有多少个数据需要发送。同时 SCI FIFO 发送寄存器 SCIFFTX 也有一个可编程的中断级位 TXFFIL。当 TXFFST 的值与预设好的 TXFFIL 相等时,发送 FIFO 就会产生发送中断 TXINT 信号,如果 SCIFFTX 寄存器的位 TXFFIENA 为 1,也就是 FIFO 发送中断已经使能,那么 SCI 将向 PIE 控制器提出中断请求。例如,假设通过编程将 TXFFIL 位设置为 8,那么当 FIFO 队列中还剩 8 个数据需要发送时,TXFFST 的值也为 8,正好和 TXFFIL 的值相等,这时发送 FIFO 就产生了发送中断匹配事件。复位后,发送 FIFO 的中断触发级位 TXFFIL 默认的值为 0x0000,即 0,也就是说 FIFO 队列中数据全部发送完毕后产生发送中断请求。

综上所述,SCI 的中断如表 14-3 所列。

表 14-3 SCI 的中断

工作模式	SCI 中断源	中断标志位	中断使能位	SCIFFENA	中断线
标准 SCI 模式	接收完成	RXRDY	RX/BKINTENA	0	RXINT
	接收错误	RXERR	RXERRINTENA	0	RXINT
	接收间断	BRKDT	RX/BKINTENA	0	RXINT
	发送完成	TXRDY	TXINTENA	0	TXINT
FIFO 模式	接收错误和接收间断	RXERR	RXERRINTENA	1	RXINT
	FIFO 接收中断	RXFFIL	RXFFIENA	1	RXINT
	FIFO 发送中断	TXFFIL	TXFFIENA	1	TXINT

14.3 SCI 多处理器通信模式

多处理器通信,顾名思义,就是多个处理器之间进行数据通信。一个简单的多处理器通信拓扑示意图如图 14-7 所示。在图中,处理器 A、B、C、D 之间都可以实现通信,图中的实线表示处理器 A 和处理器 B、C、D 之间的通信。在同一个时刻,处理器 A 只能和处理器 B、C、D 之中的一个实现数据传输。当处理器 A 给处理器 B、C、D 中的某一个处理器发送数据时,A—B、A—C、A—D 这 3 条通路上都会出现相同的数据,那如何来确保这些数据被正确的处理器接收呢?

先来思考一下,例如寄了一封信给远方的朋友,那么邮递员是如何准确地将信投递到这位朋友家邮箱的呢?原因是寄出的信封上清楚地写上了朋友家的地址,邮递员将实际地址和信封上的地址进行核对,两者相符时,就把信投进信箱了。根据这个原理,如果给处理器 A、B、C、D 都预先分配好地址,然后 A 发出去的信息里含有接收方的地址信息,接收处理器 B 或者 C 或者 D,在接收到这个

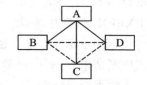

图 14-7 一个简单的多处理器通信拓扑示意图

数据信息时,首先进行地址核对,如果地址不符合,则不予响应;如果地址符合,则立即读取数据。这就是 SCI 多处理器通信的基本原理。

SCI 在进行多处理器通信时,根据地址信息识别方法的不同,多处理器通信方式分为空闲线模式和地址位模式,下面分别进行说明。

14.3.1 地址位多处理器通信模式

图 14-8 为地址位多处理器通信模式示意图。当处理器 A 发出一连串数据信息时,将这串数据称为数据块。数据块是由一个个帧构成的。前面讲过,帧就是带有格式信息的字符数据。从图 14-8 扩展后的数据格式可以看到,某一个数据块中的第一帧是地址信息,接下去的帧是数据信息,在一些空闲周期之后又有一个数据块,块中的第一帧也是地址信息,后面帧是数据信息。在块内,第一帧地址信息后面的一个位是 1,代表此帧是地址信息;而第 2 帧数据信息后面的一个位是 0,代表此帧是数据信息。这个位就称为地址位,用于表示某个帧的数据是地址信息还是数据信息。像这样,在通信格式中加入专门的地址位来判断帧是数据信息还是地址信息的方式称为多处理器通信的地址位模式。

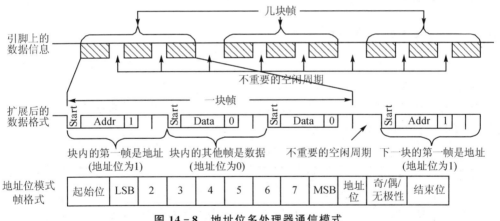

图 14-8 地址位多处理器通信模式

14.3.2 空闲线多处理器通信模式

图 14-9 是空闲线多处理器通信模式示意图。在空闲线模式中,没有专门表示帧是数据或者地址的地址位。块与块之间有一段比较长的空闲周期,这段时间要明显长于块内帧与帧之间的空闲周期。如果某个帧之后有一段 10 位或者更长的空闲周期,那就表明新的数据块开始了。在某一个数据块中,第一帧代表地址信息,后面的帧代表数据信息。可见,在空闲线模式下,地址信息还是数据信息是通过帧与帧之间的空闲周期来判断的。当帧与帧之间的空闲周期超过 10 位时,表示新的数据块开始了,而且块中的第一帧是地址信息。

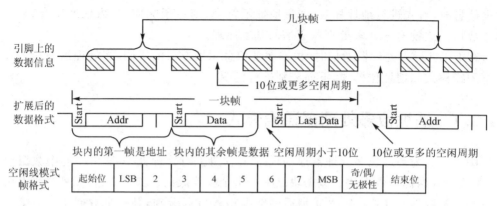

图 14-9 空闲线多处理器通信模式

空闲线模式中数据格式里没有提供额外的地址位,在处理 10 字节以上的数据块时比地址位模式更为有效,被应用于典型的非多处理器 SCI 通信场合。而地址位模式由于有专门的位来识别地址信息,所以数据块之间不需要空闲周期等待,这种模式在处理一些小的数据块的时候更为有效。当然,当传输数据的速度比较快,而程序执行速度不够快时,块与块之间很容易产生 10 位以上的空闲,这样其优势就不明显了。平时接触比较多的还是双处理器之间的通信,因此这部分内容了解一下即可。

14.4 SCI 模块的寄存器

SCI 的功能都是可以通过软件进行配置的,可以通过对寄存器的设置来实现 SCI 通信格式的初始化,包括工作模式和协议、波特率、数据格式和中断使能等。SCIA 的寄存器如表 14-4 所列。SCIB 的寄存器如表 14-5 所列。

表 14-4 SCIA 寄存器

寄存器名	地址范围	尺寸(×16)	说 明
SCICCR	0x00007050	1	SCIA 通信控制寄存器
SCICTL1	0x00007051	1	SCIA 控制寄存器 1
SCIHBAUD	0x00007052	1	SCIA 波特率寄存器高位
SCILBAUD	0x00007053	1	SCIA 波特率寄存器低位
SCICTL2	0x00007054	1	SCIA 控制寄存器 2
SCIRXST	0x00007055	1	SCIA 接收状态寄存器
SCIRXEMU	0x00007056	1	SCIA 接收仿真数据缓冲寄存器
SCIRXBUF	0x00007057	1	SCIA 接收数据缓冲寄存器
SCITXBUF	0x00007059	1	SCIA 发送数据缓冲寄存器
SCIFFTX	0x0000705A	1	SCIA FIFO 发送寄存器
SCIFFRX	0x0000705B	1	SCIA FIFO 接收寄存器
SCIFFCT	0x0000705C	1	SCIA FIFO 控制寄存器
SCIPRI	0x0000705F	1	SCIA 优先权控制寄存器

第14章 串行通信接口 SCI

表 14-5 SCIB 寄存器

寄存器名	地址范围	尺寸（×16）	说明
SCICCR	0x00007750	1	SCIB 通信控制寄存器
SCICTL1	0x00007751	1	SCIB 控制寄存器 1
SCIHBAUD	0x00007752	1	SCIB 波特率寄存器高位
SCILBAUD	0x00007753	1	SCIB 波特率寄存器低位
SCICTL2	0x00007754	1	SCIB 控制寄存器 2
SCIRXST	0x00007755	1	SCIB 接收状态寄存器
SCIRXEMU	0x00007756	1	SCIB 接收仿真数据缓冲寄存器
SCIRXBUF	0x00007757	1	SCIB 接收数据缓冲寄存器
SCITXBUF	0x00007759	1	SCIB 发送数据缓冲寄存器
SCIFFTX	0x0000775A	1	SCIB FIFO 发送寄存器
SCIFFRX	0x0000775B	1	SCIB FIFO 接收寄存器
SCIFFCT	0x0000775C	1	SCIB FIFO 控制寄存器
SCIPRI	0x0000775F	1	SCIB 优先权控制寄存器

(1) SCI 通信控制寄存器

SCI 通信控制寄存器 SCICCR 的位情况如图 14-10 所示，各位说明如表 14-6 所列。

7	6	5	4	3	2	1	0
STOP BITS	EVEN/ODD PARITY	PARITY ENABLE	LOOPBACK ENA	ADDR/IDLE MODE	SCI CHAR2	SCI CHAR1	SCI CHAR0
R/W-0	R/W-0	R/W-0	R/W-0	R/W-0	R/W-0	R/W-0	R/W-0

注：R=只读访问，W=只写访问；-0=复位后的值。

图 14-10 SCI 通信控制寄存器 SCICCR

表 14-6 SCICCR 各位说明

位	名称	说明
7	STOP BITS	SCI 结束位的个数。该位表示发送的结束位的个数。接收器只对一个结束位检查。1，2 个结束位；0，1 个结束位
6	EVEN/ODD PARITY	奇偶校验位选择。如果 PARITY ENABLE 置 1，该位决定采用偶极性或者奇极性校验。1，偶极性；0，奇极性
5	PARITY ENABLE	SCI 奇偶校验使能位。该位使能或禁止奇偶校验功能。如果 SCI 处于地址位多处理器通信模式，若奇偶校验使能，那么地址位包含在奇偶校验计算中。对于少于 8 位的字符，剩余无用的位由于没有参与奇偶校验计算而应被屏蔽。1，奇偶校验使能；0，奇偶校验禁止
4	LOOPBACK ENA	回送测试模式使能。该位能够使能回送测试模式，这时发送引脚 SCITXD 和接收引脚 SCIRXD 在系统内部连在一起。1，使能回送测试模式功能；0，禁止回送测试模式功能

续表 14-6

位	名称	说明
3	ADDR/IDLE MODE	SCI 多处理模式控制位。该位选择多处理器协议的其中一种。多处理器通信与其他通信模式是不同的,因为它使用 SLEEP 和 TXWAKE 功能(分别是 SCICTL1 位 2 和 SCICTL1 位 3)。地址位模式在每帧中增加了一个额外的位,空闲线模式经常用于一般性的通信。空闲线模式不增加额外的位,并与 RS232 型通信兼容。1,选择地址位模式协议;0,选择空闲线模式协议
2~0	SCI CHAR2~ SCI CHAR0	字符长度控制位。这些位选择 SCI 字符的长度,1~8 位可选。那些长度少于 8 位的字符在 SCIRXBUF 和 SCIRXEMU 中靠右对齐,在 SCIRXBUF 中前面的位用 0 补充,在 SCITXBUF 中前面的位不需要用零补充。位的具体值与字符长度的对应情况如下: SCI CHAR2~SCI CHAR0 字符长度(位) SCI CHAR2~SCI CHAR0 字符长度(位) 0 0 0 1 1 0 0 5 0 0 1 2 1 0 1 6 0 1 0 3 1 1 0 7 0 1 1 4 1 1 1 8

(2) SCI 控制寄存器 1

SCI 控制寄存器 SCICTL1 的位情况如图 14-11 所示,各位说明如表 14-7 所列。

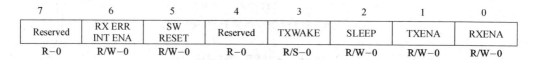

7	6	5	4	3	2	1	0
Reserved	RX ERR INT ENA	SW RESET	Reserved	TXWAKE	SLEEP	TXENA	RXENA
R-0	R/W-0	R/W-0	R-0	R/S-0	R/W-0	R/W-0	R/W-0

注:R=只读访问,W=只写访问,S=设置;-0=复位后的值。

图 14-11 SCI 控制寄存器 SCICTL1

表 14-7 SCICTL1 各位说明

位	名称	说明
7	Reserved	保留位。读操作时,返回 0;写操作时,没有影响
6	RX ERR INT ENA	SCI 接收错误中断使能位。出错时,如果接收错误标志位 RX ERROR 为 1(SCIRXST,位 7),则将该位置 1,启动一个中断。1,启动接收错误中断;0,禁止接收错误中断

续表 14-7

位	名称	说明
5	SW RESET	SCI 软件复位(低有效)。将 0 写入该位,初始化 SCI 状态机和操作标志位至复位状态。软件复位并不影响其他任何配置。将 1 写入该位,所有起作用的逻辑都保持确定的复位状态。因此,系统复位后,将 1 写入该位可重启 SCI。 接收器检测到一个接收间断中断后,清除该位。SW RESET 对 SCI 的操作标志有影响,但是该位既不影响配置位,也不恢复复位值。一旦产生 SW RESET,直到该位停止,标志位一直被冻结。 受影响的标志如下: | SCI 标志 | 寄存器位 | SW RESET 复位后的位 | |---|---|---| | TXRDY | SCICTL2,位 7 | 1 | | TXEMPTY | SCICTL2,位 6 | 1 | | RXWAKE | SCIRXST,位 1 | 0 | | PE | SCIRXST,位 2 | 0 | | OE | SCIRXST,位 3 | 0 | | FE | SCIRXST,位 4 | 0 | | BRKDT | SCIRXST,位 5 | 0 | | RXRDY | SCIRXST,位 6 | 0 | | RX ERROR | SCIRXST,位 7 | 0 |
4	Reserved	保留。读操作时,返回 0;写操作时,没有影响
3	TXWAKE	SCI 发送器唤醒方式选择。该位对数据发送的特征进行控制,依赖于在 ADDR/IDLE MODE(SCICCR,位 3)位中所指定的发送模式(空闲线模式或者地址位模式)。1,根据通信模式(空闲线模式或者地址位模式)的不同选择发送特征。0,发送特征不被选择。 在空闲线模式中:向 TXWAKE 写入 1,数据写入 SCITXBUF 以产生 11 个数据位的空闲周期。在地址位模式中:向 TXWAKE 写入 1,数据写入 SCITXBUF,然后将该帧中的地址位置 1。清除 TXWAKE 位不是通过位 SW RESET(SCICTL1,位 5),而是通过系统复位或者是通过发送到 WUF 标志位的 TXWAKE 来清除
2	SLEEP	休眠位。TXWAKE 位对数据发送的特征进行控制,依赖于在 ADDR/IDLE MODE(SCICCR,位 3)位中所指定的发送模式(空闲线模式或者地址位模式)。在多处理器配置中,该位对接收器睡眠功能进行控制。清除该位可唤醒 SCI。当该位置 1 时,接收器仍可操作;但不会对接收器缓冲就绪位(SCIRXST,位 6、RXRDY)和错误状态位(SCIRXST,位 5~2:BRKDT、FE、OE、PE)进行更新,除非地址位被检测到。当地址位被检测到时,SLEEP 位不会被清除。1,启动睡眠模式;0,禁止睡眠模式
1	TXENA	发送器使能位。当该位置 1 时,通过 SCITXD 引脚发送数据。如果在所有写入 SCITXBUF 的数据全部发送完毕复位,发送器停止发送。 1,启动发送器工作;0,禁止发送器工作

续表 14-7

位	名称	说明
0	RXENA	接收器使能位。通过 SCIRXD 引脚接收数据，并将数据发送到接收器移位寄存器，之后发送到接收器缓冲器。该位启动或者禁止接收器工作(传送到缓冲器)。对该位清 0，停止将接收到的字符发送到接收缓冲器，并停止产生接收中断。但是，接收移位寄存器仍继续装配字符。因此，如果在一个字符的接收过程中将 RXENA 置 1，这个完整的字符将被传送到接收器缓冲寄存器 SCIRXEMU 和 SCIRXBUF。 1，将接收的字符发送到 SCIRXEMU 和 SCIRXBUF； 0，禁止接收的字符发送到 SCIRXEMU 和 SCIRXBUF

(3) SCI 波特率选择寄存器

SCI 波特率选择寄存器 SCIHBAUD 如图 14-12 所示，SCILBAUD 如图 14-13 所示。

15	14	13	12	11	10	9	8
BAUD15(MSB)	BAUD14	BAUD13	BAUD12	BAUD11	BAUD10	BAUD9	BAUD8
R/W-0	R/W-0	R/W-0	R/W-0	R/W-0	R/W-0	R/W-0	R/W-0

注：R=只读访问，W=只写访问；-X=复位后的值。

图 14-12 SCI 波特率选择寄存器 SCIHBAUD

7	6	5	4	3	2	1	0
BAUD7	BAUD6	BAUD5	BAUD4	BAUD3	BAUD2	BAUD1	BAUD0(LSB)
R/W-0	R/W-0	R/W-0	R/W-0	R/W-0	R/W-0	R/W-0	R/W-0

注：R=只读访问，W=只写访问；-X=复位后的值。

图 14-13 SCI 波特率选择寄存器 SCILBAUD

BAUD15～BAUD0，位 15～0，复位值为 0。SCI 16 位的波特率选择寄存器 SCIHBAUD(最高有效字节)和 SCILBAUD(最低有效字节)共同作用以形成一个 16 位的波特值 BRR。内部产生的串行时钟信号是通过低速的外部时钟(LSPCLK)和两个波特选择寄存器确定的。对于不同的通信模式，SCI 根据这些寄存器的 16 位的值从 64K 的串行时钟频率中进行选择。

SCI 的异步波特率通过下面的公式进行计算：

$$\text{SCI Asynchronous Baud} = \frac{\text{LSPCLK}}{(\text{BRR}+1) \times 8}$$

或者

$$\text{BRR} = \frac{\text{LSPCLK}}{\text{SCI Asynchronous Baud} \times 8} - 1$$

上式仅适用于 $1 \leq \text{BRR} \leq 65\,535$，当 BRR=0 时，SCI Asynchronous Baud=LSPCLK/16 这里 BRR=波特率选择寄存器中的 16 位的值(十进制)。

(4) SCI 控制寄存器 2

SCI 控制寄存器 SCICTL2 的位情况如图 14-14 所示，各位说明如表 14-8 所列。

15							8
			Reserved				
			R-0				
7	6	5			2	1	0
TXRDY	TX EMPTY		Reserved			RX/BK INT ENA	TX INT ENA
R-1	R-1		R-0			R/W-1	R/W-0

注:R=只读访问,W=只写访问;-X=复位后的值。

图 14-14 SCI 控制寄存器 SCICTL2

表 14-8 SCICTL2 各位说明

位	名 称	说 明
15~8	Reserved	保留位
7	TXRDY	发送器缓冲寄存器就绪标志位。当该位置1,表明发送数据缓冲寄存器 SCITXBUF 准备接收下一个字符。向 SCITXBUF 写入数据,该位自动清0。如果中断使能位 TX INT ENA(SCICTL2.0)为1,当该位置1时,SCI 产生一个发送器中断请求。通过启动位 SW RESET bit(SCICTL.2)或者一个系统复位,均可将 TXRDY 置1。1,SCITXBUF 准备接收下一个字符;0,SCITXBUF 满
6	TX EMPTY	发送器空标志。该标志的值表示发送器的缓冲寄存器(SCITXBUF)和移位寄存器(TXSHF)的内容。一个有效的 SW RESET(SCICTL1.2)或者一个系统复位,可将该位置1。该位不会产生中断请求。1,发送器缓冲和移位寄存器都空;0,发送器缓冲寄存器或者移位寄存器中或者两者都装载了数据
5~2	Reserved	保留。读操作时,返回0;写操作时,没有影响
1	RX/BK INTENA	接收中断使能位。该位对由于 RXRDY 标志和 BRKDT 标志(位 SCIRXST.6 和 SCIRXST.5)置1引起的中断请求进行控制。但是 RX/BK INTENA 并不能阻止标志位 RXRDY 或 BRKDT 被置位。1,使能 RXRDY/BRKDT 中断;0,禁止 RXRDY/BRKDT 中断
0	TX INT ENA	发送中断使能位该位对由于 TXRDY 标志位置1引起的中断请求进行控制。然而,该位不能阻止 TXRDY 标志位被置位。1,禁止 TXRDY 中断;0,使能 TXRDY 中断

(5) SCI 接收状态寄存器

SCI 接收状态寄存器 SCIRXST 的位情况如图 14-15 所示,各位说明如表 14-9 所列。

7	6	5	4	3	2	1	0
RX ERROR	RXRDY	BRKDT	FE	OE	PE	RXWAKE	Reserved
R-0	R-0	R-0	R-0	R-0	R-0	R-0	R-0

注:R=只读访问;-0=复位后的值。

图 14-15 SCI 接收状态寄存器 SCIRXST

表 14-9　SCIRXST 各位说明

位	名称	说明
7	RX ERROR	SCI 接收器错误标志。RX ERROR 标志表示接收器状态寄存器中的其中一个错误标志置位。RX ERROR 是中断检测、帧错误、溢出和极性错误使能标志(位 5~2：BRKDT、FE、OE 和 PE)的逻辑或操作结果。如果位 RX ERR INT ENA bit(SCICTL1.6)为 1 则会产生一个中断。错误标志不能直接清 0，要通过一个有效的 SW RESET 或者是系统复位清 0。1，错误标志置位；0，没有错误标志置位
6	RXRDY	接收器缓冲寄存器就绪标志。当从 SCIRXBUF 寄存器中读出一个新的字符时，接收器将该位置 1，此时，如果 RX/BK INT ENA(SCICTL2.1)位=1，将产生一个接收器中断。通过读 SCIRXBUF 寄存器，或者有效的 SW RESET 或者系统复位可使 RXRDY 清 0。1，数据读操作就绪，CPU 可以从 SCIRXBUF 中读取新的字符；0，SCIRXBUF 中没有新的字符
5	BRKDT	间断检测标志。当间断条件产生时，SCI 对该位置位。如果从丢失第 1 个停止位开始，SCI 接收数据线路 SCIRXD 保持至少 10 位的连续低电平时，间断条件就产生。如果 RX/BK INT ENA 被置位，条件产生时将同时产生一个 BRKDT 中断，但不会导致接收器缓冲器被重新加载。如果接收器 SLEEP 位为 1，BRKDT 中断也会发生。通过一个有效的 SW RESET 或者系统复位可使 BRKDT 清 0。在检测到间断后，接收字符并不能清除该位。为了接收更多的字符，SCI 必须通过触发 SW RESET 或者系统复位来复位 SCI。1，间断条件产生；0，没有间断条件产生
4	FE	帧错误标志。当所期望的结束位没有检测到时，SCI 对该位置位。虽然结束位可以是 1~2 位，但 SCI 仅检测第 1 个结束位。丢失的结束位表明没有能够和起始位同步，以及该字符被错误地组合成一帧。该位通过对 SW RESET 清 0 或者系统复位来复位。1，检测到帧错误；0，没有检测到帧错误
3	OE	溢出错误标志。在 CPU 或 DMAC 读出前一个字符之前，下一个字符发送到寄存器 SCIRXEMU 和 SCIRXBUF 时，SCI 对该位置 1。该标志位通过有效的 SW RESET 或者系统复位进行复位。1，检测到溢出错误；0，没有检测到溢出错误
2	PE	奇偶校验错误标志。当接收到数据中高电平的数量和它的奇偶校验位不匹配时，该标志位置 1。地址位也包括在计算范围之内。如果奇偶校验的产生和检测被禁止，该标志禁止，读作 0。该标志位通过有效的 SW RESET 或者系统复位进行复位。1，检测到奇偶校验错误；0，没有检测到奇偶校验错误或者奇偶校验功能被禁止
1	RXWAKE	接收器唤醒检测标志。如果 RXWAKE=1，表明检测到接收器唤醒条件。在地址位多处理器模式中，RXWAKE 反映了 SCIRXBUF 中字符的地址位的值。在空闲线多处理器模式中，如果 SCIRXD 数据线检测为空，则 RXWAKE 置 1。RXWAKE 是一个只读标志，通过下面的操作清 0：将地址字节后的第 1 个字节传送到 SCIRXBUF；对 SCIRXBUF 进行读操作；有效的 SW RESET；系统复位
0	Reserved	保留位。读操作时，返回 0；写操作时，没有影响

(6) SCI 仿真数据缓冲器

SCI 仿真数据缓冲器 SCIRXEMU 的位情况如图 14-16 所示。

(7) SCI 接收数据缓冲器

SCI 接收数据缓冲器 SCIRXBUF 的位情况如图 14-17 所示，各位说明如表 14-10 所列。

7	6	5	4	3	2	1	0
ERXDT7	ERXDT6	ERXDT5	ERXDT4	ERXDT3	ERXDT2	ERXDT1	ERXDT0
R-0	R-0	R-0	R-0	R-0	R-0	R-0	R-0

注:R=只读访问;-0=复位后的值。

图 14-16 SCI 仿真数据缓冲器 SCIRXEMU

15	14	13					8
SCIFFFE	SCIFFPE	Reserved					
R-0	R-0	R-0					

7	6	5	4	3	2	1	0
RXDT7	RXDT6	RXDT5	RXDT4	RXDT3	RXDT2	RXDT1	RXDT0
R-0	R-0	R-0	R-0	R-0	R-0	R-0	R-0

注:R=只读访问;-0=复位后的值。阴影部分只用于 FIFO 功能。

图 14-17 SCI 接收数据缓冲器 SCIRXBUF

表 14-10 SCIRXBUF 各位说明

位	名 称	说 明
15	SCIFFFE	SCI FIFO 帧错误标志位。1,在接收数据的 0~7 位有帧错误,该位与 FIFO 顶部的数据相关联。0,在接收数据的 0~7 位没有帧错误,该位与 FIFO 顶部的数据相关联
14	SCIFFPE	SCI FIFO 奇偶校验错误标志位。1,在接收数据的 0~7 位有奇偶校验错误,该位与 FIFO 顶部的数据相关联。0,在位 7~0 上接收字符没有产生奇偶校验错误,该位与 FIFO 顶端的字符相关联
13~8	Reserved	保留
7~0	RXDT7~RXDT0	接收数据位

(8) SCI 发送数据缓冲寄存器

SCI 发送数据缓冲寄存器 SCITXBUF 的位情况如图 14-18 所示。

7	6	5	4	3	2	1	0
RXDT7	RXDT6	RXDT5	RXDT4	RXDT3	RXDT2	RXDT1	RXDT0
R/W-0	R/W-0	R/W-0	R/W-0	R/W-0	R/W-0	R/W-0	R/W-0

注:R=只读访问,W=只写访问;-X=复位后的值。

图 14-18 SCI 发送数据缓冲寄存器 SCITXBUF

(9) SCI FIFO 发送寄存器

SCI FIFO 发送寄存器 SCIFFTX 的位情况如图 14-19 所示,各位说明如表 14-11 所列。

15	14	13	12	11	10	9	8
SCIRST	SCIFFENA	TXFIFOReset	TXFFST4	TXFFST3	TXFFST2	TXFFST1	TXFFST0
R/W-1	R/W-0	R/W-1	R-0	R-0	R-0	R-0	R-0

7	6	5	4	3	2	1	0
TXFFINTFlag	TXFFINTCLR	TXFFIENA	TXFFIL4	TXFFIL3	TXFFIL2	TXFFIL1	TXFFIL0
R-0	W-0	R/W-0	R/W-0	R/W-0	R/W-0	R/W-0	R/W-0

注:R=只读访问,W=只写访问;-X=复位后的值。

图 14-19 SCI FIFO 发送寄存器 SCIFFTX

(10) SCI FIFO 接收寄存器

SCI FIFO 接收寄存器 SCIFFRX 的位情况如图 14-20 所示，各位说明如表 14-12 所列。

15	14	13	12	11	10	9	8
RXFFOVF	RXFFOVRCLR	RXFIFOReset	RXFFST4	RXFFST3	RXFFST2	RXFFST1	RXFFST0
R/W-1	R/W-0	R/W-1	R-0	R-0	R-0	R-0	R-0
7	6	5	4	3	2	1	0
RXFFINTFlag	RXFFINTCLR	RXFFIENA	RXFFIL4	RXFFIL3	RXFFIL2	RXFFIL1	RXFFIL0
R-0	W-0	R/W-0	R/W-0	R/W-0	R/W-0	R/W-0	R/W-0

注：R＝只读访问，W＝只写访问，-X＝复位后的值。

图 14-20 SCI FIFO 接收寄存器 SCIFFRX

表 14-11 SCIFFTX 各位说明

位	名称	说明
15	SCIRST	0,写入 0,以复位 SCI 发送和接收通道；SCI FIFO 寄存器配置位继续保持原有状态。1,SCI FIFO 重新开始发送和接收；即使在自动波特逻辑工作方式下，SCIRST 也应该为 1
14	SCIFFENA	0,禁止 SCI FIFO 的增强型功能，FIFO 处于复位状态。1,使能 SCI FIFO 的增强型功能
13	TXFIFOReset	0,向该位写 0,复位 FIFO 指针为 0,并保持复位。1,重新使能接收 FIFO 的操作
12～8	TXFFST4～TXFFST0	00000 发送 FIFO 中空　　00011 发送 FIFO 中有 3 个字 00001 发送 FIFO 中有 1 个字　0XXXX 发送 FIFO 中有 X 个字 00010 发送 FIFO 中有 2 个字　10000 发送 FIFO 中有 16 个字
7	TXFFINT	0,没有产生 TXFIFO 中断，只读位。1,产生 TXFIFO 中断，只读位
6	TXFFINTCLR	0,向该位写 0,对 TXFFINT 标志位没有影响，读该位返回一个 0。1,向该位写 1,清除 TXFFINT 标志位
5	TXFFIENA	0,禁止基于 TXFFIVL 匹配（小于或等于）的 TXFIFO 中断。1,使能基于 TXFFIVL 匹配（小于或等于）的 TXFIFO 中断
4～0	TXFFIL4～TXFFIL0	TXFFIL4～TXFFIL0 发送 FIFO 中断级位。当 FIFO 状态位（TXFFST4～TXFFST0）和 FIFO 级位（TXFFIL4～TXFFIL0）匹配（小于或等于）时,发送 FIFO 将产生中断。这些位复位后的默认值是 0x00000

表 14-12 SCIFFRX 各位说明

位	名称	说明
15	RXFFOVF	0,接收 FIFO 没有溢出，只读位。1,接收 FIFO 溢出，只读位，FIFO 接收到多于 16 个字的信息，接收到的第 1 个字符已经丢失。 该位作为标志位,但是它本身不能产生中断。当接收中断有效时,就会产生这种情况。接收中断会处理这种标志状况
14	RXFFOVRCLR	0,向该位写 0 对 RXFFOVF 标志位没有影响，读该位返回一个 0。1,向该位写 1,清除 RXFFOVF 标志位

续表 14-12

位	名 称	说 明
13	RXFIFO Reset	0,向该位写 0,复位 FIFO 指针为 0,并保持复位。1,重新使能接收 FIFO 的操作
12～8	RXFFST4～ RXFFST0	00000 接收 FIFO 中空　　　　00011 接收 FIFO 中有 3 个字 00001 接收 FIFO 中有 1 个字　　0XXXX 接收 FIFO 中有 X 个字 00010 接收 FIFO 中有 2 个字　　10000 接收 FIFO 中有 16 个字
7	RXFFINT	0,没有产生 RXFIFO 中断,只读位。1,产生 RXFIFO 中断,只读位
6	RXFFINT CLR	0,向该位写 0,对 RXFFINT 标志位没有影响,读该位返回一个 0。1,向该位写 1,清除 RXFFINT 标志
5	RXFFIENA	0,禁止基于 RXFFIVL 匹配(小于或等于)的 RXFIFO 中断。1,使能基于 RXFFIVL 匹配(小于或等于)的 RXFIFO 中断
4～0	RXFFIL4～ RXFFIL0	RXFFIL4～RXFFIL0 接收 FIFO 中断级位。当 FIFO 状态位和 FIFO 级别位匹配(大于或等于)时,接收 FIFO 产生中断。这些位复位后的默认值是 11111。这将避免重复的中断,复位后,接收 FIFO 在大多数时间是空的

(11) SCI FIFO 控制寄存器

SCI FIFO 控制寄存器 SCIFFCT 如图 14-21 所示,各位说明如表 14-13 所列。

15	14	13	12					8
ABD	ABD CLR	CDC	Reserved					
R-0	R/W-0	R/W-0	R-0					
7	6	5	4	3	2	1		0
FFTXDLY7	FFTXDLY6	FFTXDLY5	FFTXDLY4	FFTXDLY3	FFTXDLY2	FFTXDLY1		FFTXDLY0
R-0	W-0	R/W-0	R/W-0	R/W-0	R/W-0	R/W-0		R/W-0

注:R=只读访问,W=只写访问;-0=复位后的值。

图 14-21　SCI FIFO 控制寄存器 SCIFFCT

表 14-13　SCIFFCT 各位说明

位	名 称	说 明
15	ABD	自动波特率检测(ABD)位。0,自动波特率检测没有完成,"A""a"字符没有成功地接收到。1,自动波特率硬件在 SCI 接收寄存器中检测到"A""a"字符,自动检测完成
14	ABD CLR	ABD 清除位。0,写入 0,对 ABD 标志位没有影响,读该位返回一个 0。1,写入 1,清除 ABD 标志
13	CDC	CDC 校准检测位。0,禁止自动波特率检测校准。1,使能自动波特率检测校准
12～8	Reserved	保留
7～0	FFTXDLY7～ FFTXDLY0	这些位定义了从 FIFO 发送缓冲器到发送移位寄存器之间每一次传送的延时。通过 SCI 串行波特率时钟周期的个数来确定延时时间。8 位的寄存器可以确定一个 0 波特率时钟周期的最小延时,也可以确定一个 256 波特率时钟周期的最大延时。在 FIFO 模式中,移位寄存器只有完成最后一位的移位后,才能填充新的数据。在数据流传输之间需要延时。在 FIFO 模式中,SCITXBUF 不作为一个附加的缓冲级使用

(12) SCI 优先级控制器

SCI 优先级控制器 SCIPRI 如图 14-22 所示,各位说明如表 14-14 所列。

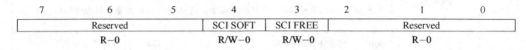

注:R=只读访问,W=只写访问;-0=复位后的值。

图 14-22 SCI 优先级控制器 SCIPRI

表 14-14 SCIPRI 各位说明

位	名称	说明
7~5	Reserved	保留。读操作,返回 0;写操作,没有影响
4~3	SOFT FREE	这两个位确定了当发生仿真挂起时(例如调试器遇到一个断点),SCI 模块该怎样操作。在自由运行模式下,外设能够继续进行正在运行的工作。在停止模式,外设需要立即停止或完成当前操作后停止。SOFT(位 4)和 FREE(位 3)的值为 00,则在挂起的状态下立即停止;值为 10,则在完成当前的接收/发送操作后停止;值为 X1,则自由运行,不考虑挂起,继续 SCI 操作
2~0	Reserved	保留。读操作,返回 0;写操作,没有影响

14.5 手把手教你写 SCI 发送和接收程序

SCI 实现数据的接收或者发送可以采用查询的方式,也可以采用中断的方式,下面将分别进行介绍。不管采用哪种方式,实验的做法是一样的。HDSP-Super2812 上的 JP3 和 JP4 是异步串行通信 RS232 的接口,是将 SCI 接口通过 MAX232 芯片转换而来的。JP3 的串口对应于 SCIA,JP4 的串口对应于 SCIB。用串口线将 SCIA 的串口和计算机上的串口连接起来。由于笔记本大多自身不带有串口,所以如果使用笔记本的话,还需要配有 USB 转 RS232 的线,将笔记本的 USB 口通过软件虚拟成串口。还需要注意的是,串口线有两种,一种是直通线,一种是交叉线,要根据硬件设计时采用的方式来定。HDSP-Super2812 使用的是交叉线,如果使用的串口线和实际的硬件情况不符,通信将无法实现。

这里 SCI 的程序主要实现的功能是:当计算机上的串口调试软件发送数据给 SCIA 时,SCIA 先接收数据,然后将这些数据又发送回计算机,通过串口调试软件来进行显示。SCIA 通信的数据格式设定为:波特率 19 200,起始位 1 位,数据位 8 位,无校验位,结束位 1 位。在配置串口调试软件的参数时,上述的所有参数都必须与 SCIA 设置的完全一致。

SCI 无论采用查询方式还是中断方式来发送和接收数据,为了保证数据通信的准确性,必须遵守的原则是:如果是接收数据,那么在接收新的数据之前需要将旧的数据读取,否则会产生数据丢失;如果是发送数据,那么必须等旧的数据发送完毕以后,才能发送新的数据,否则也会产生数据丢失。这也是平时编写程序时需要注意的地方。

14.5.1 查询方式实现数据的发送和接收

查询方式,就是通过查询发送缓冲器的就绪标志位 TXRDY 和接收缓冲器的就绪标志位 RXRDY 来判断 SCI 是否做好了发送准备或者接收准备。

通过前面的学习已经知道,当发送缓冲寄存器 SCITXBUF 将数据发送给发送移位寄存器 TXSHF 后,SCITXBUF 为空,这时发送缓冲器的就绪标志位 TXRDY 被置1,意思是通知 CPU 可以发送新的数据了,因此,通过不断的查询,当 TXRDY 为 1 时就可以发送新的数据。

当接收移位寄存器 RXSHF 将接收到的字符发送给接收缓冲寄存器 SCIRXBUF 后,SCIRXBUF 内有数据,这时接收缓冲器的就绪标志位 RXRDY 被置1,意思是通知 CPU 已经接收好了一个数据,让 CPU 赶紧来读取,因此,通过不断的查询,当 RXRDY 为 1 时就可以去读取新的数据。

本程序的整体思路如下:
① 初始化系统,为系统分配时钟,处理看门狗电路等。
② 初始化 GPIO,将 SCIA 的引脚 SCITXDA 和 SCIRXDA 设定为功能引脚。
③ 初始化 SCIA 模块,设定通信数据格式。
④ 循环查询 SCIA 发送和接收的状态,若状态被置位,则相应进行数据接收或发送工作。

SCI 采用查询方式实现数据发送和接收的例程(Sci01.pjt)在共享资料中的路径为:"共享资料\TMS320F2812 例程\第 14 章\14.5\Sci01"。参考程序见程序清单 14-1~程序清单 14-4。

程序清单 14-1 初始化系统控制模块

```
/****************************************************
 * 文件名:DSP28_SysCtrl.c
 * 功  能:对 2812 的系统控制模块进行初始化
 ****************************************************/
#include "DSP28_Device.h"
/****************************************************
 * 名    称:InitSysCtrl()
 * 功    能:该函数对 2812 的系统控制寄存器进行初始化
 * 入口参数:无
 * 出口参数:无
 ****************************************************/
void InitSysCtrl(void)
{
    Uint16 i;
    EALLOW;
    SysCtrlRegs.WDCR = 0x0068;      //禁止看门狗模块
```

```
    //初始化 PLL 模块,如果外部晶振为 30 MHz,则 SYSCLKOUT = 30 MHz × 10/2 = 150 MHz
    SysCtrlRegs.PLLCR = 0xA;
    for(i = 0; i< 5000; i++){}    //延时,使得 PLL 模块能够完成初始化操作
// 高速时钟预定标器和低速时钟预定标器,产生高速外设时钟 HSPCLK 和低速外设时钟 LSPCLK
    SysCtrlRegs.HISPCP.all = 0x0001;     // HSPCLK = 150 MHz/2 = 75 MHz
    SysCtrlRegs.LOSPCP.all = 0x0002;     // LSPCLK = 150 MHz/4 = 37.5 MHz
// 对工程中使用到的外设进行时钟使能
    SysCtrlRegs.PCLKCR.bit.SCIENCLKA = 1;// SCIA 模块时钟使能
    EDIS;
}
```

程序清单 14 - 2 初始化 SCI 模块

```
/*****************************************************************
* 文件名:DSP28_Sci.c
* 功   能:对 SCI 串口通信模块进行初始化
*****************************************************************/
# include "DSP28_Device.h"
/*****************************************************************
* 名   称:InitSci()
* 功   能:本实验中使用的是 SCIA 模块,因此需要对其进行初始化,通信数据格式为波特率为
*         19 200,起始位 1 位,数据位 8 位,无奇偶校验,停止位 1 位
* 入口参数:无
* 出口参数:无
*****************************************************************/
void InitSci(void)
{
    SciaRegs.SCICCR.bit.STOPBITS = 0;         //1 位停止位
    SciaRegs.SCICCR.bit.PARITYENA = 0;        //禁止极性功能
    SciaRegs.SCICCR.bit.LOOPBKENA = 0;        //禁止回送测试模式功能
    SciaRegs.SCICCR.bit.ADDRIDLE_MODE = 0;    //空闲线模式
    SciaRegs.SCICCR.bit.SCICHAR = 7;          //8 位数据位
    SciaRegs.SCICTL1.bit.TXENA = 1;           //SCIA 模块的发送使能
    SciaRegs.SCICTL1.bit.RXENA = 1;           //SCIA 模块的接收使能
    SciaRegs.SCIHBAUD = 0;
    SciaRegs.SCILBAUD = 0xF3;                 //波特率为 19 200
    SciaRegs.SCICTL1.bit.SWRESET = 1;         //重启 SCI
}
/*****************************************************************
* 名   称:SciaTx_Ready()
* 功   能:查询 SCICTL2 寄存器的 TXRDY 标志位,来确认发送准备是否就绪
* 入口参数:无
* 出口参数:i,即 TXRDY 的状态。1:发送准备已经就绪;0:发送准备尚未就绪
*****************************************************************/
int SciaTx_Ready(void)
{
    unsigned int i;
    if(SciaRegs.SCICTL2.bit.TXRDY == 1)
    {
```

```
        i = 1;
    }
    else
    {
        i = 0;
    }
    return(i);
}
/*****************************************************************
* 名    称:SciaRx_Ready()
* 功    能:查询 SCIRXST 寄存器的 RXRDY 标志位,来确认接收准备是否就绪
* 入口参数:无
* 出口参数:i,即 RXRDY 的状态。1:接收准备已经就绪;0:接收准备尚未就绪
*****************************************************************/
int SciaRx_Ready(void)
{
    unsigned int i;
    if(SciaRegs.SCIRXST.bit.RXRDY == 1)
    {
        i = 1;
    }
    else
    {
        i = 0;
    }
    return(i);
}
```

程序清单 14 - 3   初始化 GPIO

```
/*****************************************************************
* 文件名:DSP28_Gpio.c
* 功    能:2812 通用输入/输出口 GPIO 的初始化函数
*****************************************************************/
#include "DSP28_Device.h"
/*****************************************************************
* 名    称:InitGpio()
* 功    能:初始化 GPIO,使得 GPIO 的引脚处于已知的状态,例如确定其功能是特定功能还是通
*          用 I/O。如果是通用 I/O,是输入还是输出等
* 入口参数:无
* 出口参数:无
*****************************************************************/
void InitGpio(void)
{
    EALLOW;
    GpioMuxRegs.GPFMUX.bit.SCITXDA_GPIOF4 = 1;    //设置 SCIA 的发送引脚
    GpioMuxRegs.GPFMUX.bit.SCIRXDA_GPIOF5 = 1;    //设置 SCIA 的接收引脚
    EDIS;
}
```

程序清单 14-4　主函数程序

```c
/*************************************************************
 * 文件名:Sci01.c
 * 功    能:使用 SCIA 模块和计算机进行串口通信,等待计算机上的串口调试软件向 SCIA 发送数
 *          据,SCIA 接收到上位机发送的数据之后,将这些数据发回计算机,显示在串口调试软件中
 * 说    明:本实验中 SCIA 模块的发送和接收采用查询方式实现,空闲线模式波特率为 19 200,
 *          通信数据格式为 1 位停止位,8 位数据位,无校验位
 *************************************************************/
#include "DSP28_Device.h"
unsigned int Sci_VarRx[100];        //用于存放接收到的数据
unsigned int i;
unsigned int Send_Flag;             //发送标志位。1:有数据需要发送 0:无数据需要发送
/*************************************************************
 * 名    称:main()
 * 功    能:完成初始化工作,并采用查询方式实现 SCIA 的发送和接收功能
 * 入口参数:无
 * 出口参数:无
 *************************************************************/
void main(void)
{
    InitSysCtrl();              //初始化系统函数
    DINT;
    IER = 0x0000;               //禁止 CPU 中断
    IFR = 0x0000;               //清除 CPU 中断标志
    InitPieCtrl();              //初始化 PIE 控制寄存器
    InitPieVectTable();         //初始化 PIE 中断向量表
    InitGpio();                 //初始化 GPIO 口
    InitPeripherals();          //初始化 SCIA
    for(i = 0; i < 100; i++)    //初始化数据变量
    {
        Sci_VarRx[i] = 0;
    }
    i = 0;
    Send_Flag = 0;              //在 SCIA 还没有接收到数据时,没有数据需要发送
    for(;;)
    {
        //查询方式实现发送功能
        if((SciaTx_Ready() == 1) && (Send_Flag == 1))   //发送准备已经就绪而且有数据需
                                                        //要发送
        {
```

```
            SciaRegs.SCITXBUF = Sci_VarRx[i];        //发送数据
            Send_Flag = 0;                            //清标志位
            i++;
            if(i == 100)
            {
                i = 0;
            }
        }
    //查询方式实现接收功能
    if(SciaRx_Ready() == 1)                           //接收数据准备已经就绪
    {
        Sci_VarRx[i] = SciaRegs.SCIRXBUF.all;         //接收数据
        Send_Flag = 1;                                //标志位置位,有数据等待发送
    }
    }
}
```

这里需要提醒的是:在系统初始化时需要使能 SCIA 的时钟;在 GPIO 初始化时,需要将 SCIA 的两个引脚 SCITXDA 和 SCIRXDA 设定为功能引脚;在 SCI 初始化时,配置完 SCI 的参数后需要重新启动 SCIA。

程序中除了 SCI 自带的标志位 RXRDY 和 TXRDY 之外,另外还定义了一个标志位 Send_Flag,这个标志位的作用是表示是否有数据需要发送。因为这个程序的功能是将 SCIA 接收到的数据再发送出去,所以当 SCIA 接收到数据后,将 Send_Flag 标志置1,这样就等于通知 SCIA 有数据需要发送,然后当发送完该数据后,又将 Send_Flag 清0。RXRDY 和 TXRDY 是站在 DSP 的角度,表示是否已经准备好去发送或者接收数据;而 Send_Flag 是站在用户的角度,表示是否有数据需要发送。只有当有数据需要发送而且 DSP 已经准备好发送数据时,才能将这个数据发送出去。

将串口线已经连接好以后,将仿真器和开发板也连接好,然后给开发板供电,将仿真器 USB 插到计算机上。打开 CCS3.3,导入工程 Sci01.pjt。通过仿真器将代码下载到 DSP 的 RAM 中,单击 Run 按钮运行程序,然后打开串口调试软件,界面如图 14-23 所示。

上述的例程中采用的波特率为 19 200,数据位 8 位,无极性校验,停止位 1 位,所以在串口调试软件里也要做相同的设置,如图 14-23 所示。在发送窗口输入想要发送的数据,如 hellodsp12345,然后单击按钮"发送文本",如果接收窗口立即显示数据 hellodsp12345,说明 SCI 与计算机通信成功,如图 14-24 所示。

再来研究一下通信时 DSP 中接收到的数据,在 CCS 中通过 Watch Window 来观察数组 Sci_VarRx,从程序中也能看出,这个数组用来保存从 SCIRXBUF 中读取的数据,如图 14-25 所示。

将 Sci_VarRx 数组中的十进制值转换成十六进制以后,可以得到表 14-15 中的值。

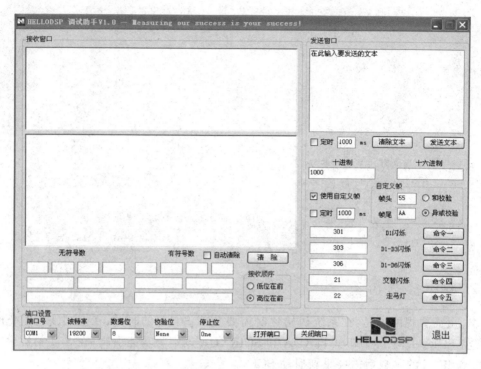

图 14-23　串口调试软件设置界面

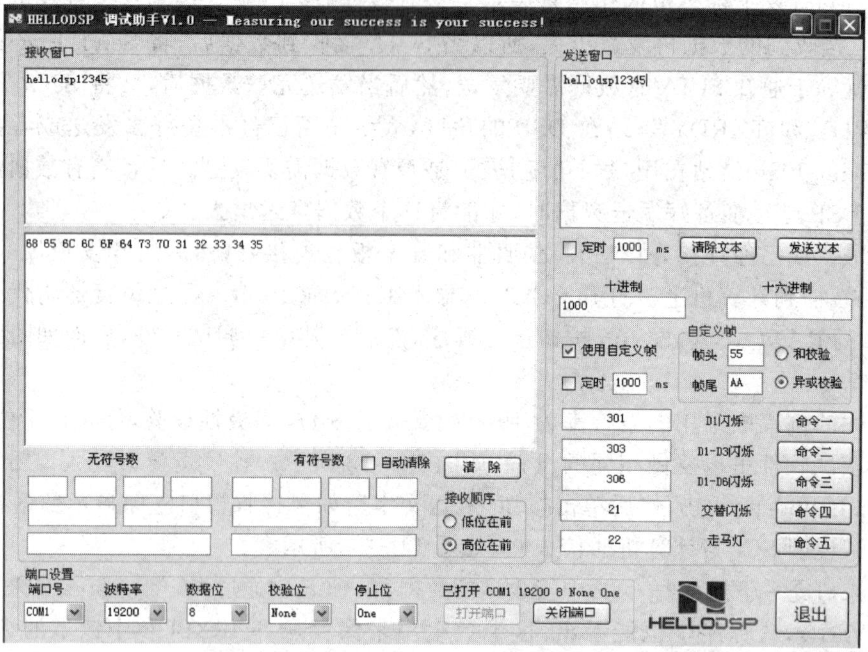

图 14-24　串口通信成功

Name	Value	Type	Radix
Sci_VarRx	0x003F9140	unsigned int[100]	hex
[0]	104	unsigned int	unsigned
[1]	101	unsigned int	unsigned
[2]	108	unsigned int	unsigned
[3]	108	unsigned int	unsigned
[4]	111	unsigned int	unsigned
[5]	100	unsigned int	unsigned
[6]	115	unsigned int	unsigned
[7]	112	unsigned int	unsigned
[8]	49	unsigned int	unsigned
[9]	50	unsigned int	unsigned
[10]	51	unsigned int	unsigned
[11]	52	unsigned int	unsigned
[12]	53	unsigned int	unsigned

图 14-25 数组 Sci_VarRx 内的数据

从表 14-15 可以看到,数组 Sci_VarRx 接收到的数据虽然是用二进制码来表示的,但是转换成 ASCII 码的话刚好是 hellodsp12345。在做上下位机进行通信时,通常采用 ASCII 码来进行数据通信,这里上位机指的是计算机,下位机指的是 DSP。

表 14-15 数值 Sci_VarRx 的值

Sci_VarRx[]	dex	hex	ASCII 码对应的字符	Sci_VarRx[]	dex	hex	ASCII 码对应的字符
0	104	0x68	h	7	112	0x70	p
1	101	0x65	e	8	49	0x31	1
2	108	0x6C	l	9	50	0x32	2
3	108	0x6C	l	10	51	0x33	3
4	111	0x6F	o	11	52	0x34	4
5	100	0x64	d	12	53	0x35	5
6	115	0x73	s				

14.5.2 中断方式实现数据的发送和接收

先从中断的原理来看看如何通过中断的方式来实现数据的发送和接收。如果引脚 SCIRXDA 上有数据传来,SCI 就开始将二进制数逐位逐位移进接收移位寄存器 RX-SHF,当接收移位寄存器 RXSHF 将接收到的完整字符发送给接收缓冲寄存器 SCIRX-BUF 后,标志位 RXRDY 置位,同时产生一个接收中断的请求信号。如果 SCI 使能了接收中断,并相应使能了 PIE 中断和 CPU 中断的话,就会产生 SCI 的接收中断。在接收中断的子程序中通过程序读取 SCIRXBUF 中的数据后,标志位 RXRDY 被自动清除。

再来看发送中断。当发送缓冲寄存器 SCITXBUF 将数据发送给发送移位寄存器 TXSHF 后,标志位 TXRDY 置位,同时产生一个发送中断的请求信号,如果 SCI 使能了发送中断,并相应使能了 PIE 中断和 CPU 中断的话,就会产生 SCI 的发送中断。当通过程序将数据写入 SCITXBUF 后,标志位 TXRDY 被自动清除。这里必须重点分析的是,例如使用中断方式发送一个字符串,那如何启动 SCI 的发送中断呢？因为从前面的描述,发送中断产生的条件是标志位 TXRDY 置位,但是 TXRDY 置位的前提是 SCITXBUF 将数据发送给 TXSHF,也就是说发送了一个数据之后才能进入发送中断,而现在是想要在发送中断里发送数据,如图 14-26 所示。这就形成了一个矛盾,类似于是先有鸡后有蛋,还是先有蛋后有鸡的问题。为了解决这个

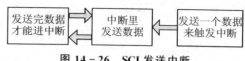

图 14-26 SCI 发送中断

矛盾,显然,如果想要使用发送中断来发送一个字符串,必须要用其他方式来发送字符串的第一个字符来启动一次 SCI 的发送中断,然后才可以使用发送中断来发送其余的字符。

之前在介绍外设中断时强调过,退出外设中断服务子程序前必须要手动清除外设中断的标志位。但是 SCI 是个例外,因为 SCI 的接收中断标志位 RXRDY 在 CPU 读取 SCIRXBUF 数据时会自动清除,发送中断标志位 TXRDY 在 CPU 向 SCITXBUF 写入数据时也会自动清除,所以无需再手动进行清除了,这是 SCI 中断和 EV、ADC 外设中断的不同之处。注意,这里讨论的是在标准 SCI 模式下的中断,FIFO 模式下的中断就不一样,还是要手动清除中断标志位。

本实验的功能和刚才使用查询方式发送和接收数据稍有不同,就是计算机向 DSP 发送固定的字符串,长度为 8 个字符的"hellodsp",DSP 接收到这个字符串后再将其发送回计算机,通过串口调试软件显示出来。发送和接收都采用中断方式。

本程序的整体思路如下:
① 初始化系统,为系统分配时钟,处理看门狗电路等。
② 初始化 GPIO,将 SCIA 的引脚 SCITXDA 和 SCIRXDA 设定为功能引脚。
③ 初始化 SCIA 模块,设定通信数据格式,使能 SCI 发送和接收中断。
④ SCI 等待接收数据,一旦有数据到达,便进入接收中断,每接收一个字符,便会进入一次接收中断。当把完整的字符串接收完后,在接收中断服务子程序里发送该字符串的第一个字符,来启动 SCI 的发送中断,接着,通过发送中断将其余的字符发送出去。

SCI 采用查询方式实现数据发送和接收的例程(Sci02.pjt)在共享资料中的路径为:"共享资料\TMS320F2812 例程\第 14 章\14.5\Sci02"。参考程序见程序清单 14-5～程序清单 14-9。

程序清单 14-5　初始化系统控制模块

```
/******************************************************
* 文件名:DSP28_SysCtrl.c
* 功    能:对 2812 的系统控制模块进行初始化
******************************************************/
#include "DSP28_Device.h"
/******************************************************
* 名    称:InitSysCtrl()
```

```
* 功    能:该函数对 2812 的系统控制寄存器进行初始化
* 入口参数:无
* 出口参数:无
*******************************************************/
void InitSysCtrl(void)
{
   Uint16 i;
   EALLOW;
   SysCtrlRegs.WDCR = 0x0068;              //禁止看门狗模块
   //初始化 PLL 模块,如果外部晶振为 30 MHz,则 SYSCLKOUT = 30 MHz×10/2 = 150 MHz
   SysCtrlRegs.PLLCR = 0xA;
   for(i = 0; i< 5000; i++){}               //延时,使得 PLL 模块能够完成初始化操作
// 高速时钟预定标器和低速时钟预定标器,产生高速外设时钟 HSPCLK 和低速外设时钟 LSPCLK
   SysCtrlRegs.HISPCP.all = 0x0001;        // HSPCLK = 150 MHz/2 = 75 MHz
   SysCtrlRegs.LOSPCP.all = 0x0002;        // LSPCLK = 150 MHz/4 = 37.5 MHz
// 对工程中使用到的外设进行时钟使能
   SysCtrlRegs.PCLKCR.bit.SCIENCLKA = 1;   // SCIA 模块时钟使能
   EDIS;
}
```

程序清单 14-6 初始化 SCI 模块

```
/*******************************************************
* 文件名:DSP28_Sci.c
* 功    能:对 SCI 串口通信模块进行初始化
*******************************************************/
#include "DSP28_Device.h"
/*******************************************************
* 名    称:InitSci()
* 功    能:本实验中使用的是 SCIA 模块,因此需要对其进行初始化,通信数据格式为波特率为
*          19 200,数据位 8 位,无极性校验,停止位 1 位。使能 SCIA 的发送中断和接收中断
* 入口参数:无
* 出口参数:无
*******************************************************/
void InitSci(void)
{
    SciaRegs.SCICCR.bit.STOPBITS = 0;         //1 位停止位
    SciaRegs.SCICCR.bit.PARITYENA = 0;        //禁止极性功能
    SciaRegs.SCICCR.bit.LOOPBKENA = 0;        //禁止回送测试模式功能
    SciaRegs.SCICCR.bit.ADDRIDLE_MODE = 0;    //空闲线模式
    SciaRegs.SCICCR.bit.SCICHAR = 7;          //8 位数据位
    SciaRegs.SCICTL1.bit.TXENA = 1;           //SCIA 模块的发送使能
    SciaRegs.SCICTL1.bit.RXENA = 1;           //SCIA 模块的接收使能
    SciaRegs.SCIHBAUD = 0;
    SciaRegs.SCILBAUD = 0xF3;                 //波特率为 19 200
    SciaRegs.SCICTL2.bit.RXBKINTENA = 1;      //SCIA 模块接收中断使能
    SciaRegs.SCICTL2.bit.TXINTENA = 1;        //SCIA 模块发送中断使能
    SciaRegs.SCICTL1.bit.SWRESET = 1;         //重启 SCI
}
```

程序清单 14-7 初始化 GPIO 模块

```c
/*****************************************************
* 文件名：DSP28_Gpio.c
* 功  能：2812 通用输入/输出口 GPIO 的初始化函数
*****************************************************/
#include "DSP28_Device.h"
/*****************************************************
* 名  称：InitGpio()
* 功  能：初始化 GPIO,使得 GPIO 的引脚处于已知的状态,例如确定其功能是特定功能还是通
*        用 I/O。如果是通用 I/O,是输入还是输出,等等
* 入口参数：无
* 出口参数：无
*****************************************************/
void InitGpio(void)
{
    EALLOW;
    GpioMuxRegs.GPFMUX.bit.SCITXDA_GPIOF4 = 1;    //设置 SCIA 的发送引脚
    GpioMuxRegs.GPFMUX.bit.SCIRXDA_GPIOF5 = 1;    //设置 SCIA 的接收引脚
    EDIS;
}
```

程序清单 14-8 主函数程序

```c
/*****************************************************
* 文件名：Sci02.c
* 功  能：使用 SCIA 模块和 PC 机进行串口通信,等待 PC 机上的串口调试软件向 DSP 发送
*        "hellodsp",DSP 接收到上位机发送的数据之后,将这些数据发回 PC 机,显示在串口
*        调试软件中
* 说  明：本实验中 SCIA 模块的发送和接收采用中断方式实现,空闲线模式波特率为 19 200,
*        通信数据格式为 1 位停止位,8 位数据位,无校验位
*****************************************************/
#include "DSP28_Device.h"
unsigned int Sci_VarRx[8];    //用于存放接收到的数据,"hellodsp"一共 8 个字符
unsigned int i;
unsigned int j;
unsigned int Send_Flag;       //发送标志位。1:有数据需要发送;0:无数据需要发送
/*****************************************************
* 名  称：main()
* 功  能：完成初始化工作,并采用查询方式实现 SCIA 的发送和接收功能
* 入口参数：无
* 出口参数：无
*****************************************************/
void main(void)
{
    InitSysCtrl();                  //初始化系统函数
    DINT;
    IER = 0x0000;                   //禁止 CPU 中断
```

```c
    IFR = 0x0000;                          //清除CPU中断标志
    InitPieCtrl();                         //初始化PIE控制寄存器
    InitPieVectTable();                    //初始化PIE中断向量表
    InitGpio();                            //初始化GIPO口
    InitPeripherals();                     //初始化SCIA
    for(i = 0; i < 8; i++)                 //初始化数据变量
    {
        Sci_VarRx[i] = 0;
    }
    i = 0;
    j = 1;
    Send_Flag = 0;
    PieCtrl.PIEIER9.bit.INTx1 = 1;         //使能PIE模块中的SCI接收中断
    PieCtrl.PIEIER9.bit.INTx2 = 1;         //使能PIE模块中的SCI发送中断
    IER| = M_INT9;                         //开CPU中断
    EINT;                                  //开全局中断
    ERTM;                                  //开全局实时中断
    for(;;)
    {
        //等待中断
    }
}
```

程序清单14-9 中断服务子程序

```c
/************************************************************
* 文件名:DSP28_DefaultIsr.c
* 功   能:此文件包含了与F2812所有默认相关的中断函数,只需在相应的中断函数中加入
*         代码以实现中断函数的功能即可
************************************************************/
#include "DSP28_Device.h"
/************************************************************
* 名   称:SCIRXINTA_ISR()
* 功   能:接收中断函数,当有数据发往2812时,就会进入中断。将接收到的数据写入
*         SCITXBUF,申请发送中断
* 入口参数:无
* 出口参数:无
************************************************************/
interrupt void SCIRXINTA_ISR(void)         // SCIA接收中断函数
{
    Sci_VarRx[i] = SciaRegs.SCIRXBUF.all;  //接收数据
    i++;
    if(i == 8)
    {
        SciaRegs.SCITXBUF = Sci_VarRx[0];  //启动第1次发送,然后才能使用发送中断
        Send_Flag = 1;                     //有数据需要发送,置位标志
        i = 0;
    }
    PieCtrl.PIEACK.all = 0x0100;           //使得同组其他中断能够得到响应
```

```
        EINT;                                    //开全局中断 vcc
}
/******************************************************************
*  名      称:SCITXINTA_ISR()
*  功      能:发送中断函数
*  入口参数:无
*  出口参数:无
******************************************************************/
interrupt void SCITXINTA_ISR(void)              // SCIA 发送中断函数
{
    if(Send_Flag == 1)
    {
        SciaRegs.SCITXBUF = Sci_VarRx[j];       //发送数据
        j++;
        if(j == 8)
        {
            j = 1;  //由于第 1 个数据已经在接收中断里发送,这里从第 2 个数据开始发送
            Send_Flag = 0;                      //数据发送完成,清标志位
        }
    }
    PieCtrl.PIEACK.all = 0x0100;                //使得同组其他中断能够得到响应
    EINT;                                       //开全局中断
//SCITXBUF 中的数据移入 TXSHF 寄存器,将数据发送出去,TXRDY 标志位置 1
}
```

前面介绍的采用查询方式和采用中断方式来实现数据的发送和接收都是基于 SCI 工作在标准 SCI 模式下的,下面将详细介绍当 SCI 工作在 FIFO 模式下时,如何使用 FIFO 的中断来实现数据的接收和发送。

14.5.3 采用 FIFO 来实现数据的发送和接收

采用 FIFO 来实现数据的发送和接收,一般就是指采用 FIFO 的中断。在标准 SCI 模式下通过中断方式来接收或者发送数据可以发现,每接收或者发送一个字符就要进一次中断,如果发送的字符比较多的话,很明显,CPU 要不断地去响应接收或者发送中断,CPU 的开销就大大增加了。FIFO 就是为了解决这个问题的。

当 SCI 的 RXSHF 将引脚 SCIRXD 上的数据装配好后,发送到接收 FIFO 中,此时 FIFO 并不通知 CPU 来读取数据,接收到的数据可以继续写入 FIFO。当 FIFO 中数据的个数等于预设的 FIFO 接收中断级位 RXFFIL 时,接收中断标志位 RXFFINT 被置位,在接收中断服务子程序中,CPU 可以把这些数据全部读取,很明显,这样节省了 CPU 的开销,也提高了效率。这就像是快递员去某家公司取件一样,这家公司每天都有很多快递需要寄送,之前每有一件快递,就喊快递员跑一趟,一天下来,快递员往往返返不知道跑了多少趟,很辛苦。后来快递员建议这家公司,每天先把快件累积起来,到下班前通知他去取,这样快递员只需跑一趟就把当天所有的快件取了过来,相比之下,

肯定比以前轻松了许多,效率也提高了许多。这和 SCI 工作在标准模式下和工作在 FIFO 模式下是一样的道理。

FIFO 模式下发送数据也是一样,CPU 可以将需要发送的多个字符写入发送 FIFO 中,发送时,TXSHF 直接从 FIFO 中取出数据,将其发送出去,而无需 CPU 干涉。当发送 FIFO 中剩余的字符数与预设的发送中断级位 TXFFIL 相等时,发送 FIFO 中断标志位 TXFFINT 被置位,在发送中断服务子程序中,CPU 可以继续向 FIFO 写入需要发送的多个字符。通常,发送中断级位 TXFFIL 的值设为 0,即发送 FIFO 空时,进入发送中断。

基本的原理已经知道了,那如何使用 FIFO 来读取或者发送数据呢?以读取为例,假设计算机给 SCI 发送了字符串"hellodsp",总共 8 个字符,为了能够将这 8 个字符一次性读出,将 FIFO 接收中断级位 RXFFIL 设为 8,也就是当 FIFO 中接收到 8 个字符的时候,进入接收中断。计算机第一个发送的是字符"h",SCI 接收后将其存入 FIFO 中;接下去的分别是"e"、"l"、"l"、"o"、"d"、"s"、"p",SCI 也将这些字符按照先后顺序一一存入 FIFO 中,当接收完最后一个字符时,FIFO 中的字符数刚好为 8 个,则这时进入 FIFO 接收中断,CPU 可以来读取这些字符了。假设将这些字符读取后保存在数组 buffer[8]内,则读取的代码如下:

```
int i;
for(i = 0;i<8;i++)
{
    buffer[i] = SciaRegs.SCIRXBUF.all;  //接收数据
}
```

因为 FIFO 遵循的是先入先出的原则,则读取时第 1 个被读出的字符也是之前第 1 个被存入的字符,也就是"h",读出的字符顺序和存入时的顺序完全一样,这样读出的字符就是"hellodsp"。读上面这段代码时有没有发现:不是从 FIFO 中读取数据吗,怎么还是使用的是 SCIRXBUF 呢?如图 14-27 所示,SCIRXBUF 就像是 SCI 接收操作这一块的代言人一样,FIFO 中的数据还是通过 SCIRXBUF 读取,只是每读取一次,接收 FIFO 的指针会向后移动一个单元。当读取操作完成,指针指向的是存放最后一个字符的单元,图中指向的是"p",即 RX FIFO_7。为了能在下一次进入接收中断时能继续正确读取数据,最后还需要复位 FIFO 的指针,使其指向 RX FIFO_0。

下面通过一个实例来了解 SCI 是如何通过 FIFO 来发送和接收数据。这里,SCI 工作在 FIFO 模式下,使用 FIFO 的接收中断接收数据,使用 FIFO 的发送中断发送数据。当 SCI 接收到计算机发过来的字符串"hellodsp"后,再将这个字符串发送回计算机,在调试软件中显示出来。

本程序的整体思路如下:

① 初始化系统,为系统分配时钟,处理看门狗电路等。
② 初始化 GPIO,将 SCIA 的引脚 SCITXDA 和 SCIRXDA 设定为功能引脚。
③ 初始化 SCIA 模块,设定通信数据格式,使能 SCI FIFO 模式,并配置相关的寄存器。

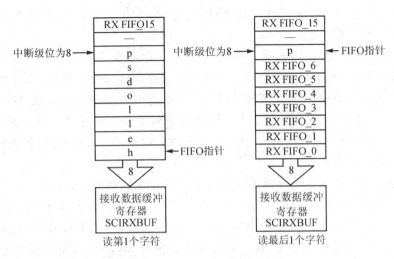

图 14-27 从接收 FIFO 读取数据

④ SCI 等待接收数据，一旦有数据到达，SCI 将其写入接收 FIFO，接收完毕，进入 FIFO 的接收中断，通过程序将 FIFO 中的数据全部读出，然后进入 FIFO 的发送中断，将这些数据全部发出。

SCI 采用 FIFO 方式实现数据发送和接收的例程(Sci03.pjt)在共享资料中的路径为："共享资料\TMS320F2812 例程\第 14 章\14.5\Sci03"。

参考程序见程序清单 14-10～程序清单 14-14。

程序清单 14-10　系统初始化模块

```
/*****************************************************
 * 文件名:DSP28_SysCtrl.c
 * 功    能:对 2812 的系统控制模块进行初始化
 *****************************************************/
# include "DSP28_Device.h"
/*****************************************************
 * 名    称:InitSysCtrl()
 * 功    能:该函数对 2812 的系统控制寄存器进行初始化
 * 入口参数:无
 * 出口参数:无
 *****************************************************/
void InitSysCtrl(void)
{
    Uint16 i;
    EALLOW;
    SysCtrlRegs.WDCR = 0x0068;              //禁止看门狗模块
    //初始化 PLL 模块,如果外部晶振为 30 MHz,则 SYSCLKOUT = 30 MHz×10/2 = 150 MHz
    SysCtrlRegs.PLLCR = 0xA;
    for(i = 0; i< 5000; i++){}              //延时,使得 PLL 模块能够完成初始化操作
    // 高速时钟预定标器和低速时钟预定标器,产生高速外设时钟 HSPCLK 和低速外设时钟 LSPCLK
    SysCtrlRegs.HISPCP.all = 0x0001;        // HSPCLK = 150 MHz/2 = 75 MHz
```

```c
    SysCtrlRegs.LOSPCP.all = 0x0002;        // LSPCLK = 150 MHz/4 = 37.5 MHz
// 对工程中使用到的外设进行时钟使能
    SysCtrlRegs.PCLKCR.bit.SCIENCLKA = 1;   // SCIA 模块时钟使能
    EDIS;
}
```

程序清单 14-11 初始化 GPIO 模块

```c
/****************************************************************
* 文件名:DSP28_Gpio.c
* 功   能:2812 通用输入输出口 GPIO 的初始化函数
****************************************************************/
#include "DSP28_Device.h"
/****************************************************************
* 名   称:InitGpio()
* 功   能:初始化 GPIO,使得 GPIO 的引脚处于已知的状态,例如确定其功能是特定功能还是
*         通用 I/O。如果是通用 I/O,是输入还是输出等
* 入口参数:无
* 出口参数:无
****************************************************************/
void InitGpio(void)
{
    EALLOW;
    GpioMuxRegs.GPFMUX.bit.SCITXDA_GPIOF4 = 1;  //设置 SCIA 的发送引脚
    GpioMuxRegs.GPFMUX.bit.SCIRXDA_GPIOF5 = 1;  //设置 SCIA 的接收引脚
    EDIS;
}
```

程序清单 14-12 初始化 SCI 模块

```c
/****************************************************************
* 文件名:DSP28_Sci.c
* 功   能:对 SCI 串口通信模块进行初始化
****************************************************************/
#include "DSP28_Device.h"
/****************************************************************
* 名   称:InitSci()
* 功   能:本实验中使用的是 SCIA 模块,因此需要对其进行初始化,通信数据格式为波特率为 19 200,
*         数据位 8 位,无极性校验,停止位 1 位。使能 SCIA FIFO 的发送中断和接收中断
* 入口参数:无
* 出口参数:无
****************************************************************/
void InitSci(void)
{
    SciaRegs.SCICCR.bit.STOPBITS = 0;           //1 位停止位
    SciaRegs.SCICCR.bit.PARITYENA = 0;          //禁止极性功能
    SciaRegs.SCICCR.bit.LOOPBKENA = 0;          //禁止回送测试模式功能
    SciaRegs.SCICCR.bit.ADDRIDLE_MODE = 0;      //空闲线模式
    SciaRegs.SCICCR.bit.SCICHAR = 7;            //8 位数据位
```

```c
    SciaRegs.SCICTL1.bit.TXENA = 1;         //SCIA 模块的发送使能
    SciaRegs.SCICTL1.bit.RXENA = 1;         //SCIA 模块的接收使能
    SciaRegs.SCIHBAUD = 0;
    SciaRegs.SCILBAUD = 0xF3;               //波特率为 19 200
    SciaRegs.SCIFFTX.bit.TXFIFOXRESET = 1;  //重新使能发送 FIFO 的操作
    SciaRegs.SCIFFTX.bit.SCIFFENA = 1;      //使能 SCI FIFO 的功能
    SciaRegs.SCIFFTX.bit.TXFFST = 0;        //发送 FIFO 队列为空
    SciaRegs.SCIFFTX.bit.TXFFINT = 0;       //没有产生发送 FIFO 中断
    SciaRegs.SCIFFTX.bit.TXINTCLR = 0;      //没有清除 TXFFINT 的标志位
    SciaRegs.SCIFFTX.bit.TXFFIENA = 1;      //使能发送 FIFO 中断
    SciaRegs.SCIFFTX.bit.TXFFILIL = 0;      //发送中断级别为 0,也就是当发送 FIFO
                                            //为空时发生中断
    SciaRegs.SCIFFRX.bit.RXFFOVF = 0;       //接收 FIFO 没有溢出
    SciaRegs.SCIFFRX.bit.RXOVF_CLR = 1;     //对 RXFFOVF 标志位没有影响
    SciaRegs.SCIFFRX.bit.RXFIFORESET = 1;   //重新使能接收 FIFO 的操作
    SciaRegs.SCIFFRX.bit.RXFIFST = 0;       //接收 FIFO 队列为空
    SciaRegs.SCIFFRX.bit.RXFFINT = 0;       //没有产生接收中断
    SciaRegs.SCIFFRX.bit.RXFFINTCLR = 1;    //清除接收中断标志位
    SciaRegs.SCIFFRX.bit.RXFFIENA = 1;      //使能 FIFO 接收中断
    SciaRegs.SCIFFRX.bit.RXFFIL = 8;        //FIFO 接收中断级别为 8,也就是当接收
                                            //FIFO 中有 8 个字符时发生中断
    SciaRegs.SCICTL1.bit.SWRESET = 1;       //重启 SCI
}
```

程序清单 14-13　主函数

```c
/***************************************************************
* 文件名:Sci03.c
* 功　能:使用 SCIA 模块和 PC 机进行串口通信,等待 PC 机上的串口调试软件向 DSP 发送"hellodsp",
*        DSP 接收到上位机发送的数据之后,将这些数据发回 PC 机,显示在串口调试软件中
* 说　明:本实验中 SCIA 模块的发送和接收采用 FIFO 的中断方式实现,空闲线模式波特率为 19 200,
*        通信数据格式为 1 位停止位,8 位数据位,无校验位
***************************************************************/
# include "DSP28_Device.h"
char buffer[100];    //用于存放接收到的数据"hellodsp"
/***************************************************************
* 名    称:main()
* 功    能:完成初始化工作,并采用查询方式实现 SCIA 的发送和接收功能
* 入口参数:无
* 出口参数:无
***************************************************************/
void main(void)
{
    int i;
    InitSysCtrl();                  //初始化系统函数
    DINT;
    IER = 0x0000;                   //禁止 CPU 中断
    IFR = 0x0000;                   //清除 CPU 中断标志
    InitPieCtrl();                  //初始化 PIE 控制寄存器
```

```
    InitPieVectTable();              //初始化 PIE 中断向量表
    InitGpio();                      //初始化 GPIO 口
    InitPeripherals();               //初始化 SCIA
    for(i = 0;i<100;i++)             //初始化数据变量
    {
        buffer[i] = 0;
    }
    PieCtrl.PIEIER9.bit.INTx1 = 1;   //使能 PIE 模块中的 SCI 接收中断
    PieCtrl.PIEIER9.bit.INTx2 = 1;   //使能 PIE 模块中的 SCI 发送中断
    IER |= M_INT9;                   //开 CPU 中断
    EINT;                            //开全局中断
    ERTM;                            //开全局实时中断
    for(;;)
    {
                                     //等待中断
    }
}
```

程序清单 14-14 中断函数

```
/*********************************************************
* 文件名:DSP28_DefaultIsr.c
* 功   能:此文件包含了与F2812所有默认相关的中断函数,只需在相应的中断函数中加入代码
*         以实现中断函数的功能即可
*********************************************************/
#include "DSP28_Device.h"
#include "string.h"
/*********************************************************
* 名   称:SCIRXINTA_ISR()
* 功   能:接收中断函数,当有数据发往2812时,就会进入中断。将接收到的数据写入 SCITXBUF,
*         申请发送中断
* 入口参数:无
* 出口参数:无
*********************************************************/
interrupt void SCIRXINTA_ISR(void)     // SCIA 接收中断函数
{
    int i;
    for(i = 0;i<8;i++)
    {
        buffer[i] = SciaRegs.SCIRXBUF.all; //接收数据
    }
    if(strncmp(buffer,"hellodsp",8) == 0)
    {
        SciaRegs.SCIFFTX.bit.TXINTCLR = 1; //清除发送中断标志位,使其响应新的中断
    }
    SciaRegs.SCIFFRX.bit.RXFIFORESET = 0;
    SciaRegs.SCIFFRX.bit.RXFIFORESET = 1;
    SciaRegs.SCIFFRX.bit.RXFFINTCLR = 1;
    PieCtrl.PIEACK.all = 0x0100;           //使得同组其他中断能够得到响应
    EINT;                                  //开全局中断
```

```
}
/******************************************************************
 * 名      称:SCITXINTA_ISR()
 * 功      能:发送中断函数
 * 入口参数:无
 * 出口参数:无
 ******************************************************************/
interrupt void SCITXINTA_ISR(void)           //SCIA 发送中断函数
{
    int i;
    for(i = 0;i<8;i++)
    {
        SciaRegs.SCITXBUF = buffer[i];       //发送数据
    }
    PieCtrl.PIEACK.all = 0x0100;             //使得同组其他中断能够得到响应
    EINT;                                    //开全局中断
}
```

通过例程 Sci02.pjt 和 Sci03.pjt,可以仔细比较一下在标准 SCI 模式下采用中断方式和在 FIFO 模式下采用中断方式进行数据发送和接收的区别。

本章首先详细介绍了 SCI 模块的结构、特点及其工作原理,讲解了 SCI 通信时的数据格式、波特率的设置以及 SCI 的各种中断。然后,在标准 SCI 模式的基础上,介绍了 SCI 的 FIFO 功能,并简单介绍了 SCI 的多处理器通信的地址位和空闲线两种方式。最后以详尽的例子来说明如何使用查询方式或者中断方式来实现数据的发送和接收,如何使用 SCI 的 FIFO 来实现数据的发送和接收。下一章将详细讲解 X281x 的串行外设接口 SPI。

第 15 章

串行外设接口 SPI

在开发 X281x 时,有时可能需要扩展一些外围设备,例如觉得 X281x 内部 12 位的 ADC 精度不够,想要外扩一个高精度的 ADC,或者想外扩 EEPROM、LCD 显示驱动器、网络控制器、DAC 等,就需要用到 X281x 的串行外围设备接口 SPI。SPI 是一种高速的同步串行输入/输出接口,允许 1~16 位的数据流在设备与设备之间进行交换,通常用于 DSP 与外围设备或者 DSP 与其他控制器之间进行通信。本章首先会介绍 SPI 接口通用的一些基本知识,然后将详细介绍 X281x 内部 SPI 的结构、特点、中断、工作方式等内容,并通过实例说明如何通过编程来实现 SPI 的数据通信。

15.1 SPI 模块的通用知识

SPI 是 Serial Peripheral Interface 的缩写,翻译成中文就是串行外围设备接口。SPI 最早是由原 Freescale 公司在其 MC68HCxx 系列处理器上定义的一种高速同步串行通信接口。而前一章中所介绍的 SCI 是一种低速异步串行通信接口,从这一点上就能看出 SPI 和 SCI 的区别,SPI 是同步通信,SCI 是异步通信,那同步通信和异步通信有什么区别呢?最简单的来讲,同步通信时,通信双方的设备必须拥有相同的时钟脉冲,以相同的步调进行数据传输,就像国庆阅兵时,队伍中的官兵在统一的口令下齐步前进,整齐划一。而异步通信时,通信双方的设备可以拥有各自独立的时钟脉冲,可以独自进行数据传输,就像是两个人在散步,可以各走各的。

SPI 的总线系统可以直接与各个厂家生产的多标准外围器件直接接口,SPI 接口一般使用四条线,如表 15-1 所列。当然,并不是所有的 SPI 接口都是采用四线制,有的 SPI 接口带有中断信号线 INT,而有的 SPI 接口没有主机输出/从机输入线 MOSI。在 X281x 中 SPI 接口采用的是四线制。

SPI 接口的通信原理很简单,它以主从方式进行工作,这种模式的通信系统中通常有一个主设备和多个从设备。其中,CS 信号是用来控制从机的芯片是否被选中的。如图 15-1 所示,系统内有一个主设备 M1 和两个从设备 S1 和 S2。当 S1 的片选信号为低电平时,S1 被选中,M1 通过 MOSI 引脚发送数据,S1 通过 MOSI 引脚接收数据,或者 S1 通过 MISO 引脚发送数据,而 M1 通过 MISO 引脚接收数据。同样的,当 S2 的片选信号 CS 为低电平时,S2 被选中,M1 通过 MOSI 引脚发送数据,S2 通过 MOSI 引脚接收数据,或者 S2 通过 MISO 引脚发送数据,而 M1 通过 MISO 引脚接收数据。从机只有通过 CS 信号被选中之后,对此从机的操作才会有效,可见片选信号的存在使得允许在同一总线上连接多个 SPI 设备成为可能。

表 15-1 SPI 接口通用的四条线

线路名称	线路作用
SCK	串行时钟线
MISO	主机输入/从机输出线
MOSI	主机输出/从机输入线
$\overline{CS}$	低电平有效的从机选择线

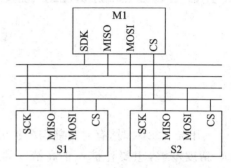

图 15-1 SPI 主从工作方式示意图

当从机被选中,和主机建立连接之后,接下来起作用的就是负责通信的 3 根线了。通信时通过进行数据交换来完成,这里首先要知道 SPI 采用的是串行通信协议,也就是说通信时数据是一位一位进行传输的。这也是 SCK 时钟信号存在的原因,传输时,由 SCK 提供时钟脉冲,MOSI 和 MISO 引脚则是基于此脉冲完成数据的发送或者接收。如图 15-1 所示,当 M1 给 S1 发送数据时,数据在时钟脉冲的上升沿或者下降沿时通过 M1 的 MOSI 引脚发送,在紧接着的下降沿或者上升沿时通过 S1 的 MOSI 引脚接收。当 S1 给 M1 发送数据时,原理是一样的,只不过通过 MISO 引脚来完成。

值得注意的是,SCK 信号只由主设备控制,从设备不能控制时钟信号线。因此,在一个基于 SPI 的系统中,必须至少有一个主控设备,其向整个 SPI 系统提供时钟信号,系统内所有的设备都基于这个时钟脉冲进行数据的接收或者发送,所以 SPI 是同步串行通信接口。在点对点的通信中,SPI 接口不需要寻址操作,且为全双工通信,因此显得简单高效。在多个从设备的系统中,每个从设备都需要独立的使能信号,硬件上比 I2C 系统要稍微复杂一些。

SPI 是一个环形总线结构,其时序其实比较简单,主要是在时钟脉冲 SCK 的控制下,两个双向移位寄存器 SPIDAT 进行数据交换。假设主机 M1 和从机 S1 进行通信,主机的 8 位寄存器 SPIDAT1 内的数据是 10101010,而从机的 8 位寄存器 SPIDAT2 内的数据是 01010101,在时钟脉冲上升沿时发送数据,在下降沿时接收数据,最高位的数据先发送,主机和从机之间进行全双工通信,也就是说两个 SPI 接口同时发送和接收数据,如图 15-2 所示。从图 15-2 可以看到,SPIDAT 移位寄存器总是将最高位的数据移出,接着将剩余的数据分别左移一位,然后将接收到的数据移入其最低位。

如图 15-3 所示,当时钟脉冲第 1 个上升沿到来时,SPIDAT1 将最高位 1 移出,并

第 15 章　串行外设接口 SPI

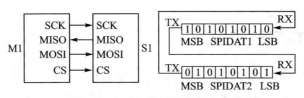

图 15-2　SPI 的环形总线结构

将剩余所有的数据左移 1 位,这时主机的 MOSI 引脚为高电平;而 SPIDAT2 将最高位 0 移出,并将剩余所有的数据左移 1 位,这时从机的 MOSI 引脚为低电平。然后,当时钟脉冲下降沿到来时,SPIDAT1 将锁存主机 MISO 引脚上的电平,也就是从机发出的低电平,并将数值 0 移入其最低位;同样的,SPIDAT2 将锁存从机 MISO 引脚上的电平,也就是主机发出的高电平,并将数值 1 移入其最低位。经过 8 个时钟脉冲后,两个移位寄存器就实现了数据的交换,也就是完成了一次 SPI 的时序。

前面只是对 SPI 接口的基本情况做了介绍,分别讲述了 SPI 与 SCI 接口的区别、应用的范围、通信原理等方面的内容,目的是希望能够对 SPI 接口本身有所了解,因为不仅只有 DSP 才具有 SPI 接口,很多外围设备同样具有 SPI 接口。接下来,就要回归到本章的主体部分,开始 X281x 中 SPI 接口的介绍。通过后面的学习就会发现,其实 SPI 核心的知识这里已经提出来了,可以前后对照着学习。

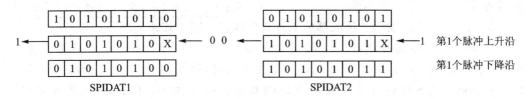

图 15-3　SPIDAT 数据传输示例

15.2　X281x SPI 模块的概述

图 15-4 是 X281x SPI 的 CPU 接口。

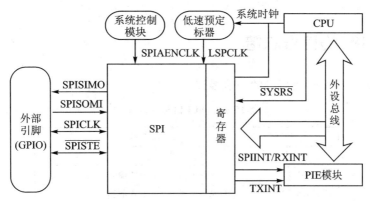

图 15-4　X281x SPI 的 CPU 接口

15.2.1 SPI 模块的特点

图 15-3 所示的是 X281x SPI 模块的接口图,其具有的特点如下:

① 具有 4 个外部引脚,如表 15-2 所列。从表 15-2 可见,X281x 采用的是四线制的 SPI 接口。

② 有两种工作模式可以选择:主工作模式和从工作模式。

③ 波特率:具有 125 种可编程的波特率。能够使用的最大波特率受到 I/O 缓冲器最大缓存速度的限制,这些缓冲器是使用在 SPI 引脚上的 I/O 缓冲器,而最高的波特率不能超过 LSPCLK/4。

④ 单次发送的数据字的长度为 1~16 位,可以通过寄存器设定。

⑤ 可选择的 4 种脉冲时钟配置方案,具体的将在后面进行介绍。

⑥ 接收和发送可以同步操作,也就是说可以实现全双工通信。当然,发送功能可以通过 SPICTL 寄存器的 TALK 位禁止或者使能。

表 15-2 X281x SPI 接口的引脚

引 脚	功能说明
SPISOMI	SPI 从模式输出/主模式输入引脚
SPISIMO	SPI 从模式输入/主模式输出引脚
SPICLK	SPI 串行时钟引脚
SPISTE	SPI 从模式发送使能引脚

⑦ 和 SCI 相同,发送和接收都能通过查询或者中断方式来实现。

⑧ 具有 6 个控制寄存器、3 个数据寄存器和 3 个 FIFO 寄存器。值得注意的是,SPI 所有的控制寄存器都是 8 位,当寄存器被访问时,数据位于低 8 位,而高 8 位为 0,因此把数据写入 SPI 这 6 个控制寄存器的高 8 位是无效的。但是,3 个数据寄存器 SPIRXBUF、SPITXBUF 和 SPIDAT 都是 16 位的。3 个 FIFO 寄存器也是 16 位。

⑨ X281x 的 SPI 也具有 2 个 16 级的 FIFO,一个用于发送数据,一个用于接收数据。发送数据时,数据与数据之间的延时可以通过编程进行控制。

⑩ 在标准 SPI 模式(非 FIFO 模式)下,发送中断和接收中断都使用 SPIINT/RXINT。在 FIFO 模式中,接收中断使用 SPIINT/RXINT,而发送中断使用的是 SPITXINT。

15.2.2 SPI 的信号总结

表 15-3 为 SPI 模块信号的功能描述。

表 15-3 SPI 信号功能描述

信号名称	功能描述
外部引脚	
SPISOMI	SPI 从模式输出/主模式输入引脚
SPISIMO	SPI 从模式输入/主模式输出引脚

续表 15-3

信号名称	功能描述
SPICLK	SPI 串行时钟引脚
$\overline{\text{SPISTE}}$	SPI 从模式发送使能引脚
控制信号	
SPI 时钟速率	LSPCLK
中断信号	
SPIINT/RXINT	发送中断/接收中断(不使用 FIFO 情况下)
SPITXINT	发送中断(使用 FIFO 情况下)

15.3 SPI 模块的工作原理

图 15-5 为 SPI 模块的结构框图。从图中可以看出，SPI 能够完成数据的交换主要依赖于 3 个数据寄存器：接收数据缓冲寄存器 SCIRXBUF、发送数据缓冲寄存器 SCITXBUF 和数据移位寄存器 SPIDAT，这 3 个寄存器均为 16 位。

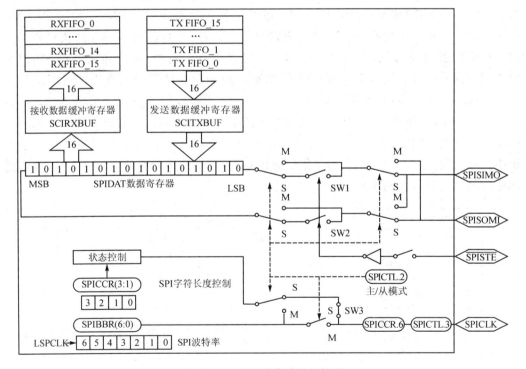

图 15-5　SPI 模块的结构框图

SPI 模块可以通过移位寄存器实现数据的交换，即通过 SPIDAT 寄存器移入或者移出数据。下面简单地来了解一下 SPI 工作在标准 SPI 模式下（FIFO 未使能）时，数据交换的过程。首先，通过程序向发送缓冲寄存器 SCITXBUF 写入数据，如果此时

SPIDAT 寄存器为空,则 SCITXBUF 将需要发送的完整数据传输给 SPIDAT,数据在 SCITXBUF 寄存器和 SCIDAT 寄存器内存放都是左对齐的,也就是从高位开始存储。SPIDAT 经过每一个时钟脉冲,完成一位数据的发送或者接收。假设在时钟脉冲的上升沿时,SPIDAT 将数据的最高位发送出去,然后将剩余的所有数据左移 1 位,接下来,在时钟脉冲的下降沿时,SPIDAT 锁存一位数据,并保存至其最低位。当发送完指定位数的数据后,SPIDAT 寄存器将其内部的数据发送给接收缓冲寄存器 SPIRXBUF,等待 CPU 来读取。数据在 SPIRXBUF 中存放是右对齐的,也就是从低位开始存储。

在标准 SPI 模式下,接收操作支持双缓冲,也就是在新的接收操作启动时,CPU 可以暂时不读取 SPIRXBUF 中接收到的数据,但是在新的接收操作完成之前必须读取 SPIRXBUF,否则将会覆盖原来接收到的数据。相同的,发送操作也支持双缓冲功能。

15.3.1　SPI 主从工作方式

图 15-6 所示的是典型的 SPI 主/从模式连接图,系统中有两个处理器,处理器 1 的 SPI 工作于主机模式,而处理器 2 的 SPI 工作于从机模式。SPI 工作控制寄存器 SPICTL 的 MASTER/SLAVE 位决定了 SPI 工作于何种模式,当 MASTER/SLAVE =1 时,SPI 工作于主机模式,而当 MASTER/SLAVE=0 时,SPI 工作于从机模式。从图上也可以看到,时钟信号 SPICLK 是由主机提供给从机的,主机和从机在 SPICLK 的协调下同步进行数据的发送或者接收,数据在时钟脉冲信号的上升沿或者下降沿进行发送或者读取。当然,主机和从机之间进行通信的前提是从机片选信号 $\overline{\text{SPISTE}}$ 为低电平,将 SPI 从机选中,也就是将处理器 2 选中。主机和从机之间可以同时实现数据的发送和接收,也就是说可以工作于全双工模式。下面将分别详细探讨 SPI 工作于主机模式和从机模式时的特点。为了能够突出知识点,将采用问答的方式来表达,希望能够帮助对这部分内容的理解。

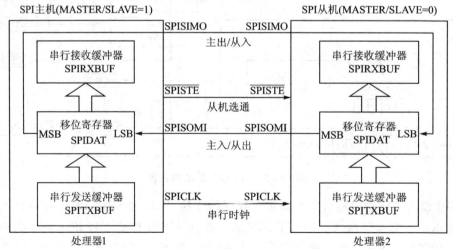

图 15-6　SPI 主/从模式连接图

1. 主机模式

① 问:如何设置 SPI 成为主机,就像图 15-6 中的处理器 1?

答:通过设置 SPI 工作控制寄存器 SPICTL 的 MASTER/SLAVE 位为 1 来使 SPI 工作于主机模式。编程的语句为:

```
SpiaRegs.SPICTL.bit.MASTER_SLAVE = 1
```

② 问:整个 SPI 的通信网络中的时钟和波特率是由主机来提供的吗?

答:是的。从字面上理解,主机就是在系统中占主导地位的设备,关乎到整个系统的运行。主机通过 SPICLK 引脚为整个通信网络提供时钟脉冲信号。由于每经过一个时钟脉冲,SPI 就完成一位数据的发送,因此时钟脉冲的频率就是通常所说的波特率,其值由主机的 SPIBBR 寄存器来决定。通过对 SPIBBR 寄存器的编程,SPI 能够实现 125 种不同的波特率,最大波特率为 LSPCLK/4。

③ 问:主机的数据是如何发送和接收的呢?

答:主机通过 SPISIMO 引脚来发送数据,而通过 SPISOMI 引脚输入数据。如图 15-6 所示,当数据写到移位寄存器 SPIDAT 或者写到串行发送缓冲器 SPITXBUF 时,就会启动 SPISIMO 引脚开始发送数据,首先发送的是 SPIDAT 的最高位,接着将剩余的数据左移 1 位,然后将接收到的数据通过 SPISOMI 引脚移入 SPIDAT 的最低有效位。如此重复,当 SPIDAT 中所要发送的数据都发送出去之后,SPIDAT 中接收到的数据被写到 SPI 的接收缓冲器 SPIRXBUF 中,等待 CPU 来读取。从上面的描述不难理解,为了保证首先发送的是最高位,则发送缓冲器 SPITXBUF 和移位寄存器 SPIDAT 中的数据是左对齐的,而由于每次接收到的数据始终是写在最低位,所以接收缓冲寄存器 SPIRXBUF 中的数据是右对齐的。SPIRXBUF、SPITXBUF、SPIDAT 这 3 个数据寄存器都是 16 位。

④ 问:当规定数目的数据通过移位寄存器 SPIDAT 完成发送时,会产生哪些事件?

答:

➢ 发送了多少位的同时,也相当于接收了多少位的数据,因此当 SPIDAT 发送完规定数目中的数据时,SPIDAT 中也存放了接收到的相同数目的数据,这时,SPIDAT 中接收到的数据会被写到 SPIRXBUF 中。

➢ SPI 的中断标志位 SPI INT FLAG 就会被置位,这时候如果 SPIINT/RXINT 中断已经被使能,从三级中断的角度来看,也就是 SPICTL 寄存器的 SPINT ENA 位被置位,相应的 PIE 中断被使能,相应的 CPU 中断已开启,则就会产生 SPI-INT/RXINT 中断。由于 SPI 的发送和接收是一起完成的,所以这也就是为什么在非 FIFO 模式下,SPI 的发送中断和接收中断使用的是同一个 SPIINT/RXINT。

➢ 当 SPIDAT 完成数据发送时,如果 SPITXBUF 中还有数据,则这些数据将被写入 SPIDAT,继续发送。当 SPIDAT 中所有的数据都发送完成后,时钟脉冲 SPICLK 将会停止,直到有新的数据写入 SPIDAT 寄存器进行发送。

⑤ 问：在数据传输过程和传输完成两种状态时，主机的 $\overline{SPISTE}$ 引脚有何变化？

答：从前面的学习已经知道，$\overline{SPISTE}$ 引脚是从机使能信号，这是一个低电平有效的信号，也就是说当主机需要给从机发送数据时，$\overline{SPISTE}$ 引脚就被置为低电平；当主机发送完需要发送的数据后，$\overline{SPISTE}$ 引脚重新被置为高电平。片选信号的存在使得系统能够同时拥有多个从机，但是在同一时刻，只能有一个从机起作用。

2. 从机模式

① 问：如何设置 SPI 成为从机，就像图 15-6 中的处理器 2？

答：通过设置 SPI 工作控制寄存器 SPICTL 的 MASTER/SLAVE 位为 0 来使得 SPI 工作于从机模式。编程的语句为：

```
SpiaRegs.SPICTL.bit.MASTER_SLAVE = 0
```

② 问：SPI 从机的时钟是由谁决定的？

答：前面已经讲过，SPI 系统通信的时钟是由主机来决定的，也就说从机通过 SPICLK 引脚来接收主机提供的串行移位时钟。从机 SPICLK 引脚的输入频率应不大于 LSPCLK/4。

③ 问：从机的数据是如何接收和发送的呢？

答：这个和主机的数据传输机制其实是类似的，首先，从机数据是通过 SPISOMI 引脚来发送，而通过 SPISIMO 引脚来接收。当从机接收到来自于主机脉冲信号的边沿时，就可以启动数据的发送和接收。当数据写入 SPIDAT 或者 SPITXBUF 后，SPIDAT 就开始将数据的最高位移出，同时左移剩下的数据，然后将接收到的数据移入 SPIDAT 的最低位。在这里还需要探讨一下数据写入到 SCITXBUF 时的情况：如果数据写到 SCITXBUF 时，SPIDAT 内有数据正在发送，这时 SPITXBUF 就得等待，等到 SPIDAT 中数据发送完成后再把 SPITXBUF 中的数据写入 SPIDAT；而如果数据写到 SCITXBUF 时，SPIDAT 没有数据在发送，则这些数据会被立刻写入 SPIDAT 寄存器。

④ 问：由于从机通常是接收功能用得比较多，那如何禁止 SPI 的发送功能？

答：可以通过设置 SPICTL 寄存器的 TALK 位来禁止 SPI 的发送功能，编程语句为：

```
SpiaRegs.SPICTL.bit.TALK = 0
```

当发送功能被禁止后，发送引脚 SPISOMI 就会被置为高阻态。如果在禁止发送功能时，还有数据正在被发送，则得等到数据被发送完成之后，SPISOMI 引脚才会被置为高阻态，这样可以保证 SPI 能够正确地接收数据。

通过前面的介绍，应该对标准 SPI 模式下 SPI 模块的工作原理和运行情况有所了解，值得提醒的是，请千万不要在通信期间去改变 SPI 的配置。

15.3.2 SPI 数据格式

X281x 的 SPI 通过对配置控制寄存器 SPICCR 的第 3~0 位的选择，可以实现 1~

16 位数据的传输。当每次传输的数据少于 16 位时,需要注意以下几点:
① 当数据写入 SPITXBUF 和 SPIDAT 寄存器时,必须左对齐;
② 当数据从 SPIRXBUF 寄存器读取时,必须右对齐;
③ SPIRXBUF 寄存器中存放的是最新接收到的数据,数据采用右对齐方式,再加上前面移位到左边后留下的位。

假设 SPIDAT 寄存器当前的值为 0x737B,发送数据的长度为 1 位,则 SPIDATA 和 SPIRXBUF 在发送前后的状态如图 15-7 所示。

图 15-7　SPIDATA 和 SPIRXBUF 寄存器数据移动方式

15.3.3　SPI 波特率

SPI 通过对寄存器 SPIBRR 的配置,可以实现 125 种不同的波特率,计算公式如下:

当 SPIBRR=0、1、2 时:

$$SPIBaudRate = LSPCLK/4 \qquad (15-1)$$

当 SPIBRR=3~127 时:

$$SPIBaudRate = LSPCLK/(SPIBRR+1) \qquad (15-2)$$

式(15-1)和式(15-2)中的 LSPCLK 为 DSP 的低速外设时钟频率。从上面的波特率计算公式可以看出,SPI 模块最大的波特率为 LSPCLK/4。从式(15-2)可以看出,当 SPIBRR 为奇数时,(SPIBRR+1)为偶数,SPICLK 信号高电平与低电平在一个周期内保持对称;当 SPIBRR 为偶数时,(SPIBRR+1)为奇数,SPICLK 信号高电平和低电平在一个周期内不对称。当时钟极性位被清零时,SPILCK 的低电平比高电平多一个系统时钟周期;当时钟极性被置位时,SPICLK 的高电平比低电平多一个系统时钟周期。当 SPIBBR=0、1、2、3 时,SPICLK 如图 15-8 所示。当 SPIBBR=4,时钟极性被置位时,SPICLK 如图 15-9 所示。

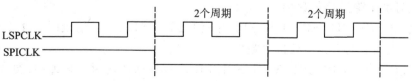

图 15-8　SPIBBR=0、1、2、3 时的 SPICLK 特性图

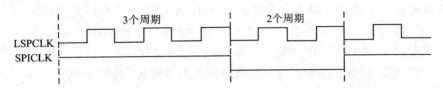

图 15-9　SPIBRR=4、时钟极性被置位时的 SPICLK 特性图

15.3.4　SPI 时钟配置

SPI 时钟配置方案是指 SPI 在时钟脉冲的什么时刻去发送或者接收数据。SPICCR 寄存器的 CLOCK POLARITY 位和寄存器 SPICTL 的 CLOCK PHASE 位决定了 SPI 的时钟特性，CLOCK POLARITY 决定了时钟的极性，而 CLOCK PHASE 决定了时钟的相位。两个参数不同取值的组合可以构成 4 种不同的时钟方案，如图 15-10 所示，每一种时钟方案都会对数据传输带来影响。

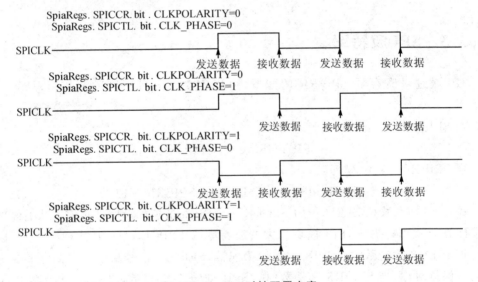

图 15-10　SPI 时钟配置方案

① 当 CLOCK POLARITY=0、SPICLK 没有数据发送时，SPICLK 处于低电平，这时：
　➢ 当 CLOCK PHASE=0 时，SPI 在 SPICLK 信号的上升沿发送数据，在 SPICLK 信号的下降沿接收数据；
　➢ 当 CLOCK PHASE=1 时，SPI 在 SPICLK 信号的上升沿延时了半个周期后发送，在随后的上升沿处接收数据。

② 当 CLOLCK PLARITY=1、SPICLK 没有数据发送时，SPLCLK 处于高电平，这时：
　➢ 当 CLOCK PHASE=0 时，SPI 在 SPICLK 信号的下降沿发送数据，在 SPICLK

信号的上升沿接收数据；
- 当 CLOCK PHASE=1 时，SPI 在 SPICLK 信号的下降沿延时了半个周期后发送，在随后的下降沿处接收数据。

图 15-10 形象地表述了 4 种时钟配置方案下，数据接收或者发送操作发生的时刻，下面将以时钟极性设置为低电平为例，再来详细分析一下，希望能将这部分内容理解得更透彻一些。如果时钟极性设置为低电平，当没有数据发送时，SPICLK 引脚保持为低电平。那什么时候会启动数据传输呢？很显然，当 SPICLK 引脚的电平发生跳变时开始传输数据。低电平状态只能向高电平状态跳变，所以当时钟相位无延迟时，在低电平跳变为高电平，也就是上升沿的时刻发送数据，而在高电平跳变为低电平，也就是下降沿的时候锁存数据。当 CLOLCK PHASE=1，时钟相位有延迟，此情况下数据传输的时刻与时钟相位无延时情况下数据传输的时刻相比，整体延时了半个时钟周期。从图 15-10 可以看到，本来在时钟脉冲上升沿的时刻发送数据，但是延时了半个周期，也就是到下降沿时才发送数据，在随后的上升沿处接收数据。时钟极性为高电平的情况与此类似。

15.3.5 SPI 的 FIFO 队列

和 SCI 一样，X281x 的 SPI 也具有 16 级深度的发送 FIFO 和接收 FIFO。当 FIFO 功能未被使能时，SPI 工作于标准 SPI 模式；当 FIFO 功能被使能时，SPI 工作于增强的 FIFO 模式。FIFO 的功能由 3 个寄存器来设置，它们分别是：SPI FIFO 发送寄存器 SPIFFTX、SPI FIFO 接收寄存器 SPIFFRX、SPI FIFO 控制寄存器 SPIFFCT。

当 DSP 复位时，SPI 工作在标准 SPI 模式下，FIFO 功能被禁止。通过将 SPIFF-TX 寄存器中的 SPIFFEN 位置位来启动 SPI 的 FIFO 功能。将 SPIFFTX 的位 SPIRST 置 1，可以在任何状态下复位 FIFO 模式，SPI FIFO 将重新开始发送和接收数据。

SPI 具有一个 16×16 位的发送缓冲器和一个 16×16 位的接收缓冲器，标准 SPI 模式下的发送缓冲器 SPITXBUF 将作为发送 FIFO 和移位寄存器 SPIDAT 之间的一个发送缓冲器。当最后一位数据从移位寄存器 SPIDAT 移出后，SPITXBUF 将重新从 FIFO 装载数据。

数据从 FIFO 转移到移位寄存器的速度是可编程的。SPIFFCT 寄存器的第 7～0 位，即 FFTXDLY，定义了两个数据发送间的延时。这个延时是以 SPI 串行时钟周期 SPICLK 为基准的。这个 8 位寄存器可以定义最小 0 个时钟周期的延时和最大 256 个时钟周期的延时。当延时为 0 个时钟周期时，SPI 模块能够连续发送数据；当延时为 256 个时钟周期时，SPI 模块发送数据将产生最大延时。这种可编程的特点，使 SPI 接口可以更方便地与许多传输速率较慢的外设如 EEPROM、ADC、DAC 等之间进行通信。

发送和接收 FIFO 都有状态位 TXFFST 和 RXFFST。TXFFST 位于寄存器

SPIFFTX[12~8],共 5 位。RXFFST 位于寄存器 SPIFFRX[12~8],共 5 位。这两位的作用是在任何时间可以标识 FIFO 队列中有用数据的个数。当 TXFFST 被清零时,发送 FIFO 队列的复位位 TXFIFO RESET 也被清零,发送 FIFO 的指针复位为 0,可以通过将 TXFIFO RESET 置位来重新启动 FIFO 队列的发送操作。同样的,当 RXFFST 被清零时,接收 FIFO 队列的复位位 RXFIFO RESET 也被清零,接收 FIFO 的指针复位为 0,可以通过将 RXFIFO RESET 置位来重新启动 FIFO 队列的接收操作。

15.3.6 SPI 的中断

图 15-11 是 SPI 中断标志和中断使能逻辑汇总。从图 15-11 可以看到,SPI 工作于标准 SPI 模式下时,能够产生接收溢出中断 RX_OVRN INT 和发送或接收操作的中断 SPIINT,这两个中断共用中断线 SPIRXINT。SPI 工作于 FIFO 模式下时,能够产生接收中断 SPIRXINT 和发送中断 SPITXINT。下面进行一一介绍。

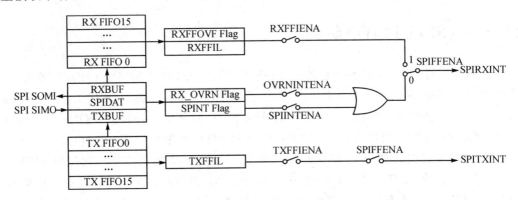

图 15-11 SPI 中断标志和中断使能逻辑汇总

(1) 在标准 SPI 模式下

如图 15-11 所示,当 SPIFFTX 寄存器的 SPIFFENA 位为 0 时,也就是 FIFO 功能未使能时,SPI 工作于标准 SPI 模式。当一个完整的字符移入或者移出 SPIDAT 时,SPIRXINT 的中断标志位 SPIINT FLAG 被置位,此时,SPIDAT 中接收到的数据就会被写入 SPIRXBUF 缓冲寄存器,等待 CPU 读取。如果 SPI 工作控制寄存器的位 SPI INT ENA 被置位,也就是 SPIRXINT 中断被使能,则 SPI 将向 PIE 控制寄存器提出中断请求。

SPIRXINT 也是一种复用的中断,当 SPI 接收数据产生溢出时,也会产生 SPIRXINT 的中断请求信号。如果新的接收数据写入 SPIRXBUF 寄存器之前,旧的数据 CPU 还尚未读取,那么新的数据写入之后就丢失了旧的数据,这时接收溢出标志位 RX_OVRN FLAG 被置位。如果 SPICTL 寄存器的 OVERRUN INT ENA 位被置位,也就是接收溢出中断被使能,则 SPI 也将向 PIE 控制寄存器提出中断请求。

无论是接收溢出,还是接收完成或者发送完成,所产生的中断都使用 SPIRXINT 中断线。当 CPU 读取 SPIRXBUF 寄存器中的数据后,中断标志位 SPI INT FLAG 会自动被清除。

(2) 在 FIFO 模式下

如图 15-11 所示,当 SPIFFTX 寄存器的 SPIFFENA 位为 1 时,也就是 FIFO 功能被使能时,SPI 工作于增强的 FIFO 模式。对于接收操作,前面已经介绍过,接收 FIFO 队列有状态位 RXFFST,表示接收 FIFO 中有多少个接收到的数据。同时,SPI FIFO 接收寄存器 SPIFFRX 还有一个可编程的中断触发级位 RXFFIL。当 RXFFST 的值与预设好的 RXFFIL 相等时,接收 FIFO 就会产生接收中断 SPIRXINT 信号,如果 SPIFFRX 寄存器的位 RXFFIENA 为 1,也就是 FIFO 接收中断已经使能,那么 SPI 将向 PIE 控制器提出中断请求。例如,假设通过编程将 RXFFIL 位设置为 8,那么当 FIFO 队列中接收到 8 个数据时,RXFFST 的值也为 8,正好和 RXFFIL 的值相等,这时接收 FIFO 就产生了接收中断匹配事件。复位后,接收 FIFO 的中断触发级位 RXFFIL 默认的值为 0x1111,即 16,也就是说 FIFO 队列中接收到 16 个数据时产生接收中断请求。

对于发送操作,发送 FIFO 队列有状态位 TXFFST,表示发送 FIFO 中有多少个数据需要发送。同时 SPI FIFO 发送寄存器 SPIFFTX 也有一个可编程的中断触发级位 TXFFIL。当 TXFFST 的值与预设好的 TXFFIL 相等时,发送 FIFO 就会产生发送中断 SPITXINT 信号,如果 SPIFFTX 寄存器的位 TXFFIENA 为 1,也就是 FIFO 发送中断已经使能,那么 SPI 将向 PIE 控制器提出中断请求。例如,假设通过编程将 TXFFIL 位设置为 8,那么当 FIFO 队列中还剩 8 个数据需要发送时,TXFFST 的值也为 8,正好和 TXFFIL 的值相等,这时发送 FIFO 就产生了发送中断匹配事件。复位后,发送 FIFO 的中断触发级位 TXFFIL 默认的值为 0x0000,即 0,也就是说 FIFO 队列中数据全部发送完毕后产生发送中断请求。

综上所述,SPI 的中断如表 15-4 所列。

表 15-4 SPI 的中断

工作模式	SPI 中断源	中断标志位	中断使能位	SPIFFENA	中断线
标准 SPI 模式	接收溢出	RX_OVRN	OVRNINTENA	0	SPIRXINT
	接收数据	SPIINT	SPIINTENA	0	SPIRXINT
	发送空	SPIINT	SPIINTENA	0	SPIRXINT
	FIFO 接收中断	RXFFIL	RXFFIENA	1	SPIRXINT
	FIFO 发送中断	TXFFIL	TXFFIENA	1	SPITXINT

15.4 SPI 模块的寄存器

SPI 模块具有 6 个控制寄存器、3 个数据寄存器、3 个 FIFO 寄存器,如表 15-5 所列。

表 15-5 SPI 模块的寄存器列表

寄存器名	地址范围	尺寸(×16)	说明
SPICCR	0x00007040	1	SPI 配置控制寄存器
SPICTL1	0x00007041	1	SPI 工作控制寄存器
SPIST	0x00007042	1	SPI 状态寄存器
SPIBRR	0x00007044	1	SPI 波特率寄存器
SPIEMU	0x00007046	1	SPI 仿真缓冲寄存器
SPIRXBUF	0x00007047	1	SPI 接收数据缓冲寄存器
SPITXBUF	0x00007048	1	SPI 发送数据缓冲寄存器明
SPIDAT	0x00007049	1	SPI 数据移位寄存器
SPIFFTX	0x0000704A	1	SPI FIFO 发送寄存器
SPIFFRX	0x0000704B	1	SPI FIFO 接收寄存器
SPIFFCT	0x0000704C	1	SPI FIFO 控制寄存器
SPIPRI	0x0000704F	1	SPI 优先权控制寄存器

(1) SPI 配置控制寄存器

SPI 配置控制寄存器 SPICCR 的位情况如图 15-12 所示,各位说明如表 15-6 所列。

7	6	5	4	3	2	1	0
SPI SW Reset	CLOCK POLARITY	Reserved	SPILBK	SPI CHAR3	SPI CHAR2	SPI CHAR1	SPI CHAR0
R/W-0	R/W-0	R-0	R-0	R-0	R-0	R-0	R-0

注:R=只读操作,R/W=读/写;-0=复位后的值。

图 15-12 SPI 配置控制寄存器 SPICCR

表 15-6 SPICCR 各位说明

位	名称	说明
7	SPI SW Reset	SPI 软件复位位。当改变配置时,用户应该在改变配置之前清除此位,并且在重新开始操作之前设置此位。 1,SPI 准备发送或接收下一字。当 SPI SW Reset 位为 0 时,写入发送器的字符将不能移出。新的字符必须写入串行数据寄存器 SPIDAT。 0,初始化 SPI 操作标志到复位状态。主要是将接收器溢出(RECEIVER OVERRUN)标志位(SPISTS.7)、SPI 中断标志位(SPISTS.6)和 TX BUF FULL 标志位(SPISTS.5)清除。SPI 配置保持不变。如果该模块作为主模块,SPICLK 信号输出无效
6	CLOCK POLARITY	移位时钟极性。此位控制 SPICLK 信号的极性。时钟极性和时钟相位(SPICTL.3)控制 SPICLK 引脚上的 4 种时钟方案。 1,下降沿输出数据,上升沿输入数据。当无 SPI 数据发送时,SPI 呈高电平。时钟相位(CLOCK PHASE)位决定输入/输出数据的"边沿特性"如下:CLOCK PHASE=0,SPICLK 下降沿时输出数据,上升沿时输入数据;CLOCK PHASE=1,SPICLK 下降沿延时半个周期后输出数据,在接下来的下降沿时输入数据。 0,上升沿输出数据,下降沿输入数据。当无 SPI 数据发送时,SPI 呈低电平。时钟相位 CLOCK PHASE)位决定输入/输出数据的"边沿特性"如下:CLOCK PHASE=0,SPICLK 上升沿时输出数据,下降沿时输入数据;CLOCK PHASE=1,SPICLK 上升沿延时半个周期后输出数据,在接下来的上升沿输入数据

第15章 串行外设接口 SPI

续表 15-6

位	名 称	说 明
5	Reserved	保留位。读返回 0;写无效
4	SPILBK	SPI 回送位。在设备测试时,回送模式允许模块确认。此模式仅在 SPI 为主模式时有效。1,使能 SPI 回送模式,SIMO/SOMI 线被内部连接,用于模块自我测试;0,禁止 SPI 回送模式——复位后的默认值
3~0	SPI CHAR3~SPI CHAR0	字长控制位 3~0。此 4 位决定在一个移送序列中,作为单个字符被移出或移入的位的数量

(2) SPI 工作控制寄存器 SPICTL

SPI 工作控制寄存器 SPICTL 的位情况如图 15-13 所示,各位说明如表 15-7 所列。

7	6	5	4	3	2	1	0
	Reserved		OVERRUN INT ENA	CLOCK PHASE	MASTER/SLAVE	TALK	SPI INT ENA
	R-0		R/W-0	R/W-0	R/W-0	R/W-0	R/W-0

注:R=只读操作,R/W=读/写;-0=复位后的值。

图 15-13 PI 工作控制寄存器 SPICTL

表 15-7 SPICTL 各位说明

位	名 称	说 明
7~5	Reserved	保留位。读返回 0;写无效
4	OVERRUN INT ENA	溢出中断使能位。当 RECEIVER OVERRUN 标志位(SPISTS.7)被硬件置位时,置位此位可产生一个中断。RECEIVER OVERRUN 标志位和 SPI 中断标志位(SPISTS.6)共享相同的中断向量。 1,使能 RECEIVER OVERRUN 标志位(SPISTS.7)中断;0,禁止 RECEIVER OVERRUN 标志位(SPISTS.7)中断
3	CLOCK PHASE	SPI 时钟相位选择,此位控制 SPICLK 信号的相位。CLOCK PHASE 和 CLOCK POLARITY(SPICCR.6)规定了 4 种不同的时钟方案。 1,SPICLK 信号延迟半周期,极性由 CLOCK POLARITY 位决定;0,普通 SPI 时钟方案,极性由 CLOCK POLARITY 位决定
2	MASTER/SLAVE	SPI 网络模式控制位。此位决定 SPI 是网络主机还是从机。在复位初始化过程中,SPI 自动被设置为网络从机。1,设置为主机;0,设置为从机
1	TALK	主机/从机发送使能位。此 TALK 位可以通过将串行数据输出线置为高阻状态而禁止数据发送。如果发送时此位被清零,发送移位寄存器将继续工作直到先前的字符被全部移出。当此 TALK 位无效时,SPI 依然可以接收字和更新状态标志位。系统复位清除 TALK 位。 1,使能发送。对 4 引脚的情况,保证使接收器的 $\overline{SPISTE}$ 输入引脚有效。 0,禁止发送。从模式工作:如果之前没有被设置为"通用目的输入/输出引脚"(GPIO),SPISOMI 引脚将设置为高阻状态;主模式工作:如果之前没有被设置为"通用目的输入/输出引脚"(GPIO),SPISOMI 引脚将设置为高阻状态

续表 15-7

位	名 称	说 明
0	SPI INT ENA	SPI 中断使能位。此位控制 SPI 产生发送/接收中断的功能。SPI INT 标志位（SPISTS.6）不受此位影响。1,使中断有效;0,使中断无效

(3) SPI 状态寄存器 SPISTS

SPI 工作控制寄存器 SPISTS 的位情况如图 15-14 所示,各位说明如表 15-8 所列。

7	6	5	4	0
RECEIVER OVERRUN FLAG	SPIINT FLAG	TX BUF FULL FLAG	Reserved	
R/C-0	R/C-0	R/C-0	R-0	

注:R=只读操作,R/W=读/写,C=只能清除;-0=复位后的值。

图 15-14 SPI 工作控制寄存器 SPISTS

表 15-8 SPISTS 各位说明

位	名 称	说 明
7	RECEIVER OVERRUN FLAG	SPI 接收器溢出标志位。当前一个字符从缓冲器中读出之前,且接收或发送操作完成时,SPI 硬件将设置此位。此位表示前一个数据已经覆盖,且丢失。此位通过下列 3 种方式清除:向该位写 1;向 SPI SW RESET(SPICCR.7)写 0;复位系统
6	SPIINT FLAG	SPI 中断标志位。SPI 中断标志位为只读标志位。SPI 硬件设置此位,表示其已经完成发送或接收最后一位(bit)数据,已准备就绪进行后续工作。在此位被设置的同时,收到的字放入接收缓冲器。此位通过下列 3 种方式清除:读 SPIRX-BUF;向 SPI SW RESET(SPICCR.7)写 0;系统复位
5	TX BUF FULL FLAG	SPI 发送缓冲器已满标志位。当一个字写入 SPI 发送缓冲器 SPITXBUF,此只读位设置为 1。当字被自动载入 SPIDAT,上一字完全移出时此位被清除。复位时,此位被清除
4～0	Reserved	保留位。读返回 0;写无效

(4) SPI 波特率寄存器 SPIBRR

SPI 波特率寄存器 SPIBRR 的位情况如图 15-15 所示,各位说明如表 15-9 所列。

7	6	5	4	3	2	1	0
Reserved	SPI BIT RATE6	SPI BIT RATE5	SPI BIT RATE4	SPI BIT RATE3	SPI BIT RATE2	SPI BIT RATE1	SPI BIT RATE0
R-0	R/W-0	R/W-0	R/W-0	R/W-0	R/W-0	R/W-0	R/W-0

注:R=只读操作,R/W=读/写;-X=复位后的值。

图 15-15 SPI 波特率寄存器 SPIBRR

表15-9 SPIBRR各位说明

位	名称	说明
7	Reserved	保留位。读返回0;写无效
6~0	SPI BIT RATE6~ SPI BIT RATE0	SPI波特率控制位。如果SPI为网络主机,这些位决定其位(bit)传输率。有125种数据传输率(每个都是CPU时钟的函数LSPCLK)可选。SPICLK每周期移出一个数据位(SPICLK是在SPICLK引脚上的波特率时钟输出)。如果SPI为从机,模块将在SPICLK引脚上从网络主机接收时钟;此时这些位对SPICLK信号无效。来自主机的输入时钟的频率不能超过从机SPICLK信号的1/4。在主模式时,SPI时钟由SPI发生,并被输出到SPICLK引脚

(5) SPI仿真缓冲寄存器 SPIRXEMU

SPI仿真缓冲寄存器SPIRXEMU的位情况如图15-16所示。

15	14	13	12	11	10	9	8
ERXB15	ERXB14	ERXB13	ERXB12	ERXB11	ERXB10	ERXB9	ERXB8
R-0	R-0	R-0	R-0	R-0	R-0	R-0	R-0
7	6	5	4	3	2	1	0
ERXB7	ERXB6	ERXB5	ERXB4	ERXB3	ERXB2	ERXB1	ERXB0
R-0	R-0	R-0	R-0	R-0	R-0	R-0	R-0

注:R=只读操作,R/W=读/写;-0=复位后的值。

图15-16 SPI仿真缓冲寄存器SPIRXEMU

ERXB15~ERXB0 位15~0,接收到数据的仿真缓冲器。除了读SPIRXEMU不会清除SPI INT标志位(SPISTS.6)外,SPIRXEMU的功能几乎与SPIRXBUF完全相同。一旦SPIDAT接收到了完整的字,这个字将就被发送给SPIRXEMU和SPIRXBUF,然后可以被读出。同时SPI INT标志位被设置。

(6) SPI串行接收缓冲寄存器 SPIRXBUF

SPI串行接收缓冲寄存器SPIRXBUF的位情况如图15-17所示。

15	14	13	12	11	10	9	8
RXB15	RXB14	RXB13	RXB12	RXB11	RXB10	RXB9	RXB8
R-0	R-0	R-0	R-0	R-0	R-0	R-0	R-0
7	6	5	4	3	2	1	0
RXB7	RXB6	RXB5	RXB4	RXB3	RXB2	RXB1	RXB0
R-0	R-0	R-0	R-0	R-0	R-0	R-0	R-0

注:R=只读操作,R/W=读/写;-0=复位后的值。

图15-17 SPI串行接收缓冲寄存器SPIRXBUF

RXB15~RXB0 位15~0,接收数据缓冲器,一旦SPIDAT接收到完整的字,这个字将被发送到SPIRXBUF,然后可以被读出。同时SPI INT标志位被置1。由于数据先移入SPI的最高有效位,所以数据在此寄存器中进行右对齐存储。

(7) SPI串行发送缓冲寄存器 SPITXBUF

SPI串行发送缓冲寄存器SPITXBUF的位情况如图15-18所示。

15	14	13	12	11	10	9	8
TXB15	TXB14	TXB13	TXB12	TXB11	TXB10	TXB9	TXB8
R/W-0	R/W-0	R/W-0	R/W-0	R/W-0	R/W-0	R/W-0	R/W-0
7	6	5	4	3	2	1	0
TXB7	TXB6	TXB5	TXB4	TXB3	TXB2	TXB1	TXB0
R/W-0	R/W-0	R/W-0	R/W-0	R/W-0	R/W-0	R/W-0	R/W-0

注:R=只读操作,R/W=读/写;-0=复位后的值。

图 15-18 SPI 串行发送缓冲寄存器 SPITXBUF

TXB15~TXB0 位 15~0,发送数据缓冲器。用于存储下一个要发送的字。在当前字发送完成时,如果 TX BUF FULL 标志位被设置,此寄存器的内容将自动传送到 SPIDAT,同时 TX BUF FULL 标志位被清除。

注意: 向 SPITXBUF 写操作必须是左对齐的。

(8) SPI 串行数据寄存器 SPIDAT

SPI 串行数据寄存器 SPIDAT 的位情况如图 15-19 所示。

15	14	13	12	11	10	9	8
SDAT15	SDAT14	SDAT13	SDAT12	SDAT11	SDAT10	SDAT9	SDAT8
R/W-0	R/W-0	R/W-0	R/W-0	R/W-0	R/W-0	R/W-0	R/W-0
7	6	5	4	3	2	1	0
SDAT7	SDAT6	SDAT5	SDAT4	SDAT3	SDAT2	SDAT1	SDAT0
R/W-0	R/W-0	R/W-0	R/W-0	R/W-0	R/W-0	R/W-0	R/W-0

注:R=只读操作,R/W=读/写;-0=复位后的值。

图 15-19 SPI 串行数据寄存器 SPIDAT

SDAT15~SDAT0 位 15~0,串行数据位。向 SPIDAT 中写数据有以下两个功能:如果 TALK 位(SPICTL.1)被置位,则该寄存器允许将数据输出到串行输出引脚上;当 SPI 为主机时,数据开始发送。

(9) SPI FIFO 发送寄存器 SPIFFTX

SPI FIFO 发送寄存器 SPIFFTX 的位情况如图 15-20 所示,各位说明如表 15-10 所列。

15	14	13	12	11	10	9	8
SPIRST	SPIFFENA	TXFFO	TXFFST4	TXFFST3	TXFFST2	TXFFST1	TXFFST0
R/W-1	R/W-0	R/W-1	R-0	R-0	R-0	R-0	R-0
7	6	5	4	3	2	1	0
TXFFINT Flag	TXFFINT CLR	TXFFIENA	TXFFIL4	TXFFIL3	TXFFIL2	TXFFIL1	TXFFIL0
R-0	R/W-0	R/W-0	R/W-0	R/W-0	R/W-0	R/W-0	R/W-0

注:R=只读操作,R/W=读/写;-X=复位后的值。

图 15-20 SPI FIFO 发送寄存器 SPIFFTX

第 15 章 串行外设接口 SPI

表 15 - 10 SPIFFTX 各位说明

位	名 称	复 位	说 明
15	SPIRST	1	SPI 复位位。0,向该位写 0,复位 SPI 发生和接收通道,SPI FIFO 寄存器配置位继续保持原有状态;1,SPI FIFO 重新开始发送和接收。对 SPI 寄存器的位没有影响
14	SPIFFENA	0	SPI 增强功能使能位。0,禁止 SPI FIFO 的增强型功能,FIFO 处于复位状态;1,使能 SPI FIFO 的增强型功能
13	TXFFO Reset	1	发送 FIFO 复位。0,向该位写 0,复位 FIFO 指针为 0,并保持复位;1,重新使能接收 FIFO 的操作
12~8	TXFFST4~TXFFST0	00000	发送 FIFO 状态位。00000:发送 FIFO 中空;00001:发送 FIFO 中有 1 个字;00010:发送 FIFO 中有 2 个字;00011:发送 FIFO 中有 3 个字;0XXXX:发送 FIFO 中有 N 个字;10000:发送 FIFO 中有 16 个字
7	TXFFINT	0	TXFIFO 中断。0,不产生 TXFIFO 中断,只读位;1,产生 TXFIFO 中断,只读位
6	TXFFINT CLR	0	TXFIFO 中断标志清除位。0,向该位写 0 对 TXFFINT 标志位没有影响,读该位返回一个 0;1,向该位写 1,对第 7 位 TXFFINT 标志清除
5	TXFFIENA	0	TXFIFO 中断使能位。0,禁止基于 TXFFIVL 匹配(小于或等于)的 TXFIFO 中断;1,使能基于 TXFFIVL 匹配(小于或等于)的 TXFIFO 中断
4~0	TXFFIL4~TXFFIL0	00000	TXFFIL4~TXFFIL0 发送 FIFO 中断触发级位。当 FIFO 状态位(TXFFST4~TXFFST0)和 FIFO 级位(TXFFIL4~TXFFIL0)匹配(小于或等于)时,发送 FIFO 产生中断。这些位复位后的默认值是 0x00000

(10) SPI FIFO 接收寄存器 SPIFFRX

SPI FIFO 接收寄存器 SPIFFRX 的位情况如图 15 - 21 所示,各位说明如表 15 - 11 所列。

表 15 - 11 SPIFFRX 各位说明

位	名 称	复 位	说 明
15	RXFFOVF Flag	0	接收 FIFO 溢出标志位。0,接收 FIFO 没有溢出,只读位;1,接收 FIFO 溢出,只读位,多于 16 个字的信息接收到 FIFO,接收到的第 1 个字丢失
14	RXFFOVF CLR	0	接收 FIFO 溢出标志清除位。0,向该位写 0 对 RXFFOVF 标志位没有影响,读该位返回一个 0;1,向该位写 1,对第 15 位 RXFFOVF 标志清除
13	RXFFO Reset	1	0,向该位写 0,复位 FIFO 指针为 0,并保持复位;1,重新使能接收 FIFO 的操作
12~8	RXFFST4~RXFFST0	00000	接收 FIFO 状态位。00000:发送 FIFO 中空;00001:发送 FIFO 中有 1 个字;00010:发送 FIFO 中有 2 个字;00011:发送 FIFO 中有 3 个字;0XXXX:发送 FIFO 中有 N 个字;10000:发送 FIFO 中有 16 个字
7	RXFFINT	0	接收 FIFO 中断位。0,不产生 RXFIFO 中断,只读位;1,产生 RXFIFO 中断,只读位
6	RXFFINTCLR	0	接收中断标志清除位。0,向该位写 0 对 RXFFINT 标志位没有影响,读该位返回一个 0;1,向该位写 1,对第 7 位 RXFFINT 标志清除

续表 15-11

位	名称	复位	说明
5	RXFFIENA	0	接收FIFO中断使能位。0,禁止基于RXFFIVL匹配(小于或等于)的RXFIFO中断;1,使能基于RXFFIVL匹配(小于或等于)的RXFIFO中断
4~0	RXFFIL4~RXFFIL0	00000	RXFFIL4~RXFFIL0接收FIFO中断触发级位。当FIFO状态位(TXFFST4~TXFFST0)和FIFO级位(TXFFIL4~TXFFIL0)匹配(大于或等于)时,接收FIFO产生中断。这些位复位后的默认值是0x11111。复位后,这将避免重复的中断,因为接收FIFO在大多数时间是空的

15	14	13	12	11	10	9	8
RXFFOVF Flag	RXFFOVF CLR	RXFIFO Reset	RXFFST4	RXFFST3	RXFFST2	RXFFST1	RXFFST0
R-0	W-0	R/W-0	R/W-1	R/W-1	R/W-1	R/W-1	R/W-1
7	6	5	4	3	2	1	0
RXFFINT Flag	RXFFINT CLR	RXFFIENA	RXFFIL4	RXFFIL3	RXFFIL2	RXFFIL1	RXFFIL0
R-0	W-0	R/W-0	R/W-1	R/W-1	R/W-1	R/W-1	R/W-1

注:R=只读操作,R/W=读/写;-X=复位后的值。

图 15-21 SPI FIFO 接收寄存器 SPIFFRX

(11) SPI FIFO 控制寄存器

SPI FIFO 控制寄存器 SPIFFCT 的位情况如图 15-22 所示,各位说明如表 15-12 所列。

表 15-12 SPIFFCT 各位说明

位	名称	类型	复位	说明
15~8	Reserved	R	0	读返回0;写无效
7~0	FFTXDLY7~FFTXDLY0	R/W	0x0000	FIFO发送延时位。这些位定义了FIFO发生缓冲器和发送移位寄存器之间的每一次传输的延时。这个延时是以SPI串行时钟周期为基准。8位寄存器可以定义最小0个串行时钟周期的延时时间和最大256个串行时钟周期的延时时间。在FIFO模式中,当移位寄存器完成了最后一位的移位后,移位寄存器和FIFO之间的缓冲器就应该加载数据,这就需要在数据流之间传递延时。FIFO模式中,TXBUF不应该作为一个附加级别的缓冲器来对待

(12) SPI 优先权控制器 SPIPRI

SPI 优先权控制器 SPIPRI 的位情况如图 15-23 所示,各位说明如表 15-13 所列。

第 15 章　串行外设接口 SPI

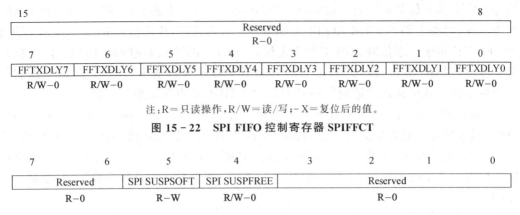

图 15-22　SPI FIFO 控制寄存器 SPIFFCT

注：R=只读操作，R/W=读/写；-X=复位后的值。

7	6	5	4	3	2	1	0
Reserved		SPI SUSPSOFT	SPI SUSPFREE	Reserved			
R-0		R-W	R/W-0	R-0			

注：R=只读操作，R/W=读/写；-0=复位后的值。

图 15-23　SPI 优先权控制器 SPIPRI

表 15-13　SPIPRI 各位说明

位	名　称	说　明		
7～6	Reserved	保留位。读返回 0；写无效		
5～4	SPI SUSP SOFT SPI SUSP FREE	当产生一个仿真挂起事件时，这些位决定 CPU 怎样处理（例如，当编译程序碰到中断点时）。如果在自由模式，无论外设当时处于什么状态，都能继续运行。如果在停止模式，外设要么立即停止，要么在完成当前操作（例如，完成当前的接收和发送序列）后停止 SOFT（位 5）　FREE（位 4）		
		0	0	当位流的中途 TSPEND 被确认时，中断立即停止。如果没有系统复位，一旦 TSUSPEND 不被声明，在 DATBUF 中的那些未定的剩余位将被移送
		1	0	标准 SPI 模式：发送移位寄存器和缓冲器中的数据字之后停止。也就是说，在 TX FIFO 和 SPIDAT 变空后停止 FIFO 模式：发送移位寄存器和缓冲器中的数据字之后停止。也就是说，在 TX FIFO 和 SPIDAT 变空后停止
		X	1	空转。忽视中断挂起，SPI 继续工作
3～0	Reserved	保留位。读返回 0；写无效		

15.5　手把手教你写 SPI 通信程序

下面通过讲解 SPI 点亮 LED 数码管的例子来学习如何写 SPI 的通信程序。本实验的电路原理图如图 15-24 所示，X281x 的 SPI 接口和移位器 74HC595 之间进行通信，然后点亮 8 位的 LED 数码管，使得数码管从 0～F 循环显示。74HC595 是一个 8 位的串行输入、并行输出的移位寄存器，也就是说输入时是一位一位串行接收数据，接收完整之后将8位数据并行一起输出。74HC595的输入引脚SER和SPI的SPISIMO引脚相连,时钟引脚SRCLK和SPI的SPICLK引脚相连,片选信号RCLK和SPI的引脚$\overline{SPISTE}$相连。通信时,SPI工作于主模式,向74HC595提供时钟脉冲信号,数据从SPI的SPISIMO输出,输入74HC595后,将8位数据并行输出给数码管,从而控制数码管的变化。这里选用的数码管型号为LG3611BH,是共阳极的数码管。

8位的数码管就是由8根独立的发光管构成,如图15-25所示。对于共阳极的数码管,如果想要哪根管子亮,就将这根管子的电平拉低。以显示数字2为例,很显然,从图15-25可以看到,如果需要显示2,就得点亮第6、7、4、2、1这5根管子,也就是说写到8位寄存器中的数据是00101001,就是写0x29;如果显示的是其他数字,原理也是一样的。

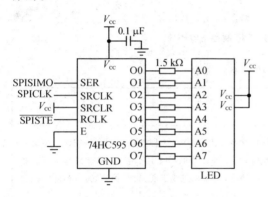

图15-24 SPI点亮LED的电路原理图

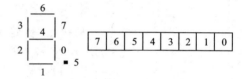

图15-25 LED原理

本程序的整体思路如下:

① 初始化系统,为系统分配时钟,处理看门狗电路等。

② 初始化GPIO,将SPI的引脚SPISIMO和SPISCLK设定为功能引脚,将$\overline{SPISTE}$设为I/O方便更改电平,实现片选。

③ 初始化SPI模块,设定通信数据格式、波特率、时钟方案等,并配置相关的寄存器。

④ 在主函数采用查询的方式发送数据,在发送数据前开通片选信号,将74HC595选中,发送数据完成后再关闭片选信号。

SPI点亮LED的例程(Spi01.pjt)在共享资料中的路径为:"共享资料\TMS320F2812例程\第15章\15.5\Spi01"。参考程序见程序清单15-1~程序清单15-4。

程序清单15-1 初始化系统控制模块

```
/***************************************************************
* 文件名:DSP28_SysCtrl.c
* 功  能:对2812的系统控制模块进行初始化
***************************************************************/
#include "DSP28_Device.h"
```

```c
/*************************************************
*  名      称：InitSysCtrl()
*  功      能：该函数对 2812 的系统控制寄存器进行初始化
*  入口参数：无
*  出口参数：无
*************************************************/
void InitSysCtrl(void)
{
    Uint16 i;
    EALLOW;
    SysCtrlRegs.WDCR = 0x0068;              //禁止看门狗模块
// 初始化 PLL 模块
    SysCtrlRegs.PLLCR = 0xA;    //如果外部晶振为 30 MHz,则 SYSCLKOUT = 30 MHz×10/2 = 150 MHz
// 延时,使得 PLL 模块能够完成初始化操作
    for(i = 0; i < 5000; i++ ){}
// 高速时钟预定标器和低速时钟预定标器,产生高速外设时钟 HSPCLK 和低速外设时钟 LSPCLK
    SysCtrlRegs.HISPCP.all = 0x0001;        // HSPCLK = 150 MHz/2 = 75 MHz
    SysCtrlRegs.LOSPCP.all = 0x0002;        // LSPCLK = 150 MHz/4 = 37.5 MHz
// 对工程中使用到的外设进行时钟使能
    SysCtrlRegs.PCLKCR.bit.SPIENCLK = 1;    // SPI 模块时钟使能
    EDIS;
}
```

程序清单 15 - 2   初始化 GPIO 模块

```c
/*************************************************
*  文件名：DSP28_Gpio.c
*  功    能：2812 通用输入/输出口 GPIO 的初始化函数
*************************************************/
#include "DSP28_Device.h"
/*************************************************
*  名      称：InitGpio()
*  功      能：初始化 GPIO,使得 GPIO 的引脚处于已知的状态,例如确定其功能是特定功能还是
*             通用 I/O。如果是通用 I/O,是输入还是输出等
*  入口参数：无
*  出口参数：无
*************************************************/
void InitGpio(void)
{
    EALLOW;
    ///设置 SPI 口外设功能
    GpioMuxRegs.GPFMUX.bit.SPISIMOA_GPIOF0 = 1;     //选择 SPISIMO 引脚为功能引脚
    GpioMuxRegs.GPFMUX.bit.SPICLKA_GPIOF2 = 1;      //选择 SPICLK 引脚为功能引脚
    GpioMuxRegs.GPFMUX.bit.SPISTEA_GPIOF3 = 0;      //选择 SPISTE 引脚为通用 I/O
    GpioMuxRegs.GPFDIR.bit.GPIOF3 = 1;              //方向为输出,低电平时选中 74HC595
    EDIS;
}
```

程序清单 15-3　初始化 SPI 模块

```c
/***************************************************************
* 文件名:DSP28_Spi.c
* 功    能:对 2812 的 SPI 模块进行初始化
***************************************************************/
#include "DSP28_Device.h"
/***************************************************************
* 名    称:InitSpi()
* 功    能:该函数对 2812 的 SPI 进行初始化
* 入口参数:无
* 出口参数:无
***************************************************************/
void InitSpi(void)
{
    //配置控制寄存器设置
    SpiaRegs.SPICCR.all = 0x08;      //进入初始状态,数据在上升沿输出,自测禁止,8位数据模式
    //操作控制寄存器设置
    SpiaRegs.SPICTL.all = 0x06;      //正常的 SPI 时钟方式,主动模式,使能发送,禁止中断
    //波特率的设置
    SpiaRegs.SPIBRR = 0x1D;          //波特率 = LSPCLK/(SPIBRR + 1) = 30 MHz/30 = 1 MHz
    SpiaRegs.SPICCR.all = 0x8a;      //退出初始状态
}
/***************************************************************
* 名    称:Spi_TxReady()
* 功    能:查询 SPISTS 寄存器的 BUFFULL_FLAG,来确认发送准备是否就绪
* 入口参数:无
* 出口参数:i,即 TXRDY 的状态。1:发送准备已经就绪;0:发送准备尚未就绪
***************************************************************/
unsigned int Spi_TxReady(void)
{
    unsigned int i;
    if(SpiaRegs.SPISTS.bit.BUFFULL_FLAG == 1)
//根据 SPI 的状态寄存器缓冲标志位是否满来确定发送函数是否可进行,学习时自己查看即可
    {
        i = 0;
    }
    else
    {
        i = 1;
    }
    return(i);
}
/***************************************************************
* 名    称:Spi_RxReady()
* 功    能:查询 SPISTS 寄存器的 INT_FLAG 位,来确认接收准备是否就绪
* 入口参数:无
* 出口参数:i,即 RXRDY 的状态。1:接收准备已经就绪;0:接收准备尚未就绪
***************************************************************/
unsigned int Spi_RxReady(void)
{
```

第 15 章　串行外设接口 SPI

```c
    unsigned int i;
    if(SpiaRegs.SPISTS.bit.INT_FLAG == 1)
    {
        i = 1;
    }
    else
    {
        i = 0;
    }
    return(i);
}
```

程序清单 15 - 4　主函数

```c
/***************************************************************
* 实验目的:通过学习本实验来掌握 DSP 的 SPI 工作原理
* 实验说明:SPI 是高速同步的串行输入/输出口,它的通信速率和通信数据长度都是可编程
*          的,可以接收和发送 16 位的数据位,并且带有双缓冲的 SPI 的 4 个外部引脚为:从输出
*          主输入(SPISOMI),从输入主输出(SPISIMO),从发送使能(SPISTE),串行时钟引脚
* (SPICLK)主要硬件部分:DSP 74HC595(串入并出的移位器),共阳数码管。SPIMOSI 和 SPICLK
*          直接从 DSP 接到了 74HC595 的 SER 和 SRCLK,作为数据和时钟信号的
*          输入,SPISTE 引脚接到了 74HC595 的 RCLK 以控制其选通
* 实验结果:可看到数码管从 0~F 循环显示
***************************************************************/
#include "DSP28_Device.h"
void WriteLED(unsigned char data);              //送给数码管的数据函数
unsigned long int a;
Uint16
SpiCode[] = {0x7E7E,0x2929,0x2c2c,0x6666,0xa4a4,0xa0a0,0x3e3e,0x2020,0x2424,0x2222,
             0xe0e0,0xb1b1,0x6868,0xa1a1,0xa3a3,0xffff,0xdfdf};
void main(void)
{
    int k;
    InitSysCtrl();                              //初始化系统
    DINT;                                       //关中断
    IER = 0x0000;
    IFR = 0x0000;
    InitPieCtrl();                              //初始化 PIE 控制寄存器
    InitPieVectTable();                         //初始化 PIE 参数表
    InitGpio();                                 //初始化外设寄存器
    InitSpi();
    //设置 CPU
    EINT;                                       //开全局中断
    ERTM;                                       //开实时中断
    for(;;)
    {
        for(k = 0;k<16;k++)                     //循环发送 16 个数据
        {
            GpioDataRegs.GPFDAT.bit.GPIOF3 = 0;  //输出低电平选中 74HC595
```

```
            WriteLED(SpiCode[k]);              //发送数据函数
            for(a = 0;a<500000;a ++);          //延时
        }
    }
}
/*************************************************************
* 名     称:WriteLED()
* 功     能:SPI 发送数据
* 入口参数:char data,需要发送的数据
* 出口参数:无
*************************************************************/
void WriteLED(unsigned char data)
{
    if(Spi_TxReady() == 1)                     //当检测到 SPI 发送准备信号置 1 时,开始发送数据
    {
        SpiaRegs.SPITXBUF = data;              //把数据写如 SPI 发送缓冲区
    }
    while(Spi_TxReady()! = 1);                 //一直等待直到数据发送完成
    {
    }
    GpioDataRegs.GPFDAT.bit.GPIOF3 = 1;        //退出时关片选
}
```

本章首先介绍了 SPI 接口通用的一些知识,了解了 SPI 接口的基本工作原理;然后以 X281x 内部 SPI 模块为核心,详细介绍了 SPI 接口的结构、特点、工作方式、数据格式、波特率设置、时钟方案、FIFO 队列、中断等内容;并通过 SPI 点亮 LED 数码管的实例来分析 SPI 接口的实际应用。下一章,将详细介绍 X2812 增强型的 CAN 总线。

第 16 章
增强型控制器局域网通信接口 eCAN

CAN 总线对于很多工程师来说都耳熟能详,但可能之前只是听过,还未能真正接触到 CAN 总线的具体内容。CAN 是德国 BOSCH 公司为现代汽车应用领域领先推出的一种多主局域网,换句话说,就是一条总线上可以挂多个主机进行通信。CAN 总线是一种串行通信协议,具有较高的通信速率和较强的抗干扰能力,现已被广泛地应用于工业自动化、交通工具、医疗器械、机械制造、楼宇控制、自动化仪表等众多领域。X281x DSP 集成了增强型 CAN 总线通信接口,能够支持 CAN2.0B 协议。本章首先将详细讲解 CAN2.0B 协议,在此基础上详细介绍 X281x eCAN 接口的结构、工作方式、寄存器、中断等内容,并以详细的实例来介绍如何使用 eCAN 接口收发报文。

16.1 CAN 总线的概述

前面已经学习了串行通信接口 SCI 和串行外设接口 SPI,相对于这两种通信接口,同为串行通信接口的增强型控制器局域网接口 eCAN 就显得比较复杂了。为了能够更好地理解和掌握 eCAN,下面将从 CAN 总线最基本的知识入手,全面来了解一下 CAN 通信的相关知识。

16.1.1 什么是 CAN

CAN 是"Controller Area Network"的缩写,意思为控制器局域网,是国际上应用最为广泛的现场总线之一。起初,CAN 被设计作为汽车环境中的微控制器通信使用,在车载的各种电子控制装置之间交换信息,形成汽车电子控制网络,例如:发电机管理系统、变速箱控制器、仪表装备、电子主干系统中,均嵌入 CAN 通信接口。

如图 16-1 所示,串行通信接口 SCI 通信时是一对一的。串行外设接口 SPI 通信时可以组成一个网络,网络中只能有一个设备为主机,其余的为从机。而 CAN 总线则是一种多主的局域网,也就是通信时这个网络中的各个设备都可以工作于主机模式。

由 CAN 总线构成的单一网络中，理论上可以挂接无数个节点。实际应用中，节点数目受网络硬件的电气特性所限制。例如，当使用 NXP P82C50 作为 CAN 收发器时，同一个网络中允许挂接 110 个节点。CAN 可提供高达 1 Mbps 的数据传输速率，这使实时控制变得非常容易。另外，硬件的错误检定特性也增强了 CAN 的抗电磁干扰能力。

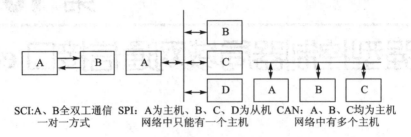

图 16-1　各种通信接口的组网方式

16.1.2　CAN 是怎样发展起来的

CAN 最初出现在 20 世纪 80 年代末的汽车工业中，由德国 BOSCH 公司最先提出。当时，由于消费者对汽车功能的要求越来越多，而这些功能的实现大多是基于电子操作的，这就使得电子装置之间的通信越来越复杂，同时意味着需要更多的连接信号线。提出 CAN 总线的最初动机就是为了解决现代汽车中庞大的电子控制装置之间的通信，减少不断增加的信号线。于是，BOSCH 公司设计了一个单一的网络总线，所有的外围器件都可以被挂接在该总线上。1993 年，CAN 已经成为国际标准 ISO11898（高速应用）和 ISO11519（低速应用）。

CAN 是一种多主方式串行通信总线，基本设计规范要求有高的位速率、高抗电磁干扰性，而且能够检测出产生的任何错误。当信号传输距离达到 10 km 时，CAN 仍可提供高达 50 kbps 的数据传输速率。

由于 CAN 总线具有很高的实时性能，因此，CAN 已经在汽车工业、航空工业、工业控制、安全防护等领域中得到了广泛的应用。

16.1.3　CAN 是怎样工作的

CAN 通信协议主要描述设备之间的信息传递方式。CAN 层的定义和开放系统互联模型（OSI）一致。每一层与另一设备上相同的那一层进行通信。实际的通信发生在每一设备上相邻的两层，而设备只通过模型物理层的物理介质相互连接。表 16-1 为 OSI 开放式互连模型的各层。CAN 的规范定义了 OSI 模型的最下面两层，即数据链路层和物理层。应用层协议可以由 CAN 用户自由定义成适合于某个特定领域的任意方案。也就是说 CAN 的规范规定了 CAN 接口用什么样的传输线进行物理连接，规定了数据是按照什么方式进行传输,但是传输的数据代表什么含义用户是可以自由定义的。

CAN 总线的物理连接关系如图 16-2 所示。CAN 能够使用多种物理介质进行数据传输,例如双绞线、光纤等,最常用的是双绞线。CAN 总线上的信号使用差分电压进行传送,两条信号线被称为"CAN_H"和"CAN_L",静态时均为 2.5 V 左右,这时的状态表示为逻辑"1",也可以称为"隐性"电平。用 CAN_H 的电平比 CAN_L 的电平高的状态表示逻辑"0",称为"显性"电平,此时,通常 CAN_H 的电平为 3.5 V,CAN_L 的电平为 1.5 V。CAN 总线的电平特性如图 16-3 所示。

表 16-1　OSI 开放系统互联模型

序号	名称	说明
7	应用层	最高层。用户、软件、网络终端等之间用来进行信息交换
6	表示层	将两个应用不同数据格式的系统信息转化为能共同理解的格式
5	会话层	依靠低层的通信功能来进行数据的有效传递
4	传输层	两通信节点之间数据传输控制。如:数据重发,数据错误修复
3	网络层	规定了网络连接的建立、维持和拆除的协议。如:路由与寻址
2	数据链路层	规定了在介质上传输的数据位的排列和组织。如:数据校验和帧结构
1	物理层	规定通信介质的物理特性。如:电气特性和信号交换的解释

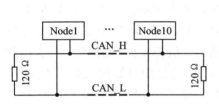

图 16-2　CAN 总线的物理连接关系

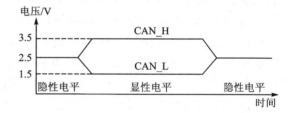

图 16-3　CAN 总线的电平特性

16.1.4　CAN 有哪些特点

CAN 总线具有许多十分优越的特点,被广泛应用于分布式实时系统中。这些特点包括:

- 低成本;
- 极高的总线利用率;
- 很远的数据传输距离(长达 10 km);
- 高速的数据传输速率(高达 1 Mbps);
- 可根据报文的 ID 决定接收或者屏蔽该报文;
- 可靠的错误处理和检错机制;
- 发送的信息遭到破坏后,可自动重发;
- 节点在错误严重的情况下具有自动退出总线的功能;

➢ 报文不含源地址或目标地址,仅用标识符来指示功能信息、优先级信息等。

16.1.5 什么是标准格式 CAN 和扩展格式 CAN

如果一个网络中有多个设备进行通信时,假如设备 A 发送信息给设备 B,那么怎么让设备 B 知道这条信息是发给它的呢?通常的做法是给系统中的每个设备指定一个独一无二的地址,当设备 A 发送信息给设备 B 时,信息中最前面的一段内容就是设备地址,这样设备 B 发现这条信息的目标地址和自身的地址相同时,设备 B 就接收此信息。例如,以太网中的计算机是以 IP 地址来进行识别的。CAN 总线所发送的数据是以报文为单位的,每个报文中并没有源地址或者目标地址信息,而是以若干位的二进制数来作为识别信息的标志,这些二进制数被称为标识符。例如,CAN 总线上挂有 3 个节点 A、B、C,事先将设备 B 的邮箱的标识符定为 00001111000,则只有当设备 A 发出的报文的标识符为 00001111000 时,设备 B 才会接收该标识符。

CAN 的数据格式有标准格式和扩展格式两种,其主要区别在于标识符的长度不同。标准格式 CAN 的标识符长度是 11 位,而扩展格式 CAN 标识符长度可达 29 位。CAN 协议分为 2.0A 版本和 2.0B 版本,2.0A 版本规定 CAN 控制器必须有一个 11 位的标识符。同时,CAN 2.0B 版本规定 CAN 控制器的标识符长度可以是 11 位或者 29 位。遵循 2.0B 协议的 CAN 控制器可以发送和接收 11 位标识符的标准格式报文或 29 位标识符的扩展格式报文。如果禁止 CAN2.0B,则 CAN 控制器只能发送和接收 11 位标识符的标准格式报文,而忽略扩展格式的报文结构。值得注意的是,只要没有用到扩展格式,那么,根据 2.0A 设计的仪器可以和根据 2.0B 设计的仪器相互进行通信。

X281x 的增强型控制器局域网接口 eCAN 支持 CAN2.0B 协议,接下来将详细介绍 CAN2.0B 协议的具体内容。

16.2 CAN2.0B 协议

CAN2.0 的协议分为 A 版和 B 版两种。CAN 2.0A 的协议仅支持 11 位的标识符;而 CAN2.0B 协议不仅支持 11 位的标识符,还支持 29 位的标识符。接下来,将全面详细地介绍 CAN2.0B 协议的具体内容,以便于对 X281x eCAN 模块的工作原理进行理解。

16.2.1 CAN 总线帧的格式和类型

CAN 总线具有两种不同的帧格式,不同之处在于标识符的长度不同:具有 11 位标识符的帧称为标准帧,而含有 29 位标识符的帧称为扩展帧。

CAN 网络中交换与传输的数据单元称为报文,报文也是网络传输的单位,传输过程中会不断地将数据封装成帧来进行传输,封装的方式就是添加一些信息。帧是一定

格式组织起来的数据。一个报文可能会由几帧来组成。CAN 中,报文传输由以下 4 个不同的帧类型来表示和控制:

  数据帧 数据帧将数据从发送器传输到接收器;

  远程帧 总线单元发出远程帧,请求其他单元发送具有同一标识符的数据帧;

  错误帧 任何单元检测到总线错误就发出错误帧;

  过载帧 过载帧用以在先行和后续的数据帧或远程帧之间提供一个附加的延时,换句话说就是在帧与帧之间插入适当的延时,使得帧与帧之间保持一定的距离,就像开车一样,防止突然地刹车碰撞,车与车之间在行驶时都要保持一定的距离。

  数据帧和远程帧可以使用标准帧和扩展帧两种格式。它们用一个帧间空间与前面的帧分隔。下面来详细介绍上述的 4 种帧格式。

1. 数据帧

  数据帧的格式如图 16-4 所示,由 7 个不同的位场组成:帧起始(Start of Frame)、仲裁场(Arbitration Frame)、控制场(Control Frame)、数据场(Data Frame)、CRC 场(CRC Frame)、应答场(ACK Frame)、帧结尾(End of Frame)。其中,数据场的长度可以为 0。

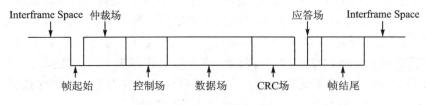

图 16-4 数据帧的格式

  帧起始标志着数据帧和远程帧的开始,仅由一个"显性"位组成。网络中的 CAN 节点只能在总线空闲时才允许开始发送信号。所有的节点必须同步于首先开始发送报文的节点的帧起始前沿。

  对于仲裁场,标准帧和扩展帧的仲裁场格式不同。如图 16-5 所示,标准格式里,仲裁场由 11 位的标识符和 RTR 位组成,标识符位由 ID28…ID18 组成。而扩展格式里,仲裁场包括 29 位识别符、SRR 位、IDE 位和 RTR 位,其识别符由 ID28…ID0 组成。

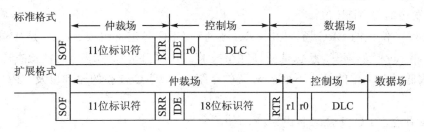

图 16-5 不同格式帧的仲裁场

  从图 16-5 可以看到,对于标准格式,标识符的长度为 11 位,相当于扩展格式的基本 ID。这些位按 ID28 到 ID18 的顺序发送，最低位是 ID18。注意，7 个最高位 ID28～ID22 必须不能全是"隐性"。标识符后面是 RTR 位。RTR 的全称为"远程发送请求位（Remote Transmission Request Bit）"，RTR 位在数据帧里必须为"显性"，而在远程帧里必须为"隐性"。也就是说 RTR 位在数据帧里必须为 0，而在远程帧里必须为 1。

对于扩展格式，标识符的长度为 29 位，其格式包含两个部分：11 位基本 ID 和 18 位扩展 ID。基本 ID 按 ID28 到 ID18 的顺序发送，它相当于标准标识符的格式，基本 ID 定义扩展帧的基本优先权。扩展 ID 按照 ID17～ID0 顺序发送。扩展格式里，首先发送基本 ID，其次是 IDE 位和 SRR 位，然后是扩展 ID，最后是 RTR 位。SRR 位的全称为"替代远程请求位（Substitute Remote Request Bit）"，它是一个隐性位，在扩展格式的标准帧 RTR 位置，因此替代标准帧的 RTR 位。当标准帧和扩展帧出现冲突时，标准帧优先于扩展帧。IDE 的全称为"标识符扩展位（Identifier Extension Bit）"，IDE 位于扩展格式的仲裁场，标准格式的控制场。标准格式里的 IDE 位为"显性"，而扩展格式里的 IDE 位为"隐性"。也就是说，标准格式里，IDE 位的值为 0；而扩展格式里，IDE 位的值为 1。

图 16-6 所示的是标准格式以及扩展格式时帧的控制场。控制场由 6 个位组成。标准格式的控制场和扩展格式的控制场有所不同。标准格式帧的控制场包括数据长度代码、IDE 位及保留位 r0。而扩展格式帧的控制场包括数据长度代码和两个保留位 r0 和 r1。其保留位必须发送为"显性"，但是接收器可以认可"显性"和"隐性"位的组合。数据长度代码指示了数据场里的字节数量，数据长度代码为 4 位。数据长度代码取值范围为 0～8，其他的数值不允许使用，其定义了数据帧里数据场中数据的长度，单位为字节。也就是说一个数据帧可以发送 0～8 个字节的数据。

图 16-6 控制场具体的位情况

数据场由数据帧里需要发送的数据组成，它可以为 0～8 字节，每个字节包含了 8 位，首先发送的是 MSB 位。

图 16-7 位帧的 CRC 场，其由 CRC 序列和 CRC 界定符组成。CRC 是"Cyclic Redundancy Check"的缩写，意思是循环冗余校验。由循环冗余码求得的帧检查序列最适用于位数低于 127 位的帧。下面先来简单介绍一下 CRC 校验的原理以及 CRC 序列的产生方法。

一般来说，CRC 校验的形式为：

$$M(x) \times X^n = Q(x) \times G(x) - R(x) \quad (16-1)$$

其中，$M(x)$ 是原始的信息多项式。$G(x)$ 是事先约定好的一个 n 阶的生成多项式。$M(x) \times x^n$ 表示将原始信息后面加上 n 个 0。$R(x)$ 是余数多项式，即是 CRC "校验

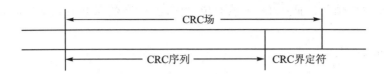

图 16-7　CRC 场位的具体情况

和"。在通信中，发送者在原始的信息数据 M 后附加上 n 位的 R 再发送。接收者收到 M 和 R 后，检查 $M(x) \times x^n + R(x)$ 是否能被 $G(x)$ 整除。如果是，那么接收者认为该信息时正确的，反之该信息不正确。值得注意的是，$M(x) \times x^n + R(x)$ 就是发送者想要发送的数据。

举个简单的例子，假设事先约定好的生成多项式 $G(x) = x^2 + 1$，需要发送的二进制信息为 1110，则多项式 $M(x)$ 为：

$$M(x) = 1 \times x^3 + 1 \times x^2 + 1 \times x^1 + 0 \times x^0 = x^3 + x^2 + x \quad (16-2)$$

由于 $G(x)$ 是一个 2 阶的多项式，因此 $M(x)$ 需要乘上 x^2，然后除以 $G(x)$，求得余式 $R(x)$。由于：

$$(x^3 + x^2 + x)x^2 = (x^3 + x^2 - 1)(x^2 + 1) + 1 \quad (16-3)$$

从式 (16-3) 可以看到，$R(x) = 0 \times x + 1$，这样 CRC 序列为 01，发送时发送的信息为 111001。

当然，上面只是举了一个简单的例子，在 CAN 通信中，为了进行 CRC 计算，被除的多项式 $M(x)$ 的系数由无填充位流给定，也就是这些位不是填充位，包括：帧起始、仲裁场、控制场、数据场（假如有）。而生成多项式 $G(x)$ 约定为：

$$G(x) = x^{15} + x^{14} + x^{10} + x^8 + x^7 + x^4 + x^3 + 1 \quad (16-4)$$

由于 $G(x)$ 是 15 阶的多项式，因此 $M(x) \times x^{15}$ 除于 $G(x)$ 之后得到余数多项式 $R(x)$，其系数就是发送到总线上的 CRC 序列，一共是 15 位。

CRC 场中，CRC 序列之后是 CRC 界定符，它包含一个单独的"隐性"位，即 CRC 界定符的值为 1。CRC 序列产生的原理了解一下就可以了，因为在实际应用时，都是 CAN 控制器自动计算，无须人工计算。

如图 16-8 所示，帧的应答场长度为 2 位，包含应答间隙和应答界定符。在应答场里，发送器发送 2 个"隐性"位。当接收器正确地接收到有效的报文，接收器就会在应答间隙期间向发送器发送一个"显性"的位以示应答。应答界定符是应答

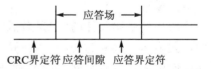

图 16-8　应答场位的具体情况

场的第 2 个位，并且是一个必须为"隐性"的位。因此，应答间隙被 2 个"隐性"的位所包围，也就是 CRC 界定符和应答界定符。

在帧的最后是帧结尾，每一个数据帧和远程帧都由一个标志序列来定界，就是帧结尾。这个标志序列由 7 个"隐性"的位组成。

通过上面的详细分析可以知道，CAN 总线的标准数据帧的长度为 44～108 位，而扩展数据帧的长度是 64～128 位。根据数据流代码的不同，标准数据帧可以插入 23 位

填充位,扩展数据帧可以插入 28 位填充位。因此,标准数据帧最长为 131 位,扩展数据帧为 156 位。

2. 远程帧

远程帧由一个接收节点发出,请求网络中其他节点发送带有相同标识符的数据帧。远程帧也有标准格式和扩展格式,而且如图 16-9 所示,都由 6 个不同的位场组成:帧起始、仲裁场、控制场、CRC 场、应答场、帧结尾。

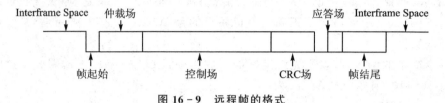

图 16-9 远程帧的格式

与数据帧相反,远程帧的 RTR 位是"隐性"的,也就是说 RTR 位反映这个帧是数据帧还是远程帧。当 RTR 位为 0 时,表示数据帧;当 RTR 位为 1 时,表示远程帧。远程帧没有数据场,数据长度代码的值可以为 0～8 的任何数值而不受制约。

3. 错误帧

错误帧是由总线上任何检测到错误的节点所发出的帧。如图 16-10 所示,错误帧由两个不同的场组成。第 1 个场是由不同的节点提供的错误标志的叠加,第 2 个场是错误界定符。

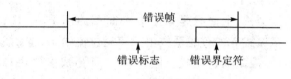

图 16-10 错误帧的格式

CAN 总线有两种形式的错误标志:主动的错误标志和被动的错误标志。
- 主动的错误标志:由 6 个连续的"显性"位组成。
- 被动的错误标志:由 6 个连续的"隐性"位组成,除非被其他节点的"显性"位重写。

检测到错误条件的"错误激活"的节点通过发送主动错误标志指示错误。错误标志的形式破坏了从帧起始到 CRC 界定符的位填充的规则,或者破坏了 ACK 场或帧结尾场的固定形式。所有网络中的其余节点由此检测到错误条件并与此同时发送错误标志。因此,"显性"位的序列导致一个结果,这个结果就是把个别节点发送的不同的错误标志叠加在一起。这个序列的总长度最小为 6 位,最大为 12 位。

检测到错位条件的"错误被动"的节点试图通过发送被动错误标志来指示错误。"错误被动"的节点等待 6 个相同极性的连续位,这 6 个位位于被动错误标志的开始。当这 6 个相同的位被检测到时,被动错误标志的发送就完成了。

错误标志传送了以后,发送的是错误界定符。错误界定符包括了 8 个"隐性"的位,就是 8 个 1。

4. 过载帧

如图 16-11 所示,过载帧包括了两个位场:过载标志和过载界定符。

通常有 3 种过载的情况,这 3 种情况都会引发过载标志的发送:

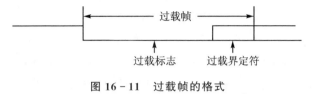

图 16-11 过载帧的格式

- 相邻的数据帧或远程帧之间需要增加一定的额外延时。
- 在间歇的第 1 和第 2 字节检测到一个"显性"位。
- 如果 CAN 节点在错误界定符或过载界定符的第 8 位(最后一位)采样到一个显性位,节点会发送一个过载帧,但错误计数器不会增加。

根据过载情况 1 而引发的过载帧只允许起始于所期望间歇的第 1 个位时间,而根据情况 2 和情况 3 引发的过载帧应起始于所检测到"显性"位之后的位。

过载标志和主动错误标志一样,由 6 个"显性"的位组成,也就是由 6 个 0 组成。过载标志的形式破坏了间歇场的固定形式。因此,所有网络中的其他节点都检测到过载条件并与此同时发出过载标志。如果有的节点在间歇的第 3 个位期间检测到"显性"位,则这个位应当理解为帧的起始。

过载界定符的形式和错误界定符的形式一样,也是由 8 个"隐性"位组成。

5. 帧间空间

无论此先行帧类型如何(数据帧、远程帧、错误帧、过载帧),数据帧(或远程帧)与先行帧的隔离是通过帧空间来实现的吗?过载帧与错误帧之前没有帧间空间,多个过载帧之间也不是由帧间空间来隔离的。

如图 16-12 所示,帧间空间包括间歇和总线空闲两种位场。

间歇包括 3 个"隐性"的位,间歇期间,所有的站均不允许传送数据帧或远程帧,唯一要做的

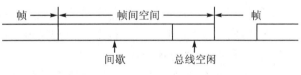

图 16-12 帧间空间的格式

是标识一个过载条件。如果 CAN 节点有一报文等待发送并且节点在间歇的第 3 位采集到一个显性位,则此位被解释为帧的起始位,并从下一位开始发送报文的标识符首位,而不用首先发送帧的起始位。

总线空闲的时间是任意的,只要总线被认定为空闲,任何等待发送报文的节点就会访问总线。在发送其他报文期间,有报文被挂起,对于这样的报文,其传送始于间歇之后的第一个位。总线上检测到的"显性"的位可以解释为一个帧的起始。

前面介绍了 CAN 总线的数据帧、远程帧、错误帧、过载帧以及帧间空间,内容比较多也比较难理解,从平时应用的角度出发,重点掌握数据帧和远程帧就可以了。

16.2.2　CAN 总线通信错误处理

在 CAN 总线中有 5 种不同的错误类型，这 5 种错误不会互相排斥，下面详细介绍它们的区别、产生原因及处理方法。

① 位错误(Bit Error)。节点在向总线发送位的同时也在对总线进行监视。如果所发送的位值与所监视的位值不相同，则在此位时间里检测到一个位错误。但是，在仲裁区的填充位流期间或者应答间隙送出"隐性"位而检测到"显性"位时，不认为是位错误。当发送节点发送一个被动错误标志但检测到"显性"位时，也不认为是位错误。

② 填充错误(Stuff Error)。如果在使用位填充法进行编码的信息中，出现第 6 个连续相同的位电平时，将检测到一个填充错误。

③ CRC 错误(CRC Error)。发送节点在发送报文的时候，会对报文的帧起始、仲裁场、控制场、数据场(假如有)进行 CRC 计算，求出 CRC 序列，并将其和报文一起发送出去。接收节点会以与发送节点相同的方法来计算 CRC 序列。如果计算的结果与接收到的 CRC 序列不同，则检测出一个 CRC 错误。

④ 形式错误(Form Error)。当一个固定形式的位场中含有 1 个或多个非法位时，则检测到一个形式错误。但是，接收节点接收到的帧末尾最后一位期间的显性位不被当作帧错误。

⑤ 应答错误(Acknowledgment Error)。只要在应答间隙期间所监视的位不为"显性"，则发送器检测到一个应答错误。

在 CAN 总线中，任何一个节点如果发生了错误，那么它可能出于下列 3 种故障状态之一："错误主动"状态、"错误被动"状态和离线状态。打个不恰当的比喻，这 3 种状态就像是一个病人病情的 3 种阶段：患病的初期、中期和晚期。那 CAN 总线是如何来鉴定错误节点是处于这 3 种状态中的哪一种呢？

为了界定故障，CAN 总线的每个节点都设有 2 个错误计数器，发送错误计数器和接收错误计数器。这 2 个计数器按照以下规则进行改变，值得注意的是，在给定的报文发送期间，可能要用到的规则还不只一个：

① 当接收器检测到一个错误，接收错误计数就加 1。在发送主动错误标志或过载标志期间所检测到的错误为位错误时，接收错误计数器值不加 1。

② 当错误标志发送以后，接收器检测到的第一个位为"显性"时，接收错误计数值加 8。

③ 当发送器发送一个错误标志时，发送错误计数器值加 8。有两种情况例外：一种是发送器错误状态为"错误被动"，并检测到一个应答错误；另一种是发送器因为填充错误而发送错误标志。这两种情况下，发送错误计数器值不改变。

④ 发送主动错误标志或过载标志时，如果发送器检测到位错误，则发送错误计数器值加 8。

⑤ 当发送主动错误标志或过载标志时，如果接收器检测到位错误，则接收错误计数器值加 8。

⑥ 在发送主动错误标志、被动错误标志或过载标志以后，任何节点最多容许 7 个

连续的"显性"位。以下的情况,每一个发送器将其发送错误计数值加8,每一个接收器将其接收错误计数值加8:
- 当检测到14个连续的"显性"位后;
- 在检测到第8个跟随着被动错误标志的连续的"显性"位以后;
- 在每一个附件的8个连续"显性"位顺序之后。

⑦ 如果报文在得到ACK响应及直到帧末尾结束都没有错误,也就是报文成功发送后,发送错误计数器值减1,除非已经是0。

⑧ 如果接收错误器计数值为1~127,在成功接收到报文后(直到应答间隙接收没有错误,成功地发送了ACK位),接收错误计数器值减1。如果接收错误计数器值是0,则它保持0;如果大于127,则它会设置一个119~127范围内的值。

无论是发送错误计数器还是接收错误计数器,其值小于128时,该节点被认为处于"错误主动"状态,称为"错误主动"节点;其值等于或大于128时,该节点被认为处于"错误被动"状态,称为"错误被动"节点。当发送错误计数器值大于或等于256时,节点处于离线状态,被迫退出总线。3种状态是可以转化的,当发送错误计数器值和接收错误计数器值小于或等于127时,"错误被动"节点将重新变为"错误主动"节点。当总线监视到128次出现11个连续的"隐性"位之后,处于离线状态的节点可以变为"错误主动"状,其错误计数器的值也将被设置为0。需要注意的是,当错误计数器的值大于96时,说明CAN总线被严重干扰,最好能够预先采取措施测试这个条件。

检测到错误条件的节点通过发送错误标志来指示错误。对于"错误主动"的节点,错误信息为"主动错误标志";对于"错误被动"的节点,错误信息为"被动错误标志"。节点检测到无论是位错误、填充错误、形式错误还是应答错误,这个节点会在下一个位时发送错误标志信息。如果检测到的错误条件是CRC错误,错误标志在应答界定符后面那一位开始发送,除非其他错误条件的错误标志已经开始发送。

16.2.3 CAN 总线的位定时要求

在CAN总线中,将一个理想的发送器在没有重新同步的情况下每秒所发送的位数量称为标称位速率,而将发送每一个位所需要花费的时间称为标称位时间。也就是说:

$$标称位时间 = 1/标称位速率 \quad (16-5)$$

可以把标称位时间划分成几个不重叠的时间片段,如图16-13所示,它们是:
- 同步段(SYNC_SEG);
- 传播时间段(PROP_SEG);
- 相位缓冲段1(PHASE_SEG1);
- 相位缓冲段2(PHASE_SEG2)。

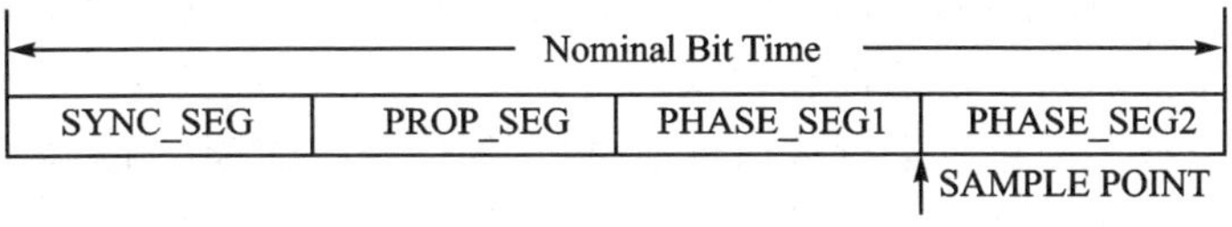

图 16-13 标称位时间的分段

下面来介绍和标称位时间相关的概念。

- 同步段(SYNC_SEG)：位时间的同步段用于同步总线上的不同节点。这一段内要有一个条边沿。
- 传播段(PROP_SEG)：传播段用于补偿网络内的物理延时时间。它是总线上输入比较器延时和输出驱动器延时总和的两倍。
- 相位缓冲段1、相位缓冲段2(PHASE_SEG1、PHASE_SEG2)：相位缓冲段用于补偿边沿阶段的误差。这两个段可以通过重新同步加长或缩短。
- 采样点(SAMPLE POINT)：采样点是去读总线上的电平并解释各位的值的一个时间点。采样点位于相位缓冲段1之后。
- 信息处理时间(INFORMATION PROCESSING TIME)：信息处理时间是一个以采样点作为起始的时间段。采样点用于计算后续位的位电平。
- 时间份额(TIME QUANTUM)：时间份额是产生于振荡器周期的固定时间单元。存在有一个可编程的预比例因子，其整体数值范围为1～32的整数，以最小时间份额为起点，时间份额的长度为：

时间份额(TIME QUANTUM) = $m \times$ 最小时间份额(MINIMUM TIME QUANTUM)

其中，m 为预比例因子，$m = 1 \sim 32$。

- 时间段的长度(Length of Time Segments)：同步段为一个时间份额；传播段的长度可设置为1～8个时间份额；相位缓冲段1的长度可设置为1～8个时间份额；相位缓冲段2的长度为相位缓冲段1和信息处理时间之间的最大值；信息处理时间少于或等于2个时间份额。一个位时间总的时间份额值可以设置在8～25范围内。

16.2.4　CAN总线的位仲裁

如果想要对数据进行实时处理，就必须将数据进行快速传送，这要求数据的物理传输通路不仅要有较高的速度，而且在几个站同时需要发送数据时，要求能够快速地进行总线分配，要有一个分配机制将总线安排给拥有最紧急数据的站点。CAN总线采用的是一种称为"载波检测，多主掌控/冲突避免(CSMA/CA)"的通信模式。当总线处于空闲状态时呈隐性电平，此时任何节点都可以向总线发送显性电平作为帧的开始。如果2个或2个以上的节点同时发送就会产生竞争。CAN总线解决的方法是，按位对标识符进行仲裁。各节点在向总线发送电平的同时，也对总线上的电平读取，并与自身发送的电平进行比较。如果电平相同，则继续发送下一位；如果不同则停止发送并退出总线竞争。剩余的节点继续上述过程，直到总线上只剩下一个节点发送的电平，总线竞争结束，优先级高的节点获得了总线的控制权。

CAN总线以报文为单位进行数据传输，报文的优先级结合在11位或者29位的标识符中，具有最低二进制数的标识符拥有最高的优先级。这种优先级一旦在系统设计时被确立后就不能再更改。如图16-14所示，假设CAN总线上有3个节点同时向总线发送报文,节点1的报文标识符为0111110,节点2的报文标识符为0100110,节点3的报文标识符为0100111。所有标识符都有相同的两位是01,直到第3位进行比较时,节点1的报文被丢掉,因为它的第3位为高,而其他两个接个节点的报文第3位为低。节点2和节点3报文的第4、5、6位相同,直到第7位时,节点3的报文才被丢失,节点2获得总线的控制权。注意,总线中的信号持续跟踪最后获得总线读取权的节点的报文,在这里,节点2的报文始终被跟踪。这种非破坏性位仲裁方法的优点在于:在网络最终确定哪一个节点的报文被传送以前,报文的起始部分已经在网络上传送了。所有未获得总线读取权的节点都成为具有最高优先权报文的接收站,并且在总线再次空闲前不会发送报文。

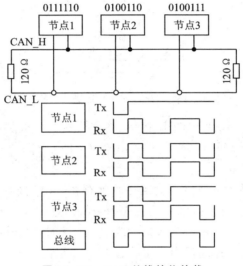

图 16-14 CAN 总线的位仲裁

16.3 X281x eCAN 模块的概述

16.3.1 eCAN 模块的结构

  X281x 的 eCAN 控制器为 CPU 提供了完整的 CAN2.0B 协议,减少了通信时 CPU 的开销。图 16-15 为 eCAN 模块的结构框图,从图中可以看到,eCAN 控制器的内部结构是 32 位,主要由 CAN 协议内核 CPK 和消息控制器构成。

  CPK 内核主要有两个功能:第一个功能是根据 CAN 协议对从 CAN 总线上接收到的所有消息进行译码并把这些消息发送给接收缓冲器;第2个功能是根据 CAN 协议将需要发送的消息发送到 CAN 总线上。其实,CPK 对于用户来说是透明的,用户不能通过代码对其进行访问,也就是说在应用时,可以不用去关注它。

  从图 16-15 可以看到,消息控制器由以下部分组成:

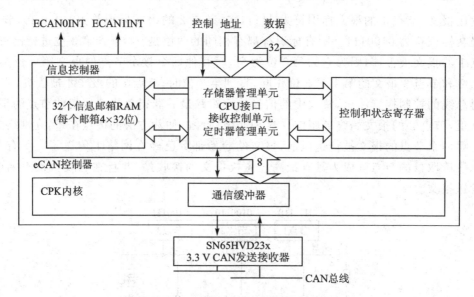

图 16-15 X281x eCAN 模块的结构框图

- 存储器管理单元，包括了 CPU 接口、接收控制单元和定时器管理单元；
- 32 个邮箱存储器，每个邮箱具有 4×32 位空间；
- 控制和状态寄存器。

消息控制器的主要作用是负责决定是否保存由 CPK 接收到的消息，以便供 CPU 使用或者丢弃，同时也负责根据消息的优先级来将消息发送给 CPK。

对于接收操作，当 CPK 接收到有效的消息后，消息控制器的接收单元确定是否将接收到的消息存储到邮箱存储器中。接收控制单元根据消息的状态、标识符和所有消息对象的滤波来确定相应邮箱的位置。如果接收控制单元不能找到存放接收消息的有效地址，接收到的消息将会被丢弃。

对于发送操作，当 CPU 需要发送消息时，消息控制器将要发送的消息传送到 CPK 的发送缓冲，以便在下一个总线空闲状态开始发送该消息。当有多个消息需要发送时，消息控制器将根据这些消息的优先级对其进行排队，首先将优先级最高的消息传送到 CPK。如果两个发送邮箱需要发送的消息具有相同的优先级，则首先将编号大的邮箱内所存放的消息发送出去。

定时器管理单元包括一个定时邮递计数器和一个所有接收或者发送消息的定时标识。当在定时周期内没有完成发送或者接收消息时，将会产生一个超时中断。

如果要对数据进行传输，则对相应的控制寄存器进行配置后，并不需要 CPU 参与传送的过程和传送过程中的错误处理，全部工作都有 eCAN 模块来完成。

为了使得 X281x eCAN 模块的电平符合高速 CAN 总线的电平特性，在 eCAN 模块和 CAN 总线之间需要增加 CAN 的电平转换器件，如 3.3 V 的 CAN 发送接收器 SN65HVD23x，因为 X281x 的引脚电平是 3.3 V。

16.3.2 eCAN 模块的特点

X281x 的 eCAN 模块具有以下的特点：
- 与 CAN2.0B 协议完全兼容。
- 总线通信速率最高可以达到 1 Mbps，也就是说每秒最高可传送 10^6 个位。
- 拥有 32 个邮箱，每个邮箱具有以下的特点：均可配置为接收邮箱或者发送邮箱；标识符可以配置为标准标识符或者扩展标识符；具有一个可编程的接收过滤器屏蔽寄存器，用于过滤接收到的消息；支持数据帧和远程帧；支持的数据位由 0～8 个字节组成；32 位定时邮递发送、接收消息模式；可通过编程设置发送消息的优先级，从而决定发送消息的顺序；采用两个中断优先级的可编程中断选择；支持可编程中断的发送、接收超时警报。
- 工作于低功耗模式。
- 具有可编程的总线唤醒功能。
- 可自动应答远程请求消息。
- 在仲裁或错误丢失消息时，可自动重发一帧消息。
- 自测试模式。在自测试模式下，会得到一个自己发送的信息，会提供一个虚构的应答信号，因此不需要其他节点提供应答信号。

16.3.3 eCAN 模块的存储空间

在 X281x 中，eCAN 模块的相关存储器被映射到了两个不同的地址空间。如图 16-16 所示，第一段地址空间分配给了控制寄存器、状态寄存器、接收滤波器、定时邮递和消息对象超时等。控制和状态寄存器采用 32 位宽度访问，局部接收滤波器、定时邮递寄存器和消息对象超时寄存器可以采用 8 位、16 位、32 位宽度进行访问。第 2 段地址空间分配给了 32 个邮箱。两段地址空间各占 512 字节。

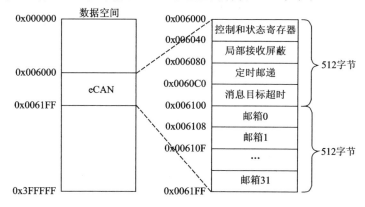

图 16-16 eCAN 存储器映射示意图

16.3.4　eCAN 模块的邮箱

从图 16-16 可以看到，eCAN 模块具有 32 个邮箱，共占了 512 字节的存储空间，也就是说，每一个邮箱具有 16 字节的存储空间。如图 16-17 所示，以邮箱 0 为例，每个邮箱由标识符寄存器（MSGID）、消息控制寄存器（MSGCTRL）、消息数据寄存器的低位（CANMDL）和消息数据寄存器的高位（CANMDH）组成。由于每个地址都是 16 位的寄存器，也就是 2 字节的空间，所以消息标识寄存器、消息控制寄存器、消息数据寄存器低和消息数据寄存器高均具有 4 字节的空间。

0x006100	消息标识寄存器
0x006101	
0x006102	消息控制寄存器
0x006103	
0x006104	消息数据寄存器低
0x006105	
0x006106	消息数据寄存器高
0x006107	

图 16-17　邮箱的构成

消息标识符寄存器用于存储 11 位或者 29 位的标识符，也就是用于存储消息的 ID。消息控制寄存器用于存储几个控制位，定义消息的字节数、发送优先级和远程帧等。消息数据寄存器用于存储报文中的数据信息，由前面的数据报文格式知道，数据信息不超过 8 字节。下面来具体看看这些寄存器的内容。

(1) 消息标识寄存器 MSGID

消息标识寄存器 MSGID 包含消息的 ID 和要设置邮箱的其他控制位，消息标识寄存器的位情况如图 16-18 所示，各位说明如表 16-2 所列。

31	30	29	28　　　　　　ID[28:18]　　　　　　18	17　　ID.17:16　　16
IDE	AME	AAM		
R/W-x	R/W-x	R/W-x	R/W-x	R/W-x

15　　　　　　　　　　　　　　ID[15:0]　　　　　　　　　　　　　　0
R/W-x

注：R=可读；W=当邮箱被禁止时可写；-n=复位后的值；x=不确定。该寄存器仅当邮箱 n 被禁止时可写，(ME[n](ME.31~0)=0)。

图 16-18　消息标识寄存器 MSGID

表 16-2　MSGID 各位说明

位	名　称	说　明
31	IDE	标识符扩展位。IDE 位的特性根据 AMI(CANGAM[31])位的值而改变。 当 AMI=1 时，接收邮箱的 IDE 位可以不考虑，因为接收邮箱的 IDE 位会被所发送消息的 IDE 位覆盖；为了接收消息，必须满足过滤规定（filtering criterion）；要进行比较的比特位数是所发送消息的 IDE 位值的一个函数。 当 AMI=0 时，接收邮箱的 IDE 位决定着要进行比较的比特位数；未使用过滤，为能够接收到消息，MSGID 必须各位都匹配；要进行比较的比特位数是所发送消息的 IDE 位值的一个函数。 注意：IDE 位定义根据 AMI 位的值而改变。AMI=1，IDE=1，接收的消息有一个扩展标识符；IDE=0，接收的消息有一个标准标识符。AMI=0，IDE=1，要接收的消息必有一个扩展标识符；IDE=0，要接收的消息必有一个标准标识符

续表 16-2

位	名称	说明
30	AME	接收屏蔽使能位。AME 只用于接收邮箱。当该位被置位时,不能将邮箱设置为自动应答邮箱(AAM[n]=1,MD[n]=0),否则邮箱的操作将不确定。该位不能被接收消息所修改。1,使能相应的接收屏蔽;0,不使用接收屏蔽,为了接收消息,所有的标识符位必须匹配
29	AAM	自动应答模式位。AAM 只用于发送邮箱。对于接收邮箱,该位没有影响,邮箱总被配置为标准接收操作。该位不能被接收消息所修改。1,自动应答模式,如果接收到一个匹配的远程帧请求,CAN 模块通过发送邮箱中的内容来应答远程帧请求。0,正常发送模式,邮箱不应答远程请求。接收到的远程帧对消息邮箱没有影响
28~0	ID 28:0	消息标识符。1,标准标识符模式;如果 IDE 位(MSGID.31)是 0,消息标识符存储在 ID.28~18 中;此时 ID.17~0 位无意义。0,扩展标识符模式;如果 IDE 位(MSGID.31)是 1,消息标识符存储在 ID.28~0 中

(2) 消息控制寄存器 MSGCTRL

对于发送邮箱,消息控制寄存器确定了要发送的字节数、发送的优先级和远程帧操作等内容。消息控制寄存器 MSGCTRL 的位情况如图 16-19 所示,各位说明如表 16-3 所列。

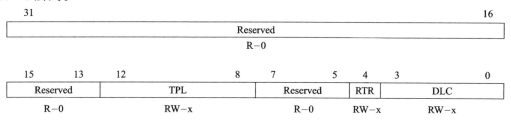

图 16-19 消息控制寄存器 MSGCTRL

表 16-3 MSGCTRL 各位说明

位	名称	说明
31~13	Reserved	保留位。读为不确定值,写无效
12~8	TPL.4:0	发送优先级。这 5 位定义了该邮箱相对于其他 31 个邮箱的优先级。数值最大的优先级最高。当两个邮箱具有相同的优先级时,具有较大邮箱号的消息将被优先发送。TPL 只用于发送邮箱,而且在 SCC 模式(标准 CAN 模式)中不使用 TPL
7~5	Reserved	保留位。读为不确定值,写无效
4	RTR	远程发送请求位。1,对于接收邮箱:如果 TRS 标志被置位,则会发送一个远程帧并且用同一个邮箱接收相应的数据帧。一旦远程帧被发送出去,邮箱的 TRS 位就会被 CAN 模块清 0。对于发送邮箱:如果 TRS 标志被置位,则会发送一个远程帧,但是会用另一个邮箱接收相应的数据帧。0,没有远程帧请求
3~0	DLC 3:0	数据长度代码。这些位决定了进行发送或接收的数据字节数。有效值范围是 0~8,不允许从 9~15 中取值

注意：MSGCTRLn 必须初始化为 0。作为 CAN 模块初始化的一部分，在初始化各种区域之前，必须将 MSGCTRLn 寄存器的所有位初始化为 0。

(3) 消息数据寄存器 CANMDL、CANMDH

每个邮箱具有 8 字节的空间来存储一个 CAN 消息。CANMDL 和 CANMDH 各 4 字节。具体数据在 CANMDL 和 CANMDH 中的存储顺序由 DBO(CANMC[10])来决定。从 CAN 总线上接收或者向 CAN 总线发送的数据都是以 0 字节开始。具体情况如下：

➢ 当 DBO(CANMC[10])=1 时，数据存储与读取都从 CANMDL 寄存器的最低有效位开始，到 CANMDH 寄存器的最高有效位结束，如图 16-20 所示。

31　　24	23　　16	15　　8	7　　0
字节 3	字节 2	字节 1	字节 0
R-x	R-x	R-x	R-x

(a) 消息数据低位寄存器DBO=1(MDL)

31　　24	23　　16	15　　8	7　　0
字节 7	字节 6	字节 5	字节 4
R-x	R-x	R-x	R-x

(b) 消息数据高位寄存器DBO=1(MDH)

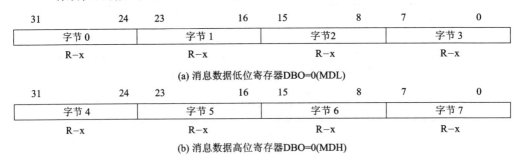

图 16-20　DBO=1 时，消息数据在 MDL 和 MDH 寄存器中的存储顺序

➢ 当 DBO(CANMC[10])=0 时，数据存储与读取都从 CANMDL 寄存器的最高有效位开始，到 CANMDH 寄存器的最低有效位结束，如图 16-21 所示。

31　　24	23　　16	15　　8	7　　0
字节 0	字节 1	字节2	字节 3
R-x	R-x	R-x	R-x

(a) 消息数据低位寄存器DBO=0(MDL)

31　　24	23　　16	15　　8	7　　0
字节 4	字节 5	字节 6	字节 7
R-x	R-x	R-x	R-x

(b) 消息数据高位寄存器DBO=0(MDH)

图 16-21　DBO=0 时，消息数据在 MDL 和 MDH 寄存器中的存储顺序

消息邮箱实际上就是对应于 RAM 中的空间，内部存放着需要发送或者接收到的数据。32 个邮箱都可以被配置为发送邮箱或者接收邮箱，下面一一讨论。

① 发送邮箱。

首先，CPU 将要发送的数据存放在发送邮箱中，将数据和标识符存放在相应的 RAM 空间中。当相应的发送请求位(TRSn)被置位后，数据就会发送出去。如果有多个发送邮箱，而且有多个发送请求被置位时，CPU 就会根据优先级的高低来选择发送的顺序。

在标准的 CAN 模式下，发送邮箱的优先级取决于发送邮箱的号码，邮箱号大的拥

有较高的优先级,因此,31 号邮箱拥有最高的优先级,0 号邮箱拥有最低的优先级。

在增强的 eCAN 模式下,MSGCTRL 寄存器中的 TPL 决定了发送邮箱的优先级。在 TPL 中数值大的邮箱拥有较高的优先级。当两个邮箱的 TPL 位数值相同时,邮箱号大的邮箱首先发送数据。

如果由于仲裁丢失或者错误的发生导致发送失败,那么系统将会重新发送该信息。在重新发送前,CAN 模块会重新检查是否有其他的发送请求,并判断发送优先级,根据优先级的高低来选择发送的数据。

② 接收邮箱。

每个发送的数据都会有 11 位或者 29 位的标识符。在 CAN 模块接收消息时,首先将比较接收消息的标识符和接收邮箱的标识符,通常寻找邮箱的顺序是从大到小。如果消息的标识符和邮箱的标识符匹配,则接收标识符、控制位和数据字节就会被写入该邮箱对应的 RAM 存储区域中。同时,相应的接收消息挂起位(RMPn)被置位,也就是通知 CAN 模块该邮箱已经存储有数据。如果使能中断,则模块就会产生一个接收中断。如果消息的标识符和邮箱的标识符不符,则该消息不会被存储。

当 CPU 读取数据时,接收消息挂起位(RMPn)必须被复位,就是通知 CAN 模块该邮箱已经清空,可以接收新的数据。如果新的数据已经发送到,而该邮箱的接收挂起位仍然处于置位状态,也就是说旧的数据还没有被读取,则新的数据就会被丢失,那么相应的消息丢失位(RMLn)将会置位,当然前提是覆盖保护位(OPCn)被置位。在这种情况,如果覆盖保护位(OPCn)被清零,则原来保存的消息就会被新接收到的消息所覆盖。

如果一个邮箱被配置为接收邮箱,而且 RTR 位已经置位,则该邮箱可以发送一个远程帧。一旦该远程帧发送出去,CAN 模块就会清除该邮箱的发送请求位 TRS。

16.4 X281x eCAN 模块的寄存器

eCAN 模块通信都是通过对寄存器的配置来实现的,由于 eCAN 模块拥有非常复杂的寄存器单元,并且介绍对 eCAN 的操作时必然要涉及相关的寄存器,所以本节就来介绍 eCAN 模块的各个寄存器,这部分内容无需做太多的记忆,可以当成手册来看,需要的时候查阅一下就行了。表 16-4 为 eCAN 模块所有的控制和状态寄存器及相应的地址映射。

表 16-4 eCAN 模块的控制和状态寄存器

寄存器名称	地址	大小(×32)	功能描述	寄存器名称	地址	大小(×32)	功能描述
CANME	0x00006000	1	邮箱使能寄存器	CANTEC	0x0000601A	1	发送错误计数寄存器
CANMD	0x00006002	1	邮箱方向寄存器	CANREC	0x0000601C	1	接收错误计数寄存器
CANTRS	0x00006004	1	发送请求置位寄存器	CANGIF0	0x0000601E	1	全局中断标志寄存器 0
CANTRR	0x00006006	1	发送请求复位寄存器	CANGIM	0x00006020	1	全局中断屏蔽寄存器

续表 16-4

寄存器名称	地址	大小(×32)	功能描述	寄存器名称	地址	大小(×32)	功能描述
CANTA	0x00006008	1	传输响应寄存器	CANGIF1	0x00006022	1	全局中断标志寄存器1
CANAA	0x0000600A	1	异常中断响应寄存器	CANMIM	0x00006024	1	邮箱中断屏蔽寄存器
CANRMP	0x0000600C	1	接收消息挂起寄存器	CANMIL	0x00006026	1	邮箱中断优先级寄存器
CANRML	0x0000600E	1	接收消息丢失寄存器	CANOPC	0x00006028	1	覆盖保护控制寄存器
CANRFP	0x00006010	1	远程帧请求寄存器	CANTIOC	0x0000602A	1	TX I/O 控制寄存器
CANGAM	0x00006012	1	全局接收屏蔽寄存器	CANRIOC	0x0000602C	1	RX I/O 控制寄存器
CANMC	0x00006014	1	主设备控制寄存器	CANTSC	0x0000602E	1	计时邮递计数器(SCC模式下保留)
CANBTC	0x00006016	1	位定时配置寄存器	CANTOC	0x00006030	1	超时控制寄存器(SCC模式下保留)
CANES	0x00006018	1	错误和状态寄存器	CANTOS	0x00006032	1	超时状态寄存器(SCC模式下保留)

(1) 邮箱使能寄存器 CANME

邮箱使能寄存器 CANME 用来使能或者屏蔽独立的邮箱。邮箱使能寄存器的位情况如图 16-22 所示。

注：R=只读访问，W=只写访问；-n=复位后的值。

图 16-22 邮箱使能寄存器 CANME

ME[31:0] 位 31～0，邮箱使能位。上电以后，在 CANME 中的所有位都被清 0。没有使能的邮箱所映射的存储空间可以当作一般的存储器使用。

1，CAN 模块相应的邮箱被使能。在写标识符之前，必须将所有的邮箱屏蔽。如果 CANME 中相应的使能位被置位，则将不能对该消息对象的标识符进行写操作。

0，对应的邮箱 RAM 区域被屏蔽，此时它可被 CPU 作为普通的 RAM 空间使用。

(2) 邮箱数据方向寄存器 CANMD

邮箱数据方向寄存器 CANMD 用来配置邮箱为发送邮箱还是接收邮箱。邮箱数据方向寄存器 CANMD 的位情况如图 16-23 所示。

注：R=只读访问，W=只写访问；-n=复位后的值。

图 16-23 邮箱数据方向寄存器 CANMD

MD[31:0] 位 31～0，邮箱数据方向控制位。上电以后，所有位清 0。1，对应的邮箱被定义为接收邮箱；0，对应的邮箱被定义为发送邮箱。

(3) 发送请求置位寄存器 CANTRS

当邮箱 n 准备发送时，CPU 将 TRSn 置 1，启动发送。就相当于一个开关一样，当数据要被发送时,将开关 TRSn 闭合,则数据发送出去。上电复位,各位都被清 0。发送请求置位寄存器 CANTRS 的位情况如图 16-24 所示。

```
31                                                    0
|                    TRS[31:0]                         |
                       RS-0
```

注:RS=可读/设置;-n=复位后的值。

图 16-24　发送请求置位寄存器 CANTRS

TRS[31:0]　位 31~0,发送请求设置位。1,置位该位会发送在相应邮箱中的消息,可以同时置位几个比特位而使多个消息轮流发送。0,无操作。

(4) 发送请求复位寄存器 CANTRR

如果邮箱 n 的 TRSn 已经被置位,此时假设相应的 TRRn 也被置位,如果还没有对消息进行处理,则取消原来的传输请求。如果当前正在处理相应的消息,无论数据发送成功还是失败,相应的位将被复位。如果发送失败,则相应的状态位 AA(31:0)将被置位;如果发送成功,相应的状态位 TA(31:0)将被置位;图 16-25 为发送请求复位寄存器 CANTRR 的位情况。

```
31                                                    0
|                    TRR[31:0]                         |
                       RS-0
```

注:RS=可读/设置;-n=复位后的值。

图 16-25　发送请求复位寄存器 CANTRR

TRR[31:0]　位 31~0,发送请求复位位。1,置位 TRRn 会取消一个相应的发送请求;0,无操作。

(5) 发送响应寄存器 CANTA

如果邮箱 n 中的消息已经发送成功,则相应的 TAn 将置位。CPU 通过向 CANTA 中的位写 1,使其复位。如果已经产生中断,向 CANTA 寄存器写 1,则可以清除中断,向 CANTA 寄存器写 0 没有影响。上电后,寄存器所有的位都被清除。图 16-26 为发送响应寄存器 CANTA 的位情况。

```
31                                                    0
|                    TA[31:0]                          |
                       RC-0
```

注:RC=可读/清除;-n=复位后的值。

图 16-26　发送响应寄存器 CANTA

TA[31:0]　位 31~0,发送响应位。1,如果信箱 n 中的消息被成功发送,则该寄存器的比特位 n 被置位;0,消息没有被发送。

(6) 发送失败响应寄存器 CANAA

如果邮箱 n 中的消息发送时失败,则相应的 AAn 位置位,AAIF(CANGIF1[14])也被置位,如果中断已经使能,则可能引发中断。如果 CPU 通过向 CANAA 寄存器写 1 使能中断,则 AAIF 也被置位,写 0 没有影响。上电后,寄存器所有的位都被清除。发送失败响应寄存器 CANAA 的位情况如图 16-27 所示。

```
31                                                                                    0
┌─────────────────────────────────────────────────────────────────────────────────────┐
│                                    AA[31:0]                                         │
└─────────────────────────────────────────────────────────────────────────────────────┘
                                     RC-0
```

注：RC=可读/清除；-n=复位后的值。

图 16 - 27　发送失败响应寄存器 CANAA

AA[31:0]　　位 31~0，失败响应位。1，如果邮箱 n 中的消息发送失败，则该寄存器的第 n 位被置位；0，消息发送成功。

(7) 接收消息挂起寄存器 CANRMP

如果邮箱 n 接收到消息，寄存器的 RMPn 将被置位，表示这个邮箱已经接收到了一个数据。接收消息挂起寄存器 CANRMP 的位情况如图 16 - 28 所示。

```
31                                                                                    0
┌─────────────────────────────────────────────────────────────────────────────────────┐
│                                    RMP[31:0]                                        │
└─────────────────────────────────────────────────────────────────────────────────────┘
                                     RC-0
```

注：RC=可读/清除；-n=复位后的值。

图 16 - 28　接收消息挂起寄存器 CANRMP

RMP[31:0]　　位 31~0，接收消息挂起位。1，如果邮箱 n 中接收到一个消息，则该寄存器的 RMPn 位被置位；0，邮箱内没有消息。

(8) 接收消息丢失寄存器 CANRML

如果邮箱 n 中前一个消息被新接收到的消息覆盖，则 RMLn 将被置位，表示邮箱 n 丢失了一个数据。通过向 CANRMP 相应的位写 1，可以清除该位。需要注意的是，是向 CANRMP 寄存器写 1 来实现清 0 的。接收消息丢失寄存器 CANRML 的位情况如图 16 - 29 所示。

```
31                                                                                    0
┌─────────────────────────────────────────────────────────────────────────────────────┐
│                                    RML[31:0]                                        │
└─────────────────────────────────────────────────────────────────────────────────────┘
                                     RC-0
```

注：RC=可读/清除；-n=复位后的值。

图 16 - 29　接收消息丢失寄存器 CANRML

RML[31:0]　　位 31~0，接收消息丢失位。1，某邮箱中的一个旧的未被及时读取的消息已被一个新的消息所覆盖；0，没有丢失消息。

(9) 远程帧请求寄存器 CANRFP

无论何时 CAN 模块接收到远程帧请求，远程帧请求寄存器相应的 RPFn 位将被置位。如果接收邮箱中已经存在有远程帧(AAM=0，CANMD=1)，则 RPFn 位将不会被置位。远程帧请求寄存器 CANRFP 的位情况如图 16 - 30 所示。

```
31                                                                                    0
┌─────────────────────────────────────────────────────────────────────────────────────┐
│                                    RFP.31:0                                         │
└─────────────────────────────────────────────────────────────────────────────────────┘
                                     RC-0
```

注：RC=可读/清除；-n=复位后的值。

图 16 - 30　远程帧请求寄存器 CANRFP

RFP[31:0] 位 31~0,远程帧请求寄存器。对于一个接收邮箱,如果接收到一个远程帧,RFPn 被置位,而 TRSn 则无影响。对于一个发送邮箱,如果接收到远程帧,RPFn 被置位,并且如果邮箱的 AAM 值为 1,则 TRSn 也置位。邮箱的 ID 必须与远程帧的 ID 匹配。1,模块接收到一个远程帧请求;0,没有接收到远程帧请求。该寄存器被 CPU 清 0。

(10) 全局接收屏蔽寄存器 CANGAM

CAN 模块的全局接收屏蔽功能在标准 CAN 模式(SCC)下使用。如果相应邮箱的 AME 位,也就是 MSGID 的第 30 位置位,则全局接收屏蔽功能用于邮箱 6~15,接收到的消息只有存储到第一个标识符号匹配的邮箱内。全局接收屏蔽寄存器 CANGAM 的位情况如图 16-31 所示,各位说明如表 16-5 所列。

31	30	29	28		16
AMI	Reserved		GAM[28:16]		
RWI-0	R-0		RWI-0		

15					0
GAM[15:0]					
RWI-0					

注:RWI=在任何时间可读/仅在初始化模式期间可写;-n=复位后的值。

图 16-31 全局接收屏蔽寄存器 CANGAM

表 16-5 CANGAM 各位说明

位	名称	说明
31	AMI	接收屏蔽标识符扩展位。 1,可以接收标准帧和扩展帧。如果是扩展帧,所有的 29 位标识符都要存储到邮箱中,并且全局接收屏蔽寄存器的所有 29 位都被用于过滤。如果是标准帧,则只使用前 11 位(28~18)标识符和全局接收屏蔽功能。此时,接收邮箱的 IDE 位不起作用,并且会被所发送消息的 IDE 位所覆盖。为了接收到消息,必须满足过滤器的规定。 0,存储在邮箱中的标识符扩展位决定着哪一个消息要被接收,接收邮箱的 IDE 位决定要进行比较的比特位的数目,此时不能用过滤器。为了接收某个消息,MSGID 必须逐位地进行匹配
30~29	Reserved	保留位。读操作作为不确定值,写操作无效
28~0	GAM[28:0]	全局接收屏蔽位。这些比特位允许屏蔽输入消息的任何标识符位。接收到的标识符相应的位可以是 0 或者 1(无关)。接收到的消息的标识符位的值必须与 MSGID 寄存器的相应的标识符位匹配

(11) 主控寄存器 CANMC

主控寄存器 CANMC 用来控制 CAN 模块的设置,其位情况如图 16-32 所示,各位说明如表 16-6 所列。

31				17				16
				Reserved				SUSP
				R-0				R/W-0
15	14	13	12	11	10	9		8
MBCC	TCC	SCB	CCR	PDR	DBO	WUBA		CDR
R/WP-0	SP-x	R/WP-0	R/WP-1	R/WP-0	R/WP-0	R/WP-0		R/WP-0
7	6	5						0
ABO	STM	SRES			MBNR			
R/WP-0	R/WP-0	R/S-0			R/W-0			

注：R＝可读；WP＝仅在 EALLOW 模式中可写；S＝仅在 EALLOW 模式中可设置；-n＝复位后的值；

-x＝仅在 eCAN 是不确定的。

图 16-32 主控寄存器 CANMC

表 16-6 CANMC 各位说明

位	名称	说明
31~17	Reserved	保留位。读操作为不确定值，写操作无效
16	SUSP	暂停(SUSPEND)模式位。这一位决定 CAN 模块在 SUSPEND(仿真停止时,如断点或单步执行)时的操作。 1,FREE 模式。在 SUSPEND 模式下,外设继续运行,节点正常地参加 CAN 通信操作(如发送响应,产生错误帧,发送/接收数据)。 0,SOFT 模式。在完成当前的发送操作后,在 SUSPEND 模式下,外设将被关闭
15	MBCC	邮箱定时邮递计数器清 0 位。在 SCC 模式,该位被保留并且它是 EALLOW 保护的。 1,发送成功或者邮箱 16 接收到消息后,邮箱定时邮递计数器清 0。0,邮箱定时邮递寄存器未复位
14	TCC	邮箱定时邮递计数器 MSB 清 0 位。在 SCC 模式,该位被保留并且它是 EALLOW 保护的。1,邮箱定时邮递计数器最高位 MSB 复位,在由内部逻辑产生的一个时钟周期以后,TCC 位由内部逻辑清 0。0,邮箱定时邮递计数器不变
13	SCB	SCC 模式兼容控制位。在 SCC 模式,该位被保留并且它是 EALLOW 保护的。1,选择 eCAN 模式;0,eCAN 模块处于 SCC 模式,只能使用 0~15 号邮箱
12	CCR	改变配置请求位。它是 EALLOW 保护的。1,CPU 请求对 SCC 模式下的配置寄存器 CANBTC 和接收屏蔽寄存器(CANGAM、LAM[0]、LAM[3])进行写操作;置位该位后,在对 CANBTC 进行操作之前,CPU 必须等待,直到寄存器 CANES 的 CCE 标志位为 1 为止。0,CPU 请求正常的操作,只有当配置寄存器 CANBTC 被设置为允许的值后,才能执行这项操作
11	PDR	掉电模式(Power down mode)请求位。当从低功耗模式(low-power mode)被唤醒后,该位由 eCAN 模块自动清 0。该位是受 EALLOW 保护的。1,局部掉电模式请求;0,不请求局部掉电模式(处于正常操作模式)
10	DBO	数据字节顺序。这一位选择消息数据区域的字节顺序。该位是 EALLOW 保护的。 1,首先发送或接收数据的最低有效字节(LSB);0,首先发送或接收数据的最高有效字节(MSB)
9	WUBA	总线唤醒位。该位是 EALLOW 保护的。1,在检测到任何总线活动后,模块退出低功耗模式;0,仅当对 PDR 写入 0 后,模块才退出低功耗模式

续表 16-6

位	名 称	说 明
8	CDR	改变数据区域请求位。该位允许快速更新数据消息。1,CPU 请求向由 MBNR.4～0(MC[4-0])确定的邮箱的数据区写数据。CPU 访问完成邮箱后,必须将 CDR 位清除。在 CDR 置位时,CAN 模块不会发送该邮箱里的内容。在从邮箱中读取数据然后将其存储到发送缓冲器,由状态机检测该位。0,CPU 请求正常操作
7	ABO	自动总线连接位。该位是 EALLOW 保护的。1,在总线脱离状态下,当检测到 128× 11 个隐性位后,模块将自动恢复总线的连接状态;0,无操作
6	STM	自测试模式使能位。该位是 EALLOW 保护的。1,模块工作在自测试模式;此时 CAN 模块生成自己的应答信号,这样,在没有总线连接到模块时,也可使能相应的操作;消息没有被发送,但可以读取并存储在适当的邮箱中。0,模块工作在正常模式
5	SRES	模块软件复位。该位只能进行写操作,读出的数据始终为 0。1,对这一位的写操作会引起模块的软件复位(除了受保护的寄存器以外,所有的参数将复位到默认值);但这不会修改邮箱内容和错误寄存器;在不至于造成通信混乱的情况下,将取消未完成的和正在进行的传输。0,无效
4～0	MBNR[4:0]	邮箱号。MBNR.4 位只用于 eCAN 模式,而对 SCC 模式保留。CPU 请求对其数据区进行写操作的邮箱号。使用这一区域需要同时需要考虑 CDR 位的设置

(12) 位时序配置寄存器 CANBTC

位时序配置寄存器 CANBTC 用来配置 CAN 节点的适当的网络时序参数,如通信传输的波特率。在使用 CAN 模块前,必须对该寄存器进行编程。在应用时,该寄存器被写保护,只能在初始化阶段时进行写操作。位时序配置寄存器 CANBTC 的位情况如图 16-33 所示,各位说明如表 16-7 所列。

31					24	23						16
		Reserved							BRPreg			
		R-x							RWPI-0			

15		10	9	8	7	6			3	2		0
	Reserved		SJWreg		SAM		TSEG1reg				TSEG2reg	
	R-0		RWPI-0		RWPI-0		RWPI-0				RWPI-0	

注:RWPI=在任何模式可读,仅在 EALLOW 模式中在初始化期间可写;-n=复位后的值;-x=仅在 eCAN 是不确定的。

图 16-33 位时序配置寄存器 CANBTC

表 16-7 CANBTC 各位说明

位	名 称	说 明
31～24	Reserved	保留位。读操作为不确定值,写操作无效
23～16	BRPreg[7:0]	波特率预定标器。这个寄存器为波特率设定预定标器。一个时间份额 T_Q 的长度定义为:$T_Q=(1/\text{SYSCLK})\times(\text{BRPreg}+1)$,其中 SYSCLK 为 CAN 模块系统时钟的频率。BRPreg 表示预定标器的寄存器值,也就是写入 CANBTC 寄存器 23～16 位的值。当 CAN 访问它时,这个值自动加 1。增加以后的值表示为 BRP (BRP=BRPreg+1),BRP 从 1～256 可编程

续表 16-7

位	名 称	说 明
15~10	Reserved	保留位。读操作为不确定值，写操作无效
9~8	SJWreg [1:0]	同步跳转宽度控制位。SJW 参数指示了当进行重新同步时,可允许一个位延长或缩短多少个 T_Q 单元。该值可以在 1(SJW=00b)~4(SJW=11b)内调整。SJWreg 表示重新同步跳跃宽度的寄存器值,也就是写入 CANBTC 寄存器 9~8 位中的值。当 CAN 模块访问它时,该值自动加 1。增加以后的值由符号 SJW 表示。SJW=SJWreg+1。SJW 是 1~4 个 T_Q 可编程的。SJW 的最大值由 TSEG2 和 4 个 T_Q 的最小值决定,即 SJW(max)=min[$4T_Q$,TSEG2]
7	SAM	该参数由 CAN 模块设置,确定 CAN 总线数据的采样次数。当 SAM 位被置位时,CAN 模块对总线上的每位数据进行 3 次采样,根据结果中占多数的值来决定最终的结果。1,CAN 模块采样 3 个值并进行多数判决,只有在波特率预定标值大于 4(BRP>4)时才选择这种 3 次采样模式。0,CAN 模块在每个采样点处仅采样一次
6~3	TSEG1reg 3:0	时间段 1。CAN 总线上一个比特位的时间长度由参数 TSEG1、TSEG2 和 BRP 决定。所有 CAN 总线上的控制器必须具有相同的波特率和位宽度。对于个别的具有不同时钟频率的控制器,其波特率必须进行相应的调整。这一参数以 T_Q 单元为单位确定 TSEG1 段的长度。TSEG1 合并了 PROP_SEG 和 PHASE_SEG1,TSEG1=PROP_SEG+PHASE_SEG1,其中,PROP_SEG 和 PHASE_SEG1 是以 T_Q 单元为单位的段的长度。TSEG1reg,表示时间段 1 的寄存器值,也就是写入寄存器 CANBTC 的 6~3 位的值。当 CAN 模块访问它时,该值自动加 1。增加以后的值由符号 TSEG1 表示。TSEG1=TSEG1reg+1。应该合理选择 TSEG1 的值而使其大于或等于 TSEG2 和 IPT
2~0	TSEG2reg 2:0	时间段 2。TSEG2 以 T_Q 单元为单位定义了 PHASE_SEG2 段的长度。TSEG2 在 $1T_Q$~$8T_Q$ 范围内可编程,并且必须满足下面的定时规则:TSEG2 必须小于或等于 TSEG1 并且必须大于或等于 IPT。TSEG2reg 表示时间段 2 的寄存器值,也就是写入寄存器 CANBTC 的 2~0 位的值。当 CAN 模块访问它时,该值自动加 1。增加以后的值由符号 TSEG2 表示:TSEG2=TSEG2reg 2+1

(13) 错误和状态寄存器 CANES

错误和状态寄存器由 CAN 模块的实际状态信息位组成,主要显示总线上的错误标和错误状态标志。错误和状态寄存器 CANES 的位情况如图 16-34 所示,各位说明见表 16-8。

31	25	24	23	22	21	20	19	18	17	16
Reserved		FE	BE	SA1	CRCE	SE	ACKE	BO	EP	EW
R-0		RC-0	RC-0	RC-1	RC-0	RC-0	RC-0	RC-0	RC-0	RC-0

15					6	5	4	3	2	1	0
Reserved					SMA	CCE	PDA	Res.	RM	TM
R-0					R-0	R-1	R-0	R-0	R-0	R-0

注:R=可读;C=清除;-n=复位后的值。

图 16-34 错误和状态寄存器 CANES

表 16-8　CANES 各位说明

位	名称	说明
31~25	Reserved	保留位。读操作为不确定值,写操作无效
24	PE	格式错误标志。1,在总线上产生了格式错误,这意味着在总线上一个或多个固定格式位区域有错误状态。0,没有检测到格式错误,CAN 模块可以正确地发送和接收
23	BE	位错误标志。1,在发送仲裁位时或发送后,接收的位和发送的位不匹配。0,没有检测到位错误
22	SA1	出现显性错误标志。SA1 位在软、硬件复位或者总线禁止后总是1,当总线上检测到隐性位时,该位自动清0。1,CAN 没有检测到隐性位;0,CAN 检测到一个隐性位
21	CRCE	CRC 错误。1,CAN 模块接收到一个 CRC 错误;0,CAN 模块没有接收到一个 CRC 错误
20	SE	填充错误(Stuff error)。1,发生了一个填充位错误;0,未发生填充位错误
19	ACKE	应答错误。1,CAN 没有接收到应答;0,所有消息已被正确应答
18	BO	总线禁止状态。CAN 模块处于总线禁止状态。1,在 CAN 总线上出现了异常的错误率;当发送错误计数器值(CANTEC)达到 256 的限制时,将出现这一问题;在总线禁止状态,不能发送或接收消息;通过置位自动开启总线位(ABO)(CANMC.7)和在接收到 128×11 个隐性位后,可以退出总线禁止状态;在离开总线禁止状态后,错误计数器会清0。0,正常操作
17	EP	被动错误状态。1,CAN 处于被动错误(error-passive)模式,CANTEC 已经达到 128;0,CAN 处于主动错误(error-active)模式
16	EW	警告状态。1,两个错误计数器(CANREC 或 CANTEC)的其中一个达到了报警值 96;0,两个错误计数器(CANREC 或 CANTEC)的值均小于 96
15~6	Reserved	读操作为不确定值,写操作无效
5	SMA	Suspend 模式确认。在激活 Suspend 模式以后,经过一个时钟周期(最多一个帧的长度)的等待时间,会置位该位。1,模块已进入暂停模式;0,模块未处于暂停模式
4	CCE	改变配置使能位。这一位显示了配置访问权限。操作时,在延时一个时钟周期后,该位被置位。1,CPU 已经对配置寄存器进行写操作;0,CPU 禁止对配置寄存器进行写操作
3	PDA	掉电模式响应位。1,CAN 模块已经进入了掉电模式;0,正常操作
2	Reserved	保留位。读操作为不确定值,写操作无效
1	RM	接收模式位。CAN 模块处于接收模式。不管邮箱的配置如何,这一位反映的是 CAN 模块实际正在进行的操作。1,CAN 模块正在接收消息;0,CAN 模块没有接收消息
0	TM	发送模式位。CAN 模块处于发送模式。不管邮箱的配置如何,这一位反映的是 CPK 模块实际正在进行的操作。1,CAN 模块正在发送消息;0,CAN 模块没有发送消息

(14) 错误计数寄存器 CANTEC/CANREC

CAN 模块包含两个错误计数器:接收错误计数器 CANREC 和发送错误计数器 CANTEC。这两个寄存器都可以通过 CPU 来读取。根据 CAN2.0 协议规范,两个计数器可以递增或递减计数。这两个寄存器具体的位情况分别如图 16-35 和图 16-36 所示。

31	7	0
Reserved		TEC
R-x		R-0

图 16-35　发送错误计数寄存器 CANTEC

31		7	0
Reserved			REC
R-x			R-0

图 16-36 接收错误计数寄存器 CANREC

(15) 全局中断标志寄存器 CANGIF0/CANGIF1

CAN 模块如果相应的中断条件产生,则中断标志位将被置位。全局中断将根据 CANGIM 寄存器的 GIF 位的设置情况,将 CANGIF1 的中断标志位置位或者将 CANGIF0 的中断标志位置位。值得注意的是,CANGIFx 的标志位必须通过向 CANTA 或 CANRMP 寄存器的相关位写 1 来清除,而不能在 CANGIFx 寄存器中清除,这是和之前的外设中断标志寄存器所不同的地方。CANGIF0 的位情况如图 16-37 所示,CANGIF1 的位情况如图 16-38 所示,各位说明如表 16-9 所列。

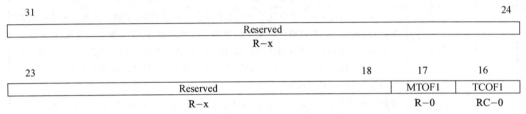

图 16-37 全局中断标志寄存器 CANGIF0

注意:下面的比特位描述对 CANGIF0 和 CANGIF1 寄存器都适用。对于下面的中断标志,由寄存器 CANGIM 的 GIL 位决定是对寄存器 CANGIF0 还是对寄存器 CANGIF1 进行设置:TCOFn、AAIFn、WDIFn、WUIFn、RMLIFn、BOIFn、EPIFn 和 WLIFn。

如果 GIL=0,则对 CANGIF0 寄存器中的标志进行设置;如果 GIL=1,则对 CANGIF1 寄存器中的标志进行设置。同样,设置 MTOFn 和 GMIFn 位时,对寄存器 CANGIF0 和 CANGIF1 的选择将由寄存器 CANMIL 中的 MILn 位来决定。

15	14	13	12	11	10	9	8
GMIF1	AAIF1	WDIF1	WUIF1	RMLIF1	BOIF1	EPIF1	WLIF1
R/W-0	R-0	RC-0	RC-0	RC-0	RC-0	RC-0	RC-0
7	6	5	4	3	2	1	0
Reserved			MIV1.4	MIV1.3	MIV1.2	MIV1.1	MIV1.0
R/W-0			R-0	R-0	R-0	R-0	R-0

注:R=可读;C=清除;-n=复位后的值。仅 eCAN 在 SCC 中被保留。

图 16-38 全局中断标志寄存器 CANGIF1

表 16-9 CANGIF1 各位说明

位	名 称	说 明
31~18	Reserved	保留位。读操作为不确定值,写操作无效
17	MTOF0/1	邮箱超时标志位。在 SCC 模式下,无该标志位。1,某邮箱在特定的时间帧内没有进行发送或接收消息;0,邮箱没有发生超时

续表 16-9

位	名 称	说 明
16	TCOF0/1	定时邮递计数器溢出标志位。1,定时邮递计数器的 MSB 从 0 变为 1;0,定时邮递计数器的 MSB 为 0,也就是说,它没有从 0 变为 1
15	GMIF0/1	全局邮箱中断标志位。只有在 CANMIM 寄存器中的对应邮箱中断屏蔽位已置位时,该位才可被置位。1,某一邮箱成功地发送和接收了一个消息;0,没有发送或接收任何消息
14	AAIF0/1	失败确认中断标志位。1,发送请求已失败;0,没有发送失败
13	WDIF0/WDIF1	"写拒绝"中断标志位。1,CPU 对某邮箱的写操作失败;0,CPU 对某邮箱的写操作成功
12	WUIF0/WUIF1	唤醒中断标志位。1,在局部掉电过程期间,这一标志表示模块已退出休眠模式 (sleep mode);0,模块仍处于休眠模式或正常模式
11	RMLIF0/1	"接收消息丢失"中断标志位。1,至少有一个接收邮箱发生了溢出,并且在 MILn 寄存器中的相应位已被置位;0,没有丢失任何消息
10	BOIF0/BOIF1	总线禁止中断标志位。1,CAN 模块已进入总线禁止模式;0,CAN 模块仍处于总线运行模式
9	EPIF0/EPIF1	被动错误中断标志位。1,CAN 模块已进入被动错误模式;0,CAN 模块没有进入被动错误模式
8	WLIF0/WLIF1	警告级别中断标志位。1,至少有一个错误计数器达到了警告级别;0,没有错误计数器达到了警告级别
7~5	Reserved	保留位。读为不确定值,写无效
4~0	MIV0.4~0.0/ MIV1.4~1.0	邮箱中断向量。在 SCC 模式下,只有为 3~0 可用。这个矢量指出了置位全局邮箱中断标志的邮箱号。它会保存这个矢量值,直到相应的位被清 0 或发生了一个更高优先级的邮箱中断。邮箱 31 具有最高的优先级,所以这是最大的中断矢量。在 SCC 模式,邮箱 15 具有最高优先级,而邮箱 16~30 无效。如果在 TA/RMP 寄存器中的标志没有置位并且 GMIF1 或 GMIF0 也清 0,则该值为不确定值

(16) 全局中断屏蔽寄存器 CANGIM

全局中断屏蔽寄存器 CANGIM 的位情况如图 16-39 所示,各位说明如表 16-10 所列。

31						18	17	16
Reserved							MTOM	TCOM
R-0							R/WP-0	R/WP-0
15	14	13	12	11	10	9	8	
Reserved	AAIM	WDIM	WUIM	RMLIM	BOIM	EPIM	WLIM	
R-0	R/WP-0	R/WP-0	R/WP-0	R/WP-0	R/WP-0	R/WP-0	R/WP-0	
7				3	2	1	0	
Reserved					GIL	I1EN	I0EN	
R-0					R/WP-0	R/WP-0	R/WP-0	

注:R=可读;W=可写;WP=仅在 EALLOW 模式中可写;-n=复位后的值。

图 16-39 全局中断屏蔽寄存器 CANGIM

表 16-10 CANGIM 各位说明

位	名称	说明
31~18	Reserved	读操作为不确定值,写操作无效
17	MTOM	邮箱超时中断屏蔽位。1,使能;0,禁止
16	TCOM	定时邮递计数器溢出屏蔽位。1,使能;0,禁止
15	Reserved	保留位。读操作为不确定值,写操作无效
14	AAIM	失败响应中断屏蔽位。1,使能;0,禁止
13	WDIM	写拒绝中断屏蔽位。1,使能;0,禁止
12	WUIM	唤醒中断屏蔽位。1,使能;0,禁止
11	RMLIM	接收消息丢失中断屏蔽位。1,使能;0,禁止
10	BOIM	总线禁止中断屏蔽位。1,使能;0,禁止
9	EPIM	被动错误中断屏蔽位。1,使能;0,禁止
8	WLIM	警告标志中断屏蔽位。1,使能;0,禁止
7~3	Reserved	保留位。读操作为不确定值,写操作无效
2	GIL	中断 TCOF、WDIF、WUIF、BOIF、EPIF、WLIF 的全局中断级。1,所有全局中断都映射到 ECAN1INT 中断线上;0,所有全局中断都映射到 ECAN0INT 中断线上
1	I1EN	中断 1 使能。1,如果相应的中断屏蔽位置位,ECAN1INT 中断线上的所有中断被使能;0,ECAN1INT 中断线所有中断被禁止
0	I0EN	中断 0 使能。1,如果相应的中断屏蔽位置位,ECAN0INT 中断线上的所有中断被使能;0,ECAN0INT 中断线所有中断被禁止

(17) 邮箱中断屏蔽寄存器 CANMIM

每个邮箱都有一个中断标志,中断可以是接收中断,也可以是发送中断,具体的需要根据邮箱的配置来决定。邮箱中断屏蔽寄存器 CANMIM 的位情况如图 16-40 所示。

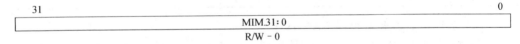

注:R=可读;W=可写;-n=复位后的值。

图 16-40 邮箱中断屏蔽寄存器 CANMIM

MIM.31:0 位 31~0,邮箱中断屏蔽位。在上电以后,所有的中断屏蔽位都被清 0,从而使所有邮箱中断都被禁止。另外,允许单独屏蔽某个邮箱的中断。1,邮箱中断使能;当成功发送一个消息(对于发送邮箱)或成功接收一个消息而没有发生任何错误(对于接收邮箱)时,会产生一个中断。0,禁止邮箱中断。

(18) 邮箱中断级别设置寄存器 CANMIL

32 个邮箱中的任何一个都可以使两个中断线中的一个产生中断。如果 MILn=0,中断产生在 ECAN0INT 上;如果 MILn=1,中断产生在 ECAN1INT 上。邮箱中断级别设置寄存器 CANMIL 的位情况如图 16-41 所示。

MIL.31:0 位 31~0,邮箱中断级别位。这些位允许选择任意的邮箱中断级别。

1,在中断线 1 上产生邮箱中断;0,在中断线 0 上产生邮箱中断。

```
31                                                                    0
┌──────────────────────────────────────────────────────────────────────┐
│                              MIL.31:0                                │
├──────────────────────────────────────────────────────────────────────┤
│                               R/W - 0                                │
└──────────────────────────────────────────────────────────────────────┘
```

注:R=可读;W=可写;-n=复位后的值。

图 16-41 邮箱中断级别设置寄存器 CANMIL

(19) 覆盖保护控制寄存器 CANOPC

如果邮箱 n 的 RMPn 置 1,也就是已经存放有一个消息,这时如果接收到的新消息又是符合邮箱 n 的,则新消息的存储取决于 CANOPC 寄存器的设置。如果 OPCn 的相应位被置 1,那么原来的消息受到保护,不会被新的消息所覆盖,因此,下一个邮箱将被检测是否与 ID 号匹配。如果没有找到邮箱,该消息将会被丢掉,同时不会产生任何报告。如果 OPCn 清除为 0,那么旧的消息将被新的消息覆盖,同时会将接收消息丢失位 PMLn 置位,表示已经覆盖。覆盖保护控制寄存器 CANOPC 的位情况如图 16-42 所示。

```
31                                                                    0
┌──────────────────────────────────────────────────────────────────────┐
│                              OPC.31:0                                │
├──────────────────────────────────────────────────────────────────────┤
│                               R/W - 0                                │
└──────────────────────────────────────────────────────────────────────┘
```

注:R=可读;W=可写;-n=复位后的值。

图 16-42 覆盖保护控制寄存器 CANOPC

OPC.31:0 位 31~0,覆盖保护控制位。1,如果 OPC[n]被置位,对应邮箱中的旧消息会对新的消息写保护而阻止被覆盖;0,如果 OPC[n]没有置位,则旧的消息将被新的消息覆盖。

(20) TX I/O 控制寄存器 CANTIOC

CANTX 引脚应该配置为 CAN 使用,通过使用寄存器 CANTIOC 来完成,其位的具体情况如图 16-43 所示,各位说明如表 16-11 所列。

```
31                                                                   16
┌──────────────────────────────────────────────────────────────────────┐
│                              Reserved                                │
├──────────────────────────────────────────────────────────────────────┤
│                               R-0                                    │
└──────────────────────────────────────────────────────────────────────┘

15                                          4    3         2          0
┌────────────────────────────────────────────────┬─────────┬───────────┐
│                 Reserved                       │ TXFUNC  │ Reserved  │
├────────────────────────────────────────────────┼─────────┼───────────┤
│                   R-0                          │ RWP-0   │   R-0     │
└────────────────────────────────────────────────┴─────────┴───────────┘
```

注:R/W=可读/可写;RWP=在所有模式中可读,仅在特权模式中可写;-n=复位后的值。

图 16-43 TX I/O 控制寄存器 CANTIOC

表 16-11 CANTIOC 各位说明

位	名 称	说 明
31~4	Reserved	保留位。读为不确定值,写无效
3	TXFUNC	对于 CAN 模块这一位必须进行设置。1,CANTX 引脚用于 CAN 发送操作;0,保留
2~0	Reserved	保留

(21) RX I/O 控制寄存器 CANRIOC

CANRX 引脚应该配置为 CAN 使用,通过使用寄存器 CANRIOC 来完成,其位的具体情况如图 16-44 所示,各位说明如表 16-12 所列。

31					16
		Reserved			
		R-x			

15		4	3	2	0
	Reserved		RXFUNC	Reserved	
	R-0		RWP-0	R-0	

注:R/W=可读/可写;RWP=在所有模式中可读,仅在特权模式中可写;-n=复位后的值;x=不确定。

图 16-44 RX I/O 控制寄存器 CANRIOC

表 16-12 CANRIOC 各位说明

位	名 称	说 明
31~4	Reserved	保留位。读为不确定值,写无效
3	RXFUNC	对于 CAN 模块这一位必须进行设置。1,CANRX 引脚用于 CAN 接收操作;0,保留
2~0	Reserved	保留

注意:如果想要使用 CAN 引脚的 GPIO 功能,则 GPFMUX 寄存器的 6 和 7 位必须写入 0。

(22) 计时邮递计数器 CANTSC

该寄存器保存着任何时刻计时邮递计数器的计数值。这是一个 32 位的自由运行计数器,它使用的是 CAN 总线上的位时钟。例如,如果比特率是 1 Mbps,则 CANTSC 每 1 μs 增加 1。计时邮递计数器 CANTSC 的位情况如图 16-45 所示。

31		16
	TSC31:16	
	R/WP-0	

15		0
	TSC15:0	
	R/WP-0	

注:R=可读;WP=仅在 EALLOW 使能模式中可写;-n=复位后的值。

图 16-45 计时邮递计数器 CANTSC

TSC.31:0　位 31~0,计时邮递计数器寄存器。本地网络计时计数器的值,用于计时邮递和超时功能。

(23) 消息目标计时邮递寄存器 MOTS

当相应的邮箱数据被成功发送或者接收时,消息目标计时邮递寄存器存放 TSC 的值。每个邮箱都有自己的 MOTS 寄存器。消息目标计时邮递寄存器 MOTS 的位情况如图 16-46 所示。

MOTS.31:0　位 31~0,消息目标计时邮递寄存器。当消息被成功发送或接收后,该寄存器会保持计时邮递计数器(CANTSC)的值。

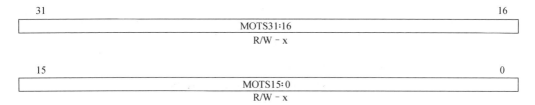

注:R/W=可读/可写;-n=复位后的值;x=不确定。

图 16-46　消息目标计时邮递寄存器 MOTS

(24) 消息目标超时寄存器 MOTO

当相应的邮箱数据被成功发送或者接收时,该寄存器保存 TSC 的超时值。每个邮箱都有自己的 MOTO 寄存器。消息目标超时寄存器 MOTO 的位情况如图 16-47 所示。

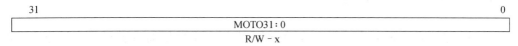

注:R/W=可读/可写;-n=复位后的值;x=不确定。

图 16-47　消息目标超时寄存器 MOTO

MOTO31:0　位 31～0,消息目标超时寄存器 MOTO,存放用于发送或接收的时间标志计数器(TSC)的限制值。

(25) 超时控制寄存器 CANTOC

该寄存器用来控制是否对某一个给定的邮箱进行超时功能使能。超时控制寄存器 CANTOC 的位情况如图 16-48 所示。

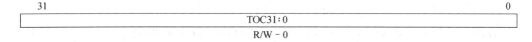

注:R/W=可读/可写;-n=复位后的值;x=不确定。

图 16-48　超时控制寄存器 CANTOC

TOC31:0　位 31～0,超时控制寄存器。1,CPU 只有置位 TOC[n]位,才可以使能邮箱 n 的超时功能。在置位 TOC[n]位之前,相应的 MOTO 寄存器应该装载与 TSC 有关的超时值;0,禁止超时功能。TOS[n]标志不置位。

(26) 超时状态寄存器 CANTOS

该寄存器用来保存超时邮箱的状态信息,具体的超时状态寄存器 CANTOS 的位信息如图 16-49 所示。

TOS31:0　位 31～0,超时状态寄存器。1,邮箱 n 已超时,计数器的值大于或等于对应邮箱 n 的超时寄存器的值,并且此时 TOC[n]已置位;0,没有超时或此功能对于该邮箱已被禁止。

当以下 3 个条件全部满足时,TOSn 被置位:TSC 的值大于或等于超时寄存器 MOTOn 内的值;TOCn 置位;TRSn 置位。

注:R/C=可读/清除;-n=复位后的值;x=不确定。

图 16-49 超时状态寄存器 CANTOS

16.5 X281x eCAN 模块的配置

前面已经详细介绍了 eCAN 模块的寄存器,下面一起来了解如何使用这些控制寄存器来实现对 eCAN 模块的功能配置。

16.5.1 波特率的配置

波特率就是指每秒钟所能够传输的位数,也就是说如果知道了每一个位传输时需要多少时间的话,波特率也就能够得到了。在 eCAN 模式下,CAN 总线上位的长度由参数 TSEG1(CANBTC[6~3])、TSEG2(CANBTC[2~0])和 BRP(CANBRC[23~16])来确定。之前也介绍过 CAN 总线的位定时要求,如图 16-13 所示。CAN 协议定义了 PROP_SEG 和 PHASE_SEG1 结合构成了 TSEG1;TSEG2 定义了 PHASE_SEG2 时间段的长度。TESG1 和 TESG2 都是以 T_Q 为单位的。T_Q 是指时间份额,就是一个时间单位。由 SYSCLK 和 BRP 的值来确定,如下式所示:

$$T_Q = (BRP_{reg} + 1)/SYSCLK \qquad (16-6)$$

而根据图 16-12 可以清楚看到,CAN 总线中一个位的时间由 T_Q、TESG1 和 TESG2 组成:Bit Time = T_Q + TSEG1 + TSEG2。

假设通过配置 CANBTC 寄存器,使得 TSEG1 = $(1 + TSEG1_{reg}) \times T_Q$,TSEG2 = $(1 + TSEG2_{reg}) \times T_Q$,那么:

$$\text{Bit Time} = (1 + TSEG1_{reg} + 1 + TSEG2_{reg} + 1) \times T_Q =$$
$$(3 + TSEG1_{reg} + TSEG2_{reg}) \times \frac{BRP_{reg} + 1}{SYSCLK} \qquad (16-7)$$

也就是说 CAN 总线需要传输一个比特位所花的时间为 Bit Time,那么 1 s 内传输的比特位数,即波特率就为:

$$\text{BaudRate} = \frac{1}{\text{Bit Time}} = \frac{SYSCLK}{(3 + TSEG1_{reg} + TSEG2_{reg})(1 + BRP_{reg})} \qquad (16-8)$$

可能会有这样的疑问,已经知道了一个位的时间是由 T_Q、TSEG1 和 TSEG2 来组成,那 TSEG1 和 TSEG2 的大小是不是可以随意选择呢?肯定不是的,在确定位时间时,需要满足以下的规则:

➢ TSEG1 ≥ TSEG2;

➢ IPT ≤ TSEG2 ≤ $8T_Q$;

➢ IPT 为信息处理时间,相当于位读取操作所需要的时间,IPT 约为 $2T_Q$;

- SJW=min[$4T_Q$,TSEG2]$\geqslant T_Q$,SJW 为同步跳转宽度;
- CAN 模块在对每一个位采样时,可以选择使用对这个位采样 3 次,然后取多数值的方法,也可以选择只采样一次作为采样值的方法。如果选择 3 次采样模式,那么必须选择 $BRP_{reg} \geqslant 4$。

现在假设系统时钟工作于 150 MHz,$BRP_{reg}=9$,$TSEG1_{reg}=10$,$TSEG2_{reg}=2$,那么此时选择的波特率就为:$BaudRate = \dfrac{150\ MHz}{(3+10+2)\times(1+9)} = 1\ MHz$。

从图 16-13 还可以看出,采样时刻出现在 TSEG2 之前,将采样时刻在整个位时间所处的位置定义为采样点 SP,则 SP 的计算公式如下:$SP = \dfrac{2+TSEG1_{reg}}{3+TSEG1_{reg}+TSEG2_{reg}} \times 100\%$。

也就是说,当 $TSEG1_{reg}=10$、$TSEG2_{reg}=2$ 时,采样点为 80%。

16.5.2 邮箱初始化的配置

邮箱的初始化主要是配置邮箱的方向、标识符、消息帧的类型、是远程帧还是普通数据帧、消息的数据长度等内容。邮箱初始化的步骤如图 16-50 所示。

假设将邮箱 0 配置为一个发送邮箱,将邮箱 16 配置为一个接收邮箱,采用扩展的普通数据帧,数据长度为 8,则根据图 16-50 所示的邮箱初始化步骤,有:

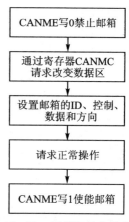

图 16-50 邮箱初始化的步骤

```
struct ECAN_REGS ECanaShadow;
EALLOW;
ECanaShadow.CANMC.all = ECanaRegs.CANMC.all;
//工作在正常模式
ECanaShadow.CANMC.bit.STM = 0;
//工作在 eCAN 模式
ECanaShadow.CANMC.bit.SCM = 1;
ECanaRegs.CANMC.all = ECanaShadow.CANMC.all;
EDIS;

//第 1 步,向寄存器 CANME 写 0 禁止邮箱
ECanaRegs.CANME.all = 0;

//第 2 步,通过寄存器 CANMC 请求改变数据区
EALLOW;
ECanaShadow.CANMC.all = ECanaRegs.CANMC.all;
ECanaShadow.CANMC.bit.CDR = 1;
ECanaRegs.CANMC.all = ECanaShadow.CANMC.all;
EDIS;
//第 3 步,设置邮箱的 ID、控制、数据、方向等
//邮箱 0 为 TX,16 为 RX
```

```
    ECanaShadow.CANMD.all = ECanaRegs.CANMD.all;
    ECanaShadow.CANMD.bit.MD0 = 0;
    ECanaShadow.CANMD.bit.MD16 = 1;
    ECanaRegs.CANMD.all = ECanaShadow.CANMD.all;
    //发送邮箱的 ID 号
    ECanaMboxes.MBOX0.MID.all = 0x10C80000;
    //接收邮箱的 ID 号
    ECanaMboxes.MBOX16.MID.all = 0x10C80000;
    //数据长度 8 字节
    ECanaMboxes.MBOX0.MCF.bit.DLC = 8;
    ECanaMboxes.MBOX16.MCF.bit.DLC = 8;
    //设置发送优先级
    ECanaMboxes.MBOX0.MCF.bit.TPL = 0;
    ECanaMboxes.MBOX16.MCF.bit.TPL = 0;
    //没有远方应答帧被请求
    ECanaMboxes.MBOX0.MCF.bit.RTR = 0;
    ECanaMboxes.MBOX16.MCF.bit.RTR = 0;
    //向邮箱 RAM 区写数据
    ECanaMboxes.MBOX0.MDRL.all = 0x01234567;
    ECanaMboxes.MBOX0.MDRH.all = 0x89ABCDEF;

    //第 4 步,请求正常操作
    EALLOW;
    ECanaShadow.CANMC.all = ECanaRegs.CANMC.all;
    ECanaShadow.CANMC.bit.CDR = 0;
    ECanaRegs.CANMC.all = ECanaShadow.CANMC.all;
    EDIS;
    //第 5 步,向寄存器 CANME 写 1 使能邮箱
    ECanaShadow.CANME.all = ECanaRegs.CANME.all;
    ECanaShadow.CANME.bit.ME0 = 1;
    ECanaShadow.CANME.bit.ME16 = 1;
    ECanaRegs.CANME.all = ECanaShadow.CANME.all;
```

读上面的代码时可能会有些疑惑,例如第 5 步中向 CANME 中的某些位赋值时,为何要采用如此复杂的步骤呢?这里需要重点介绍一下对 CAN 模块寄存器的操作方式。在之前的章节中,由于外设模块的控制寄存器都是 16 位,因此采用的是 16 位寻址方式。但是此处 CAN 模块能共兼容 16 位和 32 位的寻址方式,当确定 CAN 的控制和状态寄存器为 32 位寻址,即选择了增强型 CAN 总线模式的话,如果采用 16 位寻址方式,将会产生不确定的结果,所以 eCAN 的控制和状态寄存器需要作为一个特例来处理。对 CAN 模块的控制和状态寄存器有两种处理方式:

① 设置 CAN 总线为标准模式(SCC),此时则只有 16 个邮箱可用,即邮箱 0~邮箱 15,此时 CAN 模块的控制和状态寄存器可以采用 16 位寻址方式,也就是和之前对寄存器的操作方式相同。例如:

```
    EALLOW;
    ECanaRegs.CANME.bit.ME0 = 1;
    EDIS;
```

② 设置 CAN 总线为增强型 CAN 总线模式,此时 eCAN 的控制和状态寄存器必须采用 32 位寻址方式。可以先将数据写入一个临时寄存器(Shadow Register)中,处理完数据后将 32 位数据用.all 的形式写入寄存器中。

```
struct ECAN_REGS ECanaShadow;
ECanaShadow.CANME.all = ECanaRegs.CANME.all;
ECanaShadow.CANME.bit.ME0 = 1;
ECanaRegs.CANME.all = ECanaShadow.CANME.all;
```

邮箱初始化以后,就可以对其进行实现发送或者接收操作了。

16.5.3 消息的发送操作

eCAN 模块发送消息的过程如图 16-51 所示。eCAN 模块发送消息的过程主要包括邮箱初始化、发送传输设置、等待传输响应等几个步骤。

前面已经将邮箱 0 配置为发送邮箱,并已经将其初始化,根据图 16-51 所示的流程,使用邮箱 0 来发送消息的具体操作为:

```
//第 1 步,清除 CANTRS 寄存器
ECanaRegs.CANTRR.all = 0xFFFFFFFF;
ECanaRegs.CANTA.all = 0xFFFFFFFF;
//第 2 步,初始化邮箱,见 16.5.2 小节
//第 3 步,设置 TRS 请求发送标志,请求发送消息
ECanaShadow.CANTRS.all = 0;
ECanaShadow.CANTRS.bit.TRS0 = 1;
ECanaRegs.CANTRS.all = ECanaShadow.CANTRS.all;
//第 4 步,等待传输响应位置位,邮箱完成发送
while(ECanaRegs.CANTA.bit.TA0 == 0){}
//第 5 步,复位 TA 和传输标志,需要向相应的寄存器位写 1 才能清零
ECanaShadow.CANTA.all = 0;
ECanaShadow.CANTA.bit.TA0 = 1;
ECanaRegs.CANTA.all = ECanaShadow.CANTA.all;
```

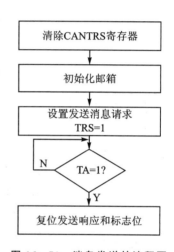

图 16-51 消息发送的流程图

16.5.4 消息的接收操作

当接收到一条消息时,接收消息的标识符首先和邮箱的标识符进行比较,然后,使用适当的接收屏蔽将不需要比较的标识符屏蔽,如图 16-52 所示。eCAN 模块有全局接收屏蔽寄存器 CANGAM,同时,每个邮箱都有自己的局部接收屏蔽寄存器,或者叫滤波寄存器 LAMn。这些屏蔽寄存器的作用就是指明哪些标识符位可以不进行比较。

在前面介绍控制和状态寄存器时已经介绍了全局接收屏蔽寄存器,这里补充介绍一下局部接收屏蔽寄存器 LAMn,其位具体情况如图 16-53 所示,各位说明如表 16-13 所列。

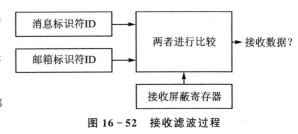

图 16-52 接收滤波过程

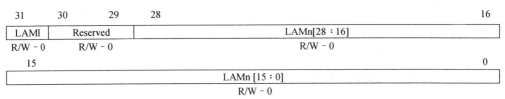

注:R=只读访问,W=只写访问;-0=复位后的值。

图 16-53 局部接收屏蔽寄存器 LAMn

表 16-13 LAMn 各位说明

位	名 称	说 明
31	LAMI	局部接收屏蔽寄存器扩展位。 1,可以接收标准帧和扩展帧。对于扩展帧,邮箱中储存所有的 29 位标识符而且局部接收屏蔽寄存器中的全部 29 位都被用于过滤操作;对于标准帧,仅使用标识符的第 1 个 11 位(28~18),而且将使用局部接收屏蔽寄存器。 0,存储在邮箱中的标识符扩展位决定着接收哪一个消息
30~29	Reserved	保留位。读为不确定值,写无效
28~0	LAMn[28:0]	这些位会使能对输入消息的任何标识符的屏蔽功能。1,对接收的标识符的相应位允许是 0 或 1(无关);0,接收的标识符的位值必须同 MSGID 寄存器中相应的标识符位相匹配

当 CAN 模块工作于标准 CAN 模式时,能够使用邮箱 0~15:邮箱 0~2 使用局部接收屏蔽寄存器 LAM0,邮箱 3~5 使用局部接收屏蔽寄存器 LAM3,邮箱 6~15 使用全局接收屏蔽寄存器 CAMGAM。当 CAN 模块工作于增强型 CAN 模式时,能够使用邮箱 0~31。每个邮箱都使用自己的局部接收屏蔽寄存器 LAMn。

在接收屏蔽寄存器中没有被屏蔽的标识符位,相应的接收消息的标识符位必须同接收邮箱的标识符位相同,否则消息既不会接收也不会存放到邮箱中。接收到的消息存放在标识符匹配的邮箱编号最高的邮箱中。可以通过邮箱标识符寄存器 MSGID 的接收屏蔽使能位 AME 来使能或者禁止局部接收屏蔽功能,如果禁止了局部接收屏蔽,则所有的标识符都需要进行比较。

下面举例来体会一下接收屏蔽滤波寄存器的作用:

消息标识符 ID =1 0000 0000 0000 0000 1111 0000 0000

邮箱标识符 ID =1 0000 1110 0000 0000 1111 0000 0000

接收屏蔽   =1 0000 1110 0000 0000 1111 0000 0000(消息被接收)

接收屏蔽　　　＝1 0000 0000 0000 0000 1111 0000 0000（消息被拒绝）

例子中，消息标识符和邮箱标识符在 D21、D22、D23 处出现了不同。第 1 种情况刚好接收屏蔽寄存器设置了 D21、D22、D23 处不需要进行比较，所以这 3 处不同将被忽略，消息被接收。而第 2 种情况在 D21、D22、D23 处必须进行比较，则由于消息标识符和邮箱标识符此处不一致，故消息被拒绝。

当 CAN 模块接收到消息时，消息挂起寄存器 CANRMP 相应的位就会被置位，也就是告诉 CPU，对应的邮箱中已经接收并存储了数据，请 CPU 前去读取；然后，CPU 就可以读取接收邮箱数据寄存器中接收到的数据。接收消息的过程如图 16-54 所示。

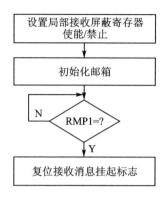

图 16-54　消息接收的流程图

前面已经将邮箱 16 配置为接收邮箱，并已经将其初始化，根据图 16-54 所示的流程，使用邮箱 16 来接收消息的具体操作为：

```
//第 1 步,设置局部接收屏蔽寄存器
//使能局部接收屏蔽功能
ECanaMboxes.MBOX6.MID.bit.AME = 1;

//第 2 步,初始化邮箱,见 16.5.2 小节

//第 3 步,等待接收响应标志置位
while(ECanaRegs.CANRMP.all ! = 0x00010000 );

//第 4 步,CPU 读取邮箱中的数据
//收到的数据在接收邮箱 Mbox16
Rec_l = ECanaMboxes.MBOX16.MDRL.all;
Rec_h = ECanaMboxes.MBOX16.MDRH.all;

//第 5 步,复位接收消息挂起标志
ECanaRegs.CANRMP.all = 0x00010000;
```

16.6　eCAN 模块的中断

如图 16-55 所示，CAN 模块有两种类型的中断：一种是与邮箱相关的中断，例如邮箱完成了消息的发送或者接收所响应的中断；另一种是和系统相关的中断，例如写拒绝或者总线唤醒等中断。具体的中断类型如表 16-14 所列。

从表 16-4 可知，CAN 模块有很多中断事件，那是不是每个中断事件都对应于一条中断线呢？例如，之前学过的 SCI 模块发送和接收分别对应于中断线 SCITXINT 和 SCIRXINT，那是不是 CAN 模块的发送和接收也对应于两条不同的中断线呢？CAN 模块是一个特例，虽然 CAN 模块也具有两条中断线 ECAN0INT 和 ECAN1INT，但是，通过相应寄存器的配置，只能选择将系统中断或者邮箱中断映射到中断线 ECAN0INT 或者 ECAN1INT 上，中断线 ECAN0INT 比 ECAN1INT 的优先级高。例

如,选择将邮箱中断映射到中断线 ECA0INT,将系统中断映射到中断线 ECAN1INT,则当邮箱数据发送成功、数据接收完成或者邮箱超时时所产生的中断将使用中断线 ECAN0INT,而其余的中断都将使用中断线 ECAN1INT。也就是说 CAN 模块的中断都是复用中断线的,当多个中断同时产生时,将根据中断事件的优先级来决定哪一个中断事件先被中断线响应。

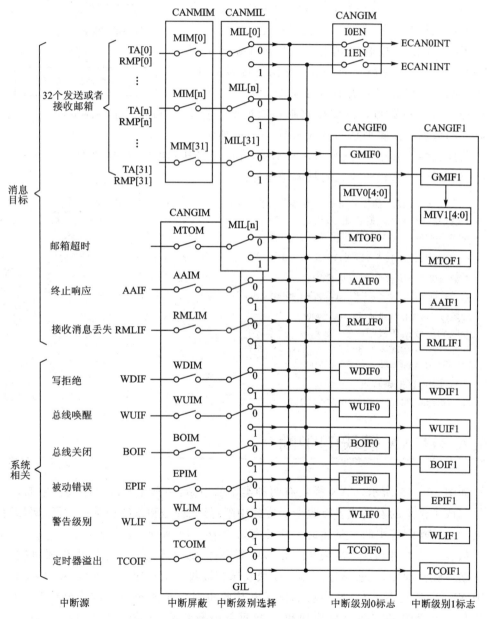

图 16-55 CAN 模块的中断

表 16-14 CAN 模块的中断类型

中断类型	中断名称	中断事件
邮箱中断	消息接收中断	接收到一个消息
	消息发送中断	发送完一个消息
	终止响应中断	挂起发送被终止
	接收消息丢失中断	接收到的旧的消息被新的消息所覆盖
	邮箱超时中断	在预定的时间内消息没有被接收或者发送
系统中断	拒绝写中断	CPU 试图写邮箱,但被拒绝了
	总线唤醒中断	唤醒后产生该中断
	脱离总线中断	CAN 模块进入脱离总线状态
	被动错误中断	CAN 模块进入了被动错误模式
	警告级别中断	接收错误计数器或者发送错误计数器值大于等于96
	定时邮递计数器溢出中断	定时邮递计数器产生溢出

中断的内容总结之后,无非就是当中断事件产生时,中断标志位将被置位,此时如果中断屏蔽位使能了该中断,则中断就会向 PIE 控制器提出中断请求。能够看出,与中断相关的寄存器有中断标志寄存器和中断屏蔽寄存器。CAN 模块和中断相关的寄存器有全局中断标志寄存器 CANGIF0 和 CANGIF1、全局中断屏蔽寄存器 CANGIM、邮箱中断屏蔽寄存器 CANMIM 和邮箱中断优先级寄存器 CANMIL。其中,与邮箱发送中断和接收中断相关的寄存器是 CANMIM、CANMIL 以及 CANGIF0/1 的 GMIF0/1 标志位,为了更好地理解这部分内容,建议先熟悉一下上述的几个寄存器。

当 CAN 模块工作于标准 CAN 模式时,邮箱 0~15 可用;当 CAN 模块工作于增强型 CAN 模式时,邮箱 0~31 可用。无论工作于哪种模式,每个邮箱都可以产生发送或者接收中断。每个邮箱都有一个专用的中断屏蔽位 MIMn 和中断级别位 MILn。中断级别位 MILn 决定了当邮箱产生中断事件时,该中断映射到 ECAN0INT 还是 ECAN1INT。如果接收邮箱接收到了 CAN 的消息,此时 RMPn=1,或者从发送邮箱发送了一条消息,此时 TAn=1,系统将根据 MILn 的情况来对中断标志位进行置位。如果 MILn 的值为 1,则 CANGIF1 的位 GMIF1 被置位,否则 CANGIF0 的 GMIF0 被置位。如果相应的邮箱中断屏蔽位 MIMn 已经置位,则相应的中断线就会向 PIE 控制器提出中断请求。当邮箱产生中断时,可以通过寄存器 CANGIF0/1 的 MIV0/1 来判断出是哪个邮箱产生了中断。

当发送请求复位寄存器的位 TRRn 置位后,将终止发送消息,此时,异常中断相应寄存器 CANAA 的位 AAn 和全局中断标志寄存器 CANGIF0/1 的终止响应中断标志 AAIF0/1 都被置位。如果 CANGIM 寄存器中的屏蔽位 AAIM 已经置位,则发送终止就会产生中断,相应的中断线向 PIE 控制器提出中断请求。

当接收消息丢失时,接收消息丢失寄存器 CANRML 的位 RMLn 和全局中断标志寄存器 CANGIF0/1 的位 RMLF0/1 都会被置位。如果 CANGIM 寄存器中的屏蔽位 RMLIM 已经置位,则接收消息发生丢失时便会产生中断,相应的中断线向 PIE 控制器提出中断请求。

当邮箱在规定的时间内没有接收消息或者发送完成消息,则产生一个超时事件,超时状态寄存器 CANTOS 的位 TOSn 和全局中断标志寄存器 CANGIF0/1 的位 MTOF0/1 被置位。如果 CANGIM 寄存器中的屏蔽位 MTOM 已经置位,则邮箱超时便会产生中断,相应的中断线向 PIE 控制寄存器提出中断请求。

前面只是分析了 CAN 模块常见的一些中断事件,其余的中断发生情况也都类似,可以参照着分析。需要提出的是,为了能够使得外设中断能够被正确响应,当退出中断服务子程序时,必须要清除外设的中断标志位,CAN 模块也不例外。因此,CANGIF0 和 CANGIF1 寄存器的中断标志必须被清除,通过向相应的标志位写 1 即可清除相应的中断标志位。当然,也会存在一些例外的情况,如表 16-15 所列。

表 16-15 CAN 模块中断标志位的清除方法

中断标志位	中断条件	中断级别的确定	清除机制
WLIFn	接收错误计数器或者发送错误计数器计数值大于等于 96	GIL	写 1 清除
EPIFn	CAN 模块进入被动错误模式	GIL	写 1 清除
BOIFn	CAN 模块进入总线禁止模式	GIL	写 1 清除
RMLIFn	有一个接收邮箱丢失了消息	GIL	写 1 将 RMPn 置位
WUIFn	CAN 模块退出了局部掉电模式	GIL	写 1 清除
WDIFn	写邮箱操作被拒绝	GIL	写 1 清除
AAIFn	发送请求被终止	GIL	通过清除 AAn 的置位清除
GMIFn	其中一个邮箱成功发送或者接收消息	MILn	写 1 到 CANTA 或者 CANRMP 寄存器的相应位来清除
TCOFn	TSC 的最高位从 0 变为 1	GIL	写 1 清除
MTOFn	在规定的时间内没有发送或者接收消息	MILn	通过清除 TOSn 的置位清除

16.7 手把手教你实现 CAN 通信

X281x eCAN 模块的理论知识前面已经介绍得差不多了,下面将通过两个具体的例子来学习如何使用 eCAN 实现消息的发送和接收。硬件上,除了需要使用 HDSP-Super2812 外,还需要一个 CAN 调试器。CAN 调试器可以将计算机虚拟成一个 CAN 节点,这样可以和 HDSP-Super2812 上的 CAN 接口进行通信,而且也可以通过上位机的调试软件和 CCS 来观察每个节点中邮箱的具体情况。

16.7.1 手把手教你实现 CAN 消息的发送

本实例将实现 HDSP-Super2812 上的 CAN 接口发送数据给 CAN 调试器,通信

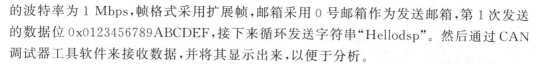

的波特率为 1 Mbps,帧格式采用扩展帧,邮箱采用 0 号邮箱作为发送邮箱,第 1 次发送的数据位 0x0123456789ABCDEF,接下来循环发送字符串"Hellodsp"。然后通过 CAN 调试器工具软件来接收数据,并将其显示出来,以便于分析。

程序的整体思路如下:

① 初始化系统,为系统分配时钟,处理看门狗电路等。

② 初始化 eCAN 模块。

③ 在主函数中循环发送字符串"Hellodsp"。

CAN 消息发送的程序代码(CAN_TX.pjt)在共享资料中的路径为:"共享资料\TMS320F2812 例程\第 16 章\16.7\CAN_TX"。参考程序见清单 16-1~程序清单 16-3。

程序清单 16-1 初始化系统模块

```
/************************************************
 * 文件名:DSP28_SysCtrl.c
 * 功   能:对 2812 的系统控制模块进行初始化
 ************************************************/
#include "DSP28_Device.h"
/************************************************
 * 名    称:InitSysCtrl()
 * 功    能:该函数对 2812 的系统控制寄存器进行初始化
 * 入口参数:无
 * 出口参数:无
 ************************************************/
void InitSysCtrl(void)
{
    Uint16 i;
    EALLOW;
    SysCtrlRegs.WDCR = 0x0068;              //禁止看门狗模块
    //初始化 PLL 模块,如果外部晶振为 30 MHz,则 SYSCLKOUT = 30 MHz × 10/2 = 150 MHz
    SysCtrlRegs.PLLCR = 0xA;
    for(i = 0; i < 5000; i++){}             //延时,使得 PLL 模块能够完成初始化操作
    // 高速时钟预定标器和低速时钟预定标器,产生高速外设时钟 HSPCLK 和低速外设时钟 LSPCLK
    SysCtrlRegs.HISPCP.all = 0x0001;        // HSPCLK = 150 MHz/2 = 75 MHz
    SysCtrlRegs.LOSPCP.all = 0x0002;        // LSPCLK = 150 MHz/4 = 37.5 MHz
    // 对工程中使用到的外设进行时钟使能
    SysCtrlRegs.PCLKCR.bit.ECANENCLK = 1;
    EDIS;
}
```

程序清单 16-2 初始化 eCAN 模块

```
/************************************************
 * 文件名:DSP28_ECan.c
 * 功   能:2812 内部 eCAN 模块的初始化文件
 ************************************************/
#include "DSP28_Device.h"
/************************************************
```

```
* 名     称:InitECan()
* 功     能:初始化 eCAN 模块
* 入口参数:无
* 出口参数:无
****************************************************************/
void InitECan(void)
{
    struct ECAN_REGS ECanaShadow;
    EALLOW;
    //配置 GPIO 引脚工作在 eCAN 功能
    GpioMuxRegs.GPFMUX.bit.CANRXA_GPIOF7 = 1;
    GpioMuxRegs.GPFMUX.bit.CANTXA_GPIOF6 = 1;
    //配置 eCAN 的 RX 和 TX 分别为 eCAN 的接收和发送引脚
    ECanaShadow.CANTIOC.all = ECanaRegs.CANTIOC.all;
    ECanaShadow.CANTIOC.bit.TXFUNC = 1;
    ECanaRegs.CANTIOC.all = ECanaShadow.CANTIOC.all;
    ECanaShadow.CANRIOC.all = ECanaRegs.CANRIOC.all;
    ECanaShadow.CANRIOC.bit.RXFUNC = 1;
    ECanaRegs.CANRIOC.all = ECanaShadow.CANRIOC.all;
    EDIS;
    EALLOW;
    ECanaShadow.CANMC.all = ECanaRegs.CANMC.all;
    //工作在正常模式
    ECanaShadow.CANMC.bit.STM = 0;
    //工作在 eCAN 模式
    ECanaShadow.CANMC.bit.SCM = 1;
    ECanaRegs.CANMC.all = ECanaShadow.CANMC.all;
    EDIS;
    //初始化邮箱 0 控制区域为 0,控制区域所有的位都初始化为 0
    ECanaMboxes.MBOX0.MCF.all = 0x00000000;
    //清除所有的 TA 位
    ECanaRegs.CANTA.all = 0xFFFFFFFF;
    //清除所有的 RMP 位
    ECanaRegs.CANRMP.all = 0xFFFFFFFF;
    //配置时钟参数
    EALLOW;
    ECanaShadow.CANMC.all = ECanaRegs.CANMC.all;
    ECanaShadow.CANMC.bit.CCR = 1;
    ECanaRegs.CANMC.all = ECanaShadow.CANMC.all;
    EDIS;
    //CPU 请求向 CANBTC 和 CANGAM 写配置信息,该位置 1 后必须等到 CANED.CCE 为 1,才能对 CANBTC
    //进行操作
    do
    {
        ECanaShadow.CANES.all = ECanaRegs.CANES.all;
    }
    while(ECanaShadow.CANES.bit.CCE ! = 1);
```

```c
    EALLOW;
    //(BRPREG + 1) = 10,CAN 时钟为 15 MHz
    ECanaShadow.CANBTC.bit.BRP = 9;
    //CAN 通信的波特率为 1 MHz
    ECanaShadow.CANBTC.bit.TSEG2 = 2;
    ECanaShadow.CANBTC.bit.TSEG1 = 10;
    ECanaRegs.CANBTC.all = ECanaShadow.CANBTC.all;
    //CPU 请求正常操作
    ECanaShadow.CANMC.all = ECanaRegs.CANMC.all;
    ECanaShadow.CANMC.bit.CCR = 0;
    ECanaRegs.CANMC.all = ECanaShadow.CANMC.all;
    EDIS;
    do
    {
      ECanaShadow.CANES.all = ECanaRegs.CANES.all;
    }
    while(ECanaShadow.CANES.bit.CCE != 0);        //等待 CCE 位清零
    ECanaRegs.CANME.all = 0;                      //屏蔽所有邮箱,在写 MSGID 之前要完成该操作
    ECanaMboxes.MBOX0.MID.all = 0x80C80000;       //设置发送邮箱的 ID 号,扩展帧
    ECanaShadow.CANMD.all = ECanaRegs.CANMD.all;  //邮箱 0 为 TX
    ECanaShadow.CANMD.bit.MD0 = 0;
    ECanaRegs.CANMD.all = ECanaShadow.CANMD.all;
    ECanaMboxes.MBOX0.MCF.bit.DLC = 8;            //数据长度 8 字节
    ECanaMboxes.MBOX0.MCF.bit.TPL = 0;            //设置发送优先级
    ECanaMboxes.MBOX0.MCF.bit.RTR = 0;            //没有远方应答帧被请求
    ECanaMboxes.MBOX0.MDRL.all = 0x01234567;      //向邮箱 RAM 区写数据
    ECanaMboxes.MBOX0.MDRH.all = 0x89ABCDEF;
    ECanaShadow.CANME.all = ECanaRegs.CANME.all;  //邮箱使能 Mailbox0
    ECanaShadow.CANME.bit.ME0 = 1;
    ECanaRegs.CANME.all = ECanaShadow.CANME.all;
}
```

程序清单 16 - 3   主函数

```c
/*************************************************************
 * 实验目的:通过 Super2812 发送数据给其他外部 CAN 设备,了解 CAN 总线的设置和通信过程,
           请尤其注意 ID 的设置
 * 实验说明:将 MBOX0 设置为发送模式
 * 实验结果:通过 CAN Tools 工具软件,可以观察收到的数据
 *************************************************************/
#include "DSP28_Device.h"
Uint32 MessageSendCount;
Uint32 MessageReceiveCount;
void main(void)
{
    unsigned int i;
    unsigned char senddata[] = "Hellodsp";
    InitSysCtrl();              //初始化系统
    DINT;                       //关中断
```

```
    IER = 0x0000;
    IFR = 0x0000;
    InitPieCtrl();//初始化 PIE 中断
    InitPieVectTable();      //初始化 PIE 中断矢量表
    InitECan();//初始化 SCIA 寄存器
    MessageSendCount = 0;
    MessageReceiveCount = 0;
    i = 0;
    for(;;)
    {
        ECanaRegs.CANTRS.all = 0x01000001;           //发送请求置位,邮箱开始发送数据
        while(ECanaRegs.CANTA.all == 0);             //等待邮箱发送完成
        ECanaRegs.CANTA.all = 0x00000001;            //复位发送成功标志位
        MessageSendCount ++ ;                        //在这里设断点观察
        ECanaMboxes.MBOX0.MDRL.all = senddata[i];    //给发送邮箱写数据,准备下次发送
        ECanaMboxes.MBOX0.MDRH.all = senddata[i+1];
        i = i + 2;
        if(i>6)
            i = 0;
    }
}
```

将 HDSP – Super2812 上的 CAN 接口同 CAN 调试器的接口通过导线连接好,然后运行此程序,CAN 调试工具软件接收到数据,其结果如图 16 – 56 所示。

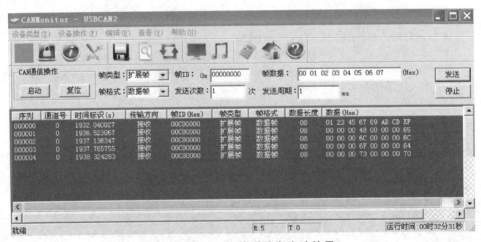

图 16 – 56 CAN 发送消息实验结果

从图 16 – 56 可以看到,CAN 调试器接收到的数据帧为扩展帧,帧 ID 为 0x00C80000。第一帧接收到的数据是初始化值 0x123456789ABCDEF;第 2 帧为 0x0000004800000065,0x48 是字母 H 的 ASCII 码,0x65 是字母 e 的 ASCII 码;第 3 帧为 0x0000006C0000006C,0x6C 是字母 l 的 ASCII 码;第 4 帧为 0x0000006F00000064,0x6F 是字母 o 的 ASCII 码,0x64 是字母 d 的 ASCII 码;第 5 帧为 0x0000007300000070,0x73 是字母 s 的 ASCII 码,0x70 是字母 p 的 ASCII 码。第 2~5

帧连接起来，接收到的数据就是字符串"Hellodsp"，结果完全正确。

16.7.2 手把手教你实现 CAN 消息的接收（中断方式）

本实例将使用 CAN 调试器发送数据给 HDSP - Super2812 上的 CAN 接口，DSP 的 CAN 模块接收数据，通信的波特率为 1 Mbps，帧格式采用扩展帧，邮箱采用 16 号邮箱作为接收邮箱，并采用中断的方式来接收数据，中断使用 ECAN0INT 中断线。CAN 调试器给 DSP 发送的数据是"00 01 02 03 04 05 06 07"，然后在中断服务子程序处设置断点，观察邮箱 16 所接收到的数据。

程序的整体思路如下：
① 初始化系统，为系统分配时钟，处理看门狗电路等。
② 初始化 eCAN 模块。
③ 写中断服务子程序，从邮箱读取接收到的数据。

CAN 消息发送的程序代码（CAN_RX. pjt）在共享资料中的路径为："共享资料\TMS320F2812 例程\第 16 章\16.7\CAN_RX"。参考程序见清单 16 - 4～程序清单 16 - 7。

程序清单 16 - 4　初始化系统模块

```c
/*****************************************************************
* 文件名:DSP28_SysCtrl.c
* 功    能:对 2812 的系统控制模块进行初始化
*****************************************************************/
#include "DSP28_Device.h"
/*****************************************************************
* 名    称:InitSysCtrl()
* 功    能:该函数对 2812 的系统控制寄存器进行初始化
* 入口参数:无
* 出口参数:无
*****************************************************************/
void InitSysCtrl(void)
{
    Uint16 i;
    EALLOW;
    SysCtrlRegs.WDCR = 0x0068;          //禁止看门狗模块
    SysCtrlRegs.PLLCR = 0xA;            //初始化 PLL 模块,如果外部晶振为 30 MHz,则
                                        //SYSCLKOUT = 30 MHz × 10/2 = 150 MHz
    for(i = 0; i< 5000; i ++ ){}        //延时,使得 PLL 模块能够完成初始化操作
//  高速时钟预定标器和低速时钟预定标器,产生高速外设时钟 HSPCLK 和低速外设时钟 LSPCLK
    SysCtrlRegs.HISPCP.all = 0x0001;    // HSPCLK = 150 MHz/2 = 75 MHz
    SysCtrlRegs.LOSPCP.all = 0x0002;    // LSPCLK = 150 MHz/4 = 37.5 MHz
    SysCtrlRegs.PCLKCR.bit.ECANENCLK = 1;  //对工程中使用到的外设进行时钟使能
    EDIS;
}
```

程序清单 16-5　初始化 CAN 模块

```
/***************************************************************
* 文件名:DSP28_ECan.c
* 功    能:2812 内部 eCAN 模块的初始化文件
***************************************************************/
#include "DSP28_Device.h"
/***************************************************************
* 名    称:InitECan()
* 功    能:初始化 eCAN 模块
* 入口参数:无
* 出口参数:无
***************************************************************/
void InitECan(void){
    struct ECAN_REGS ECanaShadow;

    EALLOW;
    GpioMuxRegs.GPFMUX.bit.CANRXA_GPIOF7 = 1;           //配置 GPIO 引脚工作在 eCAN 功能
    GpioMuxRegs.GPFMUX.bit.CANTXA_GPIOF6 = 1;
    ECanaShadow.CANTIOC.all = ECanaRegs.CANTIOC.all;    //配置 eCAN 的 RX 和 TX 分别为 eCAN
                                                        //的接收和发送引脚

    ECanaShadow.CANTIOC.bit.TXFUNC = 1;
    ECanaRegs.CANTIOC.all = ECanaShadow.CANTIOC.all;
    ECanaShadow.CANRIOC.all = ECanaRegs.CANRIOC.all;
    ECanaShadow.CANRIOC.bit.RXFUNC = 1;
    ECanaRegs.CANRIOC.all = ECanaShadow.CANRIOC.all;
    EDIS;
    EALLOW;
    ECanaShadow.CANMC.all = ECanaRegs.CANMC.all;
    ECanaShadow.CANMC.bit.STM = 0;      //工作在非测试模式
    ECanaShadow.CANMC.bit.SCM = 1;      //工作在 eCAN 模式
    ECanaRegs.CANMC.all = ECanaShadow.CANMC.all;
    EDIS;
    //初始化邮箱 16 控制区域为 0,控制区域所有的位都初始化为 0
    ECanaMboxes.MBOX16.MCF.all = 0x00000000;
    ECanaRegs.CANTA.all = 0xFFFFFFFF;       //清除所有的 TA 位
    ECanaRegs.CANRMP.all = 0xFFFFFFFF;      //清除所有的 RMP 位
    ECanaRegs.CANGIF0.all = 0xFFFFFFFF;     //清除所有的中断标志位
    ECanaRegs.CANGIF1.all = 0xFFFFFFFF;
    EALLOW;   //配置时钟参数
    ECanaShadow.CANMC.all = ECanaRegs.CANMC.all;        ECanaShadow.CANMC.bit.CCR = 1;
    ECanaRegs.CANMC.all = ECanaShadow.CANMC.all;
    EDIS;
        //CPU 请求向 CANBTC 和 CANGAM 写配置信息,该位置 1 后必须等到 CANED.CCE 为 1,才能对 CAN
        //BTC 进行操作
    do
    {
      ECanaShadow.CANES.all = ECanaRegs.CANES.all;
    }
    while(ECanaShadow.CANES.bit.CCE != 1);
```

```c
    EALLOW;
    ECanaShadow.CANBTC.bit.BRP = 9;        //(BRPREG + 1) = 10,CAN 时钟为 15 MHz
    ECanaShadow.CANBTC.bit.TSEG2 = 2;      //CAN 通信的波特率为 1 MHz
    ECanaShadow.CANBTC.bit.TSEG1 = 10;
    ECanaRegs.CANBTC.all = ECanaShadow.CANBTC.all;
    //CPU 请求正常操作
    ECanaShadow.CANMC.all = ECanaRegs.CANMC.all;       ECanaShadow.CANMC.bit.CCR = 0;
    ECanaRegs.CANMC.all = ECanaShadow.CANMC.all;
    EDIS;
    do
    {
        ECanaShadow.CANES.all = ECanaRegs.CANES.all;
    }
    while(ECanaShadow.CANES.bit.CCE != 0);
    ECanaRegs.CANME.all = 0;  //屏蔽所有邮箱,在写 MSGID 之前要完成该操作
    ECanaMboxes.MBOX16.MID.all = 0x80C20000;           //设置接收邮箱的 ID,扩展帧
    ECanaShadow.CANMD.all = ECanaRegs.CANMD.all;       //设置邮箱 16 为接收邮箱
    ECanaShadow.CANMD.bit.MD16 = 1;
    ECanaRegs.CANMD.all = ECanaShadow.CANMD.all;
    ECanaMboxes.MBOX16.MCF.bit.DLC = 8;                //数据长度 8 字节
    ECanaMboxes.MBOX16.MCF.bit.RTR = 0;                //没有远方应答帧被请求
    ECanaShadow.CANME.all = ECanaRegs.CANME.all;       //邮箱使能
    ECanaShadow.CANME.bit.ME16 = 1;
    ECanaRegs.CANME.all = ECanaShadow.CANME.all;
    EALLOW;  //邮箱中断使能
    ECanaRegs.CANMIM.all = 0xFFFFFFFF;
    ECanaRegs.CANMIL.all = 0;              //邮箱中断将产生在 ECAN0INT
    ECanaRegs.CANGIF0.all = 0xFFFFFFFF;
    ECanaRegs.CANGIM.bit.I0EN = 1;  //ECAN0INT 中断请求线被使能
    EDIS;
}
```

程序清单 16 - 6 主函数

```c
/*****************************************************************
 * 实验目的:通过外部其他 CAN 设备给 Super2812 发送数据,了解 CAN 总线的设置和通信过程,
 *         请尤其注意 ID 的设置
 * 实验说明:将 MBOX16 设置为接收模式,并采用中断的方式接收数据
 * 实验结果:可以观察变量 Rec_h 和 Rec_l
 *****************************************************************/
#include "DSP28_Device.h"
void main(void)
{
    InitSysCtrl();                  //初始化系统
    DINT;                           //关中断
    IER = 0x0000;
    IFR = 0x0000;
    InitPieCtrl();                  //初始化 PIE 中断
    InitPieVectTable();             //初始化 PIE 中断矢量表
    InitECan();                     //初始化 SCIA 寄存器
    PieCtrl.PIEIER9.bit.INTx5 = 1;  //使能 PIE 中断
    IER |= M_INT9;                  //使能 CPU 中断
```

```
    EINT;        //开全局中断
    ERTM;        //开实时中断
    for(;;)
    {
    }
}
```

程序清单 16 - 7　中断服务子程序

```
Uint32 Rec_l;
Uint32 Rec_h;
interrupt void ECAN0INTA_ISR(void)    // eCAN - A
{
    while(ECanaRegs.CANRMP.all != 0x00010000 );
    ECanaRegs.CANRMP.all = 0x00010000;    //复位 RMP 标志,同时也复位中断标志
    Rec_l = ECanaMboxes.MBOX16.MDRL.all;  //收到的数据在接收邮箱 Mbox16
    Rec_h = ECanaMboxes.MBOX16.MDRH.all;
    PieCtrl.PIEACK.bit.ACK9 = 1;
    EINT;
}
```

将 HDSP - Super2812 上的 CAN 接口同 CAN 调试器的接口通过导线连接好,然后运行此程序,在中断服务子程序的最后一行代码处设置断点,然后设置 CAN 调试工具,其软件的参数设置如图 16 - 57 所示,接着单击"发送"按钮。

图 16 - 57　CAN 调试工具软件参数设置

CAN 调试工具将数据发出以后,DSP 的程序将在中断服务子程序的断点处暂停下来,说明 DSP 接收到了数据。然后将变量 Rec_l 和 Rec_h 添加到 Watch Window 中,观察 DSP 所接收到的数据,结果如图 16 - 58 所示。

Name	Value	Type	Radix
◆ Rec_l	0x00010203	Uint32	hex
◆ Rec_h	0x04050607	Uint32	hex

图 16 - 58　CAN 接收消息的结果

从图 16 - 58 可以看出,变量 Rec_l 的值是 0x00010203,变量 Rec_h 的值是 0x04050607,结果完全正确。

本章首先详细介绍了 CAN2.0B 协议的由来、特点及其具体的内容;然后详细介绍了 X281x eCAN 模块的结构、寄存器、具体的配置、中断等方面的知识;最后举例说明了如何实现使用 eCAN 模块来进行通信,完成发送数据和接收数据的操作。至此,X281x DSP 的内容就全部介绍完了。在下一章中将介绍一下项目开发的基本过程,并补充几个开发的实例来巩固前面所学的知识。

第 17 章
基于 HDSP－Super2812 的开发实例

古语"纸上得来终觉浅,绝知此事须躬行",虽然通过前面的学习,已经全面了解了 X281x 各个方面的知识,但是想要将这些知识融会贯通地运用,还需要不断地实验,需要不断地在实际的开发和调试过程中去体会这些知识点,从而积累开发的经验。本章将以 HDSP－Super2812 为硬件平台,补充介绍几个实际应用的例子,包括如何将最终调试完成的代码烧写入 Flash 中,希望这些例子能够起到抛砖引玉的作用。

17.1 谈谈通常项目的开发过程

做技术的,尤其是研发工程师,将不可避免地会和项目打交道。无论是在学校还是在企业,项目开发是最好的实战,也是经验积累最好的机会。那么,当接手一个新的项目或者任务时,应该如何着手呢?图 17－1 所示的是通常项目开发的流程。

首先,要对项目整体进行需求分析,或者说对这个任务进行详细分解,看看到底需要实现哪些功能。也就是说首先要搞清楚到底要做什么,需要实现什么功能,最后达到什么样的要求,如果连做什么都没有弄清楚,那么开发就没有方向,也无从入手了。在此过程中,不仅需要仔细研究项目的要求,同时需要查阅大量的中外技术论文,看看目前类似的项目,国内和国际上已经研究到什么程度,开发此项目需要哪些技术,重点在哪,难点在哪,要做到心中有数。了解这些之后,就可以大概估算一下项目的难易程度以及完成此项目所需要的时间。当然这只是大概的计划,因为更多的困难可能会在项目具体开发过程中不断地冒出来,除非是熟悉的项目,否则很多未知的因素在等待着开发人员。

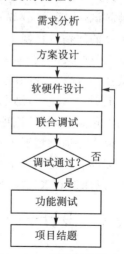

图 17－1 项目开发的流程

在弄清楚要做什么以后,就需要研究怎么做了,也就是需要设计一个项目可行的方案。首先,仍然应该仔细读读相关的论文,看看别人之前是怎么做的。通常接触到的项目之前肯定已经有人做过，或者做过类似的研究，前人的方案和经验都可以拿来参考，这样有助于更快地投入到项目的开发中去，能有现成的就利用现成的资源。在考虑开发成本和产品成本的前提下，结合性能要求以满足功能为目标选择主处理器，然后在此基础上确定外围功能框图，完成方案的整体设计。这一步很重要，因为如果这一步设计错误，那么整个方案就得推翻重来，不仅浪费了资源，而且拖延了项目的开发周期。

方案确定下来之后，就要开始具体的开发了。在学校里，为了毕业课题，一个项目通常只有一个人来完成，那么既要做硬件又要做软件，可以先将硬件平台设计好，然后再来设计软件。当然设计硬件的过程中，就需要考虑到软件设计时可能相关的一些问题，例如 A/D 采样电路信号的滤波是通过硬件来实现还是通过软件算法来实现。如果通过硬件实现，那么软件算法显然简单了不少；如果通过软件算法来实现，那么硬件成本肯定有所降低，这些都要根据实际情况来做选择。在企业里，一个项目通常会由一个小组来完成，有做硬件的，也有做软件的，设计时需要多沟通，这样不至于到最后一起调试时，问题太多，矛盾不可调和，很多问题可以在设计的过程中就加以解决。

硬件设计完成后，就需要在上面设计软件，并进行联合调试。这是设计过程中发现问题并改正问题的过程，如果是软件问题，那还容易解决，修改代码就可以；如果是硬件问题，就需要改版 PCB 来修正硬件的错误。遇到问题时，如果项目是几个人完成的，那问题的定位稍微麻烦一些，通常硬件工程师会认为这是软件的问题，而软件工程师会认为这是硬件的问题，争辩是不可避免的。当然，有时争辩也不一定是坏事，真理总是越辩越明，只是得就事论事，不要产生矛盾就好。所以当出现问题时，不妨先从自己的角度出发，考虑问题是不是自己的原因产生的，如果不是，得想办法去验证给对方看。通过不断的调试和开发，项目会被逐渐完善，最终开发过程结束。

开发完成后，如果是产品的话，还得对产品进行详细的功能测试，只有通过不断的大量测试，才能发现产品的 BUG，也就是在产品发布或者项目结题前，还有最后的机会对产品的问题进行修正，多数都是不易察觉的小问题。测试需要测试人员来完成，或者开发人员交叉测试，切忌自己开发，自己测试。由于思维定向等因素，由开发人员自己测试往往难以发现问题。

最后，就是项目结题了，交付硬件设计方案、软件代码、测试报告等，以示项目已经达到了预定的要求，该项目已经完成。

以上是通常情况下项目开发的流程，希望对刚刚接触或者尚未接触过项目开发的朋友能够有所帮助。下面，将以 HDSP‐Super2812 为硬件平台，补充介绍几个开发的实例，以期望对 X281x 的开发能够有更多的了解。

17.2 设计一个有趣的时钟日期程序

在做电机控制时，通常希望能够记录电机启动的时间、电机停止的时间、电机发生故障时的时间等；在做电力系统继电保护装置时，也需要记录各种故障事件所发生的时间,以供维护人员或者厂家对故障进行分析。为了满足工业控制的需要,HDSP-Super2812 设计了实时时钟的功能,用以记录事件发生的时间,时间信息包括了年、月、日、时、分、秒。

17.2.1 硬件设计

实时时钟的硬件设计如图 17-2 所示。选用了实时时钟芯片 X1226,其具有时钟和日历的功能,时钟通过时、分、秒寄存器来跟踪,日历通过日期、星期、月和年寄存器来跟踪,日历可正确显示至 2099 年,并具有自动闰年修正功能,拥有强大的双报警功能,精度可到 1 s,其具体的寄存器和功能请参阅 X1226 的数据手册。晶振选用 32.768 kHz。X1226 的存储器属于 SRAM 结构,因此还需要配有电池,以保证时间信息不丢失。

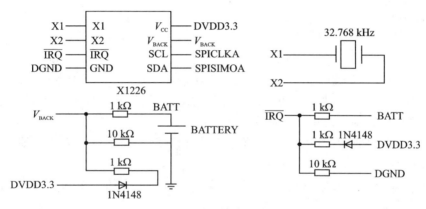

图 17-2 实时时钟的硬件原理图

17.2.2 软件设计(含 I2C 接口程序)

对于 X1226 的读/写是通过 I2C 接口实现的,由于 TMS320F2812 本身不具有 I2C 的模块,因此,需要通过 GPIO 口来模拟 I2C 接口的时序,从而实现对实时时钟 RTC 的读/写。关于 I2C 接口,请大家参考相关资料,本实例中对 I2C 接口模拟的程序在工程中的 I2C.c 文件中。

本实例具有 2 个功能,一个是可以通过上位机 HELLODSP 调试助手来实现对实时时钟的校正。HELLODSP 调试助手将需要调整的时间信息通过 RS232 串口发给 DSP,DSP 在接收到数据信息之后便会对 X1226 进行写操作,从而完成对 RTC 的时间校正。另一功能是读取 RTC 的时间,然后使用定时器 1 的周期中断,每隔 1 s 通过 SCI 将时间信息发送到上位机,HELLODSP 调试助手接收到时间信息后,对其进行处理,然后在软件中实时显示出来。

X1226 具有 512×8 位的存储单元,对时间的读/写其实是对相应存储单元的读/

写,下面具体介绍一下和本实例相关的存储单元,具体定义如表17-1所列。

表17-1 相关存储单元信息

地址	类型	名称	位								范围
			7	6	5	4	3	2	1	0	
0x0036	SRAM	星期	0	0	0	0	0	DY2	DY1	DY0	0~6
0x0035		年份	Y23	Y22	Y21	Y20	Y13	Y12	Y11	Y10	0~99
0x0034		月份	0	0	0	G20	G13	G12	G11	G10	1~12
0x0033		日	0	0	D21	D20	D13	D12	D11	D10	1~31
0x0032		小时	MIL	0	H21	H20	H13	H12	H11	H10	0~23
0x0031		分钟	0	M22	M21	M20	M13	M12	M11	M10	0~59
0x0030		秒钟	0	S22	S21	S20	S13	S12	S11	S10	0~59

假如已设置时间格式为2008年12月31日晚上23点59分整为例,假设那天是星期五,则给地址0036赋值为0x5。因为地址0036存储的是星期几的信息。在对X1226进行读/写时,需要注意一个规律,就是通常平时说的都是十进制的数据,在这里是用十六进制来表示的。

地址0035存储的是年份数据的低位,取值范围为0~99。年份数据的高位有19/20这两个值进行选择。由于此单元的7位均用来表示年份,因此给其赋的值为0x08。如果表示2018年,则给此单元赋值为0x18。

地址0034存储的是月份数据,取值范围为1~12,其高3位均为0,因此需要给其赋的值为0x12。

地址0033存储的是日数据,取值范围为1~31,其最高的2位均恒为0,因此需要给其赋的值为0x31。

地址0032存储的是小时数据,取值范围为0~23。由于其最高位为MIL,可以认为是1,则如果需要表示23,其存储单元的数据位:10100011,也就是0xa3,这是和其他单元不同的地方,值得注意。

地址0031存储的是分钟数据,其取值范围为0~59。最高位为0,其余位均用来表示时间,因此需要给其赋的值为0x59。

地址0030存储的是秒钟的数据,其取值范围为0~59。和分钟格式是一样的,因此需要给其赋的值为0x00。

了解如何给X1226赋值之后,则从X1226中读取数据之后应当如何处理,大家应该也会明白了。值得注意的就是平时说的十进制时间,在X1226中是一样的,只是使用十六进制来表示。

本程序的整体思路如下:
① 初始化系统,为系统分配时钟,处理看门狗电路等。
② 初始化CPU定时器0模块、EVA模块、SCI模块等外设。
③ 初始化RTC。
④ 使用定时器1的周期中断,每隔1 s读取RTC时钟,通过SCI发送至PC机。

第17章 基于 HDSP-Super2812 的开发实例

⑤ 如果 PC 机将时间信息发送至 DSP，则进入 SCI 接收中断，然后对 X1226 进行设置。

实时时钟 RTC 的设置与读取的程序代码（RTC.pjt）在共享资料中的路径为："共享资料\TMS320F2812 例程\第 17 章\17.1\RTC"。参考程序见清单 17-1～程序清单 17-6。

实验的具体步骤如下：

① 将共享资料例程文件夹下的 RTC 文件夹复制到 CCS 安装目录下的 MyProjects 文件夹内。

② 启动 CCS3.3，右击 View Project 栏内的 Projects，在弹出的级联菜单中选择 Open Project。CCS3.3 弹出工程打开的对话框，找到 MyProjects 文件下的 07_RTC 文件夹，找到 RTC.pjt，选中后单击打开。单击工具栏上的 Rebuild All 按钮，对 RTC.pjt 进行编译。

③ 选择菜单栏 Debug→Connect，使得 CCS3.3 和 DSP 建立链接。

④ 选择菜单栏 File→Load Program，CCS3.3 弹出 Load Program 对话框，在 Debug 文件夹下找到 RTC.out 文件，单击打开。

⑤ 选择菜单栏 Debug→GO Main。

⑥ 单击 Run 按钮，运行程序。打开 HELLODSP 调试助手软件，单击"打开端口"按钮，然后单击打开"RTC 实时显示"按钮，则从 X1226 上读出的时间会实时显示在 "RTC 实时显示"区域，如图 17-3 所示。在 CCS 中通过 Watch Window 来观察各个变量的值，如图 17-4 所示。

图 17-3　HELLODSP 调试助手中 RTC 实时显示

⑦ 在 HELLODSP 调试助手的"RTC 校正"区域能够看到此时的系统时间，单击"校正"按钮，如图 17-5 所示，就可以将时间信息发送给 DSP。DSP 在对 RTC 完成设置之后，便可以在"RTC 实时显示"区域看到修改之后的时间。

Name	Value	Type	Radix
◆ SECOND	0	unsigned int	unsigned
◆ MINUTE	0	unsigned int	unsigned
◆ HOUR	0	unsigned int	unsigned
◆ DAY	1	unsigned int	unsigned
◆ MONTH	1	unsigned int	unsigned
◆ DATA	2	unsigned int	unsigned
◆ YEAR	2004	unsigned int	unsigned

图 17-4　Watch Xindow 中观察各个变量

图 17-5　HELLODSP 调试助手的 RTC 校正

程序清单 17-1　初始化系统模块

```
/*******************************************
 * 文件名:DSP28_SysCtrl.c
 * 功　能:对 2812 的系统控制模块进行初始化
```

```c
/*****************************************************************/
#include "DSP28_Device.h"
/***************************************************************
* 名      称:InitSysCtrl()
* 功      能:该函数对 2812 的系统控制寄存器进行初始化
* 入口参数:无
* 出口参数:无
***************************************************************/
void InitSysCtrl(void)
{
    Uint16 i;
    EALLOW;
// 对于 TMX 产品,为了能够使片内 RAM 模块 M0/M1/L0/L1LH0 获得最好的性能,控制寄存器的位必须
// 使能,这些位在设备硬件仿真寄存器内。TMX 是 TI 的试验型产品
    DevEmuRegs.M0RAMDFT = 0x0300;
    DevEmuRegs.M1RAMDFT = 0x0300;
    DevEmuRegs.L0RAMDFT = 0x0300;
    DevEmuRegs.L1RAMDFT = 0x0300;
    DevEmuRegs.H0RAMDFT = 0x0300;

// 禁止看门狗模块
    SysCtrlRegs.WDCR = 0x0068;

// 初始化 PLL 模块
    SysCtrlRegs.PLLCR = 0xA;    //如果外部晶振为 30 MHz,则 SYSCLKOUT = 30 MHz × 10/2 = 150 MHz
// 延时,使得 PLL 模块能够完成初始化操作
    for(i = 0; i< 5000; i++){}

// 高速时钟预定标器和低速时钟预定标器,产生高速外设时钟 HSPCLK 和低速外设时钟 LSPCLK
    SysCtrlRegs.HISPCP.all = 0x0001;    // HSPCLK = 150 MHz/2 = 75 MHz
    SysCtrlRegs.LOSPCP.all = 0x0002;    // LSPCLK = 150 MHz/4 = 37.5 MHz

// 对工程中使用到的外设进行时钟使能
    SysCtrlRegs.PCLKCR.bit.SCIENCLKA = 1;
    SysCtrlRegs.PCLKCR.bit.EVAENCLK = 1;

    EDIS;
}
/***************************************************************
* 名      称:KickDog()
* 功      能:喂狗函数,当使用看门狗的时候,为了防止看门狗溢出,需要不断的给看门狗"喂食",
*           给看门狗密钥寄存器周期性的写入 0x55 + 0xAA 序列,清除看门狗计数器寄存器的值
* 入口参数:无
* 出口参数:无
***************************************************************/
void KickDog(void)
{
    EALLOW;
    SysCtrlRegs.WDKEY = 0x0055;
    SysCtrlRegs.WDKEY = 0x00AA;
    EDIS;
}
```

程序清单 17-2　初始化 GPIO 模块

```c
/*********************************************************
* 文件名:DSP28_Gpio.c
* 功    能:2812 通用输入/输出口 GPIO 的初始化函数
*********************************************************/
#include "DSP28_Device.h"
/*********************************************************
* 名    称:InitGpio()
* 功    能:初始化 GPIO,使得 GPIO 的引脚处于已知的状态,例如确定其功能是特定功能还是
*          通用 I/O。如果是通用 I/O,是输入还是输出,等等
* 入口参数:无
* 出口参数:无
*********************************************************/
void InitGpio(void)
{
    EALLOW;
    GpioMuxRegs.GPFMUX.bit.SCITXDA_GPIOF4 = 1;   //设置 SCIA 的发送引脚
    GpioMuxRegs.GPFMUX.bit.SCIRXDA_GPIOF5 = 1;   //设置 SCIA 的接收引脚
    EDIS;
}
```

程序清单 17-3　初始化 EV 模块

```c
/*********************************************************
* 文件名:DSP28_Ev.c
* 功    能:2812 事件管理器的初始化函数,包括了 EVA 和 EVB 的初始化
*********************************************************/
#include "DSP28_Device.h"
/*********************************************************
* 名    称:InitEv()
* 功    能:初始化 EVA 或者 EVB,使得项目所使用到的 EV 初始化到我们希望实现的状态
* 入口参数:无
* 出口参数:无
*********************************************************/
void InitEv(void)
{
    //EVA 模块
    EvaRegs.T1CON.bit.TMODE = 1;          //连续增/减模式
    EvaRegs.T1CON.bit.TPS = 1;            //T1CLK = HSPCLK/2 = 37.5 MHz
    EvaRegs.T1CON.bit.TENABLE = 0;        //暂时禁止 T1 计数
    EvaRegs.T1CON.bit.TCLKS10 = 0;        //使用内部时钟,T1CLK
    EvaRegs.T1CON.bit.TECMPR = 1;         //使能定时器比较操作
    EvaRegs.T1PR = 0x493E;                //1 kHz 的 PWM,周期为 1 ms
    EvaRegs.T1CNT = 0;
    EvaRegs.EVAIMRA.bit.T1PINT = 1;       //使能定时器 T1 周期中断
    EvaRegs.EVAIFRA.bit.T1PINT = 1;       //清除 T1 周期中断的标志位
    EvaRegs.T1CON.bit.TENABLE = 1;        //使能定时器计数
```

}

程序清单 17-4　初始化 SCI 模块

```
/***************************************************************
* 文件名:DSP28_Sci.c
* 功　能:对 SCI 串口通信模块进行初始化
***************************************************************/
# include "DSP28_Device.h"
/***************************************************************
* 名　　称:InitSci()
* 功　　能:本实验中使用的是 SCIA 模块,因此需要对其进行初始化,通信数据格式为波特率为
*          19 200,数据位 8 位,无极性校验,停止位 1 位。使能 SCIA 的发送中断和接收中断
* 入口参数:无
* 出口参数:无
***************************************************************/
void InitSci(void)
{
    SciaRegs.SCICCR.bit.STOPBITS = 0;         //1 位停止位
    SciaRegs.SCICCR.bit.PARITYENA = 0;        //禁止极性功能
    SciaRegs.SCICCR.bit.LOOPBKENA = 0;        //禁止回送测试模式功能
    SciaRegs.SCICCR.bit.ADDRIDLE_MODE = 0;    //空闲线模式
    SciaRegs.SCICCR.bit.SCICHAR = 7;          //8 位数据位
    SciaRegs.SCICTL1.bit.TXENA = 1;           //SCIA 模块的发送使能
    SciaRegs.SCICTL1.bit.RXENA = 1;           //SCIA 模块的接收使能
    SciaRegs.SCIHBAUD = 0;
    SciaRegs.SCILBAUD = 0xF3;                 //波特率为 19 200
    SciaRegs.SCICTL2.bit.RXBKINTENA = 1;      //SCIA 模块接收中断使能
    SciaRegs.SCICTL1.bit.SWRESET = 1;         //重启 SCI
}
/***************************************************************
* 名　　称:SciaTx_Ready()
* 功　　能:查询 SCICTL2 寄存器的 TXRDY 标志位,来确认发送准备是否就绪
* 入口参数:无
* 出口参数:i,即 TXRDY 的状态;1:发送准备已经就绪;0:发送准备尚未就绪
***************************************************************/
int SciaTx_Ready(void)
{
    unsigned int i;
    if(SciaRegs.SCICTL2.bit.TXRDY == 1)
    {
        i = 1;
    }
    else
    {
        i = 0;
    }
    return(i);
}
```

第 17 章 基于 HDSP-Super2812 的开发实例

```
/*****************************************************************
* 名    称:SciaRx_Ready()
* 功    能:查询 SCIRXST 寄存器的 RXRDY 标志位,来确认接收准备是否就绪
* 入口参数:无
* 出口参数:i,即 RXRDY 的状态;1:接收准备已经就绪;0:接收准备尚未就绪
*****************************************************************/
int SciaRx_Ready(void)
{
    unsigned int i;
    if(SciaRegs.SCIRXST.bit.RXRDY == 1)
    {
        i = 1;
    }
    else
    {
        i = 0;
    }
    return(i);
}
```

使用 GPIO 口来模拟 I2C 时序,实现 I2C 接口的程序可参看本实例工程中 I2C.c 文件中的源码。

程序清单 17-5　主函数程序

```
/*****************************************************************
* 文件名:RTC.c
* 功    能:实现对实时时钟的设置与读取
* 说    明:本实验用 GPIO 口来模拟 I2C 接口,对 HDSP-Super2812 上实时时钟 X1226 进行时间的配置,
*          然后读取 X1226 中随着计时不断变化的时钟
*****************************************************************/
#include <stdlib.h>
#include "DSP28_Device.h"

unsigned char ZLG7290_SendCmd(unsigned char Data1,unsigned char Data2);
void delay(unsigned int t);

//24C64 = 8 KB = 13 位 Add
//页编程平均 400 μs 写一字节,随机读平均 1.8 ms 读一字节,连续读平均 600 μs 一字节

//总线无效期间二线全为主高,总线有效期间时钟线为低,一个高低跳变为一个时钟周期,时钟线为
//低时才能改变数据线状态;若时钟线为高时改变数据线状态,则只能是开始或结束总线操作

unsigned int RTC_Status;            //时钟芯片的状态
unsigned int RTC_Date;              //时钟芯片内的日期数据,代表星期几
unsigned int RTC_Yearh;             //时钟芯片内的年份数据的高位,取值范围为 19 或者 20
unsigned int RTC_Yearl;             //时钟芯片内的年份数据的低位
unsigned int RTC_Month;             //时钟芯片内的月份,范围为 1~12
unsigned int RTC_Day;               //时钟芯片内的日,范围为 1~31
unsigned int RTC_Hour;              //时钟芯片内的时,范围为 0~23
unsigned int RTC_Minute;            //时钟芯片内的分,范围为 0~59
unsigned int RTC_Second;            //时钟芯片内的秒,范围为 0~59
```

```c
        unsigned int Year_bit[4];              //用于存储年份数据的各个位
        unsigned int Year;                     //十进制表示的年份
        unsigned int Date;                     //星期几
        unsigned int Month_bit[2];             //用于存储月份数据的各个位
        unsigned int Month;                    //十进制表示的月份
        unsigned int Day_bit[2];               //用于存储日的各个位
        unsigned int Day;                      //用十进制表示的日
        unsigned int Hour_bit[2];              //用于存储小时数据的各个位
        unsigned int Hour;                     //用十进制表示的小时
        unsigned int Minute_bit[2];            //用于存储分钟的各个位
        unsigned int Minute;                   //用十进制表示的分
        unsigned int Second_bit[2];            //用于存储秒的各个位
        unsigned int Second;                   //用十进制表示的秒

        unsigned int setdate;                  //设置时间用的中间变量,代表星期几
        unsigned int setyear;                  //设置时间用的中间变量,代表年份
        unsigned int setmonth;                 //设置时间用的中间变量,代表月份
        unsigned int setday;                   //设置时间用的中间变量,代表日
        unsigned int sethour;                  //设置时间用的中间变量,代表小时
        unsigned int setminute;                //设置时间用的中间变量,代表分钟
        unsigned int setsecond;                //设置时间用的中间变量,代表秒

        unsigned int i1,RTC_DATA[64];

        unsigned int Sci_VarRx[100];           //用于存放接收到的数据
        unsigned int j;
        unsigned int Send_Flag;                //发送标志位。1:有数据需要发送;0:无数据需要发送
        unsigned int count;
        unsigned int Set_Flag;

        void delay_loop(void);

        void main(void)
        {
            RTC_Second = 0;
            //初始化系统
            InitSysCtrl();
            //关中断
            DINT;
            IER = 0x0000;
            IFR = 0x0000;
            InitPieCtrl();                     //初始化 PIE
            InitPieVectTable();                //初始化 PIE 中断矢量表
            //初始化外设
            InitGpio();                        //初始化 GPIO
            InitSci();                         //初始化 SCI
            InitEv();
            init_rtc();                        //初始化 RTC
            for( j = 0; j < 100; j++ )         //初始化数据变量
            {
                Sci_VarRx[j] = 0;
            }
```

```c
j = 0;
Send_Flag = 0;
Set_Flag = 0;
count = 0;
PieCtrl.PIEIER2.bit.INTx4 = 1;      //使能 PIE 中断,T1 定时器中断位于 INT2.4
PieCtrl.PIEIER9.bit.INTx1 = 1;      //使能 PIE 模块中的 SCI 接收中断
IER| = M_INT2;
IER| = M_INT9;                       //开 CPU 中断
Set_Rtc(1,0x08,0x12,0x31,0xA3,0x59,0x00);
for(i1 = 0; i1 < 0xffff; i1 ++);
for(i1 = 0; i1 < 64; i1 ++)
{
    RTC_DATA[i1] = i1 + 0X55;
}
Page_Write_Eeprom(0,0,&RTC_DATA[0],64);
Page_Read_Eeprom(0,0,64);
for(i1 = 0; i1 < 64; i1 ++)
{
    if(Read_Rtc_Data(0xae,0xaf,0,i1) ! = i1 + 0X55)
    {
        while(1);
    }
}
//开中断
EINT;                                //开全局中断
ERTM;                                //开实时中断
for(;;)
{
    KickDog();                       //喂狗
    if(Set_Flag == 1)                //如果使能了对实时时钟进行设置
    {
        Set_Rtc(setdate,setyear,setmonth,setday,sethour,setminute,setsecond); //设置 RTC
        Set_Flag = 0;
    }
    RTC_Status = Read_Rtc_Data(0xde,0xdf,0,0x3f);
    RTC_Status = Read_Rtc_Data(0xDe,0xdf,0,0x12);
    RTC_Yearh = Read_Rtc_Data(0xde,0xdf,0,0x37);   //读取时钟芯片内的年份高 2 位数据,
                                                    //例如 20
    RTC_Date = Read_Rtc_Data(0xde,0xdf,0,0x36);    //读取时钟芯片内代表星期几的数据
    RTC_Yearl = Read_Rtc_Data(0xde,0xdf,0,0x35);   //读取时钟芯片内年份低 2 位
                                                    //的数据,例如 09
    RTC_Month = Read_Rtc_Data(0xde,0xdf,0,0x34);   //读取时钟芯片内代表月份的数据
    RTC_Day = Read_Rtc_Data(0xde,0xdf,0,0x33);     //读取时钟芯片内代表日的数据
    RTC_Hour = Read_Rtc_Data(0xde,0xdf,0,0x32);    //读取时钟芯片内代表小时的数据
    RTC_Minute = Read_Rtc_Data(0xde,0xdf,0,0x31);  //读取时钟芯片内代表分钟的数据
    RTC_Second = Read_Rtc_Data(0xde,0xdf,0,0x30);  //读取时钟芯片内代表秒的数据

    //处理年份的数据,以 2008 为例
    Year_bit[0] = RTC_Yearl & 0x0f;                //取最低位 8
```

```
Year_bit[1] = (RTC_Yearl>>4) & 0x0f;              //取 0
Year_bit[2] = RTC_Yearh & 0x0f;                   //取 0
Year_bit[3] = (RTC_Yearh>>4) & 0x03;              //取最高位 2
Year = Year_bit[3] * 1000 + Year_bit[2] * 100 + Year_bit[1] * 10 + Year_bit[0]; //合成 2009

//处理月份数据,以 12 月为例
Month_bit[0] = RTC_Month & 0x0f;                  //取月份的个位 2
Month_bit[1] = (RTC_Month>>4) & 0x01;             //取月份的十位 1
Month = Month_bit[1] * 10 + Month_bit[0];         //合成 12

//处理日数据,以 31 号为例
Day_bit[0] = RTC_Day & 0x0f;                      //取日的个位 1
Day_bit[1] = (RTC_Day>>4) & 0x03;                 //取日的十位 3
Day = Day_bit[1] * 10 + Day_bit[0];               //合成 31

//处理小时数据,以 23 为例
Hour_bit[0] = RTC_Hour & 0x0f;                    //取小时的个位 3
Hour_bit[1] = (RTC_Hour>>4) & 0x03;               //取小时的十位 2
Hour = Hour_bit[1] * 10 + Hour_bit[0];            //合成 23

//处理分钟数据,以 59 为例
Minute_bit[0] = RTC_Minute & 0x0f;                //取分钟的个位 9
Minute_bit[1] = (RTC_Minute>>4) & 0x07;           //取分钟的十位 5
Minute = Minute_bit[1] * 10 + Minute_bit[0];      //合成 59

//处理秒数据,以 59 为例
Second_bit[0] = RTC_Second & 0x0f;                //取秒的个位 9
Second_bit[1] = (RTC_Second>>4) & 0x07;           //取秒的十位 5
Second = Second_bit[1] * 10 + Second_bit[0];      //合成 59

Date = RTC_Date & 0x07;                           //处理星期几的数据

if(SciaTx_Ready() == 1 && (Send_Flag == 1))
{
    SciaRegs.SCITXBUF = RTC_Yearh;                //发送年份数据的高位
    delay_loop();
    SciaRegs.SCITXBUF = RTC_Yearl;                //发送年份数据的低位
    delay_loop();
    SciaRegs.SCITXBUF = RTC_Month;                //发送月份数据
    delay_loop();
    SciaRegs.SCITXBUF = RTC_Day;                  //发送日数据
    delay_loop();
    SciaRegs.SCITXBUF = RTC_Hour - 128;           //发送小时数据
    delay_loop();
    SciaRegs.SCITXBUF = RTC_Minute;               //发送分钟数据
    delay_loop();
    SciaRegs.SCITXBUF = RTC_Second;               //发送分钟数据
    delay_loop();
    SciaRegs.SCITXBUF = RTC_Date;                 //发送星期数据

    Send_Flag = 0;
}
}
}
```

```
/***************************************************************
 * 名    称:delay_loop()
 * 功    能:延时函数,使得 LED 灯点亮或者熄灭的状态保持一定的时间
 * 入口参数:无
 * 出口参数:无
 ***************************************************************/
void delay_loop()
{
    short    s;
    for (s = 0; s < 10000; s ++ ) {}
}
```

程序清单 17 - 6   中断函数

```
/***************************************************************
 * 文件名:DSP28_DefaultIsr.c
 * 功    能:此文件包含了与 F2812 所有默认相关的中断函数,只需在相应的中断函数中加入
 *          代码以实现中断函数的功能即可
 ***************************************************************/
# include "DSP28_Device.h"
interrupt void T1PINT_ISR(void)          //通用定时器 T1 的周期中断
{
    count ++ ;
    if(count == 1000)                     //计 500 次,每隔 1 s 发送 1 次数据
    {
        count = 0;
        Send_Flag = 1;
    }

    PieCtrl.PIEACK.bit.ACK2 = 1;          //响应同组中断
    EvaRegs.EVAIFRA.bit.T1PINT = 1;       //清除中断标志位
    EINT;                                 //开全局中断
}
/***************************************************************
 * 名    称:SCIRXINTA_ISR()
 * 功    能:接收中断函数,当有数据发往 2812 时,就会进入中断
 * 入口参数:无
 * 出口参数:无
 ***************************************************************/
interrupt void SCIRXINTA_ISR(void)        // SCIA 接收中断函数
{
    if(SciaRx_Ready() == 1)
    {
        Sci_VarRx[j] = SciaRegs.SCIRXBUF.all; //接收数据
        j ++ ;
    }
    if(j == 15)
    {
        setyear = (Sci_VarRx[2] - 48) * 16 + (Sci_VarRx[3] - 48);
```

```
                            //将年份数据从十进制格式转换成十六进制格式
    setmonth = (Sci_VarRx[4] - 48) * 16 + (Sci_VarRx[5] - 48);
                            //将月份数据从十进制格式转换成十六进制格式
    setday = (Sci_VarRx[6] - 48) * 16 + (Sci_VarRx[7] - 48);
                            //将日数据从十进制格式转换成十六进制格式
    sethour = (Sci_VarRx[8] - 48) * 16 + (Sci_VarRx[9] - 48) + 128;
                            //将小时数据从十进制格式转换成十六进制格式
    setminute = (Sci_VarRx[10] - 48) * 16 + (Sci_VarRx[11] - 48);
                            //将分钟数据从十进制格式转换成十六进制格式
    setsecond = (Sci_VarRx[12] - 48) * 16 + (Sci_VarRx[13] - 48);
                            //将秒钟数据从十进制格式转换成十六进制格式
    setdate = Sci_VarRx[14] - 48;  //将星期几数据从十进制格式转换成十六进制格式
    Send_Flag = 1;
    Set_Flag = 1;
    j = 0;
}
    PieCtrl.PIEACK.bit.ACK9 = 1;   //使得同组其他中断能够得到响应
    EINT;                          //开全局中断
}
```

17.3 设计一个 SPWM 程序

在异步电机调速、变频器、逆变器等领域，为了使得最后输出的波形谐波分量尽量小，就要求驱动波形以正弦规律变化，就是常说的 SPWM。这里将介绍如何在 HDSP-Super2812 上实现三相 SPWM 驱动波形，所实现的 SPWM 波形载波频率为 3 kHz，载波比 $N=60$，调制度为 0.8。

17.3.1 原理分析

下面先来了解一下 SPWM 波形在 TMS320F2812 中的产生原理。PWM 技术就是利用全控型电力电子器件(IGBT、MOSSFET 等)的导通和关断把电压变成一定形状的电压脉冲序列，实现变压、变频控制，消除谐波。SPWM 技术就是希望输出的电压波形是正弦波形，其含义是通过调节占空比(脉冲宽度)来实现调节平均电压的方法。

SPWM 的基本思想是：正弦波作为调制波，等腰三角波作为载波，当三角波与正弦曲线相交时，在交点的时刻产生控制信号，用来控制功率开关器件的通断，这样可以得到一系列等幅而且脉冲宽度正比于对应区间正弦波曲线函数值的矩形脉冲。

SPWM 采样方法有几种：自然采样法、对称规则采样法和不对称规则采样法。本实例中采用的是对称规则采样法。如图 17-6 所示，以三角载波峰值处为采样点，做一条垂线，交调制波于 D 点，然后在 D 点做一条水平线，交三角载波于 B 点和 C 点两处。B 点和 C 点分别为开关器件开通和关断的时刻，也就是说 B、C 两点之间输出脉冲波形，每个载波周期都如此，即为 SPWM 波形。

第 17 章　基于 HDSP-Super2812 的开发实例

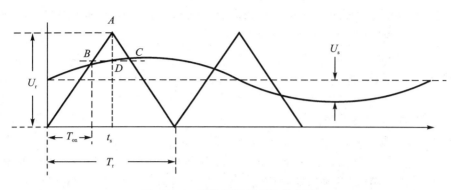

图 17-6　对称规则采样法的原理

DSP 的通用定时器产生的三角波都是从 0 往上计数到周期值，然后往下计数到 0，中间没有负半波，因此从简化编程的角度考虑，把坐标原点定在三角波的波谷，以便可以得到等效的双极性 SPWM 波。现在假设三角载波幅值为 $U_r/2$，周期为 T_r，频率为 f_r，正弦调制波形函数为：

$$u_s = U_s \sin(wt_s) \tag{17-1}$$

正弦波的频率为 f_s，把载波频率 f_r 与调制信号 f_s 频率之比定义为载波比 N，即：

$$N = f_r/f_s \tag{17-2}$$

把调制信号的幅值和载波信号的幅值之比定义为调制度 M，即：

$$M = \frac{U_s}{U_{r/2}} (0 \leqslant M < 1) \tag{17-3}$$

从图 17-6 可以看出，载波比 N 越大，在一个正弦波周期内的采样点会越多，则最后输出的波形也会越接近于正弦波，一般取 N 为 3 的倍数。本实例中，取 $N=60, M=0.8$。三角载波的频率为 3 kHz，因此根据式(17-3)可得到，正弦调制波的频率为 50 Hz。

从图 17-6 的几何关系不难得到：

$$\frac{T_{on}}{T_{r/2}} = \frac{\frac{1}{2}U_r + U_s \sin(wt_s)}{U_r} \tag{17-4}$$

由于 $U_s = M \times U_r/2$，代入式(17-4)，就可以得到：

$$T_{on} = \frac{T_r}{4}(1 + M\sin(wt_s)) \tag{17-5}$$

式中，t_s 为采样时刻，$\omega t_s = k \times \frac{2\pi}{N}$，$k = 0、1、2、\cdots、N-1$。正弦函数在采样时刻的值可以制作成数据表格存储在 DSP 中，以供查询。

T_{on} 对应的是 EV 中 CMPR1 的值，而 T_r 对应的是 2T1PR，代入式(17-5)可以得到：

$$\text{CMPR1} = \frac{\text{T1PR}}{2}\left(1 + M\sin\left(k \times \frac{2\pi}{N}\right)\right) \tag{17-6}$$

由于三角函数值具有对称性的特点，所以只需要将半个周期的正弦函数值存储进

DSP 中就可以了,另外半个周期可以通过转换来得到。而对于三相 SPWM,B 相只要对 A 相移动 120°就可以,C 相和 B 相类似。

17.3.2 软件设计

本程序的整体思路如下:
① 初始化系统,为系统分配时钟,处理看门狗电路等。
② 初始化外设,为 EVA 设置工作方式、周期寄存器、全比较单元等,也需要将 PWM1~PWM6 的引脚设置为功能引脚,而不是通用的 I/O 口。PWM1、PWM2 对应 A 相,PWM3、PWM4 对应 B 相,PWM5、PWM6 对应 C 相。
③ 启动 T1 计数,等待 T1 定时器中断,在中断中改变 CMPR1、CMPR2、CMPR3 的值。

SPWM 波形程序代码(SPWM.pjt)在共享资料中的路径为:"共享资料\TMS320F2812 例程\第 17 章\17.3\SPWM"。参考程序见清单 17-7~程序清单 17-11。

程序清单 17-7　初始化系统控制模块

```
/******************************************************
* 文件名:DSP28_SysCtrl.c
* 功    能:对 2812 的系统控制模块进行初始化
*******************************************************/
#include "DSP28_Device.h"
/******************************************************
* 名    称:InitSysCtrl()
* 功    能:该函数对 2812 的系统控制寄存器进行初始化
* 入口参数:无
* 出口参数:无
*******************************************************/
void InitSysCtrl(void)
{
    Uint16 i;
    EALLOW;
// 对于 TMX 产品,为了能够使得片内 RAM 模块 M0/M1/L0/L1LH0 获得最好的性能,控制寄存器的位必须
// 使能,这些位在设备硬件仿真寄存器内。TMX 是 TI 的试验型产品
    DevEmuRegs.M0RAMDFT = 0x0300;
    DevEmuRegs.M1RAMDFT = 0x0300;
    DevEmuRegs.L0RAMDFT = 0x0300;
    DevEmuRegs.L1RAMDFT = 0x0300;
    DevEmuRegs.H0RAMDFT = 0x0300;

    SysCtrlRegs.WDCR = 0x0068;              //禁止看门狗模块
// 初始化 PLL 模块
    SysCtrlRegs.PLLCR = 0xA;//如果外部晶振为 30 MHz,则 SYSCLKOUT = 30 MHz × 10/2 = 150 MHz
// 延时,使得 PLL 模块能够完成初始化操作
    for(i = 0; i < 5000; i++){}
// 高速时钟预定标器和低速时钟预定标器,产生高速外设时钟 HSPCLK 和低速外设时钟 LSPCLK
```

```c
    SysCtrlRegs.HISPCP.all = 0x0001;            // HSPCLK = 150 MHz/2 = 75 MHz
    SysCtrlRegs.LOSPCP.all = 0x0002;            // LSPCLK = 150 MHz/4 = 37.5 MHz
    SysCtrlRegs.PCLKCR.bit.EVAENCLK = 1;        //对工程中使用到的外设进行时钟使能,在本例中
                                                //将用到 EVA 和 EVB
    EDIS;
}
```

程序清单 17 - 8　初始化 GPIO 模块

```c
/***************************************************************
* 文件名:DSP28_Gpio.c
* 功  能:2812 通用输入/输出口 GPIO 的初始化函数
***************************************************************/
#include "DSP28_Device.h"
/***************************************************************
* 名    称:InitGpio()
* 功    能:初始化 GPIO,使得 GPIO 的引脚处于已知的状态,例如确定其功能是特定功能还是
*          通用 I/O。如果是通用 I/O,是输入还是输出等
* 入口参数:无
* 出口参数:无
***************************************************************/
void InitGpio(void)
{
    EALLOW;
    // 将 GPIO 中和 PWM 相关的引脚设置为 PWM 功能
    GpioMuxRegs.GPAMUX.bit.PWM1_GPIOA0 = 1;     //设置 PWM1 引脚
    GpioMuxRegs.GPAMUX.bit.PWM2_GPIOA1 = 1;     //设置 PWM2 引脚
    GpioMuxRegs.GPAMUX.bit.PWM3_GPIOA2 = 1;     //设置 PWM3 引脚
    GpioMuxRegs.GPAMUX.bit.PWM4_GPIOA3 = 1;     //设置 PWM4 引脚
    GpioMuxRegs.GPAMUX.bit.PWM5_GPIOA4 = 1;     //设置 PWM5 引脚
    GpioMuxRegs.GPAMUX.bit.PWM6_GPIOA5 = 1;     //设置 PWM6 引脚
    EDIS;
}
```

程序清单 17 - 9　初始化 EVA 模块

```c
/***************************************************************
* 文件名:DSP28_Ev.c
* 功  能:2812 事件管理器的初始化函数,包括了 EVA 和 EVB 的初始化
***************************************************************/
#include "DSP28_Device.h"
/***************************************************************
* 名    称:InitEv()
* 功    能:初始化 EVA,使 PWM1 和 PWM2 输出互补的周期为 1 kHz 的 PWM 波,占空比初始化为 10%,
*          死区时间为 4.27 μs
* 入口参数:无
* 出口参数:无
***************************************************************/
void InitEv(void)
```

```
    {
        //EVA 模块
        EvaRegs.T1CON.bit.TMODE = 1;         //连续增/减模式
        EvaRegs.T1CON.bit.TPS = 0;           //T1CLK = HSPCLK = 75 MHz
        EvaRegs.T1CON.bit.TENABLE = 0;       //暂时禁止 T1 计数
        EvaRegs.T1CON.bit.TCLKS10 = 0;       //使用内部时钟 T1CLK
        EvaRegs.T1CON.bit.TECMPR = 1;        //使能定时器比较操作
        EvaRegs.T1PR = 0x30D4;               //3 kHz 的载波
        EvaRegs.T1CNT = 0;
        EvaRegs.COMCONA.bit.CENABLE = 1;     //使能比较单元的比较操作
        EvaRegs.COMCONA.bit.FCOMPOE = 1;     //全比较输出,PWM1~PWM6 引脚均由相应的比较
                                             //逻辑驱动
        EvaRegs.COMCONA.bit.CLD = 0;         //当 T1CNT = 0 时装载

        //死区时间为:4.27 μs
        EvaRegs.DBTCONA.bit.DBT = 10;        //死区定时器周期,m = 10
        EvaRegs.DBTCONA.bit.EDBT1 = 1;       //死区定时器 1 使能位
        EvaRegs.DBTCONA.bit.DBTPS = 5;       //死区定时器预定标因子 $T_{db}$ = 75 MHz/32 = 2.34 MHz
        EvaRegs.ACTR.all = 0x0666;           //设定引脚 PWM1~PWM6 的动作属性
        EvaRegs.CMPR1 = 0x0C35;              //初始化占空比为 25%
        EvaRegs.CMPR2 = 0x14AA;              //初始化占空比为 42.3%
        EvaRegs.CMPR3 = 0x03C0;              //初始化占空比为 7.7%
        EvaRegs.EVAIMRA.bit.T1PINT = 1;      //使能定时器 T1 周期中断
        EvaRegs.EVAIFRA.bit.T1PINT = 1;      //清除 T1 周期中断的标志位
    }
```

程序清单 17-10 主函数程序

```
/****************************************************************
* 文件名:EvPwm02.c
* 功  能:产生三相 SPWM 波形
* 说  明:EVA 下面的通用定时器 T1 工作于连续增/减计数模式,产生三角载波,载波频率为 3 000 Hz,
*         载波比 N = 60,因此调制波形正弦波的频率为 50 Hz。本实验中,调制度为 0.8
****************************************************************/
#include "DSP28_Device.h"
#include "DSP28_Globalprototypes.h"
Uint32 N = 60;    //载波比
float M = 0.8;    //调制度
Uint32 i;
//预存 A 相和 B 相的正弦值列表,C 相的可以根据 A 相和 B 相的值计算出来
float sina[30] = { 0.000000,    0.104528,    0.207911,    0.309016,    0.406737,
                   0.500000,    0.587785,    0.669131,    0.743145,    0.809017,
                   0.866025,    0.913545,    0.951057,    0.978148,    0.994522,
                   1.000000,    0.994522,    0.978148,    0.951057,    0.913545,
                   0.866025,    0.809017,    0.743145,    0.669131,    0.587785,
                   0.500000,    0.406737,    0.309016,    0.207911,    0.104528};
float sinb[30] = { 0.866025,    0.809017,    0.743145,    0.669131,    0.587785,
                   0.500000,    0.406737,    0.309016,    0.207911,    0.104528,
                   0.000000,   -0.104528,   -0.207911,   -0.309016,   -0.406737,
                  -0.500000,   -0.587785,   -0.669131,   -0.743145,   -0.809017,
```

```
                     -0.866025,    -0.913545,    -0.951057,    -0.978148,    -0.994522,
                     -1.000000,    -0.994522,    -0.978148,    -0.951057,    -0.913545};
/************************************************************
* 名      称:main()
* 功      能:初始化系统和各个外设
* 入口参数:无
* 出口参数:无
************************************************************/
void main(void)
{
    InitSysCtrl();                      //初始化系统函数
    DINT;
    IER = 0x0000;                       //禁止 CPU 中断
    IFR = 0x0000;                       //清除 CPU 中断标志
    InitPieCtrl();                      //初始化 PIE 控制寄存器
    InitPieVectTable();                 //初始化 PIE 中断向量表
    InitGpio();                         //初始化 GPIO 口
    InitEv();                           //初始化 EV
    i = 1;
    PieCtrl.PIEIER2.bit.INTx4 = 1;      //使能 PIE 中断,T1 定时器中断位于 INT2.4
    IER| = M_INT2;
    EINT;                               //开全局中断
    ERTM;                               //开实时中断
    EvaRegs.T1CON.bit.TENABLE = 1;      //使能定时器 T1 计数操作
    while(1)
    {
    }
}
```

程序清单 17 - 11 定时器 T1 周期中断函数

```
/************************************************************
* 文件名:DSP28_DefaultIsr.c
* 功    能:此文件包含了与 F282 所有默认相关的中断函数,只须在相应的中断函数中加入代
*          码以实现其功能即可
************************************************************/
#include "DSP28_Device.h"
interrupt void T1PINT_ISR(void)         //通用定时器 T1 的周期中断
{
    if((i>=0)&&(i<N/2))                 //前半周期
    {
        EvaRegs.CMPR1 = EvaRegs.T1PR*((1.0+M*sina[i])/2.0);            //A 相
        EvaRegs.CMPR2 = EvaRegs.T1PR*((1.0+M*sinb[i])/2.0);            //B 相
        EvaRegs.CMPR3 = EvaRegs.T1PR*((1.0-M*(sina[i]+sinb[i]))/2.0);  //C 相
    }
    if((i>=N/2)&&(i<N))  //后半周期
    {
        EvaRegs.CMPR1 = EvaRegs.T1PR*((1.0-M*sina[i-30])/2.0);         //A 相
        EvaRegs.CMPR2 = EvaRegs.T1PR*((1.0-M*sinb[i-30])/2.0);         //B 相
```

```
            EvaRegs.CMPR3 = EvaRegs.T1PR * ((1.0 + M * (sina[i] + sinb[i]))/2.0);    //C 相
        }
            i++;
        {
        if(i> = N)
            {
                i = 0;
            }
        }
    PieCtrl.PIEACK.bit.ACK2 = 1;            //响应同组中断
    EvaRegs.EVAIFRA.bit.T1PINT = 1;         //清除中断标志位
    EINT; //开全局中断
}
```

17.4 代码烧写入 Flash 固化

经过一段时间的学习之后,应该学会如何编写、如何调试一些基本的 TMS320F2812 的程序。当把程序调试成功之后,就想要将它固化到内部的 Flash 中去,这是完成开发的最后一步。

程序的固化虽然不是很难的事情,但是有很多需要注意的地方,如果对 DSP 了解不够多、还不够熟悉的话,不建议贸然去尝试烧写 DSP 的 Flash,因为操作过程中一个不注意便很有可能会将 Flash 锁死或者烧毁,因此可以在完全完成系统的调试之后,再对 Flash 进行烧写。接下来就一起学习在 CCS3.3 中 Flash 的烧写过程。

目前 CCS 版本有 2.2、3.1、3.3,比较常用的是 2.2 和 3.3。在 CCS2.2 中想要对 Flash 进行烧写,首先需要安装一个插件,插件名为:"C2000 - 2[1].00 - SA - to - UA - TI - FLASH2Xfor2.2x",为了大家使用方便,可以在本书的共享资料"Flash 烧写"文件夹内找到此程序。CCS3.3 则自带有 Flash 烧写工具,所以可以不用安装上述插件。下面就开始着手准备使用 CCS3.3 将程序固化到 Flash 中去,具体步骤如下:

① 首先打开需要烧写的工程,当然,一定得保证这个工程在 RAM 中已经调试完成,也就是说觉得这个工程已经达到了预期的目标,就可以进行烧写了。

② 如果还没有为工程添加 gel 文件,请先添加 f2812.gel,如图 17 - 7 所示。F2812.gel 文件的路径是:"CCS 的安装路径\cc\gel\f2812.gel"。

③ 将工程原有的 lib 文件更换为:rts2800_fl040830.lib,如图 17 - 8 所示。rts2800 _fl040830.lib 在本书共享资料的"Flash 烧写"文件夹内。

④ 将 RAM 的 CMD 文件更换为 Flash 的 CMD 文件:Flash.cmd,如图 17 - 9 所示。Flash.cmd 在本书共享资料的"Flash 烧写"文件夹内。

图 17 - 7 添加 GEL 文件   图 17 - 8 更换 LIB 文件   图 17 - 9 更换 CMD 文件

⑤ 重新编译工程。

⑥ 选择工具栏 Tools→F28xx On - Chip Flash Programmer，打开 Flash 烧写工具，如图 17 - 10 所示，CCS 会弹出 Flash 烧写工具的界面，如图 17 - 11 所示。接下来，首先需要设置的是 Clock Configuration。OSCCLK 是晶振的频率，输入 30，意思是晶振频率为 30 MHz。PLLCR 根据工程内的实际配置进行选择，一般为 10，这样系统时钟 SYSCLKOUT 就是 150 MHz。

图 17 - 10　Flash 烧写工具

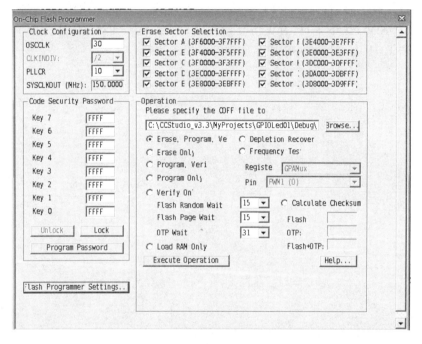

图 17 - 11　Flash 烧写界面

然后单击 Flash Programmer Settings 按钮，则弹出如图 17 - 12 所示的界面。Select DSP Device to Program 选择的是 F2812。Select version to Flash API 选择 FlashAPIInterface2812V2_10.out。配置完后，单击 OK 按钮。

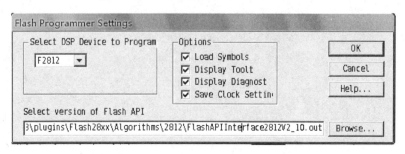

图 17 - 12　Flash 烧写配置界面

⑦ 单击 Execute Operation 按钮,开始执行烧写,会在 CCS 下面的信息显示区域显示执行的过程,如图 17-13 所示。

```
Program operation in progress...
Program operation was successful.
Verify operation in progress...
Verify operation successful.
Erase/Program/Verify Operation succeeded
**** End Erase/Program/Verify Operation. ***
```

图 17-13　Flash 烧写过程的信息

⑧ 烧写完成之后,首先关闭 CCS,然后关闭 HDSP - Super2812 的电源,将仿真器从计算机的 USB 口拔下来,接着将仿真器和 HDSP - Super2812 分开。再单独给 HDSP - Super2812 上电,看看 DSP 是不是已经可以独立运行了?

参考文献

[1] TMS320F281x Datasheet. Texas Instruments,2003.
[2] TMS320F28x Assembly Language Tools User's Guide. Texas Instruments,2002.
[3] TMS320F28x Boot ROM Reference Guide (Rev. A). Texas Instruments,2003.
[4] TMS320F28xx 和 TMS320F28xxx DSCs 的硬件设计指南. Texas Instruments,2008.
[5] TMS320F28xx28xxx DSCs 模拟接口设计综述. Texas Instruments,2008.
[6] Running an Application from Internal Flash Memory on the TMS320F28xx DSP. Texas Instruments,2008.
[7] 张卫宁. TMS320C28x 系列 DSP 的 CPU 与外设(下)[M]. 北京:清华大学出版社,2005.
[8] 苏奎峰. TMS320X281X DSP 原理及 C 程序开发[M]. 北京:北京航空航天大学出版社,2008.
[9] 孙丽明. TMS320F2812 原理及其 C 语言程序开发[M]. 北京:清华大学出版社,2008.

参考文献